COURS

DE

GÉOMÉTRIE DESCRIPTIVE

N° 271 A

COURS

DE

GÉOMÉTRIE

DESCRIPTIVE

Conforme aux derniers Programmes

PAR F. G.-M.

CLASSES DE PREMIÈRE C ET D

ET

CLASSE DE MATHÉMATIQUES

TOURS	PARIS
MAISON A. MAME & FILS	J. DE GIGORD
IMPRIMEURS-ÉDITEURS	RUE CASSETTE, 15

ET CHEZ LES PRINCIPAUX LIBRAIRES

1917

COURS

DE

GÉOMÉTRIE DESCRIPTIVE

PREMIÈRE PARTIE

CLASSES DE PREMIÈRE C ET D

(PROGRAMME DU 4 MAI 1912)

PROGRAMME DU 4 MAI 1912

Projection et cote d'un point.

Représentation de la droite. Pente. Distance de deux points. Droites concourantes. Droites parallèles.

Représentation du plan. Échelle de pente. Plans parallèles.

Rabattement sur un plan horizontal. Angle de deux droites.

Distance d'un point à une droite.

Intersections de droites et de plans.

Droites et plans perpendiculaires. Distance d'un point à un plan.

Angle d'une droite et d'un plan. Angle de deux plans.

Représentation du point, de la droite et du plan à l'aide de deux plans de projection.

Intersections de droites et de plans. Droites et plans parallèles.

Droites et plans perpendiculaires.

Rabattement d'un plan sur un plan horizontal.

Changement du plan vertical.

Reprendre les problèmes précédemment énoncés relatifs aux distances, angles.

PRÉFACE

Le *Cours de Géométrie descriptive* est divisé en deux parties :

La Première Partie (Classes de Première C et D) est conforme au programme du 4 mai 1912.

La Seconde Partie (Classe de Mathématiques) correspond au Programme du 29 juillet 1911.

Les méthodes générales de la Géométrie descriptive et de la Géométrie cotée sont étudiées d'abord depuis les principes jusqu'aux problèmes usuels sur les distances et sur les angles. Nous commençons par la Méthode des deux plans de projection, mais on peut débuter par la Géométrie cotée.

Les deux méthodes, exposées indépendamment l'une de l'autre, sont ensuite appliquées simultanément dans la résolution des problèmes.

Enfin, nous avons introduit, presque au début, le rabattement d'un plan vertical sur le plan horizontal de projection ; on peut ainsi résoudre quelques problèmes relatifs aux droites de profil, au fur et à mesure qu'ils se présentent. Cependant, comme ces questions peuvent être laissées de côté dans une première lecture, elles sont imprimées en petits caractères.

COURS

GÉOMÉTRIE DESCRIPTIVE

PREMIÈRE PARTIE

NOTIONS PRÉLIMINAIRES

§ I. — INTRODUCTION

1. Définition. — La Géométrie descriptive est la partie des mathématiques appliquées qui a pour but de représenter sur un plan les figures de l'espace, de manière à pouvoir résoudre, à l'aide de la géométrie plane, les problèmes où l'on considère les trois dimensions.

Remarque. — Les dessins ordinaires déforment plus ou moins les figures à trois dimensions : le dessin perspectif d'une pyramide (fig. 1) ne donne ni la grandeur de la base ni celle des angles ; mais la géométrie descriptive permet de déterminer la vraie grandeur des lignes et celle des faces de la pyramide.

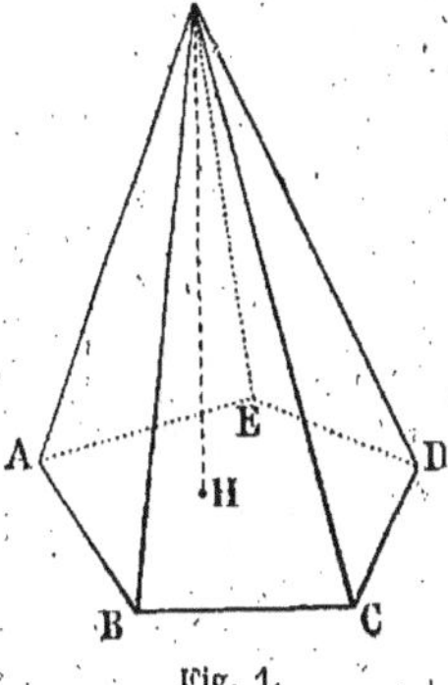

Fig. 1.

§ II. — PROJECTION D'UNE FIGURE SUR UN PLAN

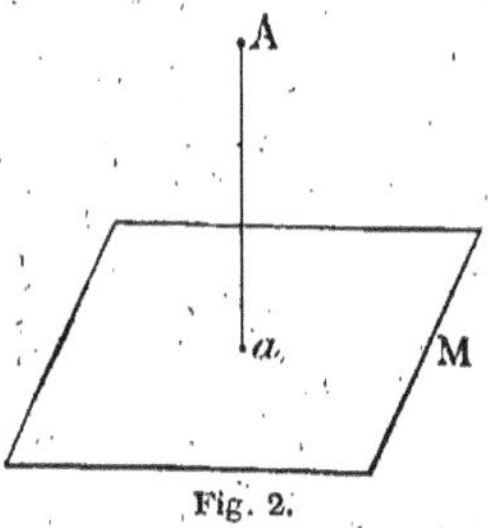

Fig. 2.

2. Projection d'un point. — *La projection d'un point sur un plan est le pied de la perpendiculaire abaissée de ce point sur le plan.*

Ainsi *a* est la projection du point A sur le plan M (fig. 2).

Plan de projection et projetante. — On appelle plan de projection le plan sur lequel on projette la figure à étudier.

La **projetante** d'un point est la perpendiculaire abaissée de ce point sur le plan de projection : A*a* est la projetante de A.

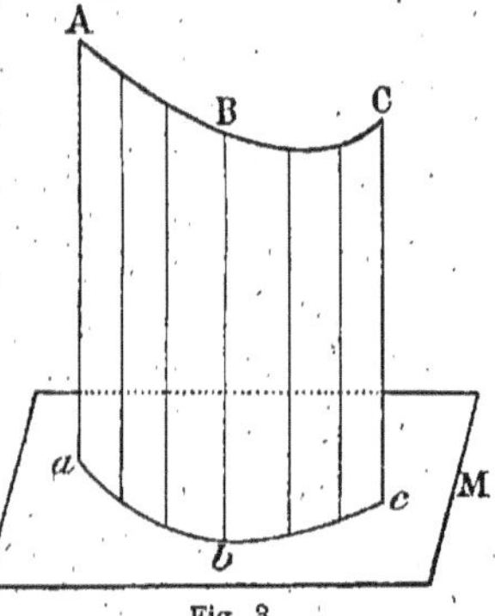

Fig. 3.

3. Projection d'une ligne. — La projection d'une ligne sur un plan est le lieu des projections de ses points sur ce plan.

La ligne *abc* est la projection de ABC (fig. 3).

Les projetantes A*a*, B*b*, C*c*, etc., sont parallèles entre elles, comme perpendiculaires à un même plan (M. G*., n° 448); elles forment une surface projetante cylindrique, dont le plan est un cas particulier.

Théorème.

4. — *La projection d'une droite sur un plan est une droite.*

Soient AD et M la droite et le plan considérés, *a* et *d* les projections de A et D; menons la droite *ad*; tout point B de AD aura sa projection *b* sur *ad*.

En effet, A*a* étant perpendi-

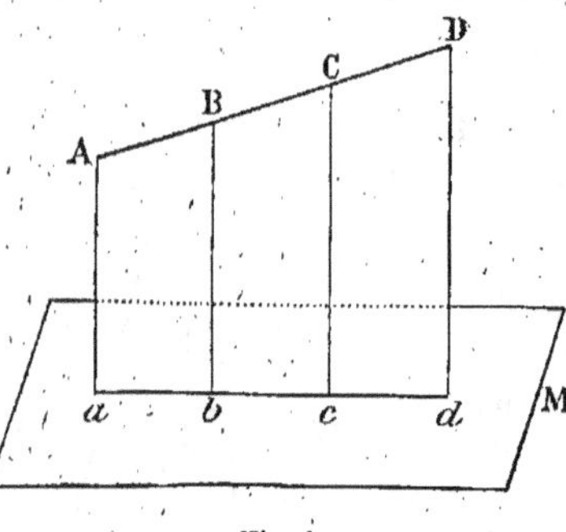

Fig. 4.

---

* L'indication (M. G., n° ...) se rapporte à notre *Manuel de Géométrie*, édition de 1913.

culaire au plan M, le plan aAD est perpendiculaire au plan M (M. G., n° 455); la perpendiculaire Bb au plan M sera tout entière dans le plan aAD (M. G., n° 458), et son pied b se trouvera sur ad; donc, un point quelconque de AD se projette sur ad, et la droite ad, intersection des deux plans, est la projection de AD.

5. Remarques. — 1° Le plan ADad se nomme le **plan projetant** de la droite.

2° *Lorsque la droite est perpendiculaire au plan, sa projection sur ce plan se réduit à un point.*

En effet, la droite donnée est elle-même la projetante de chacun de ses points (fig. 5).

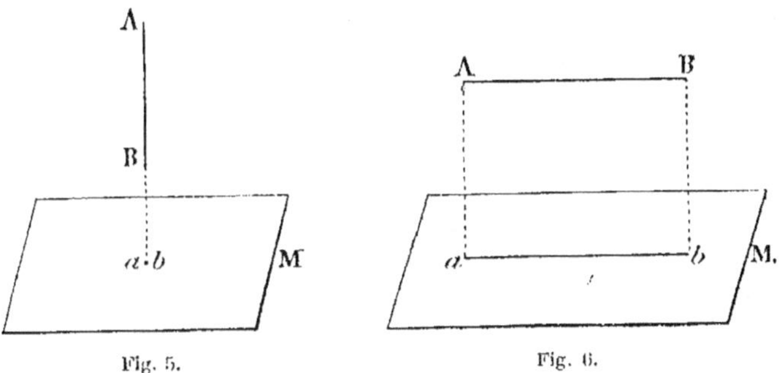

Fig. 5.   Fig. 6.

3° *Lorsqu'une droite est parallèle à un plan, elle se projette en vraie grandeur sur ce plan.*

En effet, tous les points d'une droite parallèle à un plan sont équidistants de ce plan; $Aa = Bb$, la figure ABab est un rectangle et $ab = AB$ (fig. 6).

Théorème.

6. — *Si deux droites sont parallèles, leurs projections sur un même plan sont parallèles.*

Soient AB, CD, les parallèles données, et ab, cd, leurs projections sur un plan P (fig. 7).

Les projetantes Aa, Cc, perpendiculaires à un même plan, sont parallèles; elles sont contenues

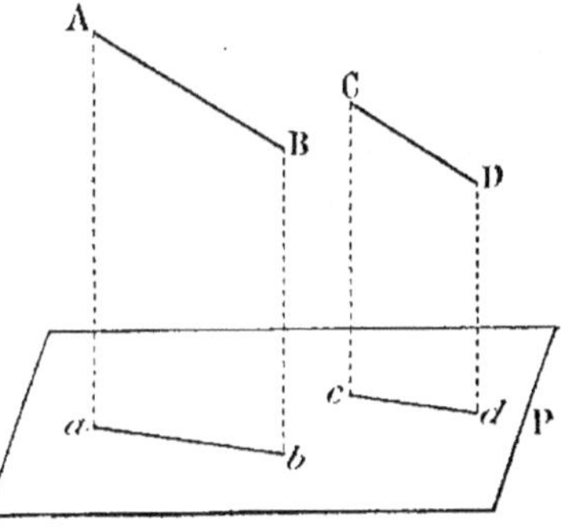

Fig. 7.

dans les plans projetants (M. G., n° 458); ces deux plans sont parallèles, car les angles aAB, cCD, ont leurs côtés respectivement parallèles (M. G., n° 444); donc ab et cd sont parallèles, comme intersections de deux plans parallèles par un troisième.

Remarques. — 1° Il y a exception, lorsque les deux parallèles sont perpendiculaires au plan de projection, car alors les projections des deux droites se réduisent chacune à un point.

2° La réciproque de ce théorème n'est pas vraie, car le parallélisme des projections sur un seul plan indique simplement que les plans projetants sont parallèles.

Théorème.

7. — *Le rapport de deux segments parallèles égale le rapport de leurs projections sur un même plan.*

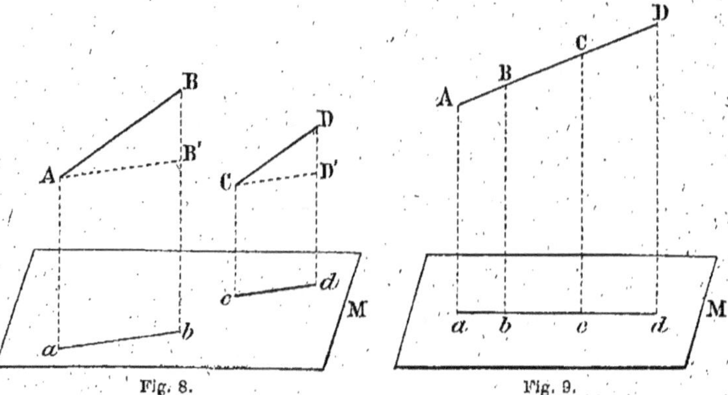

Fig. 8.   Fig. 9.

Soient AB et CD deux segments parallèles, ayant respectivement ab et cd pour projections sur le plan M (fig. 8).

Menons AB′ et CD′ parallèles à ab et cd; ab et cd étant parallèles (n° 6), il en est de même de AB′ et CD′; les triangles ABB′ et CDD′ ayant leurs côtés respectivement parallèles sont semblables, et l'on a :

$$\frac{AB}{CD} = \frac{AB'}{CD'} ;$$

mais AB′ $= ab$, comme parallèles comprises entre parallèles; de même $\qquad$ CD′ $= cd$;

donc $\qquad\qquad \dfrac{AB}{CD} = \dfrac{ab}{cd}.$

Le théorème est évident si les segments sont portés sur la même droite (fig. 9), car les parallèles Aa, ..., Dd, divisent les sécantes AD et ad en parties proportionnelles.

Corollaires. — 1° Si les deux segments sont égaux et parallèles, leurs projections sont égales et parallèles.

2° Le milieu d'un segment se projette au milieu de sa projection.

Ainsi, les médianes d'un triangle se projettent suivant les médianes du triangle projection, le point de concours des médianes se projette au point de concours des médianes du triangle projection.

Définition. — On appelle propriété **projective** d'une figure, une propriété qui se conserve dans toute projection de cette figure.

D'après ce qui précède, et dans le mode de projection considéré, on voit que le **rapport de deux segments parallèles est projectif.**

8. Projection d'une figure quelconque. — La projection d'une ligne brisée est une ligne brisée dont les sommets sont les projections des sommets de la ligne considérée.

La projection d'une ligne courbe est une ligne courbe (voir fig. 3).

Remarque. — Il y a exception lorsque la ligne courbe ou la ligne brisée sont contenues dans un plan perpendiculaire au plan de projection. Dans ce cas, la projection se réduit à une droite, car les projetantes des divers points de la ligne sont dans le plan P, et leurs pieds se trouvent sur l'intersection des deux plans.

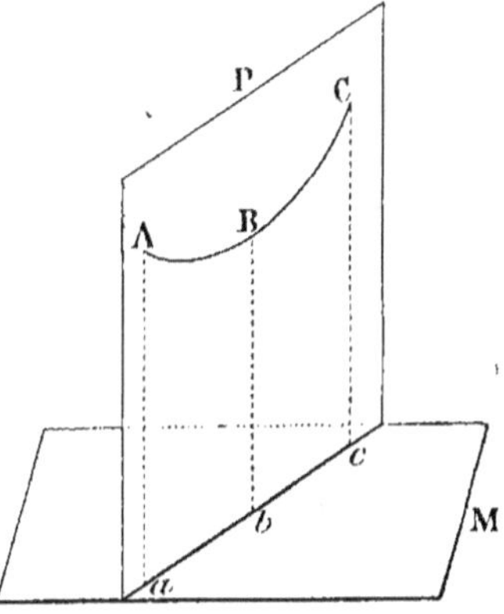

Fig. 10.

Théorème.

9. — *Toute figure située dans un plan parallèle au plan de projection se projette en vraie grandeur sur ce plan.*

En effet, le plan de la figure étant parallèle au plan de projection, tous les points de la figure sont équidistants du plan; les diverses projetantes Aa, Bb, ... sont égales et parallèles, et les figures ABC et abc, ou ABCD et $abcd$, peuvent être amenées à coïncider par une translation Aa.

Dans le cas d'un polygone, on peut dire encore : Les projetantes Aa, Bb, ... sont égales et parallèles; on peut les considérer comme les

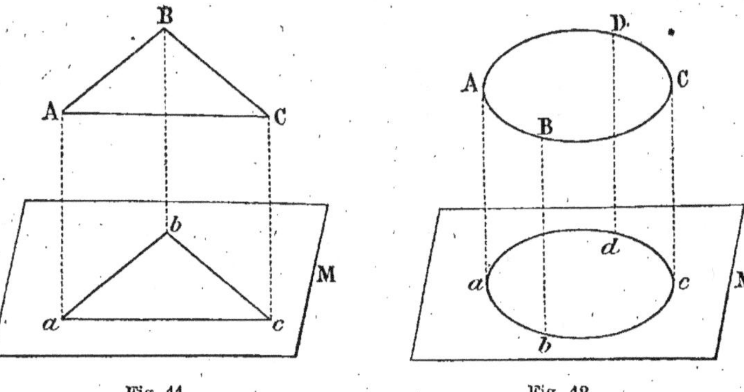

Fig. 11.   Fig. 12.

arêtes latérales d'un prisme dont les bases parallèles, ABC et abc, sont égales entre elles.

§ III. — MÉTHODES DE LA GÉOMÉTRIE DESCRIPTIVE

10. — Nous avons vu (n° 2) qu'un point A de l'espace a, sur un plan donné, une projection a; mais la réciproque n'est pas vraie.

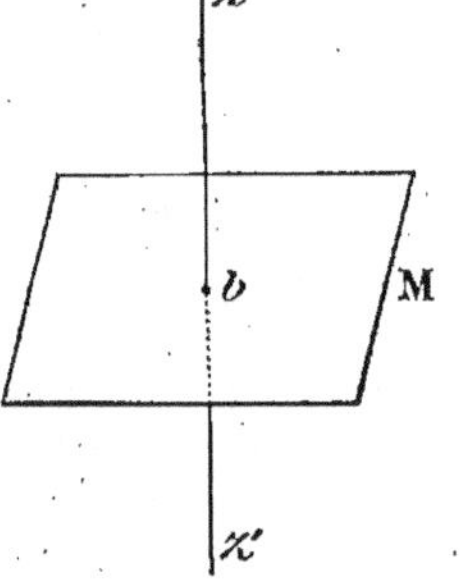

Fig. 13.

Un point n'est pas complètement déterminé par une seule projection.

En effet, si b est la projection donnée, le point projeté peut être un point quelconque de la perpendiculaire illimitée $z\,z'$.

11. Détermination du point. — Pour fixer la position d'un point, on peut employer, en géométrie descriptive, deux méthodes :

La méthode des projections ou Géométrie descriptive proprement dite, qui utilise deux plans de projection ;

La méthode des plans cotés ou Géométrie cotée, qui n'exige qu'un seul plan de projection, mais avec la cote du point (n° 13).

12. Méthode des projections. — Dans la méthode des projections, on donne les deux projections a et a' du point A, sur deux plans rectangulaires H et V. Le point est déterminé, car il se trouve à l'intersection des perpendiculaires az, $a'z'$.

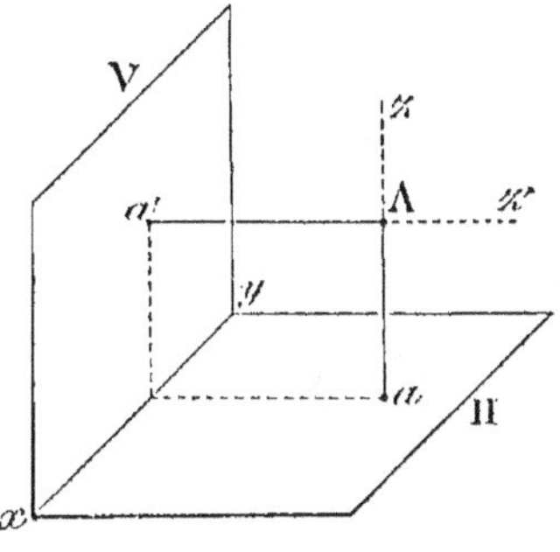

Fig. 14.

13. Méthode des plans cotés. — Dans la méthode des plans cotés, on donne la projection a du point et la cote de ce point.

Cote. — La cote d'un point est la longueur de la projetante Aa.

Elle est positive, négative ou nulle suivant que le point est situé au-dessus du plan (A), au-dessous du plan (B), ou dans le plan (C) (fig. 15).

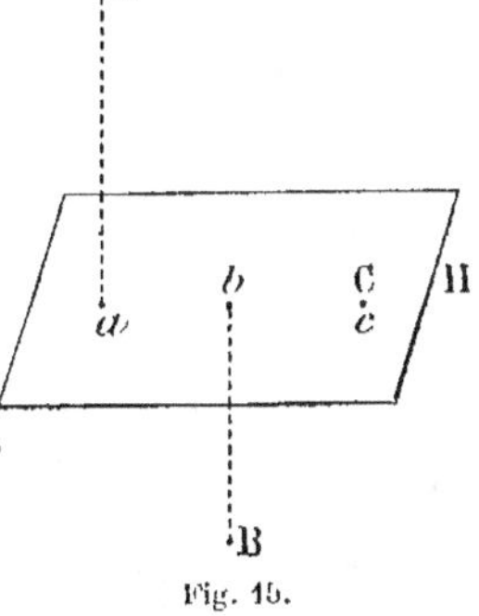

Fig. 15.

Remarque. — Ces deux méthodes ne sont pas essentiellement distinctes, et on peut aisément passer de l'une à l'autre, car elles s'appuient sur les mêmes théorèmes généraux de géométrie, dont la démonstration est indépendante des applications qu'on en fait.

Nous exposerons d'abord les principes de la **méthode des deux plans de projection**, puis les principes de la **méthode des plans cotés**.

Les deux méthodes seront ensuite employées simultanément dans les applications.

I

MÉTHODE DES PROJECTIONS

PRÉLIMINAIRES

---

14. Plans de projection. — Dans la méthode des projections, on emploie deux plans perpendiculaires l'un à l'autre : l'un d'eux est nommé **plan horizontal**, et l'autre **plan vertical**.

Les deux plans de projection sont illimités dans tous les sens.

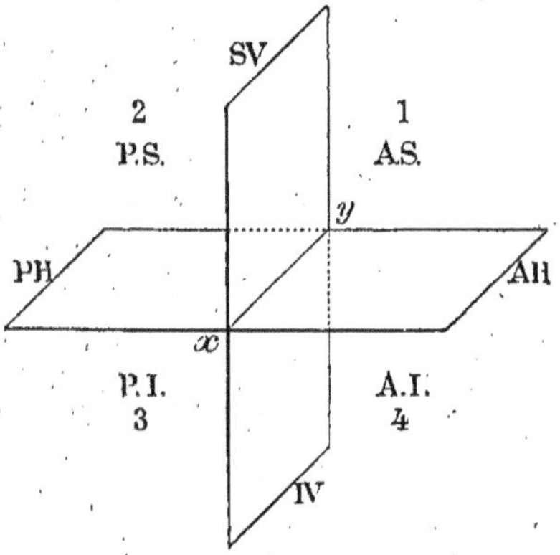

Ligne de terre. — On appelle **ligne de terre** l'intersection des deux plans de projection.

La ligne de terre est désignée par xy ou par LT.

Relativement à l'observateur, supposé placé à droite, vers le haut de la figure, AH est la partie antérieure du plan horizontal, PH la partie postérieure du même plan, SV la partie supérieure du plan vertical, et IV la partie inférieure.

Remarques. — 1° Pour remplacer les mots **plan horizontal, plan vertical**, on peut se borner à écrire : **plan H, plan V.**

2° Les quatre portions de plans, ou demi-plans, peuvent être appelés brièvement : **vertical supérieur, vertical inférieur, horizontal antérieur et horizontal postérieur.**

Fig. 16.

15. Angles dièdres. — Les deux plans forment quatre angles dièdres droits, désignés par les noms d'*antérieur-supérieur, postérieur-supérieur, postérieur-inférieur* et *antérieur-inférieur,* ou plus simplement par les numéros 1, 2, 3, 4.

Remarque. — L'observateur est toujours supposé placé dans le premier dièdre, ayant x à sa gauche et y à sa droite; généralement on place aussi dans le premier dièdre la figure à étudier, de sorte que les projections se trouvent sur la partie antérieure du plan H et sur la partie supérieure du plan V; mais les constructions à effectuer pour résoudre une question, ou les données parfois imposées, conduisent fréquemment à la considération des autres dièdres.

16. Rabattement du plan vertical. — Pour ramener l'étude des figures à trois dimensions à des problèmes de géométrie plane, on fait tourner le plan vertical autour de la ligne de terre (fig. 17), de manière que sa partie supérieure SV vienne se placer sur la partie postérieure PH du plan horizontal; alors la partie inférieure IV du plan vertical s'applique sous la partie antérieure AH du plan horizontal.

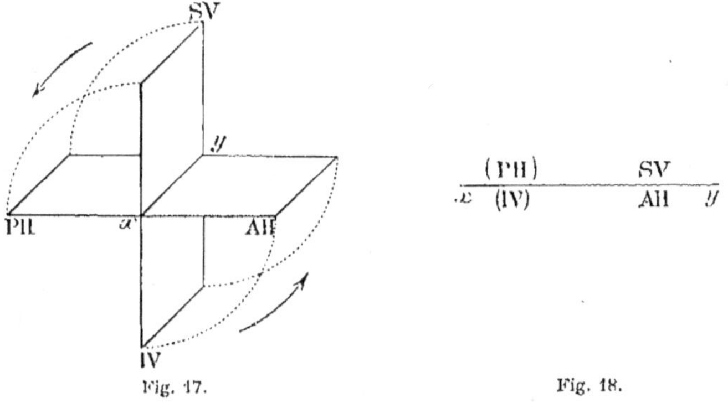

Fig. 17.   Fig. 18.

Disposition du dessin. — Pour la résolution des problèmes, le rabattement est supposé effectué; par suite, on se borne à tracer la ligne de terre sur la surface plane où l'on veut dessiner (fig. 18).

17. Épure. — On nomme épure la représentation d'une figure de l'espace par ses projections, le plan vertical étant rabattu sur le plan horizontal.

Lire une épure, c'est ramener par la pensée les deux plans de projection à être perpendiculaires l'un à l'autre, et se rendre compte de la figure de l'espace représentée par le dessin.

Remarque. — L'épure peut être placée verticalement sous les yeux de l'observateur; c'est ce qui arrive pour les figures tracées sur le tableau noir; on suppose alors que le plan horizontal a tourné autour de xy, et que sa partie antérieure recouvre la partie inférieure du plan vertical.

Lorsque l'épure est placée verticalement, le plan **vertical-supérieur** et le plan **horizontal-postérieur** sont au-dessus de xy.

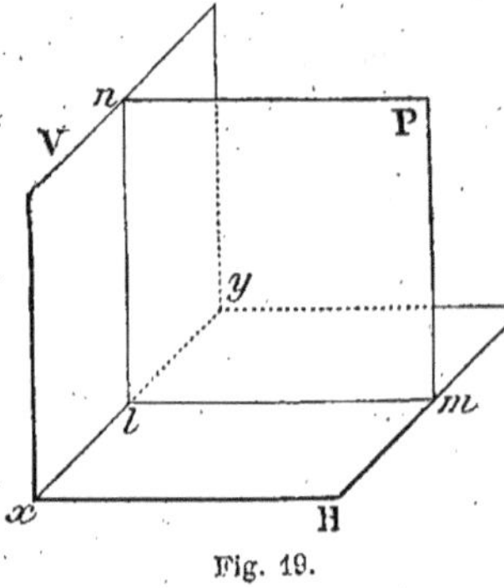

Fig. 19.

18. Plan de profil. — Deux plans de projection suffisent généralement pour étudier les figures de l'espace; néanmoins, dans certains cas, on a recours à un troisième plan P, perpendiculaire aux deux premiers; on le nomme **plan de profil**; on peut le rabattre sur le plan horizontal, en le faisant tourner autour de lm, ou sur le plan vertical, en le faisant tourner autour de ln.

19. Conventions pour le dessin. — Les plans de projection sont considérés comme opaques; par suite, **les figures situées dans le premier dièdre peuvent seules être visibles.**

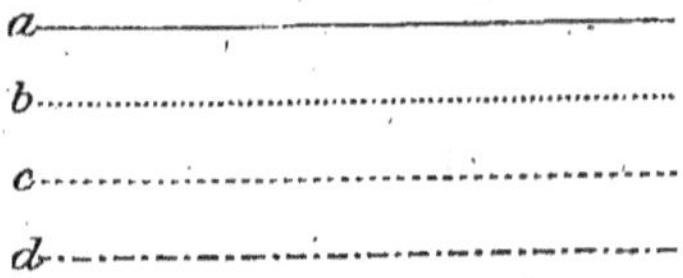

La ligne de terre, les projections des données et celles des résultats obtenus sont représentées en noir, par un **trait plein** lorsque les lignes projetées sont visibles (a), et par un **pointillé rond** lorsqu'elles sont invisibles (b); la réponse est indiquée en **trait fort**.

a ———————————————

b ·······························

c ·-·-·-·-·-·-·-·-·-·-·

d ·—·—·—·—·—·—·—

Fig. 20.

Les lignes auxiliaires sont au carmin; les projetantes peuvent être représentées par un trait bleu; dans la gravure, les couleurs sont remplacées par des lignes discontinues formées de petits traits (c). Les lignes auxiliaires les plus importantes sont parfois représentées par une ligne mixte, composée de points et de traits (d).

CHAPITRE I

DU POINT

Représentation du point. — Pour déterminer la position d'un point donné A, on le projette sur deux plans rectangulaires (n° 12). La projection horizontale est désignée par a, et la projection verticale par a'.

Théorème.

20. — *Après le rabattement du plan vertical, les projections d'un même point sont sur une même perpendiculaire à la ligne de terre.*

En effet, la projetante Aa est perpendiculaire au plan horizontal, Aa' l'est au plan vertical; donc le plan $Aa'ma$ de ces droites est perpendiculaire à chaque plan de projection, parce que tout plan mené par une droite perpendiculaire à un plan est perpendiculaire à ce plan (M. G., n° 455); par suite, ce plan $Aa'ma$, perpendiculaire au plan horizontal et au plan vertical, est perpendiculaire à leur intersection xy (M. G., n° 460): donc xy est perpendiculaire aux droites ma, ma', menées par son pied dans le plan mA; dans le rabattement du plan vertical autour de la ligne de terre, ma' restant perpendiculaire à xy vient se placer en ma'_1, dans le prolongement de am.

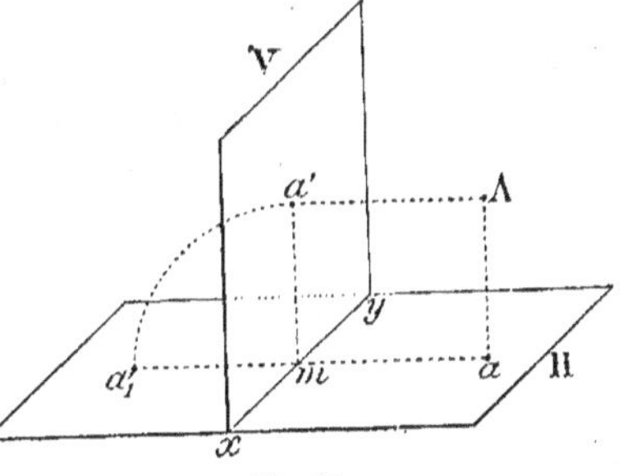

Fig. 21.

21. **Coordonnées d'un point.** — On appelle **coordonnées d'un** point les distances de ce point à chacun des deux plans de projection.

Elles ont reçu le nom de **cote** et **d'éloignement.**

La **cote** d'un point est la distance de ce point au plan horizontal; c'est la longueur de la projetante Aa de ce point (fig. 21); elle égale la distance de la projection verticale du point à la ligne de terre, car dans le rectangle $A\,a\,m\,a'$ on a :

$$A\,a = a'm = a'_1 m.$$

L'éloignement d'un point est la distance de ce point au plan vertical ; c'est la longueur de la projetante Aa' de ce point (fig. 21) ; elle égale la distance de la projection horizontale du point à la ligne de terre, puisque $A\,a' = a\,m$.

Signes des coordonnées. — La cote est :

Positive   lorsque le point est au-dessus   du plan horizontal.
Négative   —   —   au-dessous   —   —
Nulle   —   —   dans le plan horizontal.

L'éloignement est :

Positif   lorsque le point est en avant   du plan vertical.
Négatif   —   —   en arrière   —
Nul   —   —   dans le plan vertical.

Théorème réciproque.

22. *Deux points situés sur une même perpendiculaire à la ligne de terre, après le rabattement du plan vertical, sont les projections d'un point déterminé de l'espace.*

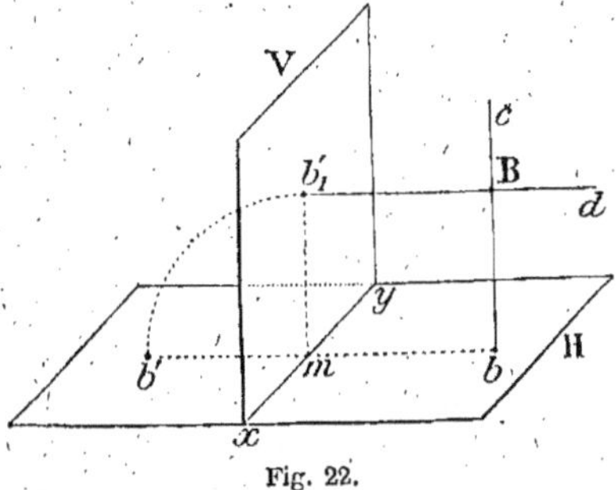

Fig. 22.

Soient les projections b et b' situées sur une même perpendiculaire à xy (fig. 22).

Relevons le plan vertical ; mb' reste constamment perpendiculaire à la ligne de terre, et devient mb'_1.

Le plan déterminé par les perpendiculaires mb, mb'_1, est lui-même perpendiculaire à xy, et par suite à chaque plan de projection, donc il contient les projetantes bc, $b'_1 d$ (M. G., n° 458) ; or ces lignes bc, $b'_1 d$, situées dans un même plan, se coupent en un point B, dont les projections sur l'épure sont b et b' ; ainsi b et b' sont les projections d'un même point B de l'espace.

Conséquence. — Les théorèmes précédents (n°s 20 et 22) conduisent à la conclusion suivante :

Deux points non situés sur une même perpendiculaire à la

ligne de terre ne peuvent être les projections d'un même point de l'espace.

23. Ligne de rappel. — On nomme ligne de rappel toute droite perpendiculaire à la ligne de terre et qui joint l'une à l'autre les deux projections d'un même point.

24. Positions du point. — Le point peut occuper neuf positions principales par rapport aux plans de projection.

Il peut être dans un des quatre dièdres, ou sur l'un des quatre demi-plans de projection, ou enfin sur la ligne de terre.

1° Le point appartient au premier dièdre.

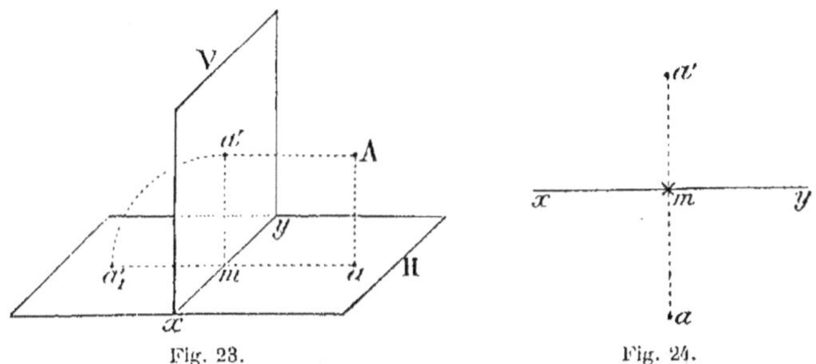

Fig. 23.   Fig. 24.

Le point A du premier dièdre (fig. 23) a ses projections de part et d'autre de la ligne de terre, et sa projection verticale au-dessus de xy (fig. 24).

2° Le point appartient au deuxième dièdre.

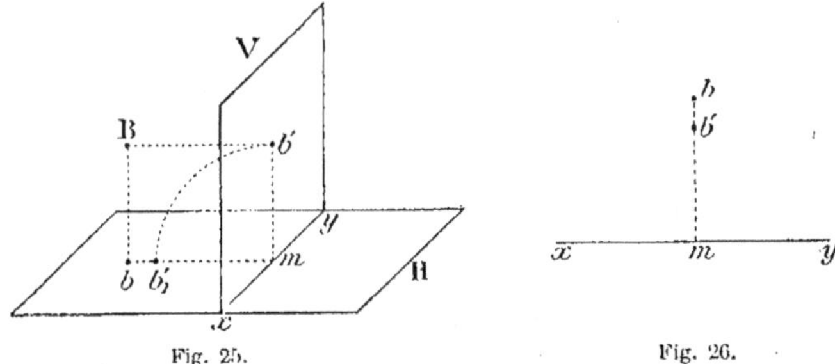

Fig. 25.   Fig. 26.

Si le point donné B appartient au deuxième dièdre (fig. 25), la projection horizontale b se trouve sur la partie postérieure du plan horizontal, et, après le rabattement du plan vertical, les projections b, b_1, sont au-dessus de la ligne de terre.

Sur l'épure (fig. 26), le point B serait indiqué par (b, b').

3° Le point appartient au troisième dièdre.

Lorsqu'un point C appartient au troisième dièdre (fig. 27), sa projection horizontale tombe sur la partie postérieure du plan H, et sa projection verticale sur la partie inférieure du plan V.

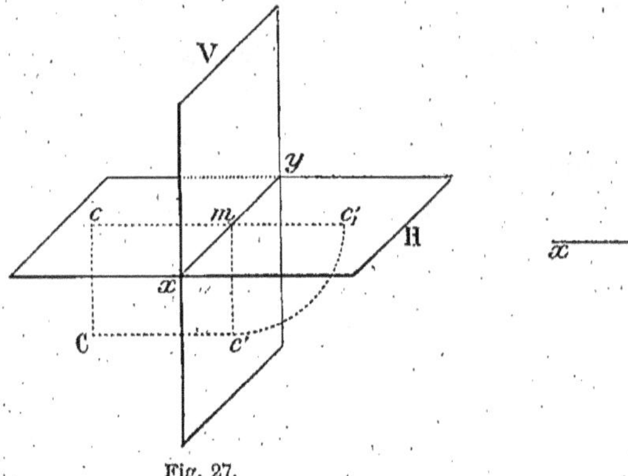

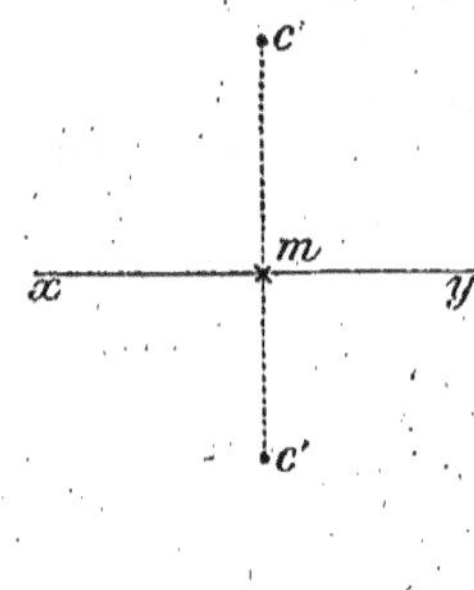

Fig. 27.   Fig. 28.

Dans le rabattement du plan vertical, c' vient en c'_1.

Sur l'épure (fig. 28), le point C est représenté par (c, c'); les projections sont de part et d'autre de xy, mais la projection verticale est au-dessous de la ligne de terre.

4° Le point appartient au quatrième dièdre.

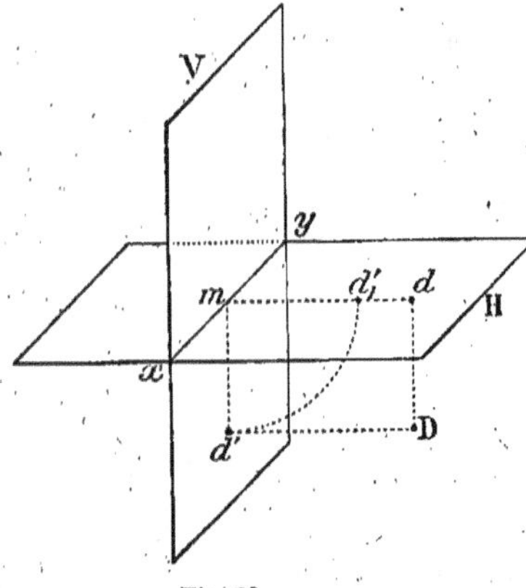

Si le point D appartient au quatrième dièdre (fig. 29), d tombe sur la partie antérieure du plan H, d' sur la partie inférieure du plan V.

Dans l'épure (fig. 30), d et d' sont au-dessous de xy.

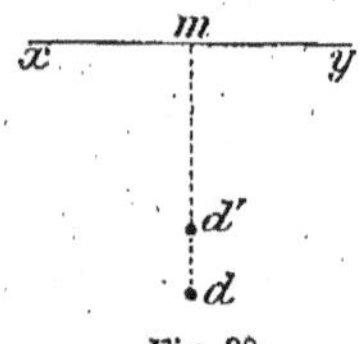

Fig. 29.   Fig. 30.

Remarque. — En résumant ce qui précède (1°, 2°, 3°, 4°), on peut dire :

Un point appartient au premier ou au troisième dièdre, lorsque ses projections sont de part et d'autre de la ligne de terre.

Un point appartient au deuxième ou au quatrième dièdre, lorsque ses projections sont d'un même côté de **xy.**

25. POINT SITUÉ SUR UN DES PLANS DE PROJECTION.

5° et 6° Le point se trouve sur le plan horizontal.

Lorsqu'un point appartient au plan horizontal, il est lui-même sa projection horizontale, et sa projection verticale est sur *xy*.

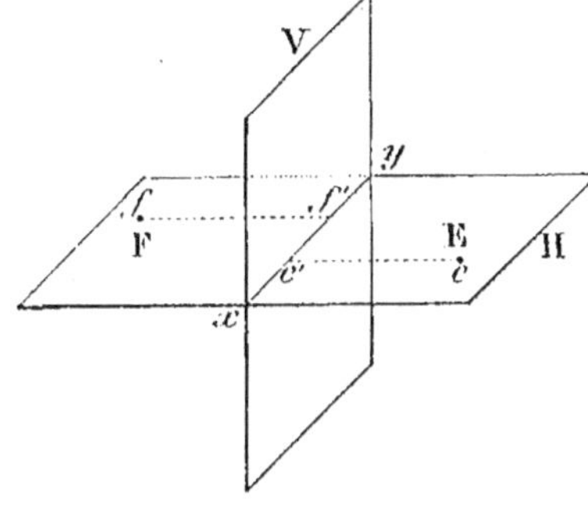

Fig. 31.

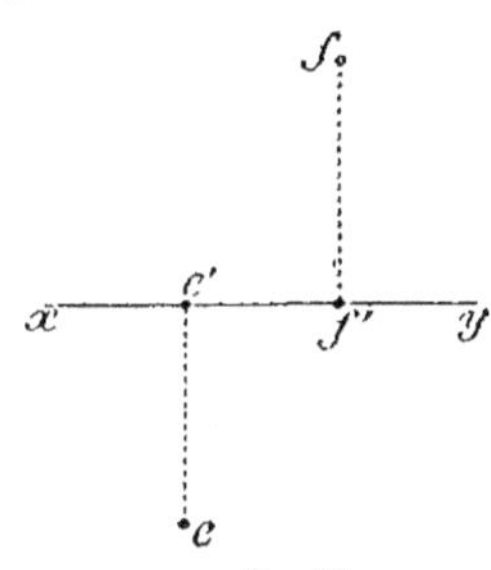

Fig. 32.

Le point E (fig. 31) se trouve sur le plan horizontal antérieur (n° 14, Rem., 2°), et le point F sur le plan horizontal postérieur.

Sur l'épure (fig. 32), on reconnaît que les points (e, e'), (f, f') sont sur le plan horizontal parce que la projection verticale de chacun d'eux est sur la ligne de terre.

7° et 8° Le point se trouve sur le plan vertical.

Lorsqu'un point appartient au plan vertical, il est lui-même sa projection verticale, et sa projection horizontale est sur la ligne de terre.

Le point G (fig. 33) se trouve sur

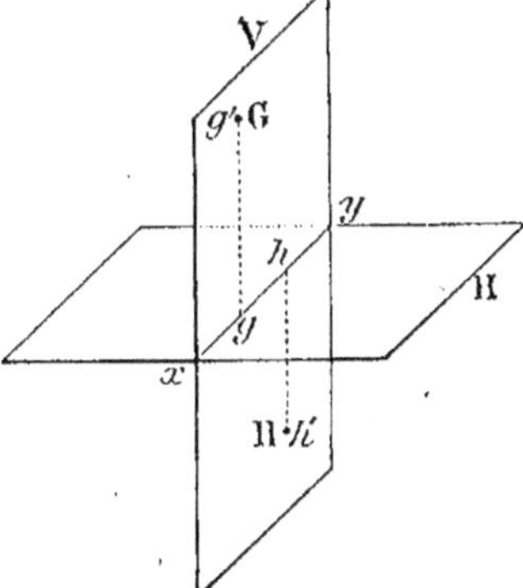

Fig. 33.

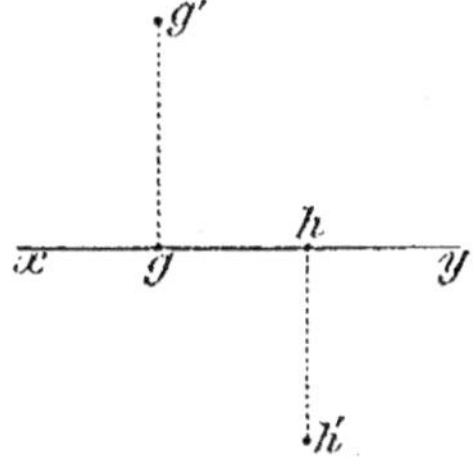

Fig. 34.

le plan vertical supérieur, et le point H sur le plan vertical inférieur.

Sur l'épure (fig. 34), on reconnaît que les points appartiennent au plan vertical, parce que la projection horizontale de chacun d'eux est sur xy.

9° Le point se trouve sur la ligne de terre.

Lorsqu'un point appartient à xy, il se trouve sur chaque plan de projection ; il est donc lui-même sa projection horizontale et sa projection verticale.

26. **Résumé** *. — D'après les remarques précédentes, la simple inspection de l'épure (fig. 35) fait connaître la position des points A, B...

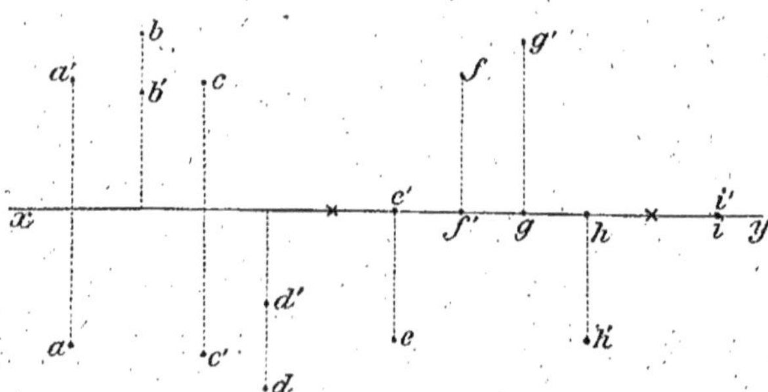

Fig. 35.

1° A est situé dans le premier dièdre, car a se trouve sur le plan horizontal antérieur, et a' sur le plan vertical supérieur ;
2° B est dans le deuxième, car b est sur PH, et b' sur SV ;
3° C est dans le troisième dièdre ;
4° D, dans le quatrième ;
5° E se trouve sur le plan horizontal antérieur, car e' est sur xy, et e sur AH ;
6° F est sur le plan horizontal postérieur ;
7° G, sur le plan vertical supérieur ;
8° H, sur le plan vertical inférieur ;
9° I, sur la ligne de terre.

27. **Plans bissecteurs.** — On nomme plan bissecteur d'un angle dièdre le plan qui divise ce dièdre en deux parties égales ; ce plan passe par l'arête du dièdre.

Les deux plans de projection donnent lieu à deux plans bissecteurs ; l'un d'eux est relatif aux dièdres 1 et 3, on le nomme **premier bissecteur** ; le second bissecteur divise les dièdres 2 et 4.

---

* Nous mettons en petits caractères : les *résumés*, la plupart des *cas particuliers* des problèmes, et tout ce qui peut être omis dans une première lecture.

28. Point d'un plan bissecteur. — Un point qui appartient au plan bissecteur de l'un des quatre dièdres que forment les plans de projection est également éloigné du plan vertical et du plan horizontal. Sur l'épure (fig. 36), tout point A, C, du premier bissecteur, a ses projections symétriques l'une de l'autre par rapport à xy :

$$m\,a' = m\,a, \quad m\,c' = m\,c;$$

tout point B, D, du second bissecteur, a ses projections confondues.

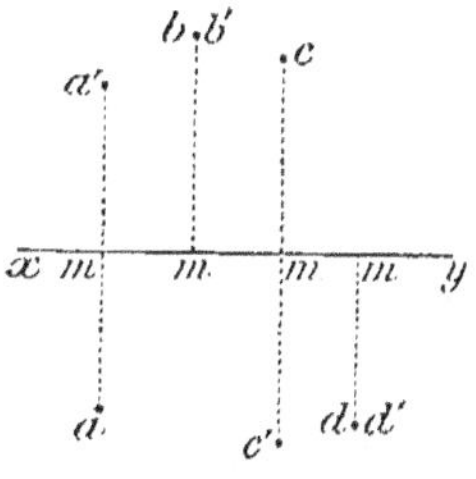

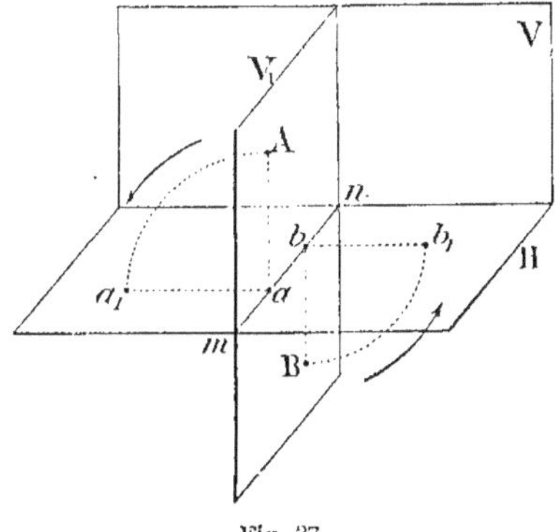

Fig. 36.

29. Point donné, point cherché. — **Donner** ou **chercher** un point, c'est **donner** ou **chercher** les projections de ce point.

Pour désigner le point dont les projections sont a et a', on écrit : le point A, ou bien : le point (a, a').

30. Rabattement d'un plan vertical sur un plan horizontal. — Rabattre le plan vertical V_1 sur un plan horizontal H, c'est l'amener à coïncider avec le plan H, en le faisant tourner autour de la ligne d'intersection mn des deux plans (fig. 37).

L'intersection mn, trace du plan V_1 sur le plan H, est la **charnière** ou **l'axe de rabattement**.

Un point A du plan vertical se rabat en a_1 sur une perpendiculaire à mn menée par a, projection horizontale du point, et l'on a : $a\,a_1 = A\,a$, car dans le rabattement, $A\,a$ reste constamment perpendiculaire à mn, et vient se placer en $a\,a_1$ dans le plan H.

Fig. 37.

Un point B du plan vertical, situé au-dessous du plan H, se rabat de même en b_1, sur la perpendiculaire $b\,b_1$ à mn, de manière que $b\,b_1 = B\,b$, et du côté opposé à celui de a_1 par rapport à mn.

Remarque. — Tout point d'un plan vertical se projette sur la trace horizontale de ce plan. En effet, le plan V_1 étant perpendiculaire au plan H, la projetante $A\,a$ (fig. 37) est tout entière dans le plan V_1, et son pied a tombe sur l'intersection mn des deux plans.

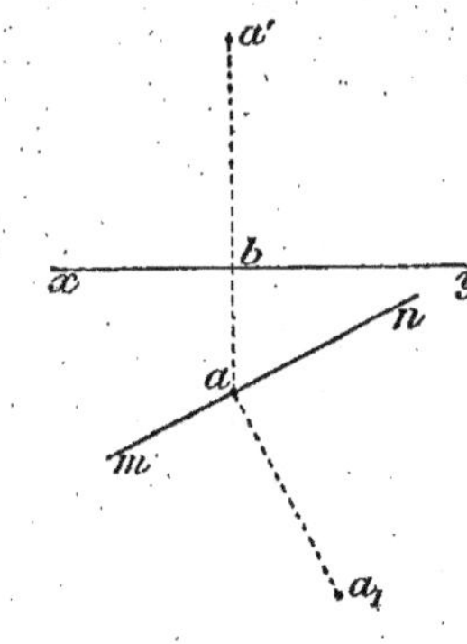

Fig. 38.

Problème.

31. *Rabattre un point d'un plan vertical, connaissant la trace horizontale du plan et les projections du point.*

Soient mn la trace horizontale du plan vertical, et (a, a') les projections d'un point de ce plan.

Du point a (fig. 38), on mène une perpendiculaire à mn, sur laquelle on porte une distance aa_1 égale à la cote ba' du point considéré : a_1 est le rabattement du point (a, a').

CHAPITRE II

DE LA DROITE

---

§ I. — REPRÉSENTATION DE LA DROITE

32. — Nous avons vu (n°s 4 et 5) que la projection d'une droite sur un plan est une droite, excepté lorsque la droite est perpendiculaire au plan de projection, car alors sa projection se réduit à un point.

Donc, en général, une droite AB de l'espace aura pour projection horizontale la droite ab, obtenue en joignant les projections horizontales de deux de ses points, et pour projection verticale, la droite $a'b'$, obtenue en joignant les projections verticales de ces mêmes points.

La figure formée par ab, $a'b'$, et la ligne de terre xy constitue l'épure de la droite AB.

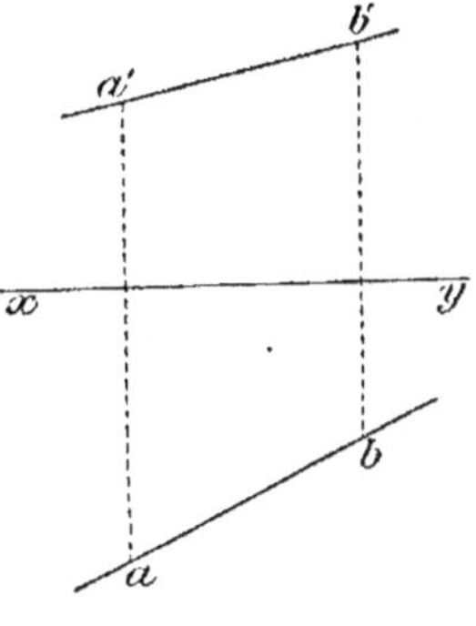

Fig. 39.

Problème.

33. *Rabattre une droite sur un plan horizontal.* — Rabattre une droite sur un plan horizontal, c'est rabattre le plan vertical qui la projette horizontalement.

La trace du plan se confond avec la projection horizontale de la droite.

Le rabattement d'une droite s'obtient en effectuant le rabattement de deux de ses points.

Soit à rabattre la droite (ab, $a'b'$) sur le plan horizontal ; par les points a et b, et d'un même côté de ab, puisque les cotes des deux points sont positives, on mène à ab des perpendiculaires sur lesquelles on prend $a a_1 = m a'$, $b b_1 = n b'$ (fig. 40), et $a_1 b_1$ est la droite rabattue.

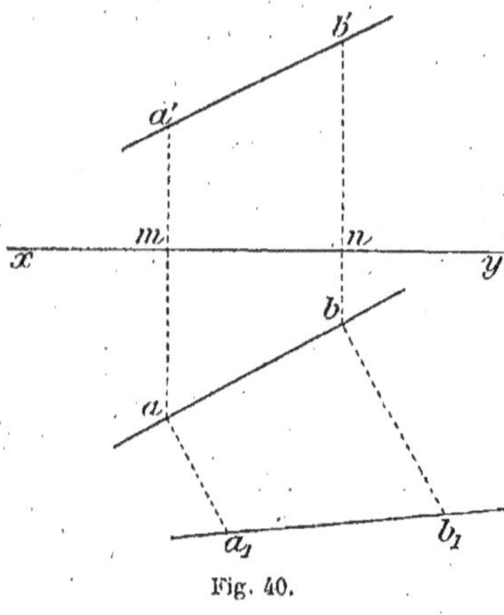

Fig. 40.

Théorème.

34. *La position d'une droite dans l'espace est déterminée lorsqu'on connaît les projections de cette droite sur deux plans qui se coupent.*

Il n'y a d'exception que pour les droites situées dans un plan de profil.

Supposons le plan vertical relevé, et soient ab, $a'b'$, les projections de la droite (fig. 41).

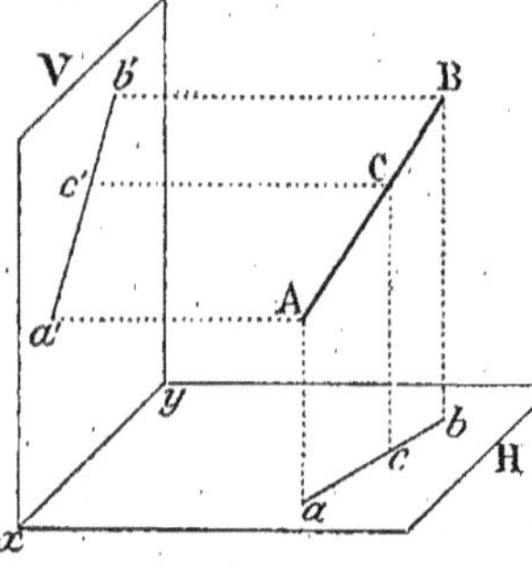

Fig. 41.

Menons par ab un plan perpendiculaire au plan H, et par $a'b'$ un plan perpendiculaire au plan V; chacun de ces plans doit contenir la droite de l'espace; par suite, cette droite est leur intersection; mais ces plans se coupent suivant une droite AB, et cette ligne est la seule qui ait pour projections ab et $a'b'$; donc la ligne de l'espace est déterminée.

35. Cas particulier. — *Le théorème est en défaut lorsque les projections de la droite sont sur une même perpendiculaire à xy, car alors les deux plans projetants de cette droite se confondent.*

Dans ce cas, la droite appartient à un plan de profil (n° 18) et toutes les droites du plan ont des projections confondues. Mais l'une d'elles est déterminée si l'on connaît les projections (a, a') et (b, b') de deux de ses points (fig. 42).

En effet, rabattons le plan de profil sur le plan horizontal, en le faisant tourner autour de sa trace horizontale ab. Il suffit de porter, sur

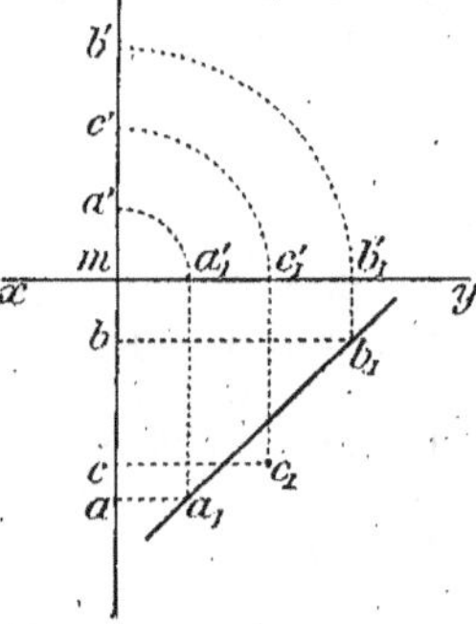

Fig. 42.

les perpendiculaires à ab aux points a et b, les distances $aa_1 = ma'$ et $bb_1 = mb'$ (n° 33).

La droite rabattue a_1b_1 est déterminée.

Construction. — Après avoir tracé les perpendiculaires aa_1 et bb_1 à ab, pour porter les cotes correspondantes, on décrit des quarts de cercle $a'a_1'$, $b'b_1'$ de centre m et de rayons ma', mb'; puis, par a_1' et b_1', on mène les parallèles $a_1'a_1$ et $b_1'b_1$, à ab.

Droite de profil. — Toute droite contenue dans un plan de profil se nomme droite de profil.

36. Remarque. — Une droite est déterminée lorsqu'on connaît les projections de deux quelconques de ses points.

Droite donnée, droite cherchée. — Donner ou chercher une droite, c'est donner ou chercher les projections de cette droite. Pour désigner la droite dont les projections sont ab, $a'b'$, on écrit : la droite AB, ou la droite $(ab, a'b')$.

Théorème.

37. *Un point appartient à une droite, lorsque les projections de ce point sont sur les projections correspondantes de la droite.*

Soient c et c' les projections d'un point, situées respectivement sur les projections ab, $a'b'$, d'une droite (fig. 43). Il faut prouver que le point C de l'espace se trouve sur la droite AB.

En effet, en remettant à angle droit les plans de projection (fig. 41), on reconnaît que la projetante qui donne c se trouve dans le plan projetant ABab; de même, la projetante qui donne c' se trouve dans le plan AB$a'b'$; donc l'intersection C des deux projetantes est un point de l'intersection AB des deux plans projetants.

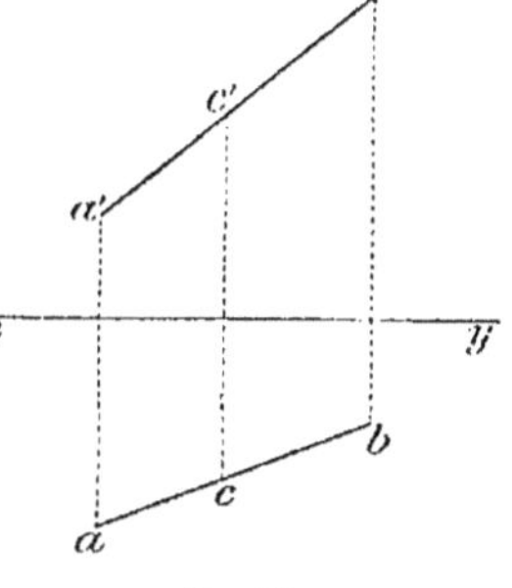

Fig. 43.

Remarque. — Le théorème est en défaut lorsque la droite est de profil (n° 35).

Ainsi le point (c, c') (fig. 42) n'appartient pas à la droite $(ab, a'b')$, comme on peut le voir dans le rabattement.

Problème.

38. *Trouver l'une des projections d'un point d'une droite, connaissant l'autre projection de ce point.*

Soient $(ab, a'b')$ la droite donnée, et c la projection horizontale

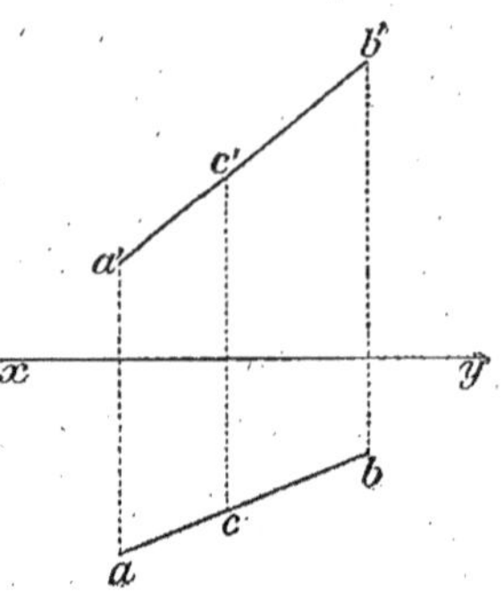

Fig. 44.

d'un point de cette droite (fig. 44). D'après le théorème précédent (n° 37), la projection verticale du point doit se trouver sur $a'b'$, projection verticale de la droite; elle doit également se trouver sur la ligne de rappel menée par le point c; elle est donc en c', intersection de cc' et de $a'b'$.

Problème.

39. *Trouver, sur une droite, les projections d'un point de cote donnée.*

La cote d'un point est la distance de la projection verticale de ce point à xy. Donc, en un point quelconque e' de xy (fig. 45), on

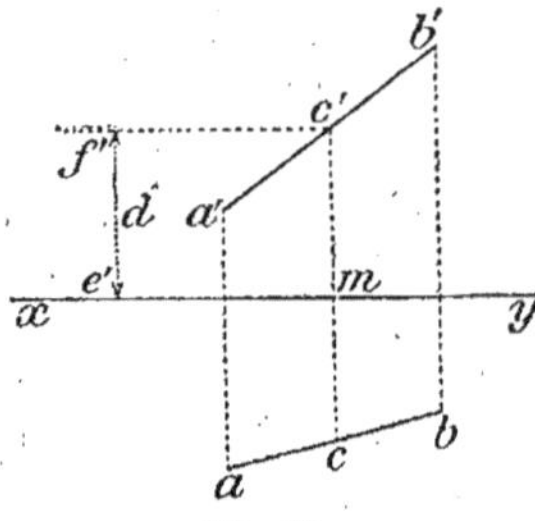

Fig. 45.

élève une perpendiculaire sur laquelle on prend une distance $e'f'$ égale à la cote donnée d. La parallèle $f'c'$ à xy rencontre $a'b'$ au point c', projection verticale du point cherché; une ligne de rappel détermine sa projection horizontale c sur ab. On a bien :

$$mc' = c'f' = d.$$

La construction est analogue lorsqu'on donne l'éloignement du point.

§ II. — DROITES CONCOURANTES ET DROITES PARALLÈLES

Théorème.

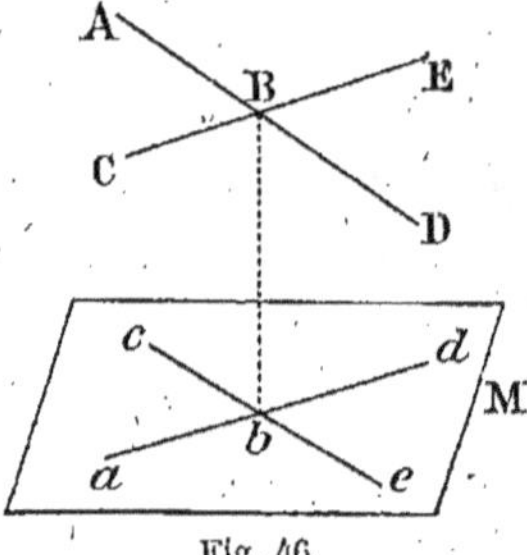

Fig. 46.

40. *Deux droites se coupent :*

1° Lorsque le point d'intersection des projections verticales et celui des projections horizontales se trouvent sur une même ligne de rappel ;

2° Lorsque deux projections de même nom se confondent et que les deux autres se coupent ;

3° Lorsque l'une des projections se réduit à un point situé sur la projection de même nom de l'autre droite.

1° *a*) **La condition est nécessaire.**

Soient deux droites, AD et CE, qui se coupent au point B. Le point B appartenant à chacune des droites, sa projection sur un plan quelconque M doit appartenir à la projection correspondante de chaque droite (n° 37); donc les projections *ad* et *ce* se coupent au point *b*, projection de B (fig. 46.)

Par suite, les projections verticales se couperont en *b'*, projection verticale de B (fig. 47), et les projections horizontales en *b*, projection horizontale de B. Or *b* et *b'*, projections d'un même point B, sont sur une même ligne de rappel.

b) **La condition est suffisante.**

Soient (*ad*, *a'd'*), (*ce*, *c'e'*) les droites données (fig. 47). Les points *b* et *b'*, étant sur une même perpendiculaire à *xy*, sont les projections d'un même point B de l'espace (n° 22); d'ailleurs, ce point appartient à chacune des lignes considérées, car ses projections sont sur les projections

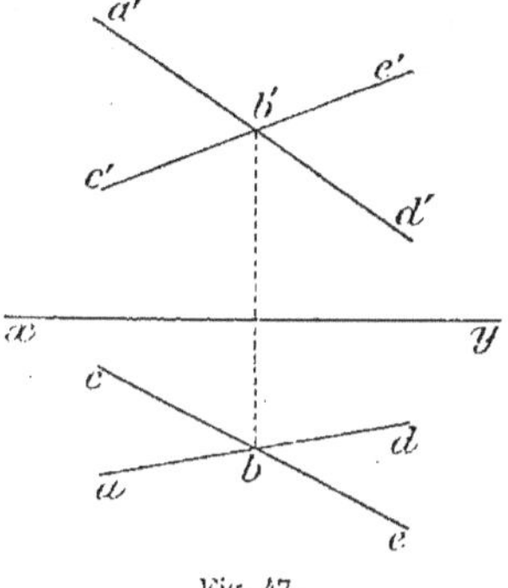

Fig. 47.

correspondantes de chaque droite (n° 37); donc AD et CE se coupent au point B.

2° Les deux droites (*ab*, *a'b'*) et (*cb*, *c'b'*) (fig. 48) ont même

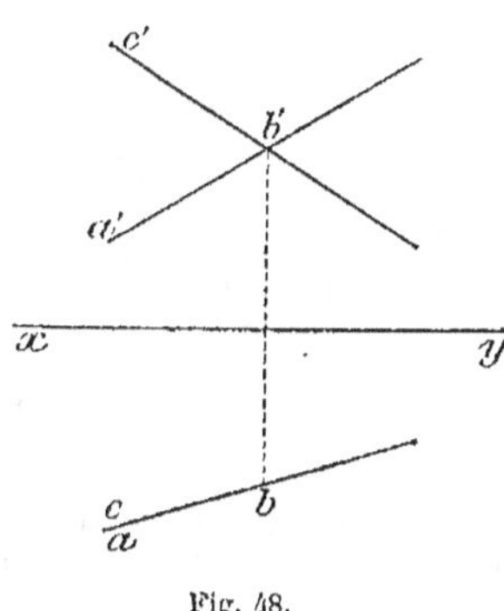

Fig. 48.

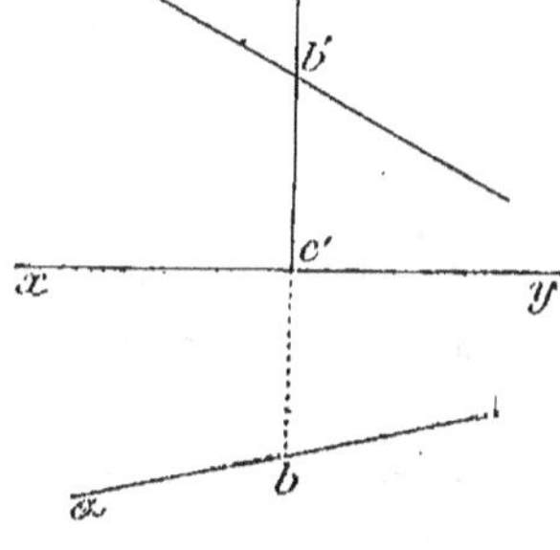

Fig. 49.

plan projetant par rapport au plan horizontal, et, le point (*b*, *b'*) appartenant à chacune d'elles, ces droites se coupent au point B.

3° La droite (*ab*, *a'b'*) et la verticale (*b*, *b'c'*) (fig. 49) ont (*b*, *b'*) pour point commun.

Remarque. — Deux droites, situées dans un même plan de profil, sont **concourantes** ou **parallèles**; mais l'épure n'indique pas directement quel est le cas qui se présente.

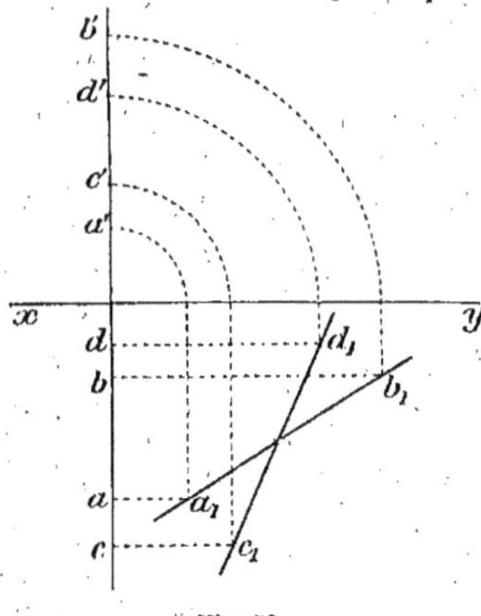
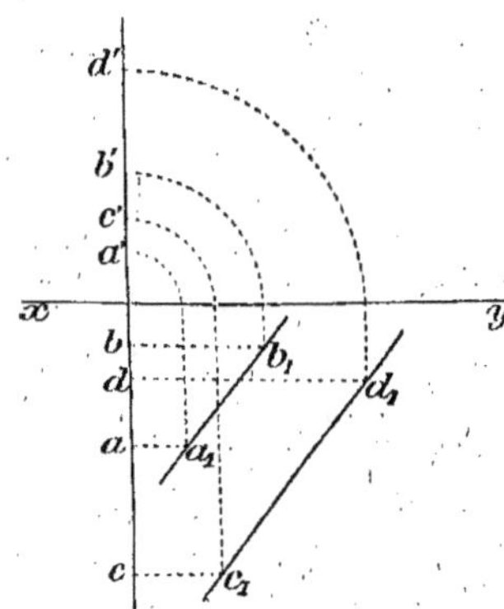

Fig. 50.   Fig. 51.

Il est nécessaire de recourir à un rabattement.

Ainsi, dans la figure 50, les droites $(ab, a'b')$ et $(cd, c'd')$ sont concourantes, tandis que, dans la figure 51, les droites $(ab, a'b')$ et $(cd, c'd')$ sont parallèles.

Théorème.

41. Deux droites sont parallèles :

1° *Lorsque leurs projections de même nom, sur deux plans qui se coupent, sont elles-mêmes parallèles ;*

2° *Lorsque deux projections de même nom se confondent et que les deux autres sont parallèles ;*

3° *Lorsque leurs projections sur un même plan se réduisent chacune à un point.*

1° *a*). — **La condition est nécessaire.** — Soient AB et CD deux droites parallèles. Nous avons vu (n° 6) que si deux droites sont parallèles, leurs projections sur un même plan sont parallèles. Donc les projections horizontales ab et cd seront parallèles entre elles; il en sera de même des projections verticales $a'b'$ et $c'd'$.

b). — **La condition est suffisante.** — On donne ab parallèle à cd et $a'b'$ parallèle à $c'd'$; il faut démontrer que les droites AB et CD de l'espace sont parallèles.

Relevons le plan vertical. Les plans projetants $A\,ab$ et $C\,cd$ sont parallèles, car les angles $A\,ab$ et $C\,cd$ ont leurs côtés respectivement parallèles (M. G., n° 444); il en est de même des plans projetants $A\,a'b'$ et $C\,c'd'$.

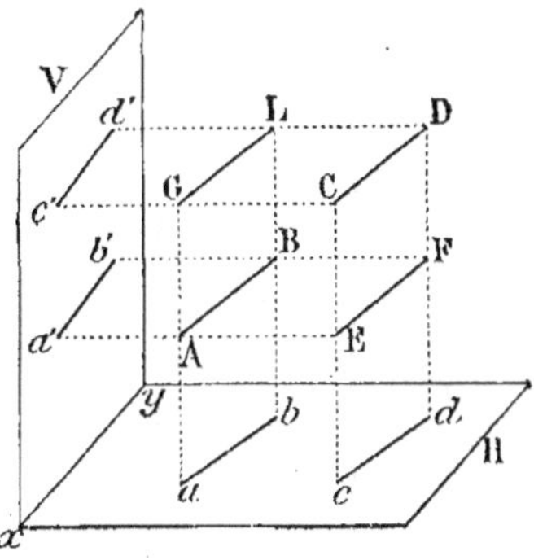
Fig. 52.

Les droites AB et EF sont parallèles, comme intersections de deux plans parallèles $A\,ab$ et $C\,cd$, par un troisième $A\,a'b'$; de même, les droites CD et EF sont parallèles, comme intersections des deux plans parallèles $A\,a'b'$ et $C\,c'd'$ par un troisième $C\,cd$ (M. G., n° 437).

Donc AB et CD, parallèles toutes deux à EF, sont parallèles entre elles (M. G., n° 436).

2° Si les deux droites ont même projection horizontale, par exemple, et que les projections verticales soient parallèles, les droites sont parallèles comme intersections des deux plans parallèles qui les projettent sur le plan vertical, par le plan unique qui les projette sur le plan horizontal.

3° Deux droites perpendiculaires à un même plan sont parallèles (M. G., n° 448).

Remarque. — Deux droites de profil ne sont pas nécessairement parallèles (n° 40, R.).

<h3 align="center">Problème.</h3>

42. Par un point donné, mener une droite parallèle à une droite donnée.

Les projections de même nom des deux droites doivent être parallèles (n° 41); donc, par chaque projection du point, il faut mener une parallèle à la projection de même nom de la droite donnée.

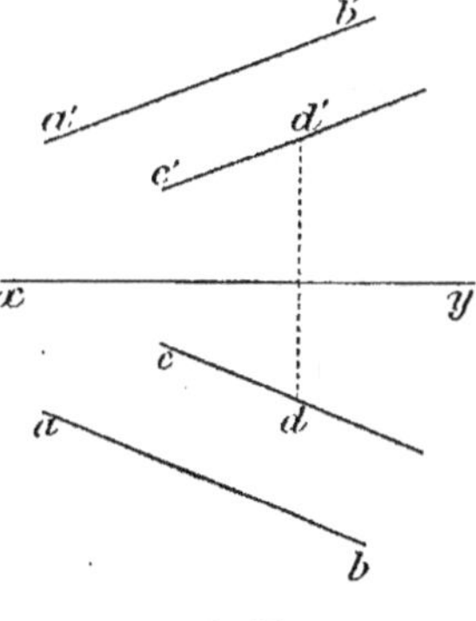
Fig. 53.

Soient $(ab,\ a'b')$ et $(d,\ d')$ la droite et le point donnés (fig. 53).

On mène dc parallèle à ab, et $d'c'$ parallèle à $a'b'$. La droite $(cd,\ c'd')$ est la parallèle demandée.

Remarque. — Cette construction est en défaut lorsque la droite est de profil. Soit à mener par le point (c, c') une parallèle à une droite de profil $(ab, a'b)$ (fig. 54):

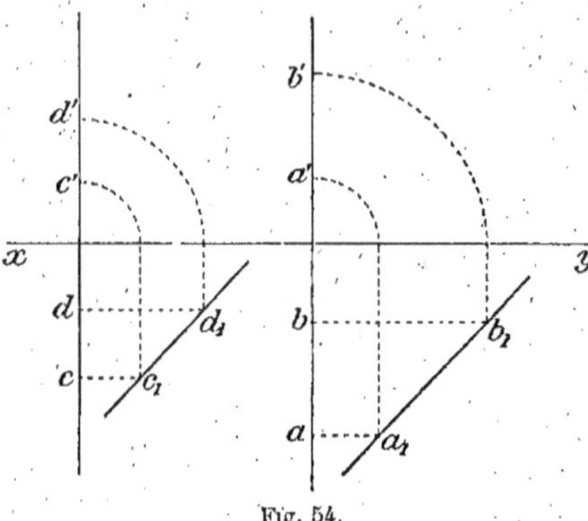

Fig. 54.

D'après les propriétés des droites parallèles (n° 41), la droite cherchée sera de profil, et un seul point (c, c') ne suffit pas à la déterminer.

Rabattons sur le plan horizontal le plan de profil du point (c, c') et celui qui contient la droite $(ab, a'b')$. Le point (c, c') est rabattu en c_1, et la droite en a_1b_1.

Par c_1, menons une parallèle à a_1b_1 et prenons sur cette parallèle un point quelconque d_1. Ce point a pour projections d, d', et la droite $(cd, c'd')$ est parallèle à $(ab, a'b')$.

Problème.

43. Reconnaître si deux droites, données par leurs projections, sont concourantes.

Il suffit de vérifier que le point de rencontre des projections verticales et le point de rencontre des projections horizontales sont sur une même ligne de rappel, dans le cas où ces projections se coupent dans les limites de l'épure.

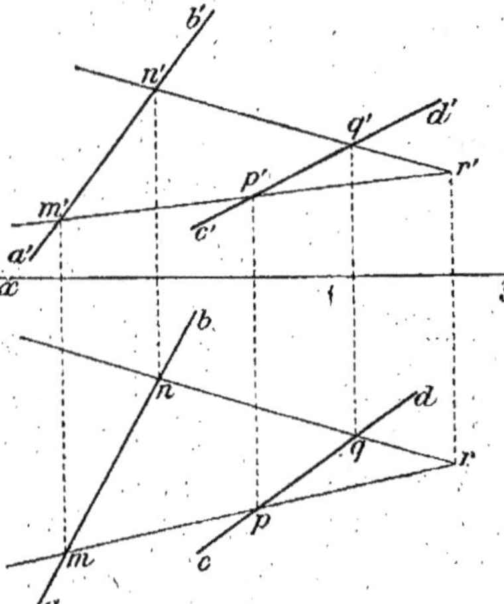

Fig. 55.

Dans le cas contraire, on sait que deux droites concourantes déterminent un plan. Or deux droites s'appuyant sur les premières déterminent le même plan.

On peut toujours se donner les projections concourantes de même nom des deux droites auxiliaires, les projections verticales $m'p'$ et $n'q'$, par exemple (fig. 55); on détermine les projections horizontales correspondantes mp et nq; ces dernières doivent se rencontrer, et les deux points d'intersection r et r' doivent appartenir à une même ligne de rappel.

S'il n'en est pas ainsi, les droites $(ab,\ a'b')$ et $(cd,\ c'd')$ ne sont pas concourantes.

Remarques. — 1° Le point $(m,\ m')$ appartenant à la droite $(ab,\ a'b')$, sa projection horizontale m se trouve sur ab; de même, pour les autres points $(n,\ n')$,…

2° En général, deux droites quelconques, données par leurs projections, ne se coupent pas;

3° Cette construction n'est pas applicable à deux droites de profil. Il faut recourir à un rabattement.

§ III. — TRACES D'UNE DROITE

44. Définition. — On appelle **trace *d'une droite sur un plan*** le point de rencontre de la droite et du plan.

Les points de rencontre d'une droite avec les plans de projection s'appellent **trace horizontale** et **trace verticale** de la droite.

Ainsi le point H (fig. 56) est la trace horizontale h, et le point V est la trace verticale v' de la droite HV. Cherchons les projections h' et v.

Le point h est sur le plan horizontal, donc sa projection verticale h' est sur xy (n° 25, 5°, 6°); de même la projection horizontale v de

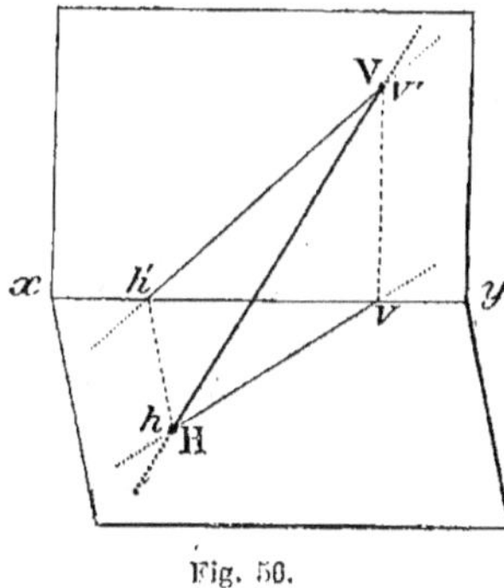

Fig. 56.

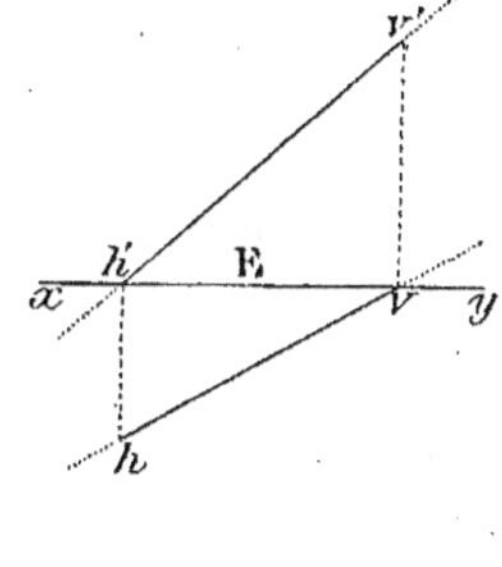

Fig. 57.

la trace verticale v' se trouve sur xy, car le point projeté appartient au plan vertical (n° 25, 7° et 8°).

L'épure offre la disposition E (fig. 57).

Problème.

45. *Déterminer les traces d'une droite donnée par ses projections.*

La trace horizontale est le point commun à la droite et au plan horizontal. Ce point appartenant au plan horizontal, sa projection verticale est sur xy; le point appartenant à la droite, sa projection verticale est aussi sur la projection verticale $a'b'$ de la droite; donc cette projection verticale est l'intersection h' de xy avec $a'b'$; une ligne de rappel détermine sa projection horizontale h sur ab (n° 37).

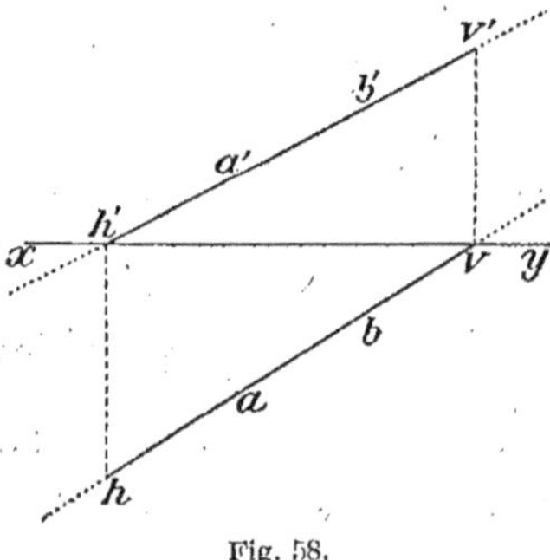

Fig. 58.

Soit la droite $(ab, a'b')$ (fig. 58).

Pour avoir la trace horizontale, prolongeons $a'b'$ jusqu'à xy, élevons la perpendiculaire $h'h$, et le point h est la trace cherchée; ses projections sont (h, h').

De même, la trace verticale, point commun à la droite et au plan vertical, se projette horizontalement au point de rencontre v de xy avec la projection horizontale ab de la droite. Une ligne de rappel détermine sa projection verticale v' sur $a'b'$.

Pour avoir la trace verticale, prolongeons ab jusqu'à xy, élevons la perpendiculaire vv' : le point v' est la trace cherchée; ses projections sont (v, v').

46. RÈGLE PRATIQUE. — *Le point commun à la ligne de terre et à la projection verticale est la projection verticale de la trace horizontale; une ligne de rappel donne cette trace elle-même.*

On peut formuler une règle analogue pour déterminer la trace verticale; d'ailleurs, cette construction peut encore être justifiée comme il suit :

Le point (v, v') est la trace verticale, car : 1° il appartient à la droite, puisque ses projections sont sur les projections de même nom de cette ligne; 2° il appartient au plan vertical, puisque sa projection horizontale v est sur la ligne de terre.

Remarque. — Les traces d'une droite sont des points; chacun de ces points a une projection verticale et une projection horizontale. Mais la projection horizontale de la trace horizontale est cette trace elle-même : on la désigne simplement par *trace horizontale*.

De même, on dit la *trace verticale*, et non la projection verticale de la trace verticale.

47. Cas particulier. — *La droite est de profil.* Les deux projections de la droite sont sur une même perpendiculaire à xy, et la règle générale n'est plus applicable.

1° Soit à trouver les traces de la droite de profil $(ab, a'b')$ (fig. 59).

Rabattons le plan de profil sur le plan horizontal, et soit a_1b_1 le rabattement de la droite.

a_1b_1 rencontre la trace du plan de profil en h_1, et xy en v_1.

Le point h_1, de cote nulle, est la trace horizontale de la droite; ses projections sont h, h'.

Le point v_1, d'éloignement nul, est le rabattement de la trace verticale de la droite; il a pour projections v, v'.

2° Soit encore à déterminer les traces de la droite de profil donnée par les points (c, c') et (d, d') (fig. 60). Par le rabattement de la partie antérieure du plan de profil sur le plan horizontal, vers la droite de l'épure, on obtient c_1d_1,

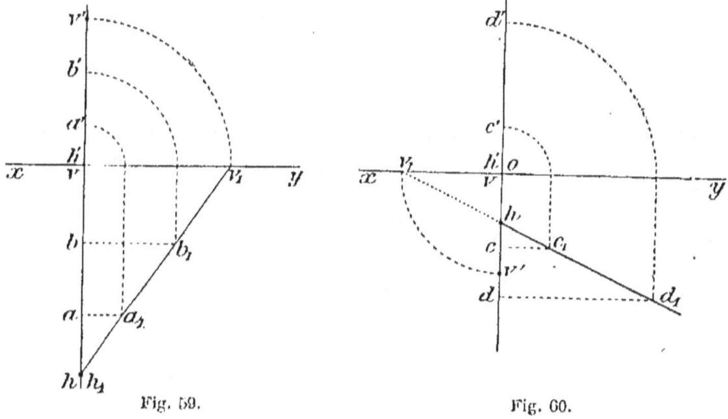

Fig. 59.   Fig. 60.

qui rencontre le plan horizontal antérieur en h, et le plan vertical inférieur en v_1. Il faut donc porter la distance ov_1 en ov', au-dessous de xy. Les traces de la droite sont h et v'.

48. Ponctuation de la droite. — On suppose les plans de projection opaques et indéfinis et l'observateur placé dans le premier dièdre, à une distance infinie, au-dessus du plan horizontal et en avant du plan vertical.

Les seules portions de droite visibles sont celles situées dans le premier dièdre; leurs projections se représentent en trait continu; les portions de droite cachées, c'est-à-dire situées dans les trois autres dièdres, sont représentées en pointillé.

49. *Reconnaître les régions de l'espace traversées par une droite.*

Les diverses régions sont limitées par les traces de la droite. On considère un point de la droite, autre que les traces, et, d'après sa position (n° 26), on déduit celle de la portion de droite à laquelle il appartient.

En appliquant les règles ci-dessus à diverses droites, on obtient les résultats suivants :

1° Dans la figure 61, le point (a, a'), ayant ses deux projections au-dessus de xy, est situé dans le deuxième dièdre (n° 24, 2°); il en est de même du segment $(va, v'a')$, auquel il appartient.

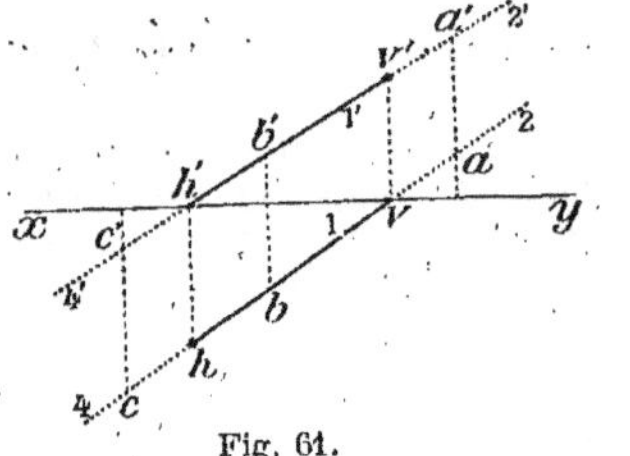

Fig. 61.   Fig. 62.

Tout point (b, b') du segment $(hv, h'v')$ se trouve dans le premier dièdre (n° 24, 1°); donc le segment $(hv, h'v')$ est dans le premier dièdre.

Enfin, tout point (c, c') du segment $(hc, h'c')$ se trouvant dans le quatrième dièdre (n° 24, 4°), il en est de même du segment considéré.

2° Dans les figures 62, 63 et 64, les n°ˢ $(1, 1')$, $(2, 2')$, $(3, 3')$

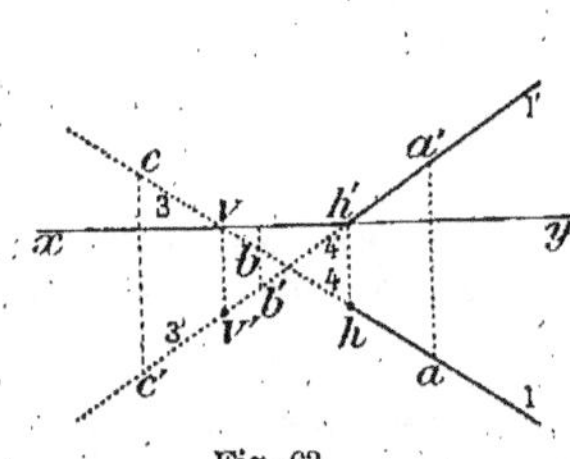

Fig. 63.   Fig. 64.

et $(4, 4')$ indiquent les segments de droite appartenant respectivement au premier, deuxième, troisième et quatrième dièdres.

Problème réciproque.

50. *Déterminer les projections d'une droite dont on connaît les traces.*

Pour avoir les projections d'une droite dont on connaît deux points, il suffit de joindre par une droite les projections de même nom ; car la projection horizontale de la droite doit contenir les projections horizontales des deux points donnés, et la projection verticale doit contenir leurs projections verticales (n° 37).

Soient h et v' les traces données (fig. 65) ; projetons ces points sur xy, afin de déterminer h' et v ; joignons les projections horizontales h et v, et menons $h'v'$: $(hv, h'v')$ est la droite demandée, car elle contient les deux points donnés.

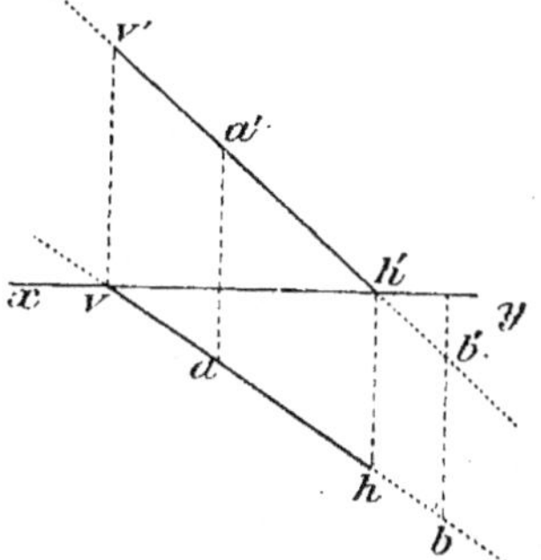

Fig. 65.

51. Remarques. — 1° Dans la figure 65, la droite HV est visible entre ses deux traces ; un point quelconque A de ce segment est dans le premier dièdre ; le reste est invisible ; B, par exemple, appartient au quatrième dièdre (n°s 15 et 24).

2° Lorsque h et v' sont au-dessus de la ligne de terre (fig. 66), la partie CV est visible ; la droite rencontre le plan vertical en v', passe dans le deuxième dièdre, et en sort au point h pour passer dans le troisième.

3° Lorsque h et v' sont sur une même perpendiculaire à xy (fig. 67), la droite est dans un plan de profil ; en rabattant ce plan sur le plan horizontal, h ne change pas, v' devient v'_1 et, sur la ligne hv'_1, on peut déterminer autant

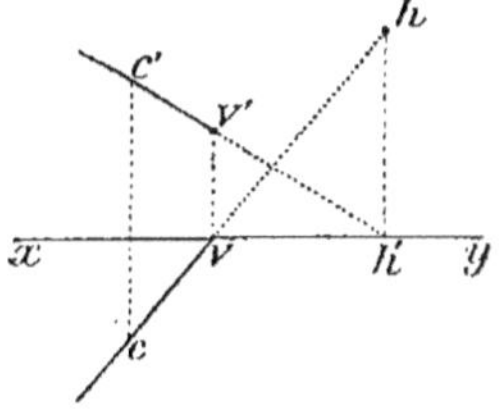

Fig. 66.

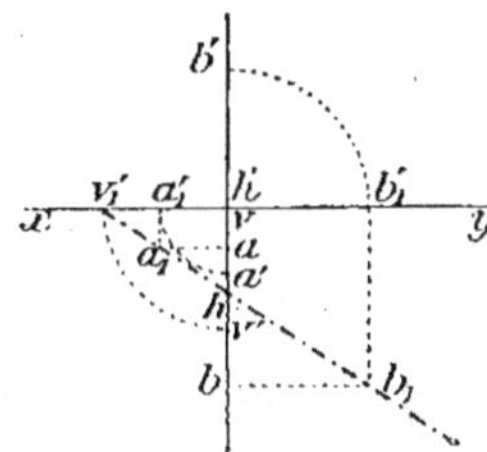

Fig. 67.

de points que l'on veut ; a_1 et b_1, par exemple, ont pour projections respectives a, a' et b, b'.

4° **Visibilité.** — *Résumé.* — Une droite qui rencontre les deux plans de projection est divisée par ses traces en trois parties : l'une finie, comprise entre les traces ; les deux autres illimitées, extérieures aux traces.

Si l'une de ces parties est située dans le premier dièdre, elle est visible et se représente en trait continu ; les parties situées dans les trois autres dièdres sont invisibles, on les représente en pointillé (nᵒ 48).

§ IV. — POSITIONS DIVERSES D'UNE DROITE

52. **1ᵒ Droite rencontrant les deux plans de projection.** — Dans ce cas, chaque projection rencontre xy : la droite a deux traces.

2ᵒ Droite horizontale. — On appelle *horizontale* toute droite parallèle au plan horizontal.

La projection horizontale ab peut être quelconque (fig. 68) ; mais la projection verticale $a'b'$ est parallèle à xy. En effet, tous les points de la ligne sont à égale distance du plan horizontal ; donc les projections verticales a', b', v', sont également éloignées de xy.

Une horizontale n'a pas de trace horizontale, puisqu'elle est parallèle au plan horizontal ; mais elle peut avoir une trace verticale (v, v') qui s'obtient en appliquant la règle ordinaire (nᵒ 46).

L'horizontale $(ab, a'b')$ (fig. 68) est au-dessus du plan horizontal, et sa distance à ce plan est indiquée par vv' (nᵒ 21, cote).

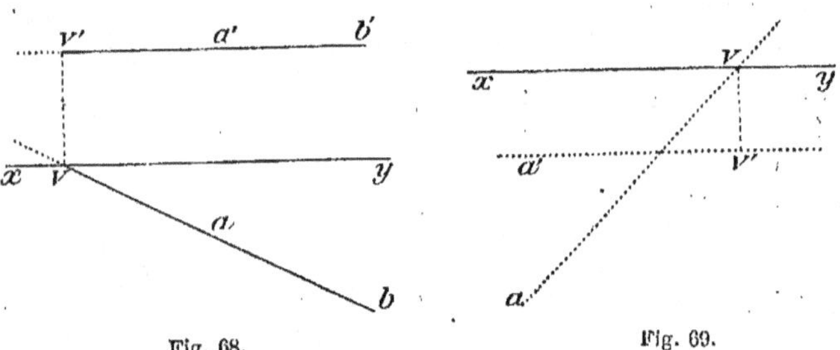

Fig. 68.   Fig. 69.

La droite est dans le plan horizontal lorsque $a'b'$ est sur xy (voir 8ᵒ) ; elle est au-dessous du plan horizontal (fig. 69) lorsque la projection verticale est au-dessous de la ligne de terre.

3ᵒ Droite de front ou frontale. — On appelle *droite de front* ou *frontale* toute droite parallèle au plan vertical.

La projection verticale $h'g'$ peut être quelconque (fig. 70), mais la projection horizontale hg est parallèle à xy, car tous les points de cette ligne sont à égale distance du plan vertical, et leurs projections horizontales h, g... sont également éloignées de xy.

Une pareille droite peut être en avant du plan vertical (fig. 70),
sur le plan vertical (voir 8°), ou en arrière du plan vertical.

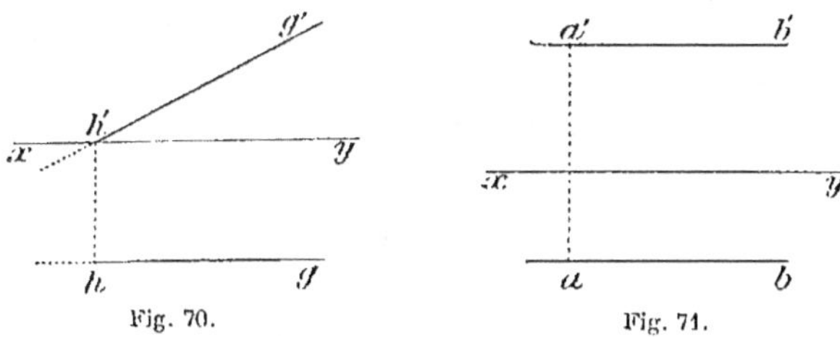

Fig. 70.   Fig. 71.

4° Droite parallèle à la ligne de terre. — Cette droite est parallèle
aux deux plans de projection. C'est à la fois une *horizontale* et une
frontale, et ses deux projections ab, $a'b'$, sont parallèles à xy
(fig. 71).

5° Droite verticale. — On appelle *verticale* toute droite perpendiculaire au plan horizontal.

Sa projection verticale $a'b'$ (fig. 72) est perpendiculaire à xy, tandis
que sa projection horizontale se réduit à un point a, sa trace horizon-

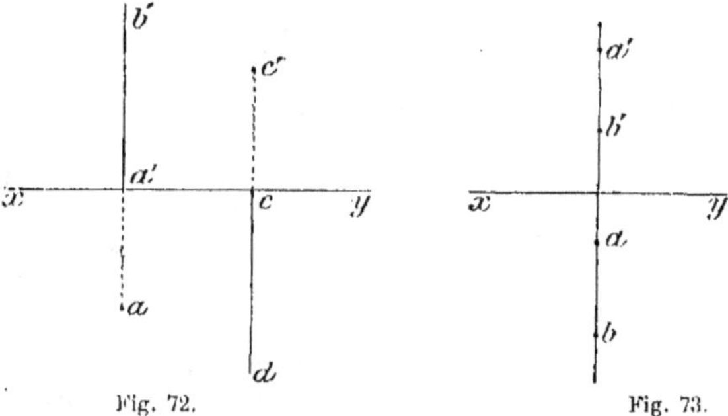

Fig. 72.   Fig. 73.

tale. En effet, les projetantes des différents points de la droite sur le
plan horizontal sont confondues.

6° Droite de bout. — On appelle *droite de bout* toute droite perpendiculaire au plan vertical.

Sa projection horizontale cd (fig. 72) est perpendiculaire à xy,
tandis que sa projection verticale se réduit à un point c', trace verticale de la droite. En effet, les projetantes des différents points de la
droite sur le plan vertical sont confondues.

7° Droite de profil. — On appelle *droite de profil* toute droite
contenue dans un plan perpendiculaire aux deux plans de projection.

2*

Ses deux projections, perpendiculaires à xy (fig. 73), ne suffisent plus à déterminer la droite, car elles conviennent à toutes les droites du plan ; par suite, il faut d'autres conditions, par exemple, les projections de deux de ses points (a, a') et (b, b'). (Voir n° 35.)

8° Droite contenue dans l'un des plans de projection. — Cette droite est elle-même sa projection de même nom que le plan qui la

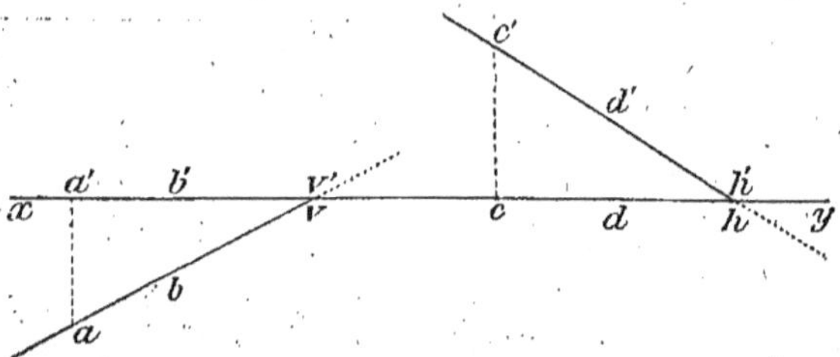

Fig. 74.

contient, et la projection de nom contraire est sur la ligne de terre. Cette droite est une *horizontale* $(ab, a'b')$ (fig. 74), ou une *ligne de front* $(cd, c'd')$ (n° 52, 2° et 3°).

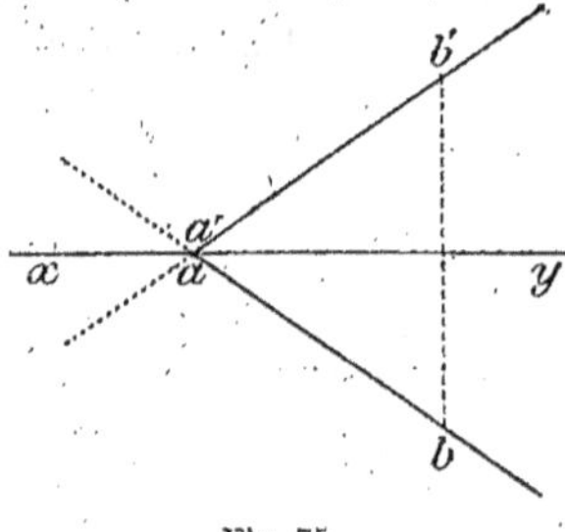

Fig. 75.

9° Droite coïncidant avec la ligne de terre. — Dans ce cas, les deux projections sont sur xy.

10° Droite rencontrant la ligne de terre. — Lorsqu'une droite rencontre la ligne de terre, ses deux projections ont un point commun (a, a') sur xy (fig. 75) ; ce point est à la fois la trace horizontale et la trace verticale de la ligne considérée.

11° Droite appartenant au 1er plan bissecteur. — La cote et l'éloignement de chacun de ses points sont égaux (n° 28), et, après le rabattement, les deux

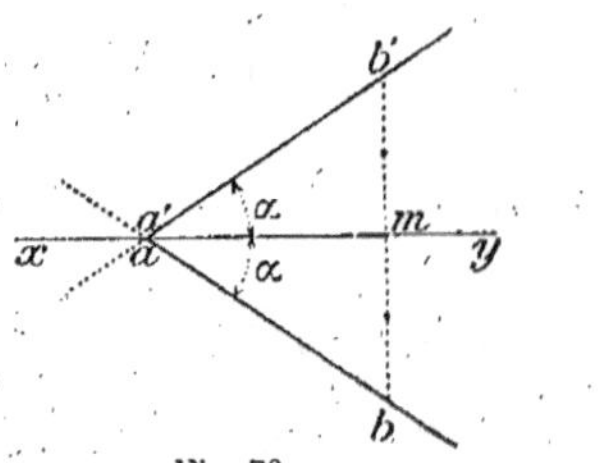

Fig. 76.

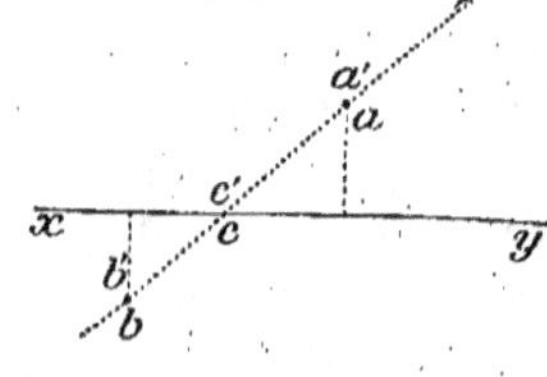

Fig. 77.

projections de chaque point sont symétriques par rapport à xy ; il en est de même des deux projections de la droite (fig. 76).

12° **Droite appartenant au 2° plan bissecteur.** — La cote et l'éloignement de chacun de ses points sont encore égaux ; mais après le rabattement du plan vertical, les projections de chaque point sont confondues (n° 28) ; il en est de même des deux projections de la droite (fig. 77).

53. Résumé. — *Deux droites se coupent lorsque le point d'intersection des projections horizontales et celui des projections verticales se trouvent sur une même perpendiculaire à la ligne de terre,* ou lorsque deux projections de même nom se coupent et que les deux autres se confondent.

Deux droites sont parallèles lorsque, sur chaque plan, leurs projections sont parallèles, ou que deux projections de même nom sont parallèles et que les deux autres se confondent.

Une droite est horizontale lorsque sa projection verticale est parallèle à la ligne de terre.

Une droite est parallèle au plan vertical lorsque sa projection horizontale est parallèle à la ligne de terre.

Une droite est perpendiculaire à l'un des plans de projection lorsque sa projection sur ce plan se réduit à un point, alors l'autre projection est perpendiculaire à la ligne de terre.

CHAPITRE III

DU PLAN

§ I. — TRACES ET REPRÉSENTATIONS D'UN PLAN

54. Représentations d'un plan. — En géométrie, un plan est déterminé :

1º Par deux droites qui se coupent ;

2º Par deux droites parallèles ;

3º Par un point et une droite ;

4º Par trois points non en ligne droite.

Les trois derniers cas se ramènent au premier, car il suffit de joindre un point de l'une des parallèles à un point de la seconde (2º), ou de joindre le point donné à un point quelconque de la droite (3º), ou enfin de joindre l'un des points à chacun des deux autres (4º).

Donc, en général, un plan peut être représenté par les projections de deux droites concourantes (fig. 78).

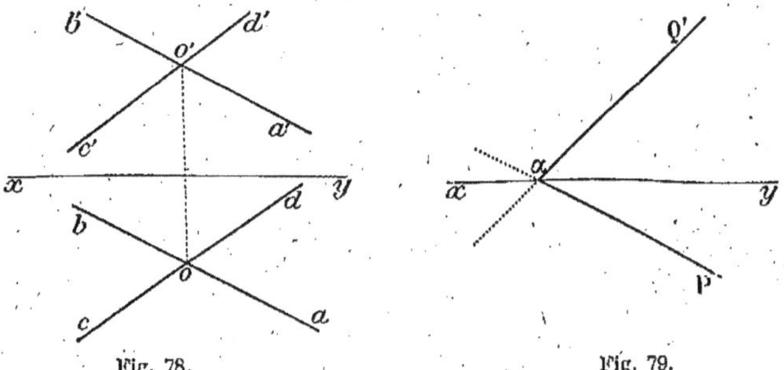

Fig. 78. Fig. 79.

55. Traces d'un plan. — La trace horizontale αP (fig. 79) est l'intersection du plan donné avec le plan horizontal ; elle est elle-même sa projection horizontale, et sa projection verticale est sur xy (nº 52, 8º).

La trace verticale $\alpha Q'$ (fig. 79) est l'intersection du plan donné avec le plan vertical; elle se confond avec sa projection verticale, et sa projection horizontale est sur xy (n° 52, 8°).

Un plan se représente souvent par ses traces. — Ce mode de représentation revient au précédent, car les deux droites (αP, xy) et ($\alpha Q'$, xy) concourent au point α (fig. 79).

Théorème.

56. — *Les traces d'un plan concourent en un même point de la ligne de terre, ou elles sont parallèles à cette ligne.*

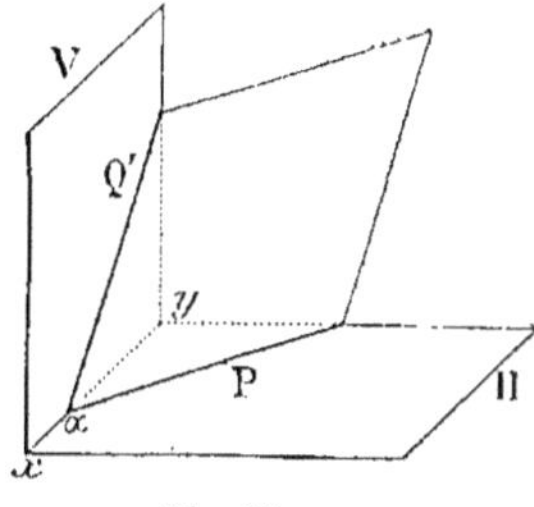

Fig. 80.

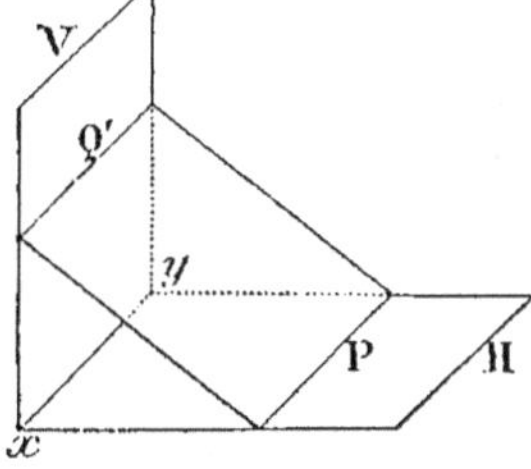

Fig. 81.

En effet, le plan coupe xy ou lui est parallèle. Dans le premier cas (fig. 80), le point α où la ligne de terre rencontre le plan appartient aux deux traces du plan.

Lorsque le plan est parallèle à xy (fig. 81), chaque plan de projection contient une parallèle, xy, au plan donné; donc les intersections P, Q', seront parallèles à xy (M. G., n° 432).

Désignation d'un plan. — Un plan se désigne par le nom de ses traces ou par une seule lettre; ainsi on dit : **le plan P $\alpha Q'$ ou le plan P** (fig. 79). Parfois on se borne à indiquer le point où il coupe xy; on peut dire : **le plan α.**

57. **Point sur une trace.** — *Un point appartient à la trace horizontale d'un plan lorsque la projection horizontale de ce point est sur la trace de même nom, et que la projection verticale est sur la ligne de terre.*

En effet, αc a pour projection verticale xy (n° 52, 8°);

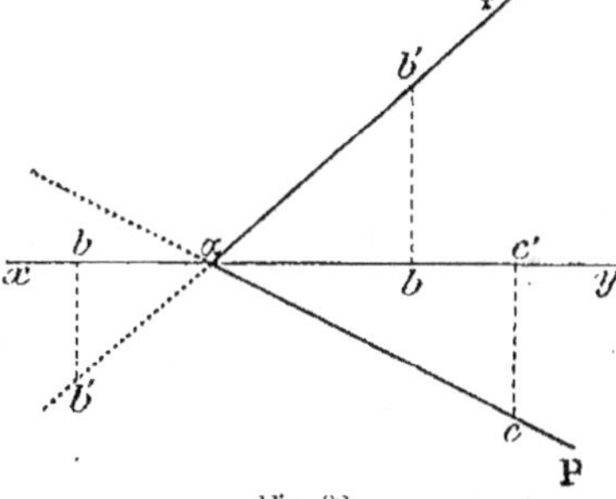

Fig. 82.

donc c et c' étant situés sur les projections d'une droite αc, le point $(c,\ c')$ appartient à cette droite (n° 37).

D'ailleurs, le point $(c,\ c')$ est sur le plan horizontal, puisque c' est sur xy (n° 25, 5°).

De même, le point $(b,\ b')$ appartient à la trace verticale du plan $c\alpha b'$.

§ II. — POSITIONS DIVERSES D'UN PLAN

58. Plan coupant la ligne de terre. — Ses deux traces rencontrent xy au même point (fig. 79).

59. Plan vertical. — On appelle **plan vertical** tout plan perpendiculaire au plan horizontal ; sa trace horizontale est quelconque, et sa trace verticale est perpendiculaire à xy, en vertu du théorème suivant :

Théorème.

60. — *Pour qu'un plan soit perpendiculaire au plan horizontal, il faut et il suffit que sa trace verticale soit perpendiculaire à* **xy.**

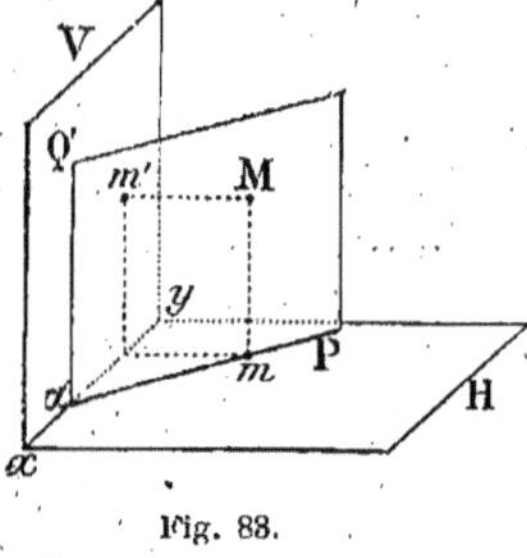

Fig. 83.

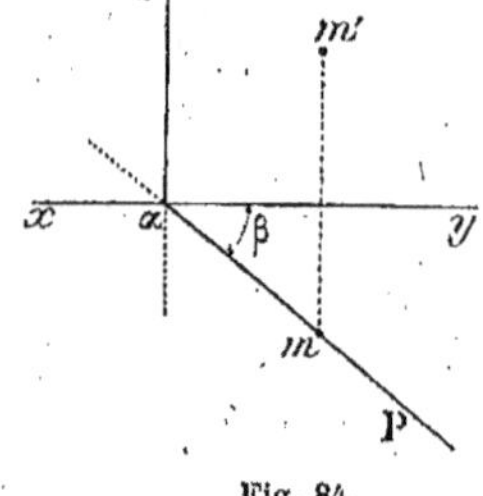

Fig. 84.

1° La condition est nécessaire. — En effet, le plan $P\alpha Q'$ (fig. 83) et le plan V étant perpendiculaires au plan horizontal, leur intersection $\alpha Q'$ sera perpendiculaire au plan H (M. G., n° 460), et, par suite, à la droite xy qui passe par son pied dans le plan H (M. G., n° 419, *Rem.*, 2°).

2° La condition est suffisante. — Soit $\alpha Q'$ perpendiculaire à xy. Les deux plans de projection sont rectangulaires, et la droite $\alpha Q'$, située dans le plan vertical et perpendiculaire à leur intersection xy, est perpendiculaire au plan horizontal (M. G., n° 457) ; donc tout plan passant par $\alpha Q'$ et, en particulier, le plan $P\alpha Q'$, est perpendiculaire au plan horizontal (M. G., n° 455).

64. Remarque. — Le plan horizontal étant perpendiculaire au plan $P\alpha Q'$ et au plan vertical, l'angle $P\alpha y$ (fig. 84) mesure le dièdre formé par le plan $P\alpha Q'$ avec le plan vertical (M. G., n° 449).

Théorème.

62. — *Tout point d'un plan vertical a sa projection horizontale sur la trace horizontale de ce plan.*

Soit M un point du plan $P\alpha Q'$ perpendiculaire au plan horizontal (fig. 83) ; la projetante Mm, perpendiculaire au plan horizontal, est contenue tout entière dans le plan $P\alpha Q'$ (M. G., n° 458) ; son pied m, projection de M, est donc sur αP.

Cette démonstration s'applique évidemment à tous les points du plan $P\alpha Q'$, et l'on peut dire :

Toute figure contenue dans un plan vertical a sa projection horizontale sur la trace horizontale de ce plan.

63. Plan de bout. — On appelle **plan de bout** tout plan perpendiculaire au plan vertical de projection ; sa trace verticale est quelconque, et sa trace horizontale est perpendiculaire à xy, en vertu du théorème suivant :

Théorème.

64. — *Pour qu'un plan soit perpendiculaire au plan vertical,*

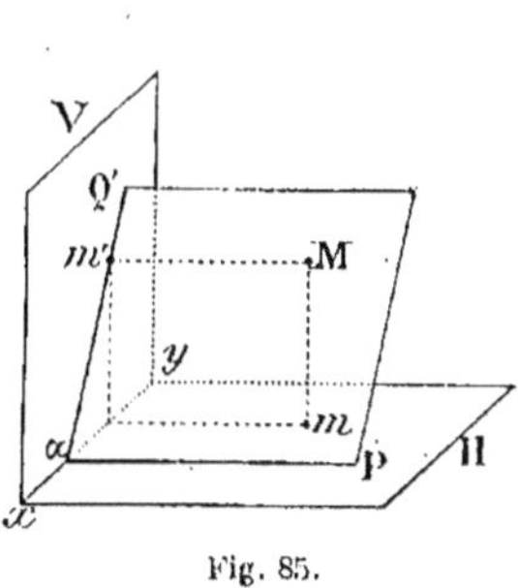

Fig. 85.

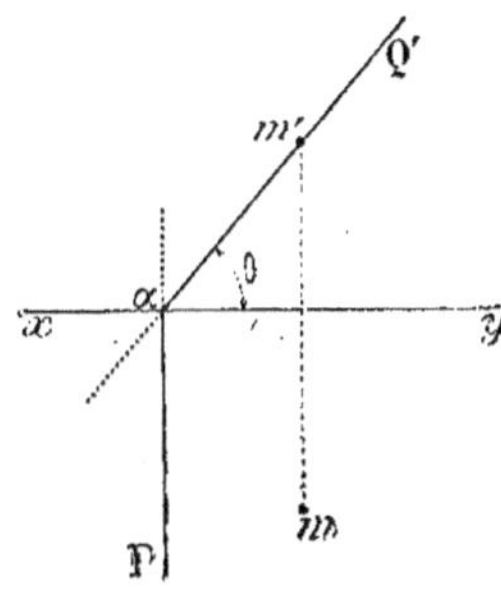

Fig. 86.

il faut et il suffit que sa trace horizontale soit perpendiculaire à la ligne de terre.

La démonstration est analogue à celle du n° 60.

65. Remarque. — Le plan vertical est perpendiculaire au plan $P\alpha Q'$ et au plan horizontal ; donc l'angle $Q'\alpha y$ (fig. 86) mesure le dièdre formé par le plan $P\alpha Q'$ avec le plan horizontal.

Théorèmes.

66. — *Tout point d'un plan de bout a sa projection verticale sur la trace verticale de ce plan.*

Démonstration analogue à celle du n° 62.

Toute figure contenue dans un plan de bout a sa projection verticale sur la trace verticale de ce plan.

67. Plan horizontal. — On appelle plan horizontal tout plan parallèle au plan horizontal de projection.

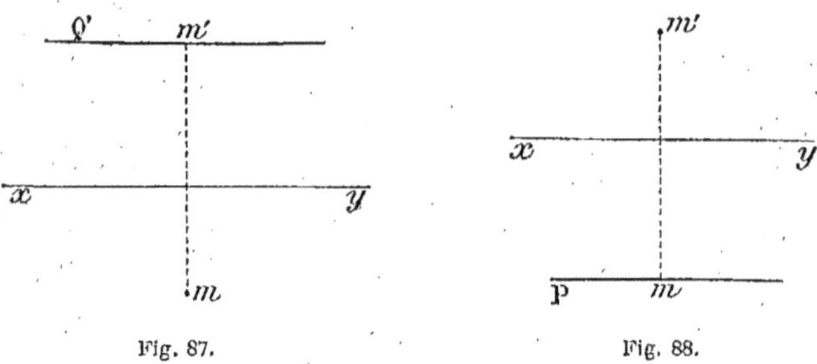

Fig. 87.   Fig. 88.

Un tel plan n'a pas de trace horizontale ; sa trace verticale est parallèle à xy. Un plan horizontal est un plan de bout particulier, et tout point du plan a sa projection verticale sur la trace verticale du plan (fig. 87).

68. Plan de front. — On appelle plan de front ou plan frontal tout plan parallèle au plan vertical de projection.

Un tel plan n'a pas de trace verticale ; sa trace horizontale est parallèle à xy. Un plan de front est un plan vertical particulier, et tout point du plan a sa projection horizontale sur la trace horizontale du plan (fig. 88).

69. Plan parallèle à la ligne de terre et rencontrant les deux plans de projection.

Dans ce cas, les deux traces sont parallèles à xy (n° 56).

Le plan P, Q' (fig. 89), coupe la partie antérieure du plan horizontal et la partie supérieure du plan vertical.

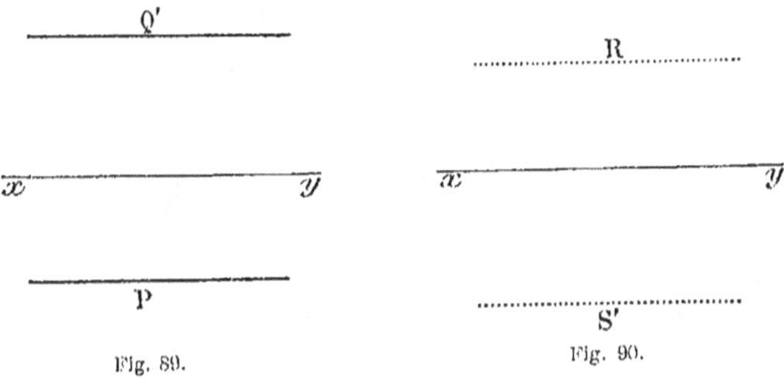

Fig. 89.   Fig. 90.

Le plan R, S' (fig. 90), coupe le plan horizontal postérieur et le plan vertical inférieur.

70. Plan passant par la ligne de terre. — Ses traces se confondent avec xy. Pour que le plan soit déterminé, il faut connaître les projections de l'un de ses points (c, c'), par exemple (fig. 91), ou toute autre condition, telle que l'angle qu'il forme avec le plan horizontal.

Une droite de ce plan rencontre xy ou lui est parallèle; dès lors

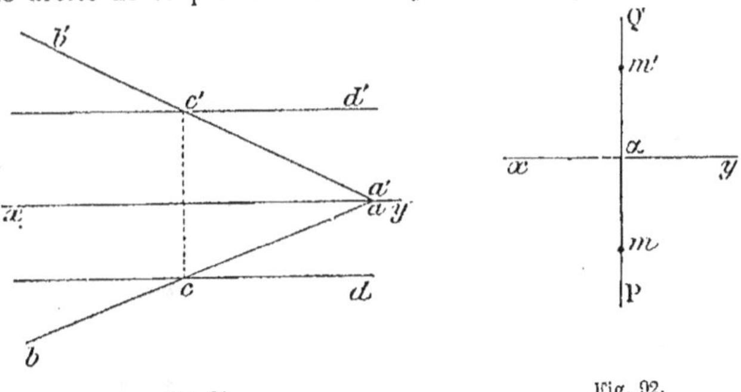

Fig. 91.   Fig. 92.

ses projections (ab, $a'b'$) se coupent sur xy, ou lui sont parallèles (cd, $c'd'$).

71. Plan de profil. — On appelle **plan de profil** tout plan perpendiculaire à la ligne de terre, c'est-à-dire aux deux plans de projection. Ses deux traces αP et $\alpha Q'$ sont perpendiculaires à xy. C'est à la fois un plan de bout et un plan vertical; donc les projections de tout point du plan sont situées sur les traces de ce plan.

72. Résumé. — *Un plan est horizontal lorsqu'il n'a que la trace verticale; alors cette trace est parallèle à la ligne de terre.*

Un plan est de front lorsqu'il n'a que la trace horizontale; alors cette trace est parallèle à la ligne de terre.

Un plan est vertical lorsque sa trace verticale est perpendiculaire à la ligne de terre.

Un plan est de bout lorsque sa trace horizontale est perpendiculaire à la ligne de terre.

En un mot, *un plan est perpendiculaire à l'un des plans de projection lorsque sa trace de nom contraire est perpendiculaire à la ligne de terre.*

Lorsqu'un plan est vertical, la projection horizontale d'une figure quelconque tracée dans ce plan est située sur la trace horizontale de ce plan.

Lorsqu'un plan est de bout, la projection verticale d'une figure quelconque tracée dans ce plan est située sur la trace verticale de ce plan.

§ III. — DROITES CONTENUES DANS UN PLAN

Théorème.

73. — *Lorsqu'une droite appartient à un plan, ses traces se trouvent sur les traces correspondantes du plan.*

Soit un plan PαQ′ et une droite HV de ce plan (fig. 93); il faut prouver que les traces H et V de la droite se trouvent respectivement sur αP et αQ′.

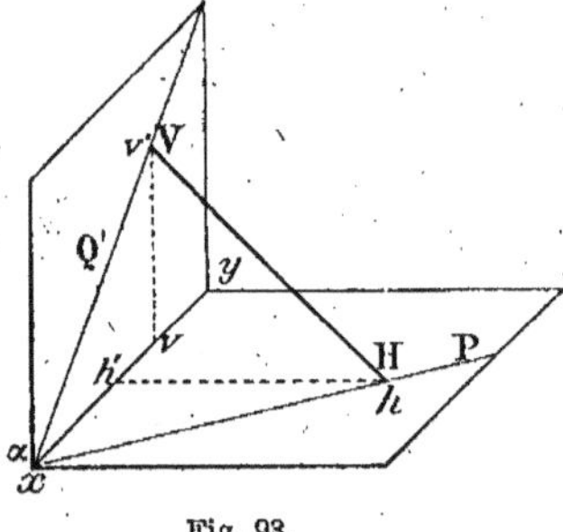
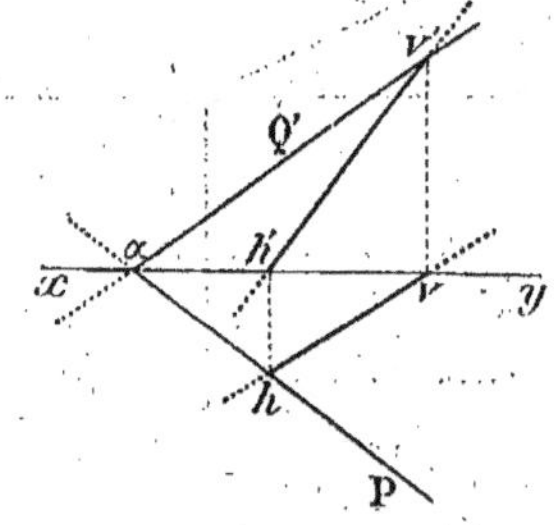

Fig. 93.   Fig. 94.

En effet, la trace horizontale H de la droite, appartenant au plan PαQ′ et au plan horizontal, se trouve sur l'intersection αP de ces deux plans. Elle est elle-même sa projection horizontale h, et sa projection verticale h' est sur xy.

De même, la trace verticale V de la droite appartient au plan PαQ′ et au plan vertical; donc elle se trouve sur l'intersection αQ′ de ces deux plans. Elle est elle-même sa projection verticale v', et sa projection horizontale v est sur xy.

Réciproquement. — *Une droite dont les traces se trouvent sur les traces correspondantes d'un plan appartient à ce plan.*

Soit la droite $(hv, h'v')$ (fig. 94), dont les traces sont sur les traces correspondantes du plan PαQ'. Le point (h, h'), dont les projections se trouvent sur les projections correspondantes de la droite $(\alpha$P, $xy)$, appartient à cette droite (n° 37) et, par suite, au plan PαQ'.

De même, le point (v, v') appartient à ce plan, et la droite $(hv, h'v')$ ayant deux de ses points (h, h') et (v, v') dans le plan PαQ' est tout entière dans ce plan.

74. Conséquence du théorème réciproque. — Pour mener une droite quelconque dans un plan PαQ' (fig. 94), il suffit de prendre arbitrairement ses traces h et v' sur les traces de même nom du plan, de déterminer h' et v, et de mener hv, $h'v'$.

75. Horizontales d'un plan. — On appelle **horizontale d'un plan** toute parallèle au plan horizontal contenue dans le plan donné.

Tout plan horizontal coupe un plan quelconque suivant une horizontale (fig. 95).

Toute horizontale d'un plan peut être regardée comme l'intersection de ce plan et d'un plan horizontal.

Les horizontales d'un plan sont parallèles entre elles et à la trace horizontale de ce plan, comme intersections de plusieurs plans parallèles par un même plan.

Théorème.

76. — *La trace verticale d'une horizontale d'un plan est sur la trace verticale de ce plan, et sa projection horizontale est parallèle à la trace horizontale du même plan.*

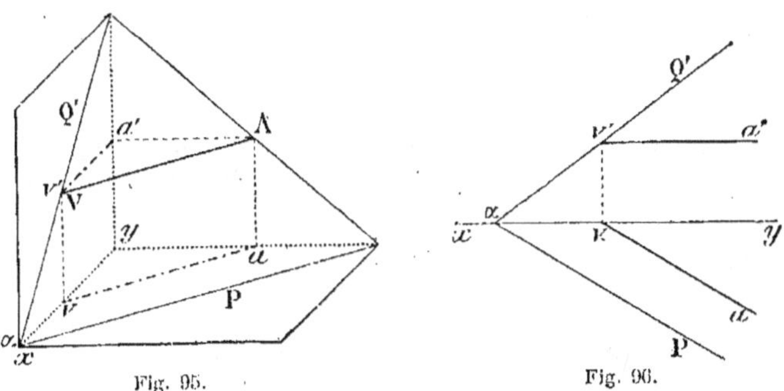

Fig. 95.   Fig. 96.

En effet, une droite horizontale VA, contenue dans le plan PαQ' (fig. 95), a sa trace verticale v' sur αQ' (n° 73); et, puisque cette droite VA est parallèle à la trace αP, sa projection horizontale va est parallèle à αP (n° 6).

Dans l'épure (fig. 96), va est parallèle à αP, et $v'a'$ à xy.

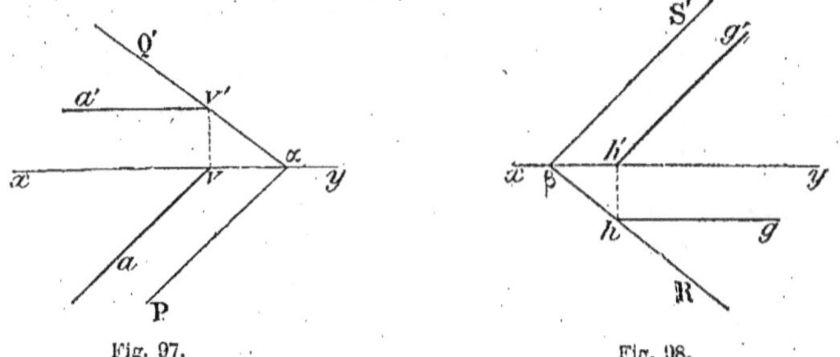

Fig. 97.   Fig. 98.

Conséquence. — Pour mener une horizontale VA dans un plan donné PαQ' (fig. 97), on prend v' sur αQ', on détermine v, puis l'on mène $v'a'$ parallèle à xy et va parallèle à αP.

77. Lignes de front d'un plan. — On nomme **ligne de front** ou **frontale** d'un plan toute parallèle au plan vertical contenue dans le plan donné.

Tout plan de front (n° 68) coupe un plan quelconque suivant une ligne de front.

Toute ligne de front d'un plan peut être regardée comme l'intersection de ce plan et d'un plan de front.

Les lignes de front d'un plan sont parallèles entre elles et à la trace verticale de ce plan, comme intersections de plusieurs plans parallèles par un même plan.

Théorème.

78. — *La trace horizontale d'une ligne de front d'un plan est sur la trace horizontale de ce plan, et sa projection verticale est parallèle à la trace verticale du même plan.*

La démonstration est analogue à la précédente (n° 76).

Conséquence. — Pour mener une ligne de front dans un plan donné RβS' (fig. 98), on prend h sur βR, on détermine h', puis l'on mène hg parallèle à xy et $h'g'$ parallèle à βS'.

Remarque. — Un plan donné par ses **traces** est donné, en réalité, par une **horizontale** et une **frontale** qui se coupent sur xy. La projection verticale de la trace horizontale et la projection horizontale de la trace verticale sont sur la ligne de terre.

79. Ligne de pente d'un plan. — On appelle **ligne de pente d'un plan**, par rapport au plan horizontal, toute droite CD du plan donné (fig. 99), qui forme avec sa projection horizontale le plus grand angle possible.

1° *Les lignes de plus grande pente d'un plan sont perpendiculaires aux horizontales de ce plan* (M. G., n° 470); ainsi CD est perpendiculaire à AB, et, en général, à toute horizontale EF du plan P (M. G., n° 71).

La projection horizontale Cd est aussi perpendiculaire à AB. En effet, la projetante Dd est perpendiculaire au plan horizontal, et CD l'est à AB; donc Cd est perpendiculaire à AB (M. G., n° 426); or

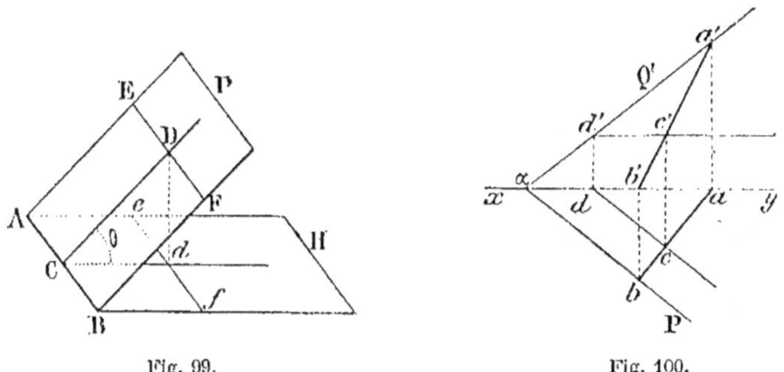

Fig. 99.   Fig. 100.

AB est une horizontale du plan P; toutes les horizontales de ce plan ayant des projections parallèles, Cd sera perpendiculaire à la projection horizontale de toute horizontale du plan P.

En épure (fig. 100), la projection horizontale ab d'une ligne de pente du plan PαQ′ est perpendiculaire à la trace αP.

2° *Une ligne de plus grande pente suffit pour caractériser un plan;* car on peut en déduire les traces du plan : par la trace horizontale b de cette ligne, on peut mener αP perpendiculaire à ab, puis joindre α à la trace verticale a' (fig. 100).

Ou encore : soit un point quelconque (c, c') de $(ab, a'b')$; par c, on mène cd perpendiculaire à ab; par c', on mène $c'd'$ parallèle à xy; on obtient ainsi une horizontale du plan, lequel se trouve alors déterminé par deux droites concourantes (fig. 100).

Cette construction indique le moyen d'obtenir des horizontales d'un plan donné par sa ligne de pente.

3° Une ligne de pente CD et sa projection horizontale Cd (fig. 99) forment un angle plan DCd, qui mesure le dièdre formé par le plan donné et le plan horizontal ; on peut, en effet, les considérer comme les intersections des faces de ce dièdre avec un plan perpendiculaire à l'arête AB.

80. Remarque. — Par analogie, on appelle **ligne de pente d'un plan, par rapport au plan vertical,** toute droite du plan donné qui forme avec sa projection verticale le plus grand angle possible.

Ces lignes de pente sont perpendiculaires aux lignes de front du plan considéré, et leurs projections verticales sont perpendiculaires à la trace verticale du plan et à la projection verticale de toute ligne de front de ce plan.

Elle suffit à caractériser le plan. Avec sa projection verticale, elle détermine un angle plan qui mesure le dièdre formé par le plan donné et par le plan vertical.

Problème.

81. — *Étant donnés un plan et l'une des projections d'une droite de ce plan, trouver l'autre projection de cette droite.*

1° **Le plan est donné par ses traces.** — Soient le plan PαQ' et la projection horizontale ab d'une droite de ce plan (fig. 101).

La droite appartenant au plan, ses traces se trouvent sur les traces correspondantes du plan (n° 73).

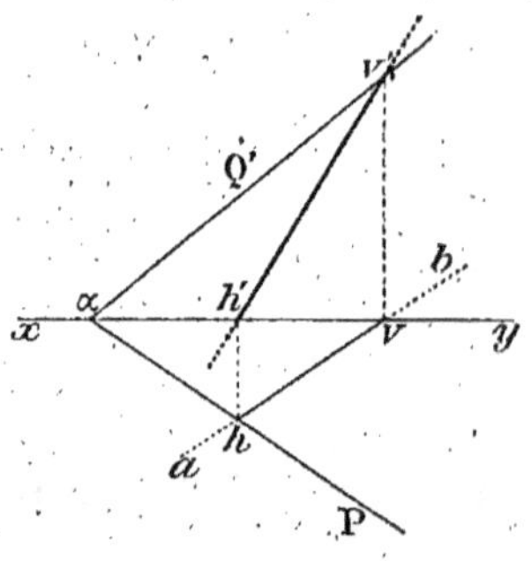

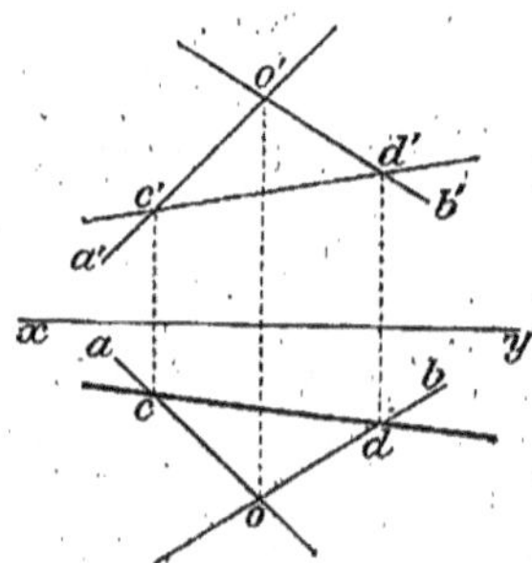

Fig. 101.   Fig. 102.

La trace horizontale appartient à la fois à ab et à αP ; elle est donc à leur intersection h, et sa projection verticale est en h' sur xy.

Le point v, intersection de ab et de xy, est la projection horizontale de la trace verticale (n° **46**) ; or cette trace verticale doit se trouver sur αQ' ; elle est déterminée par la ligne de rappel vv'.

$h'v'$ est la projection demandée.

2° Le plan est donné par deux droites concourantes. — Soit un plan déterminé par les deux droites (oa, $o'a'$) et (ob, $o'b'$), et soit $c'd'$ la projection verticale d'une droite de ce plan (fig. 102).

Par c' et d' menons des lignes de rappel, afin de déterminer c et d respectivement sur oa et ob; la droite (cd, $c'd'$) appartient au plan, puisque deux de ses points se trouvent dans le plan.

On procède de la même manière lorsque le plan est déterminé par deux droites parallèles.

82. Cas particuliers. — **1° La projection horizontale donnée est parallèle à** α**P** (fig. 103). La droite donnée est une horizontale du plan (n° 76); le point v se rappelle en v' sur αQ' (n° 76), et par v', il faut mener une parallèle à xy.

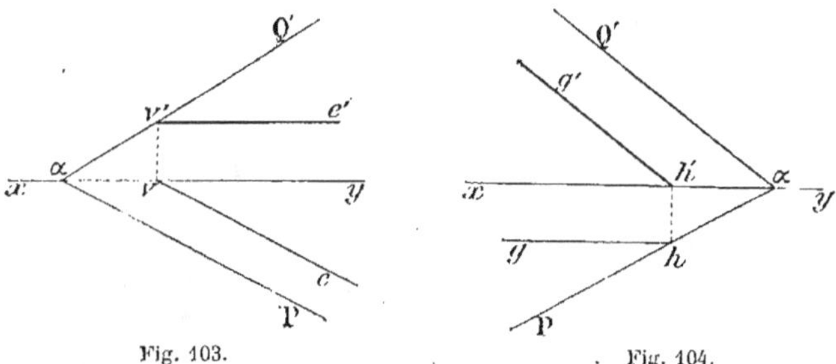

Fig. 103.   Fig. 104.

2° La projection horizontale donnée est parallèle à xy (fig. 104). La droite donnée est une frontale du plan; h est sa trace horizontale; ce point se rappelle en h' sur xy, et par h', il faut mener $h'g'$ parallèle à αQ' (n° 77 et 78).

3° La projection verticale donnée passe par le point o' (fig. 105).

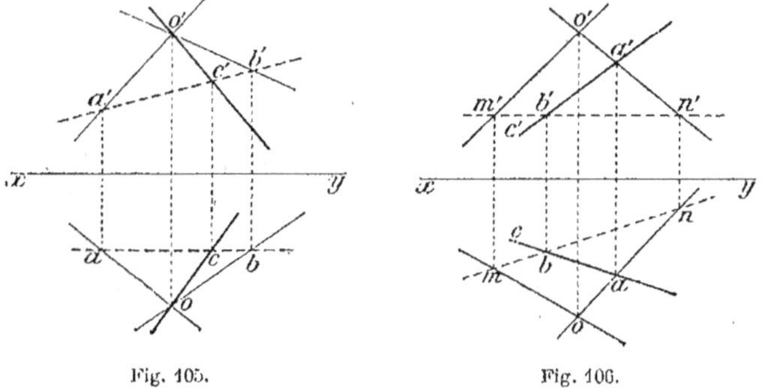

Fig. 105.   Fig. 106.

On connaît un point (o, o') de la droite; il suffit d'en déterminer un second. Construisons une droite auxiliaire (ab, $a'b'$) du plan (n° 81, 2°); les projections verticales se coupent en c'; une ligne de rappel donne le point c sur ab, et oc est la projection horizontale cherchée.

Ce procédé revient à substituer, dans la définition du plan, la droite $(ab, a'b')$ à la droite $(ob, o'b')$.

4° La projection donnée ne rencontre pas l'une des droites définissant le plan dans les limites de l'épure.

Soit $a'c'$ la projection donnée et ne rencontrant pas $o'm'$ dans les limites de l'épure (fig. 106).

On connaît un point (a, a') de la droite cherchée; pour en obtenir un second, construisons une droite auxiliaire $(mn, m'n')$ rencontrant les deux droites qui définissent le plan; $m'n'$ rencontre $a'c'$ en b'; une ligne de rappel donne b sur mn, et la droite ab est la projection demandée.

Problème.

83. — *Dans un plan donné, mener une horizontale qui soit à une distance donnée du plan horizontal.*

Tous les points d'une horizontale sont équidistants du plan horizontal, et cette distance est celle de la projection verticale à la ligne de terre.

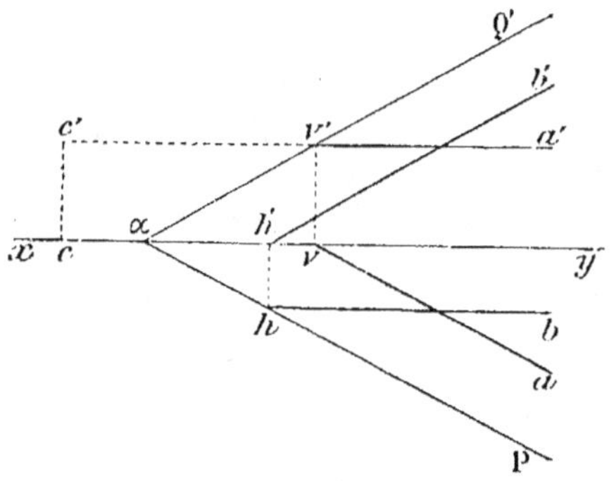

Donc, en un point quelconque c de xy, on mène une perpendiculaire cc' égale à la distance voulue et, par le point c', une parallèle à xy. On obtient ainsi la projection verticale $v'a'$ de la droite, et l'on est ramené à un problème connu (n° 82, 1°).

Fig. 107.

Le point v' se rappelle en v sur xy; il suffit de mener va parallèle à αP.

Ligne de front. — Pour avoir une frontale du plan, on procède d'une manière analogue. On mène la parallèle hb à une distance hh' égale à celle qui est donnée, et l'on trace ensuite $h'b'$ parallèle à αQ'.

Remarque. — On peut prendre cc' au-dessous de xy, ce qui donne une deuxième solution. De même, on obtient deux lignes de front à une distance donnée.

84. — Le plan est donné par deux droites.

Pour mener une horizontale de cote donnée (fig. 108), il faut prendre une projection verticale $b'c'$ qui soit éloignée de xy de la longueur donnée ; puis déterminer b et c, en recourant à des lignes de rappel, et mener bc.

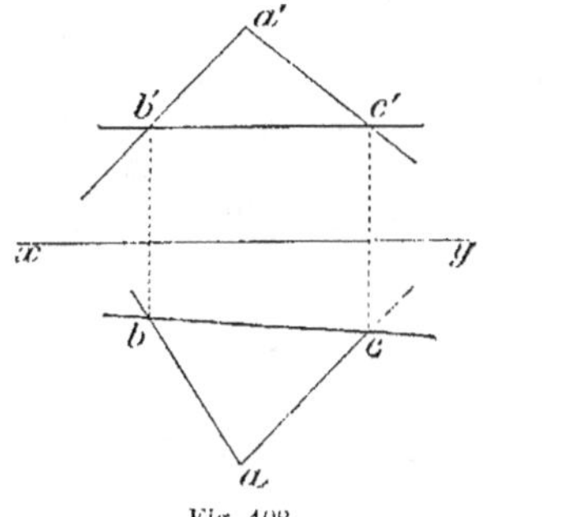

Fig. 108.

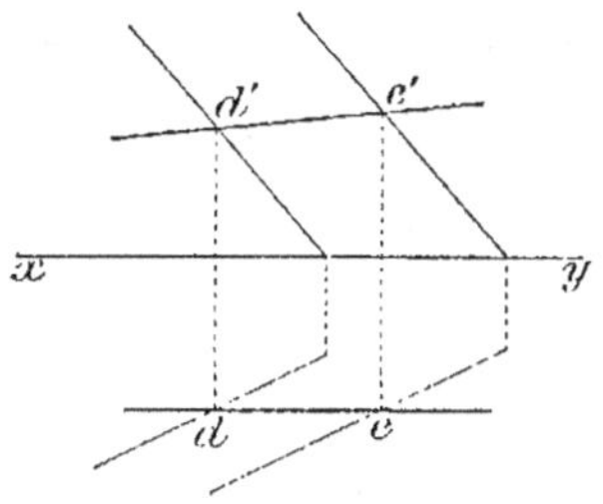

Fig. 109.

Pour avoir une ligne de front (fig. 109), on prend une projection horizontale de parallèle à xy, et l'on en déduit $d'e'$.

Problème.

85. — *Étant donnés un plan et l'une des projections d'un point de ce plan, trouver l'autre projection de ce point.*

Par la projection donnée, projection horizontale, par exemple, on mène une droite que l'on considère comme étant la projection hori-

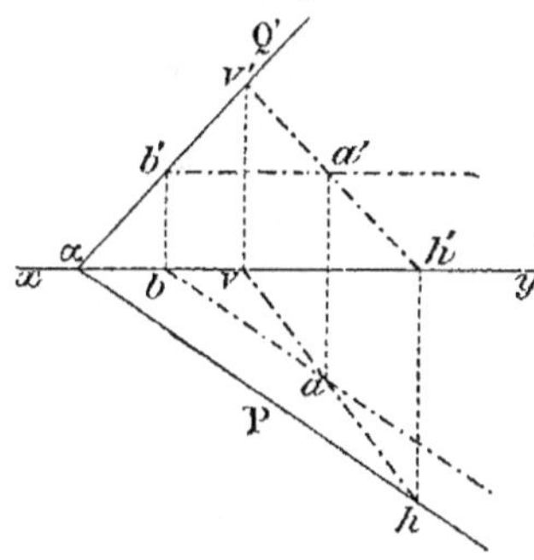

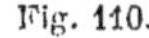

Fig. 110.

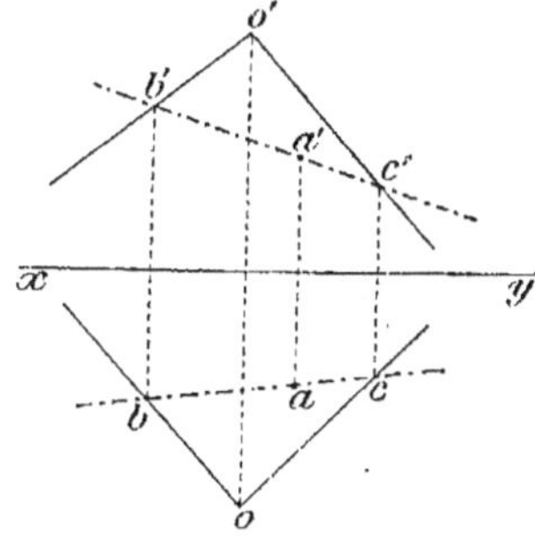

Fig. 111.

zontale d'une droite du plan ; on détermine la seconde projection de cette droite (n° 81), et une ligne de rappel fait connaître la projection demandée.

Le plan PαQ' est donné par ses traces (fig. 110).

Soit a la projection donnée; par a, menons une projection horizontale quelconque hv, déterminons $h'v'$; la droite HV est contenue dans le plan (n° 73); donc a' se trouve à l'intersection de $h'v'$ et de la ligne de rappel aa'.

Lorsqu'on donne la projection horizontale du point, on peut employer avec avantage une horizontale du plan : on mène ab parallèle à αP, puis $b'a'$ parallèle à xy. Le point a' est mieux déterminé par des lignes aa', $b'a'$, qui se coupent à angle droit. Lorsqu'on donne la projection verticale du point, on peut recourir à une frontale.

86. — **Le plan est donné par deux droites concourantes ou parallèles.**

Soit un plan donné par deux droites concourantes (fig. 111).

Si l'on donne a', on mène $b'c'$ quelconque, puis on en déduit bc; la droite BC appartient au plan, et la ligne de rappel $a'a$ détermine le point demandé.

Problème.

87. — *Par une droite donnée, faire passer un plan.* (Problème indéterminé.)

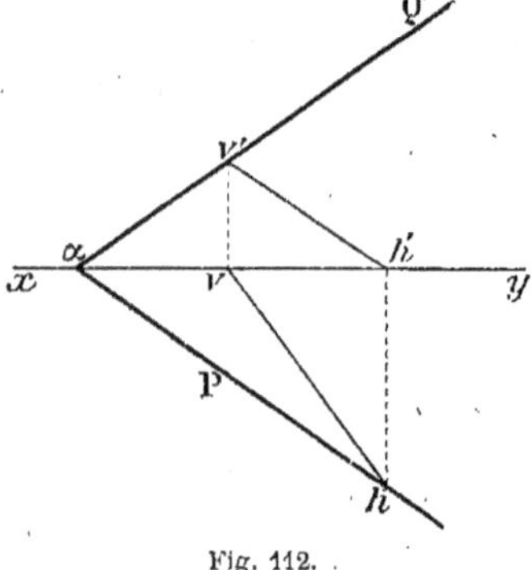

Fig. 112.

Par une droite donnée, on peut faire passer une infinité de plans; pour qu'un plan contienne une droite donnée, il suffit que ses traces passent par celles de la droite (n° 73); donc, par les traces de la droite donnée, il faut mener deux droites qui se coupent sur xy ou soient parallèles à cette ligne (n° 56).

Soit (hv, $h'v'$) la droite donnée; il suffit de joindre un point quelconque α de la ligne de terre aux traces h et v' de la droite; le plan P contient la droite HV, puisqu'il contient deux de ses points.

88. Remarques. — 1° Pour déterminer un plan passant par une droite, il faut une autre condition, par exemple, que le plan contienne un point donné hors de la droite (n° 54, 3°), ou bien soit parallèle à une droite donnée (n° 122), ou perpendiculaire à un plan donné (n° 137).

2° Parmi les plans que l'on peut mener par une droite VH, les plus fréquemment utilisés sont les plans projetants de cette droite : le plan vertical $v'vh$, et le plan de bout $hh'v'$. On distingue encore le plan parallèle à la ligne de terre, ayant pour traces les parallèles à xy menées par h et v', et le plan à traces confondues, dont les traces, sur l'épure, coïncideraient avec la droite hv'.

Problème.

89. — *Déterminer les traces du plan qui passe :*

1° *Par deux droites parallèles ou concourantes ;*

2° *Par un point et une droite ;*

3° *Par trois points non en ligne droite.*

Pour qu'un plan contienne deux droites concourantes ou paral-

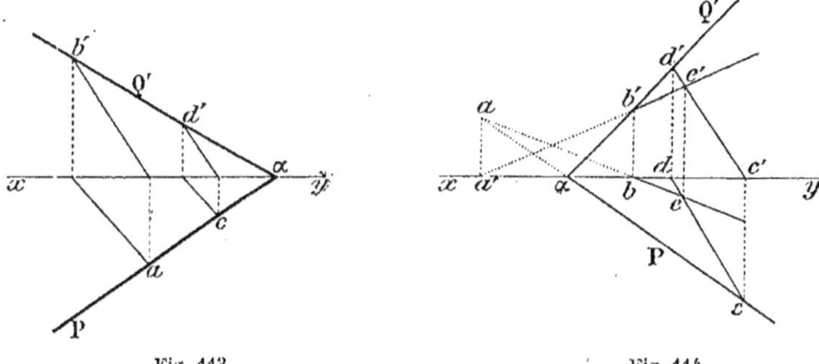

<table>
<tr><td>Fig. 113.</td><td>Fig. 114.</td></tr>
</table>

lèles, il suffit que la trace horizontale de ce plan passe par les traces horizontales des deux droites, et que sa trace verticale passe par les traces verticales de ces mêmes lignes (n° 73).

1° Soient données deux droites parallèles BA, DC (fig. 113), ou deux droites concourantes (be, $b'e'$), (ce, $c'e'$) (fig. 114).

Il faut mener la trace horizontale ac, et la trace verticale $b'd'$.

En effet, les droites AB, CD, appartiennent au plan $c\alpha b'$, puisque les traces de chacune d'elles sont sur les traces de même nom du plan.

Vérification. — Les traces αP et αQ' doivent être parallèles à xy, ou couper cette ligne au même point (n° 56).

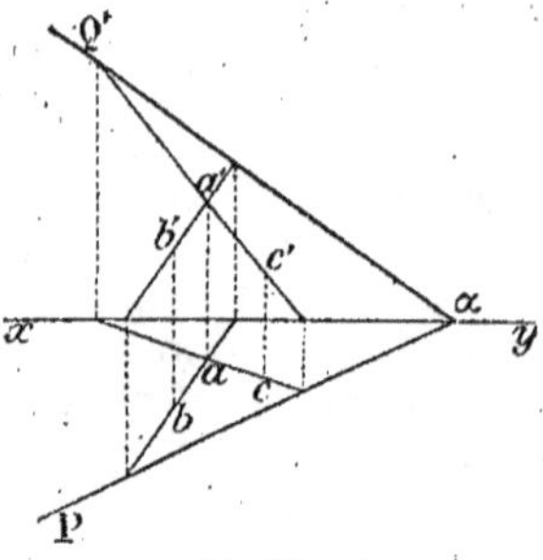

Fig. 115.

2° On donne un point B, et la droite AC (fig. 115). Par le point B, on mène une droite qui rencontre la droite AC ou lui soit parallèle, et l'on retombe dans le cas précédent.

Vérification. — La droite BC aurait ses traces sur celles du plan obtenu.

3° On donne les trois points A, B, C.

On joint un des points donnés, A, par exemple, à chacun des deux autres, et l'on est ramené au cas précédent.

CHAPITRE IV

INTERSECTIONS DE DROITES ET DE PLANS

---

§ I. — INTERSECTION DE DEUX PLANS

90. L'intersection de deux plans étant une ligne droite, il suffit de déterminer deux points de cette intersection, ou bien un point et la direction de la droite (M. G., n° 417).

91. **Cas particuliers.** — I. **L'un des plans est perpendiculaire à l'un des plans de projection.**

Soit α un plan quelconque, et β un plan perpendiculaire à l'un des plans de projection.

Règle. — *On considère l'intersection comme appartenant au plan β, puis au plan quelconque α.*

Comme appartenant au plan β, cette intersection aura sa projection sur l'une des traces de ce plan (n°s 62 et 66), et l'on est ramené à déterminer une droite du plan α, connaissant l'une des projections de cette droite (n° 81).

Intersection d'un plan vertical avec un plan quelconque.

Soit Rβ S' le plan vertical donné. L'intersection des deux plans aura sa projection horizontale sur la trace horizontale Rβ de ce plan (n° 62), et nous sommes ramenés à trouver la projection verticale d'une droite d'un plan, connaissant sa projection horizontale Rβ (n° 81).

Si le second plan PαQ' est donné par ses traces (fig. 116), on obtient la droite (hv, $h'v'$). En effet, on connaît la trace horizontale h de l'intersection, ainsi que la projection horizontale v de sa trace verticale; il suffit de rappeler ces points respectivement en h' sur xy, et en v' sur αQ'.

Si le second plan est donné par deux droites concourantes (fig. 117), on obtient la droite (cd, $c'd'$). En effet, Rβ rencontre oa et ob aux

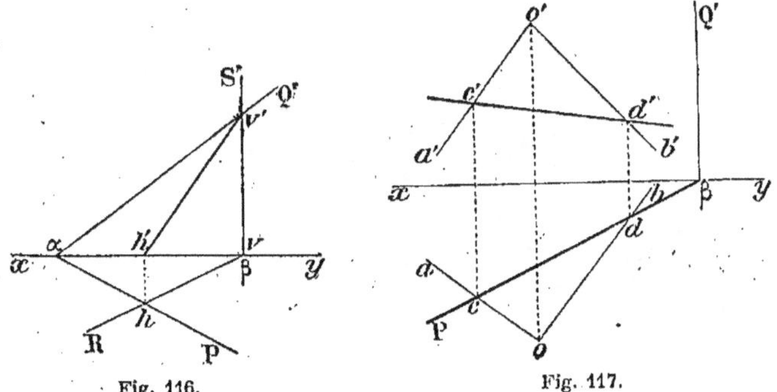

Fig. 116.   Fig. 117.

points c et d, dont les projections verticales respectives sont c' sur $o'a'$ et d' sur $o'b'$.

II. L'un des plans est parallèle à l'un des plans de projection.

Soit PαQ$'$ un plan quelconque et R$'$ un plan horizontal (fig. 118). L'intersection sera une horizontale (n° 75). Il faut en déterminer un point et mener, par ce point, une horizontale du plan donné PαQ$'$.

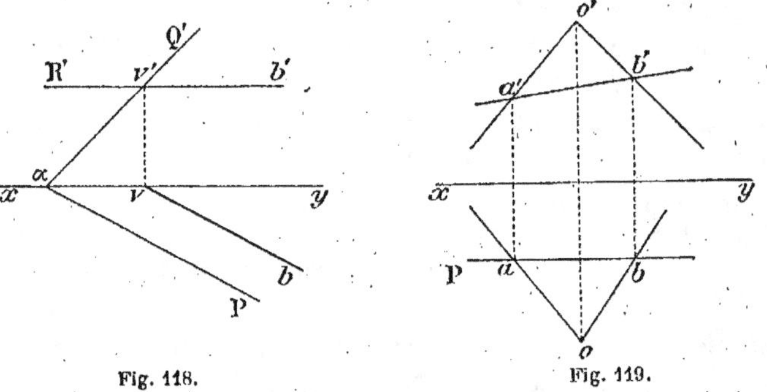

Fig. 118.   Fig. 119.

v' est la trace verticale de l'intersection, on en déduit v par une ligne de rappel, et l'on mène vb parallèle à αP.

Remarque. — Tout plan de front coupe un plan quelconque suivant une ligne de front (n° 77). Ainsi le plan de front P coupe le plan des deux droites (oa, $o'a'$) et (ob, $o'b'$), suivant la ligne de front (ab, $a'b'$) (fig. 119).

92. Cas général. — Les deux plans sont quelconques.

MÉTHODE GÉNÉRALE. — *Soient P et Q deux plans quelconques.*

Pour déterminer leur intersection, on coupe ces deux plans par un plan auxiliaire **R**, *et l'on cherche les intersections* **CD**, **EF**, *de ce plan auxiliaire avec chacun des plans donnés. Le point* **G**, *commun aux deux droites, appartient à l'intersection cherchée. Un second plan auxiliaire donne un nouveau point de l'intersection.*

Lorsque le plan auxiliaire peut être choisi arbitrairement, *on prend le plan qui donne lieu aux constructions les plus simples.*

Comme plans auxiliaires, on emploie souvent :

1° Les plans de projection ;

2° Un plan vertical ou un plan de bout ;

3° Un plan horizontal ou un plan de front ;

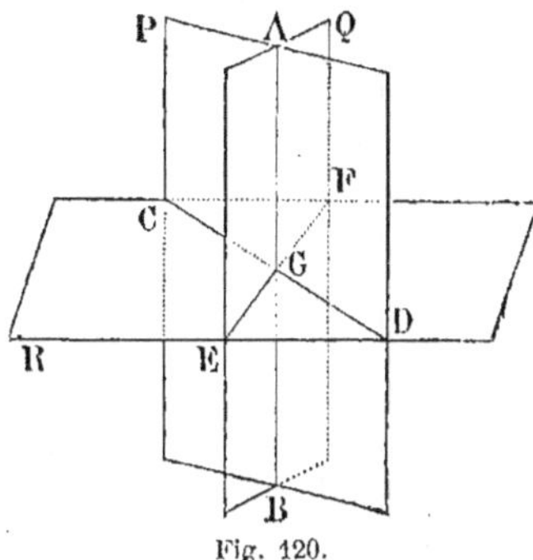
Fig. 120.

4° On peut employer aussi un plan de profil, quoique celui-ci exige toujours un rabattement.

Problème.

93. — *Déterminer l'intersection de deux plans donnés par leurs traces.*

Soient les plans P α Q′ et R β S′, donnés par leurs traces (fig. 121).

Prenons d'abord le plan horizontal pour plan auxiliaire. Le point de concours *h* des traces horizontales α P et β R est commun aux trois plans ; donc il appartient à l'intersection cherchée ; sa projection verticale *h′* est sur *xy*.

Prenons, en second lieu, le plan vertical pour plan auxiliaire. Le point de concours *v′* des traces verticales α Q′ et β S′ est commun aux trois plans ; donc il appartient à l'intersection cherchée ; sa projection horizontale est *v* sur *xy*.

La droite (*h v*, *h′ v′*) est l'intersection demandée.

Remarques. — 1° Dans ce cas, on a immédiatement les traces h et v' de l'intersection cherchée. La trace horizontale h est au point de concours de αP et de βR ; la trace verticale v' se trouve à l'intersection de αQ' et de βS'.

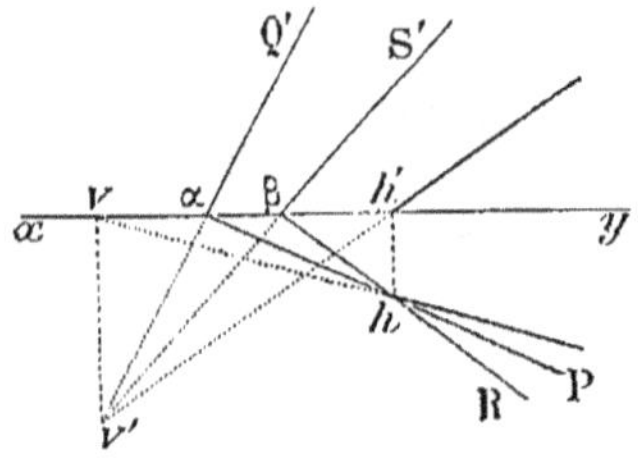

2° S'il est nécessaire, on prolonge les traces de même nom des deux plans, jusqu'à leur point de rencontre h ou v' (fig. 122).

3° L'intersection de deux plans est parfois nommée **trace de l'un sur l'autre**.

Fig. 122.

94. Point commun à trois plans. — Trois plans non parallèles ont généralement un point commun, car les traces de deux de ces plans sur le troisième sont ordinairement concourantes, et leur point commun appartient aux trois plans.

Plusieurs **cas particuliers** de l'intersection de deux plans exigent que l'on détermine le **point commun à trois plans**; on est ainsi conduit à résoudre d'abord le problème suivant :

Problème.

95. — *Trouver le point d'intersection de trois plans.*

On cherche les intersections d'un des trois plans avec chacun des deux autres. Le point commun à ces deux intersections appartient aux trois plans donnés.

Soient les plans α, β, γ.

Déterminons l'intersection des plans α et β, puis celle des plans α et γ. Ces droites se coupent en (a, a'), point commun aux trois plans.

Remarque. — Lorsque les traces des deux premiers plans sur le troisième sont parallèles, les trois plans se coupent deux à deux suivant trois droites parallèles et n'ont aucun point commun.

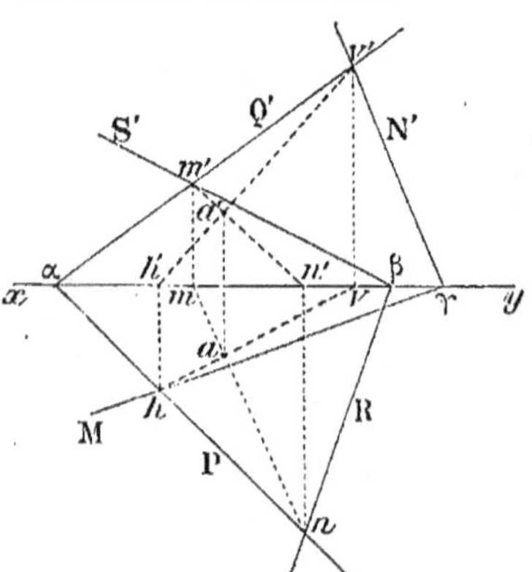

Fig. 123.

Si ces deux traces se confondent, les trois plans passent par une même droite et ont une infinité de points communs.

Pour que trois plans aient un point commun, et un seul, il faut et il suffit que ces trois plans ne soient pas parallèles à une même droite.

Problème.

96. — *Déterminer l'intersection de deux plans, dans les cas particuliers suivants :*

1º **Deux traces de même nom sont parallèles.**

Admettons que les traces horizontales des deux plans soient parallèles; dans ce cas, l'intersection est horizontale, car deux plans menés par des droites parallèles se coupent suivant une parallèle à ces droites (M. G., nº 435).

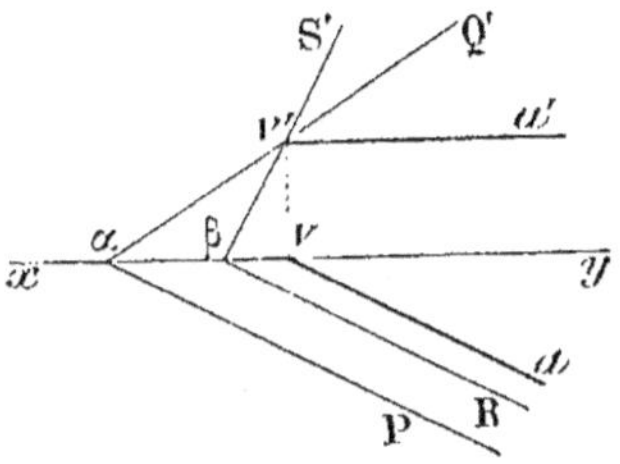

Puisqu'on connaît la direction de l'intersection, il suffit d'en déterminer un point, par exemple la trace verticale.

Soient les plans α et β dont les traces αP et βR sont parallèles.

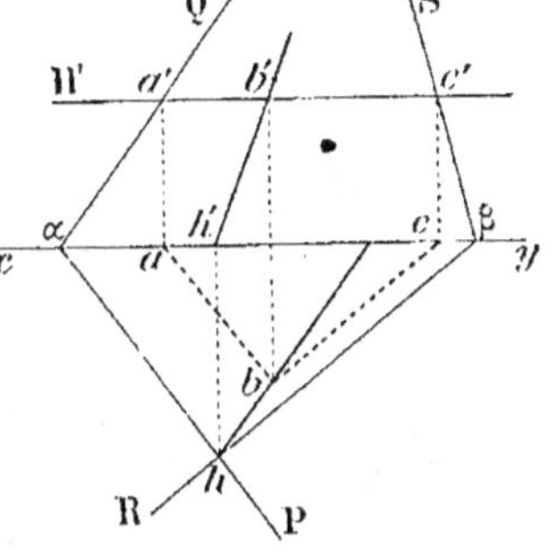

Fig. 124.

L'intersection v' des traces verticales est la trace verticale de l'intersection des plans.

Après avoir abaissé la perpendiculaire $v'v$, on mène va parallèle à αP et $v'a'$ parallèle à xy.

La droite $(av, a'v')$ est l'intersection demandée.

97. — 2º **Deux traces de même nom ne se coupent pas dans les limites de l'épure.**

Les traces qui se coupent font connaître une des traces de l'intersection; il suffit de déterminer la direction de cette ligne, ou bien un second de ses points.

Les traces horizontales αP et βR déterminent la trace horizontale h de l'intersection, et par suite h'.

Un plan horizontal auxiliaire H′ coupe le plan PαQ′ suivant l'horizontale $(ab, a'b')$ et le plan RβS′ suivant l'horizontale $(bc, b'c')$; donc le point (b, b') appartient à l'intersection.

La droite $(hb, h'b')$ est l'intersection des deux plans.

Fig. 125.

3·

98. — 3° **Les traces des deux plans ne se coupent pas dans les limites de l'épure.**

Un premier plan auxiliaire, coupant chacun des plans donnés dans les limites de l'épure, fait connaître un point de l'intersection demandée (n° 92). Un second plan auxiliaire donne un second point.

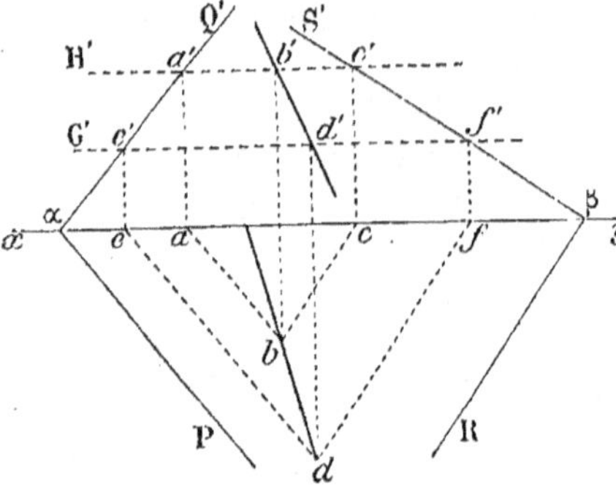

Fig. 126.

Soient PαQ' et RβS' les plans donnés.

Prenons deux plans auxiliaires horizontaux.

Le plan H' coupe le plan PαQ' suivant l'horizontale (ab, $a'b'$), et le plan RβS' suivant l'horizontale (cb, $c'b'$); donc le point (b, b') appartient à l'intersection des plans donnés.

Un second plan horizontal donne le point (d, d'); par suite, (bd, $b'd'$) est l'intersection cherchée.

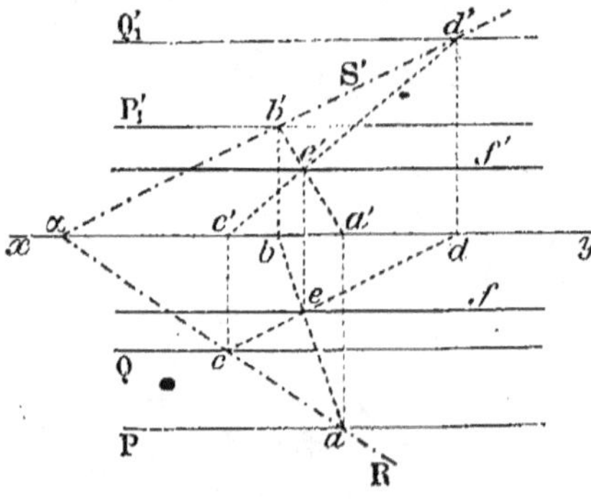

Fig. 127.

99. — 4° **Les deux plans sont parallèles à la ligne de terre.**

Les plans étant parallèles à xy, leur intersection est aussi parallèle à cette droite (M. G., n° 434); il suffit d'en déterminer un point.

1re Construction. — Prenons un plan auxiliaire quelconque RαS' (fig. 127).

Le plan P, P'₁ est coupé suivant la droite AB, et le plan Q, Q'₁ suivant CD.

Le point (e, e'), commun à ces deux droites, appartient à l'intersection cherchée. Il faut mener ef, $e'f'$, parallèles à xy.

Remarques. — 1° Si les droites obtenues, AB et CD, se trouvent parallèles, c'est que les plans P et Q sont eux-mêmes parallèles.

2° Les constructions sont plus simples lorsqu'on fait choix d'un plan auxiliaire perpendiculaire à l'un des plans de projection.

100. 2° **Construction.** — Comme plan auxiliaire, prenons un plan de profil, aod', et rabattons-le sur le plan horizontal.

Les plans P, P′ et Q, Q′ sont respectivement coupés par le plan de profil suivant
les droites rabattues en ab'_1 et cd'_1 ; le
point e_1, commun à ces droites, est le
rabattement d'un point (e, e') de l'intersection des deux plans.

Donc, par e et c', il suffit de mener des
parallèles à xy pour avoir l'intersection
cherchée.

**101. — 5° Un plan est quelconque, et
l'autre passe par la ligne de terre et un
point donné.**

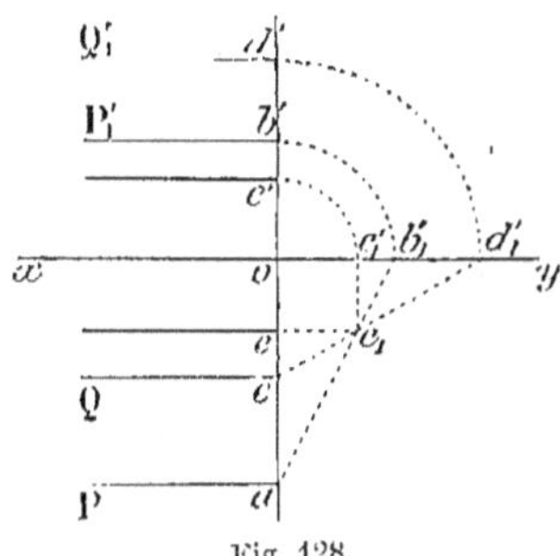

Fig. 128.

Le point où le plan quelconque rencontre
xy appartient à l'intersection demandée ; il suffit de déterminer un second
point de cette droite.

Soient le plan PαQ′ et le plan mené
par xy et par le point donné (a, a').

Par le point A de l'espace, menons un
plan horizontal. Ce plan, étant parallèle
à xy, coupera le plan (xyA) suivant une
droite $(ac, a'c')$ parallèle à la ligne de
terre (M. G., n° 432).

Le plan auxiliaire dont $a'c'$ est la trace
verticale coupe PαQ′ suivant l'horizontale $(bd, b'd')$, et (d, d') appartient aux
deux plans donnés ; il en est de même
de α ; il suffit donc de tracer $αd$ et $αd'$
pour avoir l'intersection demandée.

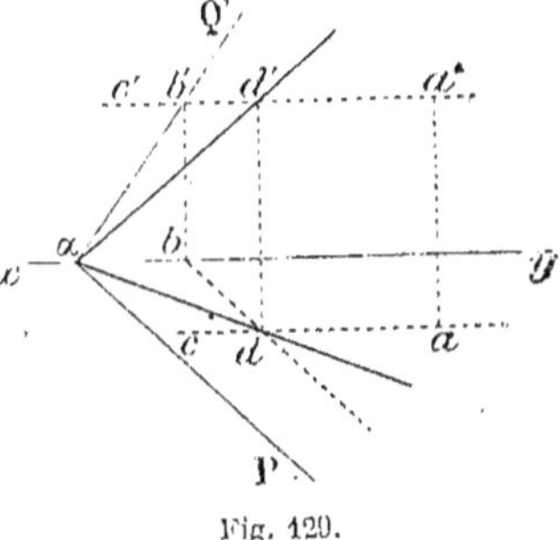

Fig. 129.

Remarque. — On peut recourir au plan de profil ou à tout plan vertical
ou de bout passant par le point A.

**102. — 6° Les traces des deux plans se rencontrent au même point de
la ligne de terre.**

Soient PαQ′ et RαS′ les plans donnés.

Le point α appartient à l'intersection ;
un plan horizontal auxiliaire H′ coupe
chaque plan suivant une horizontale : or
ces deux lignes se coupent en (a, a') ;
donc $(αa, αa')$ est l'intersection des deux
plans.

Remarque. — On pourrait utiliser
aussi un plan auxiliaire quelconque, ou
bien un plan de profil, ou mieux un plan
perpendiculaire à l'un des plans de projection.

**103. — 7° Les deux traces de chaque
plan sont en ligne droite.**

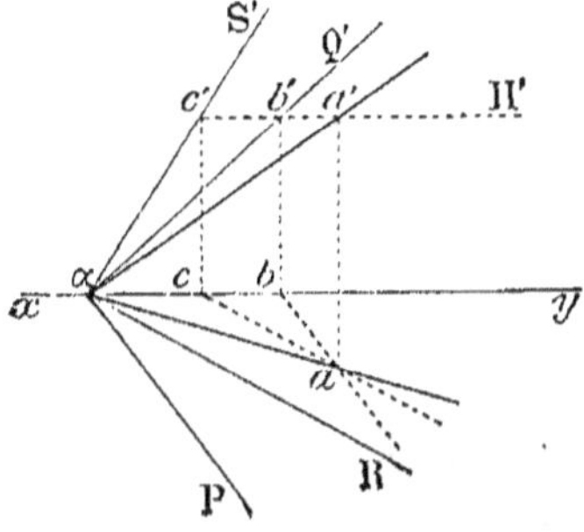

Fig. 130.

Les deux traces verticales et les deux traces horizontales des plans donnés
se coupent au même point. Ainsi, dans l'épure, la trace verticale de l'intersection coïncide avec sa trace horizontale.

Soient les plans $P \alpha Q'$ et $R \beta S'$ (fig. 131).

Les traces verticales se coupent en v', et ce point v' est la trace verticale de l'intersection ; sa projection horizontale v est sur xy.

Les traces horizontales αP, βR, se coupent en h, et ce point est la trace

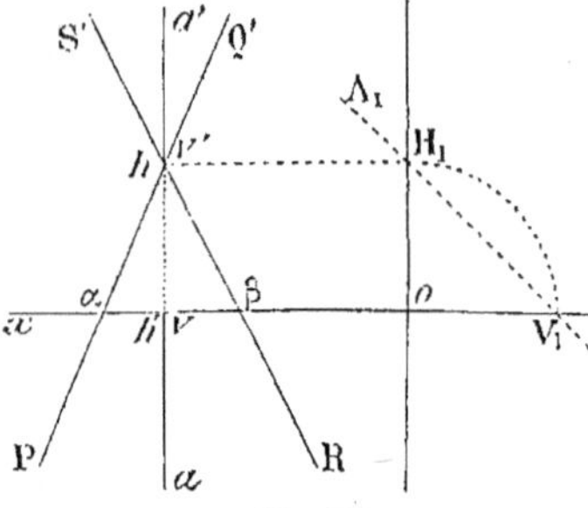

horizontale de l'intersection ; h' en est la projection verticale. Le point (h, h') est sur le plan horizontal postérieur.

La droite demandée est dans un plan de profil, car ses traces (h, h') (v, v') sont sur une même perpendiculaire à xy.

104. Remarques. — 1° La partie $(hv, h'v')$ comprise entre les traces appartient au second dièdre. La partie $(av, a'v')$ appartient au premier.

2° Lorsqu'on rabat le plan de profil sur le plan horizontal vers la droite de l'épure, l'intersection devient $A_1 H_1 V_1$.

On voit que $oV_1 = oH_1$. (Avant de rabattre le plan de profil, on l'a d'abord déplacé parallèlement à lui-même vers la droite de l'épure.)

Fig. 131.

105. — 8° Chaque plan est donné par deux droites parallèles ou concourantes.

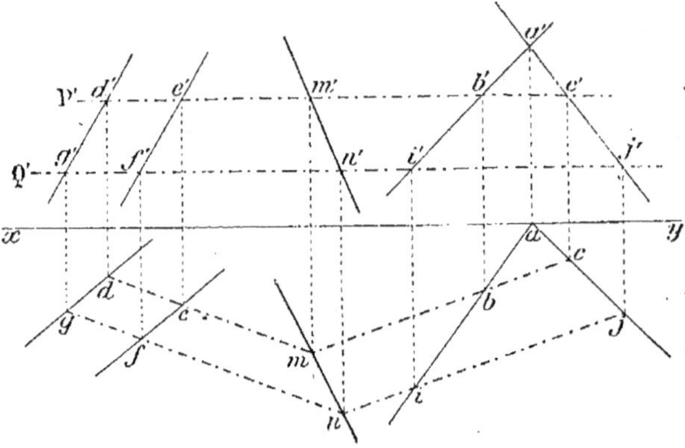

Fig. 132.

Soient deux plans dont l'un est donné par les parallèles EF, DG, et l'autre par les droites concourantes AB, AC ; coupons ces plans par un plan horizontal P' ; chacun d'eux est rencontré suivant une horizontale DE ou BC : les projections horizontales de, bc, se rencontrent en m, qui fait connaître m' ; ainsi M est un des points de l'intersection. Un second plan horizontal Q' donne un nouveau point N de la droite demandée $(mn, m'n')$.

106. — 9° Chaque plan est donné par une ligne de pente, par rapport au plan horizontal (n° 79).

On pourrait déterminer les traces de chaque plan (n° 79, 2°), mais il est préférable d'utiliser directement les données.

Soient deux plans définis par leurs lignes de pente $(a\,b,\ a'b')$ et $(c\,d,\ c'd')$ (fig. 133).

Un premier plan auxiliaire horizontal Q' coupe les deux plans suivant deux horizontales dont les projections verticales $e'g'$ et $g'f'$ sont confondues, et dont les projections horizontales eg et $g\,f$, respectivement perpendiculaires à $a\,b$ et à $c\,d$, se coupent au point g; une ligne de rappel détermine g' sur Q', et l'on a un premier point de l'intersection.

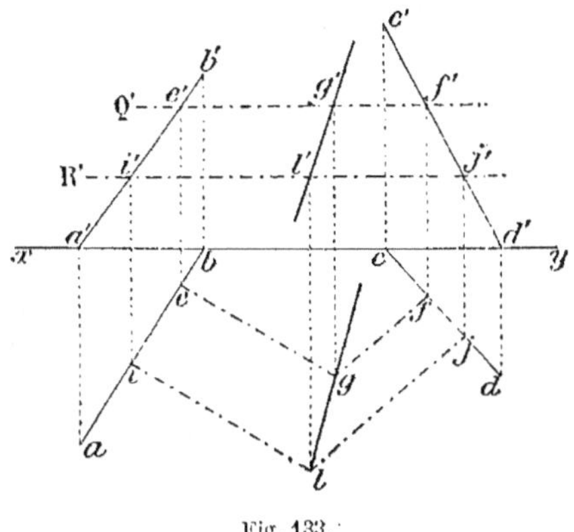

Fig. 133.

Un second plan horizontal auxiliaire R' donne le point $(l,\ l')$.

Ainsi $(lg,\ l'g')$ est l'intersection cherchée.

§ II. — INTERSECTION D'UNE DROITE ET D'UN PLAN

107. — Soit à déterminer l'intersection de la droite AB avec le plan P.

MÉTHODE GÉNÉRALE. — *Par la droite, on fait passer un plan Q; on cherche l'intersection CD des deux plans : le point E, commun à cette intersection et à la droite donnée, est le point cherché.*

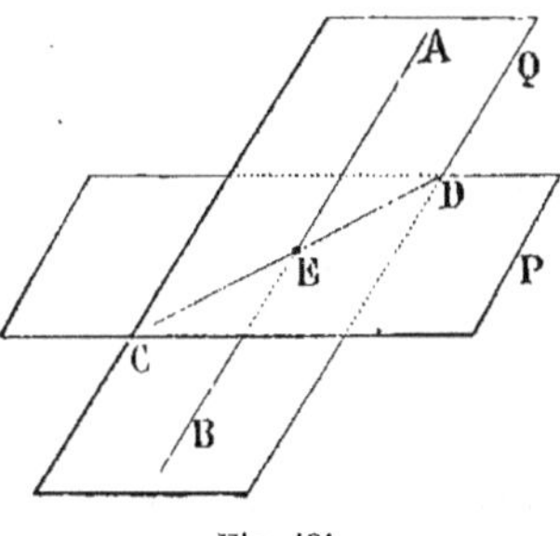

Fig. 134.

Remarque. — Le point d'intersection d'une droite et d'un plan est nommé parfois trace de la droite sur le plan.

Problème.

108. — *Déterminer le point où une droite rencontre un plan.*

1er Cas. — *La droite est quelconque.*

1° Le plan est donné par ses traces.

Soient $(a\,b,\ a'b')$ et PαQ' la droite et le plan donnés.

Comme plan auxiliaire, prenons le plan vertical $h\,v\,v'$ qui projette horizontalement la droite.

Le plan projetant hvv' coupe $P\alpha Q'$ suivant $(hv, h'v')$ (n° 94, 1°).

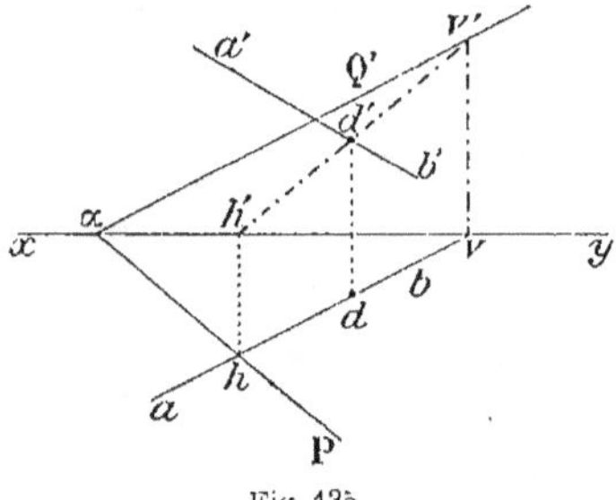

Fig. 135.

Cette dernière ligne rencontre la droite $(ab, a'b')$ au point (d, d') (n° 40, 2°); donc (d, d') est le point cherché.

Remarque. — La construction la plus simple est donnée par un des plans projetants de la droite; mais si les projections $a'b'$, $h'v'$, se coupaient sous un angle trop aigu, d' serait mal déterminé; pour éviter cet inconvénient, on mènerait par AB un plan quelconque (n° 87); lequel, d'ailleurs, pourrait fournir une vérification du résultat donné par le plan projetant.

109. — 2° Le plan est donné par deux droites concourantes.

Soit à déterminer le point de rencontre de la droite $(de, d'e')$ avec le plan défini par les deux droites concourantes $(ab, a'b')$ et $(ac, a'c')$.

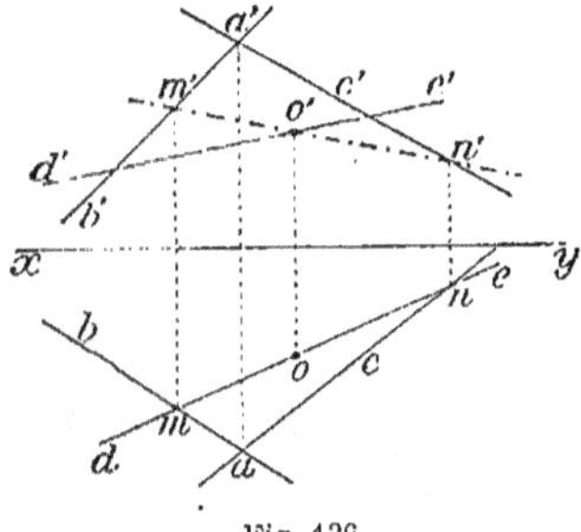

Fig. 136.

Le plan vertical de, projetant horizontalement la droite, rencontre le plan donné suivant une droite qui a pour projection horizontale mn.

Des lignes de rappel menées par m et n déterminent m' et n'; ainsi le plan projetant coupe le plan donné suivant $(mn, m'n')$. Mais les deux droites $(de, d'e')$ et $(mn, m'n')$, situées dans un même plan vertical, se coupent en (o, o') (n° 40, 2°).

Donc (o, o') est le point de rencontre cherché.

110. 2° Cas. — *La droite est perpendiculaire à l'un des plans de projection.*

1° Soit à déterminer l'intersection de la verticale $(a, a'b')$ avec le plan $P\alpha Q'$, défini par ses traces (fig. 137).

D'après la méthode générale, prenons un plan vertical quelconque passant par $(a, a'b')$; sa

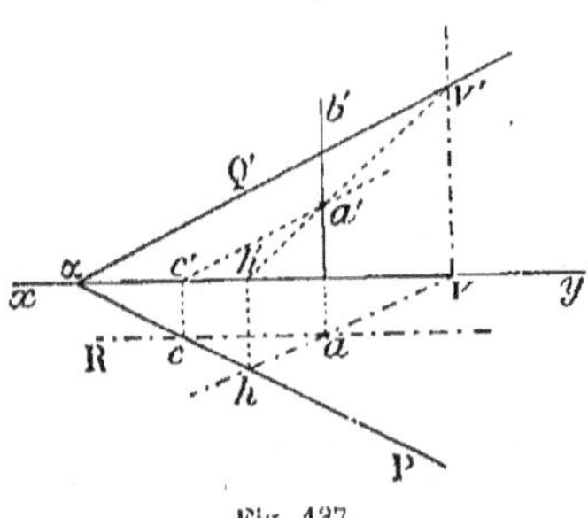

Fig. 137.

trace horizontale passe par le point a; ce plan coupe le plan donné suivant la droite $(hv, h'v')$ (n° 91, 1°); les projections verticales des deux droites se rencontrent en a', et (a, a') est le point demandé (n° 40, 3°).

On peut encore utiliser un plan de front auxiliaire R dont la trace horizontale passe par le point a. Ce plan coupe le plan $P\alpha Q'$ suivant une frontale $(ca, c'a')$. Les projections verticales des deux droites se rencontrent en a', et l'on obtient en (a, a') le point d'intersection demandé.

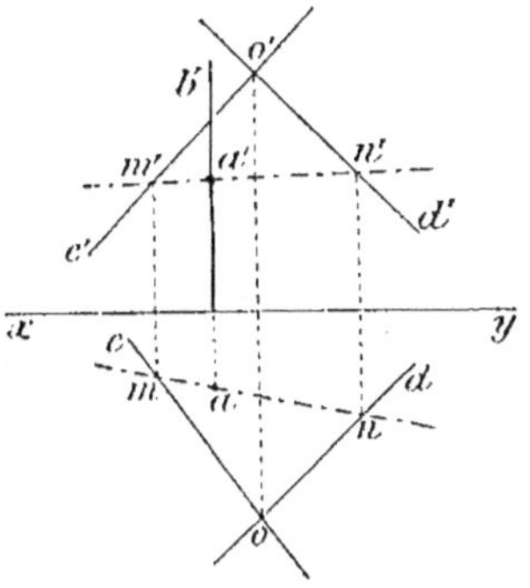

2° On procède de la même manière lorsque le plan est défini par deux droites concourantes $(oc, o'c')$ et $(od, o'd')$ (fig. 138).

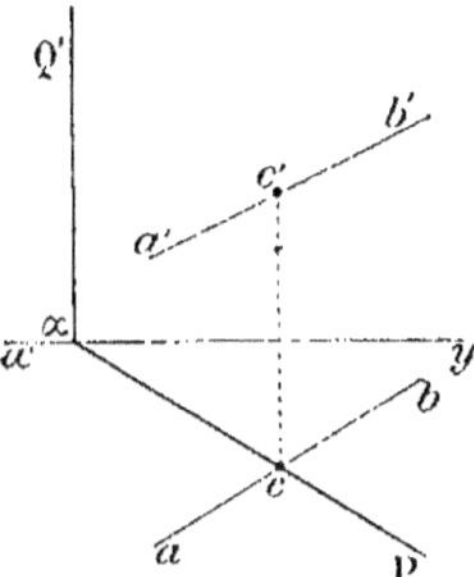

Fig. 138.

Par $(a, a'b')$, menons un plan vertical quelconque; sa trace horizontale passe par le point a, et il rencontre le plan donné suivant la droite $(mn, m'n')$ (n° 91, 1°); les droites $(a, a'b')$ et $(mn, m'n')$ se coupent en (a, a'), qui est le point cherché.

111. Cas particulier. — *Le plan est perpendiculaire à l'un des plans de projection.*

Soit à déterminer l'intersection de la droite $(ab, a'b')$ avec le **plan vertical** $P\alpha Q'$. Tous les points du plan ont leur projection horizontale sur αP (n° 62). Donc le point c, intersection de ab et de αP, est la projection horizontale du point où la droite coupe le plan. Une ligne de rappel détermine c' sur $a'b'$, et le point (c, c') est le point demandé.

Remarque. — On procède de même lorsque le plan donné est un **plan de bout**.

Fig. 139.

CHAPITRE V

POSITIONS RELATIVES DES DROITES ET DES PLANS

§ I. — DROITES ET PLANS PARALLÈLES

112. Théorèmes rappelés. — 1° *Les projections de deux droites parallèles sur un plan quelconque sont parallèles* (n° 6).

2° *Pour que deux droites soient parallèles, il suffit que leurs projections de même nom soient parallèles* (n° 41, 1°).

3° *Pour qu'une droite soit parallèle à un plan, il suffit qu'elle soit parallèle à une droite de ce plan* (M. G., n° 430).

4° *Sur un plan quelconque de projection, les traces de deux plans parallèles sont parallèles;* car les intersections de deux plans parallèles par un troisième sont parallèles (M. G., n° 437).

5° *Pour que deux plans soient parallèles, il faut et il suffit que l'un d'eux contienne deux droites concourantes, respectivement parallèles à deux droites situées dans l'autre plan* (M. G., n° 444).

Théorème.

113. — *Deux plans parallèles ont leurs traces de même nom parallèles.*

En effet, les traces horizontales sont parallèles comme intersections de deux plans parallèles par le plan horizontal. Pour une raison analogue, les traces verticales sont parallèles (M. G., n° 437).

Théorème.

114. — *Pour que deux plans, à traces concourantes, soient parallèles, il suffit que leurs traces de même nom soient parallèles.*

Soient les plans P et Q dont les traces de même nom sont parallèles, tandis que les traces d'un
même plan se coupent sur xy.

Il faut prouver que les plans P et Q sont parallèles.

En relevant le plan vertical, on obtient dans l'espace deux angles $P\alpha P'_1$, $Q\beta Q'_1$, ayant leurs côtés parallèles; donc les plans de ces angles sont parallèles (M. G., n° 444).

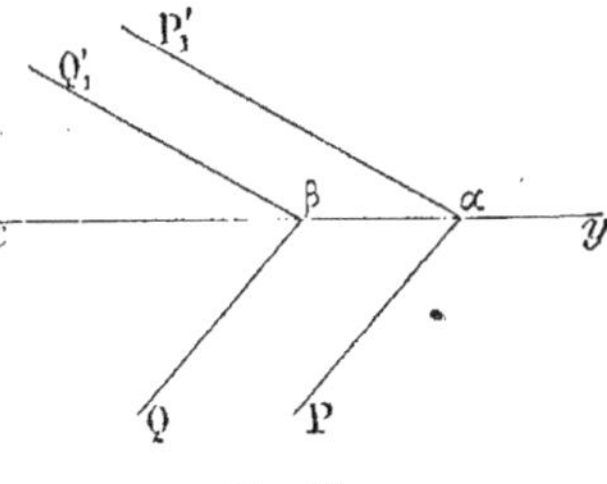

Fig. 140.

115. Remarque. — Lorsque les traces de chaque plan sont parallèles à xy, on ne peut rien affirmer à l'inspection de la figure, car les plans peuvent se couper ou être parallèles.

Pour que ces plans soient parallèles, il suffit que leurs intersections par un plan oblique à xy soient parallèles.

Problème.

116. — *Par un point donné, mener une droite parallèle à un plan donné.* (Problème indéterminé.)

Pour qu'une droite soit parallèle à un plan, il suffit qu'elle soit parallèle à une droite de ce plan; donc il faut prendre une droite quelconque dans ce plan, et mener par le point donné une parallèle à cette droite.

Le problème est indéterminé, puisque la droite menée dans le plan est arbitraire.

Soient (a, a') et $P\alpha Q'$ le point et le plan donnés (fig. 141).

Dans le plan $P\alpha Q'$, prenons une droite quelconque $(cd, c'd')$; par

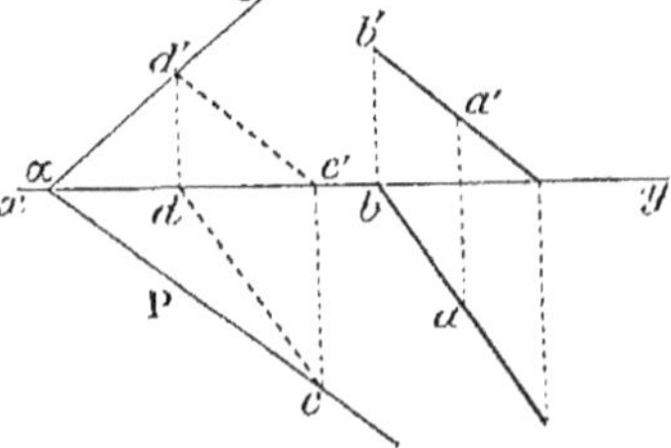

Fig. 141.

le point (a, a'), menons la droite $(ab, a'b')$ parallèle à $(cd, c'd')$.

La ligne $(ab, a'b')$ est parallèle au plan donné.

Remarques. — 1° Pour éviter la construction de la droite $(cd, c'd')$, on prend comme droite auxiliaire l'une des traces du plan $P\alpha Q'$.

2° Le lieu des parallèles menées par le point (a, a'), au plan $P\alpha Q'$, est un autre plan, parallèle au plan donné.

Problème.

117. — *Par un point donné, mener une horizontale parallèle à un plan donné.*

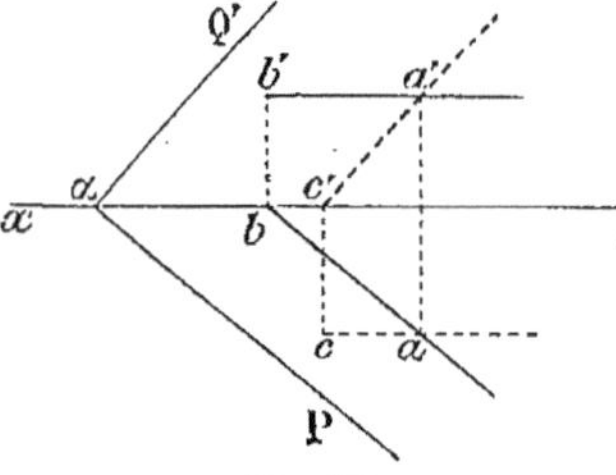

Fig. 142.

Il suffit de mener par le point donné une parallèle à la trace horizontale du plan.

Soient (a, a') et $P\alpha Q'$ le point et le plan donnés (fig. 142).

Il faut mener ab parallèle à αP et $a'b'$ parallèle à xy.

Remarque. — De même, une frontale est parallèle au plan $P\alpha Q'$ lorsque $a'c'$ est parallèle à $\alpha Q'$.

Problème.

118. — *Par un point donné, mener un plan parallèle à une droite donnée.* (Problème indéterminé.)

Pour qu'un plan soit parallèle à une droite, il suffit qu'il contienne une parallèle à cette droite (M. G., n° 429); donc il faut mener, par le point donné, une parallèle à la droite donnée, et tout plan conduit par cette parallèle satisfait à la question.

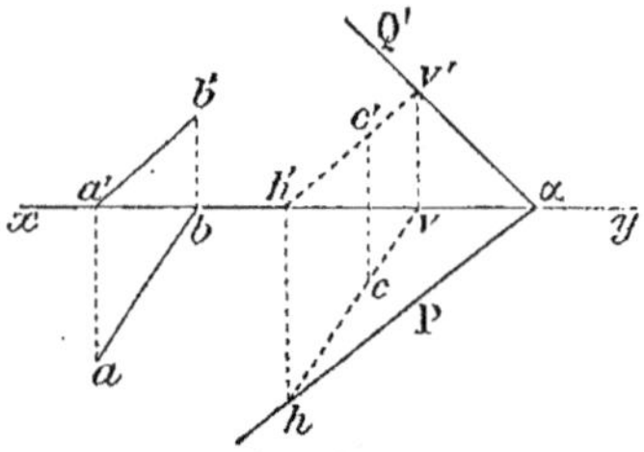

Soient $(ab, a'b')$ et (c, c') la droite et le point donnés.

Par le point (c, c'), menons une droite $(hv, h'v')$ parallèle à $(ab, a'b')$ (n° 42); puis joignons un point quelconque α de xy aux traces h et v' (n° 87).

Fig. 143.

Remarque. — Quand la droite est de profil, cette solution n'est pas applicable (n° 42, *Rem.*).

Problème.

119. — *Par un point donné, mener un plan parallèle à un plan donné.*

Les plans doivent avoir leurs traces de même nom parallèles (n° 114); il suffit donc d'obtenir un point de l'une des traces cherchées; pour cela, on peut employer une horizontale du plan demandé.

Soient (a, a'), PαP$'_1$, le point et le plan donnés.

Par le point (a, a'), menons l'horizontale $(av, a'v')$ parallèle au plan (n° 117), puis $v'\beta$ parallèle à αP$'_1$ et βQ parallèle à αP.

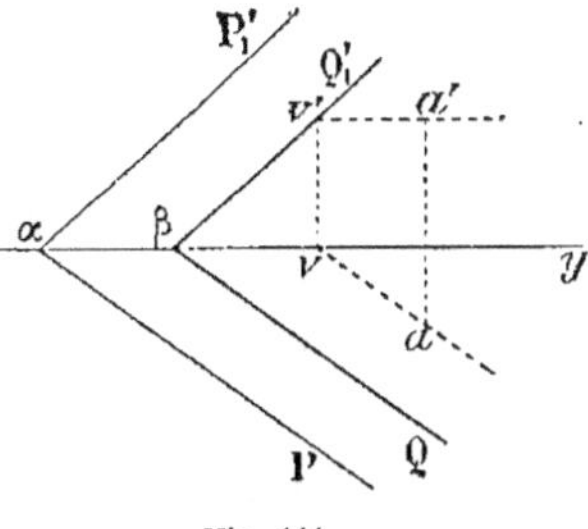

Fig. 144.

Remarque. — On emploierait, d'une manière analogue, une frontale ou une droite quelconque parallèle au plan (n°ˢ 117, 116).

Problème.

120. — *Par un point donné, mener un plan parallèle à un plan défini par deux droites concourantes.*

Soient un point (c, c') et un plan défini par deux droites concourantes $(oa, o'a')$ et $(ob, o'b')$.

Par le point (c, c'), menons d'abord $(cd, c'd')$ parallèle à $(oa, o'a')$, puis $(ce, c'e')$ parallèle à $(ob, o'b')$.

Le plan déterminé par les deux droites $(ce', c'e')$ et $(cd, c'd')$ est parallèle au plan donné, car il contient deux droites concourantes respectivement parallèles à deux droites du premier plan (n° 112, 5°).

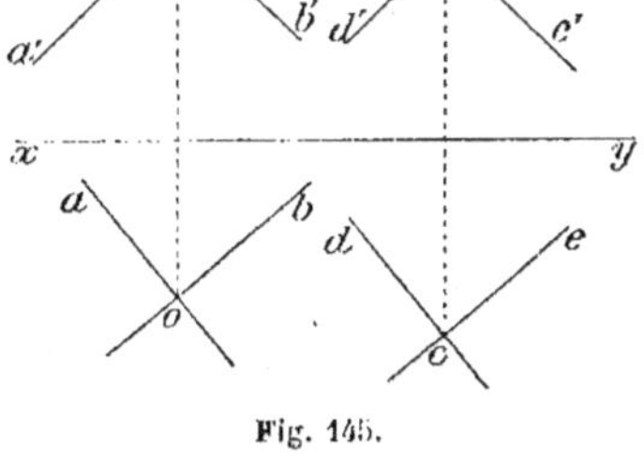

Fig. 145.

Problème.

121. — *Par un point donné, mener un plan parallèle à deux droites non situées dans un même plan.*

Par le point donné, il faut mener des parallèles aux droites données; le plan

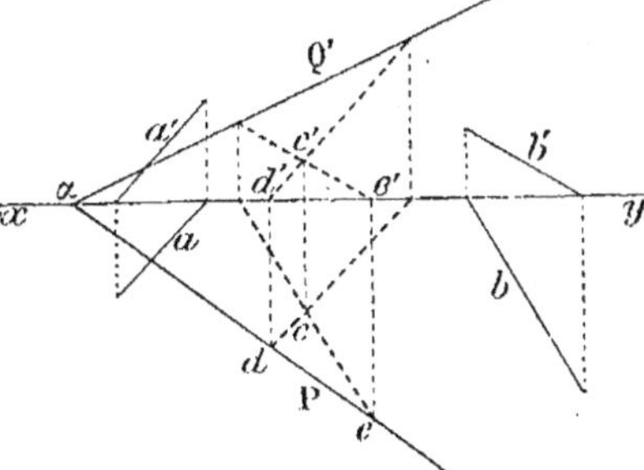

Fig. 146.

de ces deux nouvelles lignes est parallèle à chacune des premières (n° 118).

Soient (a, a'), (b, b') et (c, c') les droites et le point donnés.

Menons aux droites (a, a') et (b, b') les parallèles $(cd, c'd')$, $(ce, c'e')$; le plan PαQ', conduit par ces droites, est le plan demandé.

Problème.

122. — *Par une droite donnée, mener un plan parallèle à une autre droite donnée.*

Par un point quelconque de la première droite, il faut mener une parallèle à la seconde (n° 42); le plan des deux droites concourantes sera parallèle à la seconde droite, puisqu'il contiendra une de ses parallèles.

Soient $(ab, a'b')$ et $(cd, c'd')$ les droites données. Il faut mener par $(ab, a'b')$ un plan parallèle à $(cd, c'd')$.

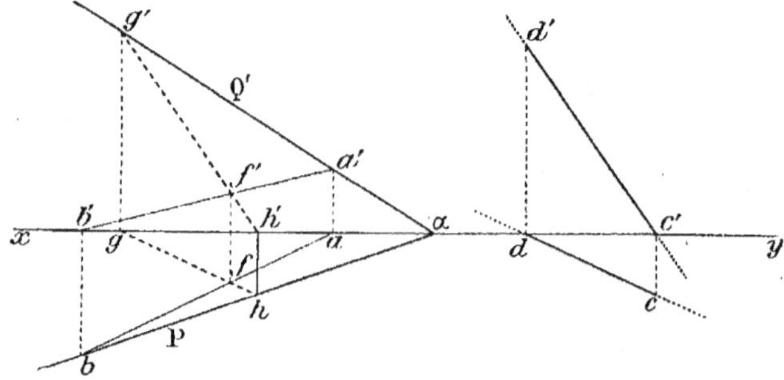

Fig. 147.

Par un point quelconque (f, f') de $(ab, a'b')$, traçons $(gh, g'h')$ parallèle à $(cd, c'd')$.

Les deux droites concourantes $(fg, f'g')$ et $(ab, a'b')$ définissent le plan demandé.

En joignant les traces de même nom de ces deux droites (n° 89), on obtient les traces αP et αQ' de ce plan.

§ II. — PROBLÈMES SUR LA DROITE ET LE PLAN

Problème.

123. — *Par un point donné, mener une droite parallèle à un plan donné et rencontrant une droite donnée.*

SOLUTION GÉOMÉTRIQUE. — Par le point A, on mène un plan R parallèle au plan donné P ; on détermine le point de rencontre E de la droite donnée BC avec le plan R, et l'on joint le point A au point E (fig. 148).

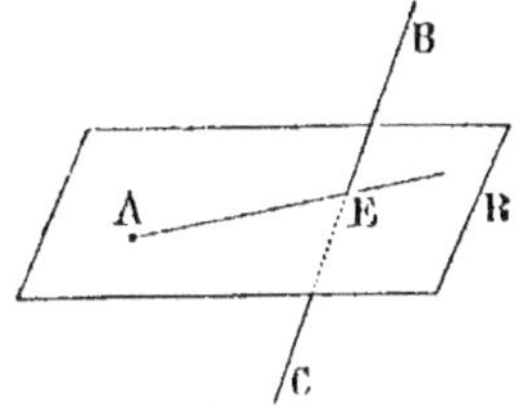

La droite AE, contenue dans un plan R parallèle au plan P, est elle-même parallèle à ce plan. De plus, elle rencontre BC au point E.

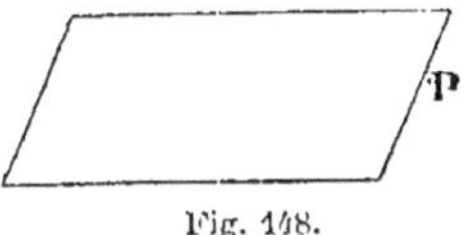

Fig. 148.

ÉPURE. — Soient $P\alpha Q'$, $(bc,\ b'c')$ et $(a,\ a')$, le plan, la droite et le point donnés.

Par le point $(a,\ a')$, menons une horizontale $(av, a'v')$ et une frontale $(ah, a'h')$, respectivement parallèles à $(\alpha P,\ xy)$ et $(\alpha Q',\ xy)$.

Ces deux droites déterminent un plan parallèle au plan $P\alpha Q'$ (n° 112, 5°).

À l'aide du plan projetant verticalement la droite donnée (n° 109), déterminons le point $(c,\ c')$ où $(bc,\ b'c')$ perce ce plan.

La droite $(ac,\ a'e')$ est la droite demandée.

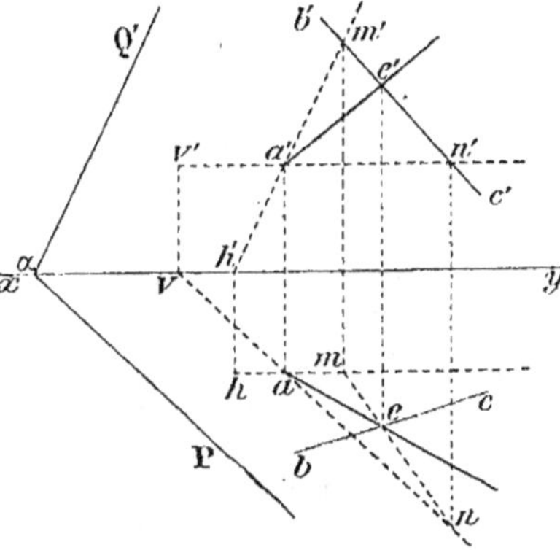

Fig. 149.

Problème.

124. — *Par un point donné, mener une droite qui en rencontre deux autres non situées dans un même plan.*

SOLUTION GÉOMÉTRIQUE. — 1ᵉʳ **Moyen.** — Par le point A et l'une des droites, CE, par exemple, on fait passer un plan P ; on cherche le point M où la seconde droite BD perce ce plan, on joint le point M au point A.

AM est la droite demandée.

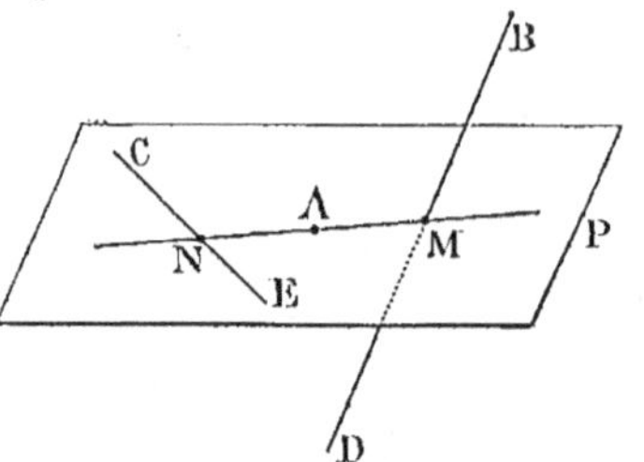

Fig. 150.

En effet, cette droite AM, située dans un même plan avec la première CE, la rencontrera ou lui sera parallèle.

Épure. — Soient $(bd, b'd')$, $(ce, c'e')$ et (a, a') les droites et le point donnés. Par le point (a, a') et la droite $(ce, c'e')$ faisons passer un plan ; il suffit de mener par le point (a, a') une parallèle $(af, a'f')$ à $(ce, c'e')$.

Pour trouver le point où $(bd, b'd')$ perce ce plan, on peut employer le plan de bout $b'd'$ qui projette verticalement la droite. Il coupe le plan considéré suivant $(cf, c'f')$; or cf et bd se rencontrent en m, une ligne de rappel fait connaître m'; on trace amn et $a'm'n'$. La droite $(mn, m'n')$ répond à la question.

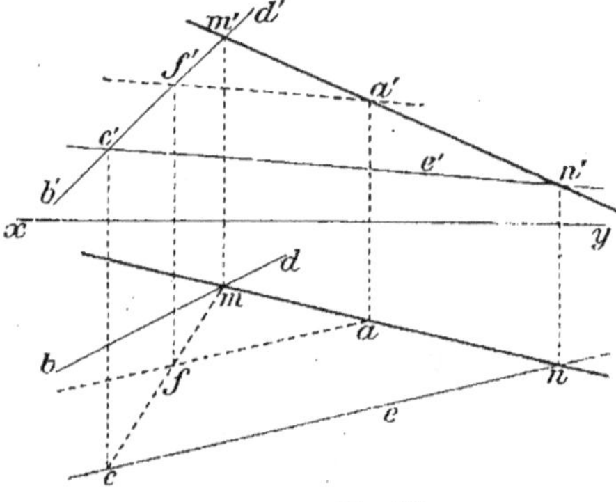

Fig. 151.

Vérification. — Les points n et n' doivent se trouver sur une même ligne de rappel.

2º **Moyen.** — Par le point donné et chacune des droites on fait passer un plan ; l'intersection de ces deux plans est la droite demandée.

Ce second procédé se présente plus naturellement que le premier, mais il donne lieu à une épure moins simple. (Voir *Exercices de Géométrie descriptive*, par F. G.-M., *Ex.* 68.)

Problème.

125. — *Mener une droite qui rencontre deux droites données, non situées dans un même plan, et qui soit parallèle à une troisième droite aussi donnée.*

SOLUTION GÉOMÉTRIQUE. — **1er Moyen.** — Par la première droite
BD, menons un plan P parallèle à la troi-
sième AL; cherchons le point N où la
seconde droite CE perce ce plan, et par
ce point N traçons une parallèle NM à la
droite AL.

MN est la droite demandée.

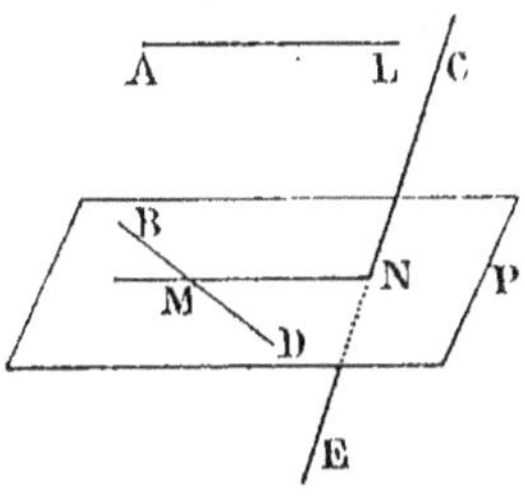

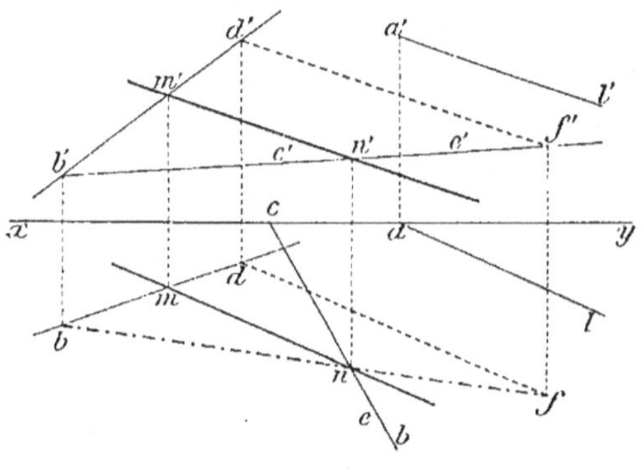

Fig. 152.

ÉPURE. — Soient $(bd, b'd')$, $(ce, c'e')$
les deux premières droites données, et
$(al, a'l')$ la direction donnée; par le point
(d, d') de la première, menons $(df, d'f')$
parallèle à $(al, a'l')$: le plan des deux droites $(db, d'b')$ et
$(df, d'f')$ est paral-
lèle à $(al, a'l')$.

Pour trouver le
point de rencontre
de ce plan avec la
droite $(ce, c'e')$,
recourons au plan
projetant $c'e'$; les
projections b', f',
font connaître b, f,
et par suite n, à
l'intersection de bf
et de ce; une ligne
de rappel donne n'
sur $c'e'$. Enfin, par

Fig. 153.

(n, n'), menons à $(al, a'l')$ la parallèle $(mn, m'n')$, qui rencontre
$(bd, b'd')$ au point (m, m').

$(mn, m'n')$ est la droite demandée.

2e Moyen. — Par chacune des deux premières droites, on fait
passer un plan parallèle à la troisième; l'intersection de ces deux
plans est la droite cherchée.

§ III. — DROITES ET PLANS PERPENDICULAIRES

Théorème.

126. Projection d'un angle droit sur un plan. — *La projection d'un angle droit sur un plan parallèle à un de ses côtés
et non perpendiculaire à l'autre est un angle droit.*

Soient un angle droit BDC, dont le côté DB est parallèle au plan de projection P, et *bdc* sa projection. D'abord, *db* sera parallèle à DB.

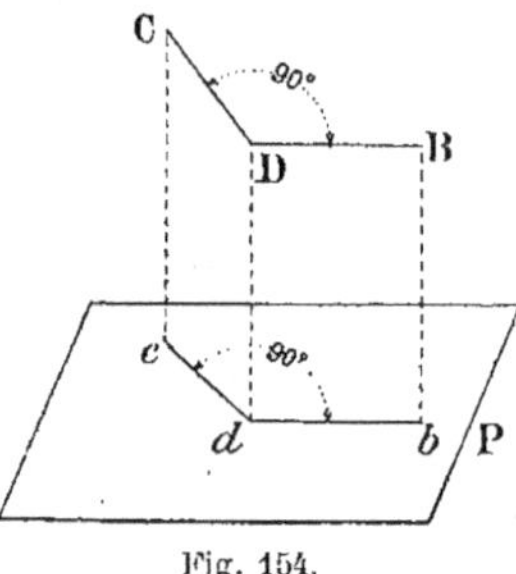

Fig. 154.

D'autre part, DB, perpendiculaire aux deux droites CD et D*d*, est perpendiculaire à leur plan CD*dc*; il en est de même de sa parallèle *db*; et *db*, perpendiculaire au plan CD*dc*, est perpendiculaire à la droite *cd* qui passe par son pied dans le plan.

Donc l'angle *cdb* est droit.

1re Réciproque. — *Si un angle droit se projette suivant un angle droit, l'un de ses côtés au moins est parallèle au plan de projection.*

Soit l'angle droit BDC, qui se projette en *bdc* suivant un angle droit (fig. 154). *Supposons que l'un de ses côtés DC ne soit pas parallèle au plan* P. Alors DB sera parallèle au plan P.

D'abord, BDC n'est pas dans un plan perpendiculaire au plan P, puisque les droites *db* et *dc* sont distinctes. Pour prouver que DB est parallèle au plan P, il suffit de démontrer qu'elle est perpendiculaire au plan projetant CD*dc*.

La droite *cd*, perpendiculaire aux deux droites *d*D et *db*, est perpendiculaire à leur plan et, par suite, à la droite DB située dans ce plan; réciproquement, DB est perpendiculaire à *cd*.

Alors DB, perpendiculaire aux deux droites non parallèles *dc* et DC du plan CD*dc*, est perpendiculaire à ce plan.

Donc DB est parallèle au plan P.

2e Réciproque. — *Si un angle se projette sur un plan parallèle à un de ses côtés suivant un angle droit, cet angle est droit.*

Soit BDC l'angle qui se projette suivant l'angle droit *bdc*, et dont le côté DB est parallèle au plan de projection P (fig. 154).

La projection *db* est perpendiculaire aux deux droites *dc* et *d*D et, par suite, à leur plan D*dc*C; sa parallèle DB est aussi perpendiculaire à ce plan et, par conséquent, à la droite DC de ce plan.

Donc l'angle BDC est droit.

127. Corollaire. — *Lorsque deux droites de l'espace non situées dans un même plan sont perpendiculaires, leurs projections sur un plan parallèle à l'une d'elles et non perpendiculaire à l'autre sont aussi perpendiculaires.*

En effet, soient AB et CD deux droites rectangulaires de l'espace et non situées dans un même plan, ab et cd leurs projections sur le plan P.

Par un point quelconque, A, de AB, menons AE parallèle à CD ; cette droite AE sera perpendiculaire à AB.

L'angle droit EAB, dont un côté AB est parallèle au plan P, se projette sur ce plan suivant un angle droit eab (n° 126), et ac est perpendiculaire à ab.

Les droites ae et cd, projections de deux droites parallèles sur un même plan, sont parallèles ; donc cd est perpendiculaire à ab.

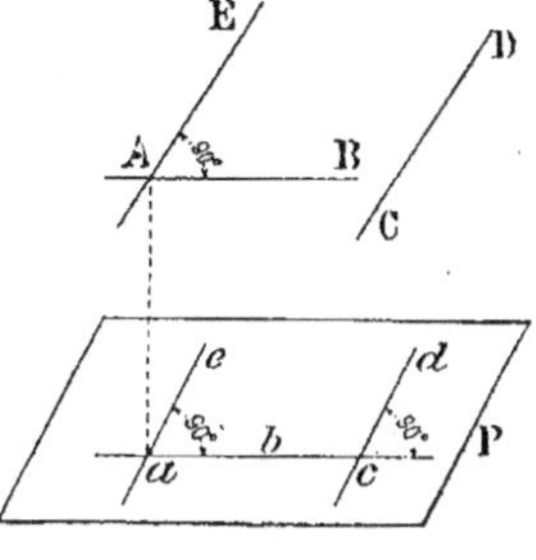

Fig. 155.

Comme le théorème précédent, ce corollaire admet deux réciproques que l'on démontre d'une manière analogue :

1re Réciproque. — *Si deux droites perpendiculaires de l'espace se projettent sur un plan suivant deux droites perpendiculaires, l'une d'elles au moins est parallèle au plan de projection.*

2e Réciproque. — *Deux droites de l'espace sont perpendiculaires si leurs projections sur un plan parallèle à l'une d'elles sont elles-mêmes perpendiculaires.*

Théorème.

128. — *Lorsqu'une droite est perpendiculaire à un plan, ses projections sont perpendiculaires aux traces correspondantes du plan.*

En effet, une droite perpendiculaire à un plan est perpendiculaire à toute droite de ce plan, et particulièrement aux horizontales et aux frontales de ce plan ; elle est donc perpendiculaire aux traces du plan, et l'angle droit, ayant un de ses côtés parallèle au plan de projection considéré, se projette en vraie grandeur sur ce plan (n° 127).

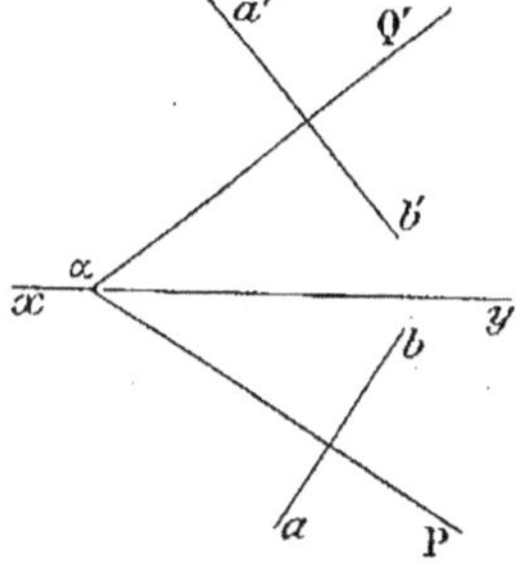

Fig. 156.

Donc, si la droite $(ab, a'b')$ est perpendiculaire au plan PαQ', sa projection horizontale ab sera perpendiculaire à la trace horizontale αP, et sa projection verticale $a'b'$ sera perpendiculaire à la trace verticale αQ'.

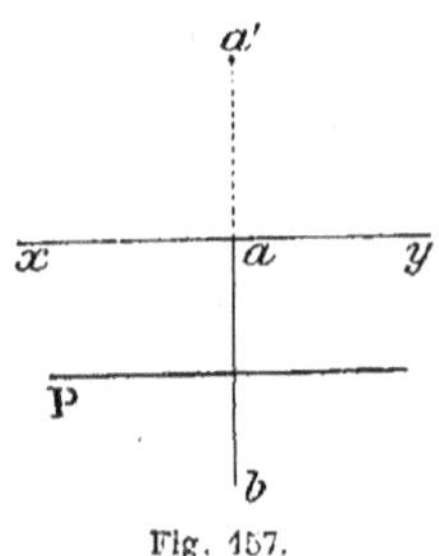

Fig. 157.

Remarque. — Le théorème est en défaut lorsque le plan considéré est horizontal ou de front. La perpendiculaire est alors une verticale ou une droite de bout. Sa projection sur l'un des plans se réduit à un point, mais l'autre projection est perpendiculaire à la trace correspondante du plan.

Dans la figure 157, (ab, a') est la projection d'une droite perpendiculaire à un plan de front P.

Théorème réciproque.

129. — *Pour qu'une droite soit perpendiculaire à un plan* **dont les traces sont concourantes,** *il suffit que ses projections soient perpendiculaires aux traces correspondantes du plan.*

Soit $(ab, a'b')$ une droite dont les projections sont respectivement perpendiculaires aux traces correspondantes du plan PαQ' (fig. 157 *bis*). Il faut démontrer que cette droite est perpendiculaire au plan.

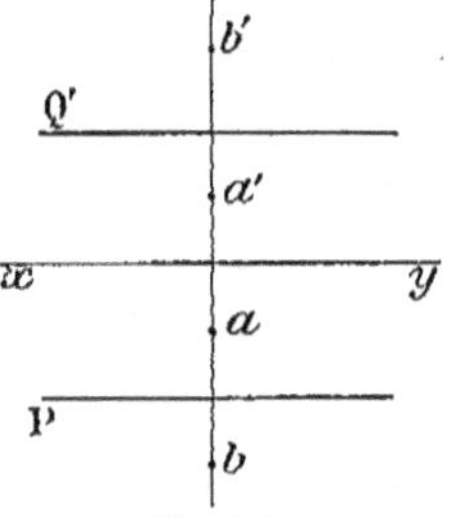

Fig. 157 *bis*.

La droite AB de l'espace et la trace αP ont leurs projections horizontales ab et αP rectangulaires, par hypothèse, et l'une d'elles, αP, est située dans le plan de projection; donc AB est perpendiculaire à αP (n° 127, 2e *Récipr*.).

De même, la droite AB et la trace αQ' ont leurs projections verticales rectangulaires, et l'une d'elles, αQ', est située dans le plan de projection; ainsi AB est perpendiculaire à αQ' (n° 127, 2e *Récipr*.).

Donc la droite AB, perpendiculaire à deux droites non parallèles αP et αQ' du plan PαQ', est perpendiculaire à ce plan.

Remarques. — 1° Le théorème est en défaut lorsque le plan est parallèle à xy, car alors la droite $(ab, a'b')$ (fig. 158) n'est plus perpendiculaire qu'à une seule direction du plan. Elle n'est pas nécessairement perpendiculaire à ce plan. C'est une droite de profil.

Fig. 158.

Dans ce cas, la condition de perpendicularité, toujours **nécessaire**, n'est plus **suffisante**.

2° Les horizontales d'un plan ont leurs projections horizontales parallèles à la trace horizontale de ce plan; de même, les projections verticales des frontales sont parallèles à la trace verticale.

Ainsi, lorsqu'on ne connaît pas les traces d'un plan, pour avoir la direction des projections de la perpendiculaire, on peut remplacer la trace horizontale par la projection horizontale d'une horizontale du plan, et la trace verticale par la projection verticale d'une frontale de ce plan.

Problème.

130. — *Par un point donné, mener une perpendiculaire à un plan, et déterminer le pied de cette perpendiculaire.*

MÉTHODE GÉNÉRALE. — *De chacune des projections du point, on abaisse une perpendiculaire sur la trace correspondante du plan.*

Si l'on ne connaît pas les traces du plan, on cherche leurs directions en déterminant une horizontale et une frontale de ce plan (n° 129, Rem., 2°).

1° **Le plan est donné par ses traces.** — Soient (a, a') et PαQ' le point et le plan donnés (fig. 159).

Abaissons de a, la perpendiculaire ab sur αP, et de a', la perpendiculaire a'b' sur αQ'.

La droite (ab, a'b') est la perpendiculaire demandée (n° 129).

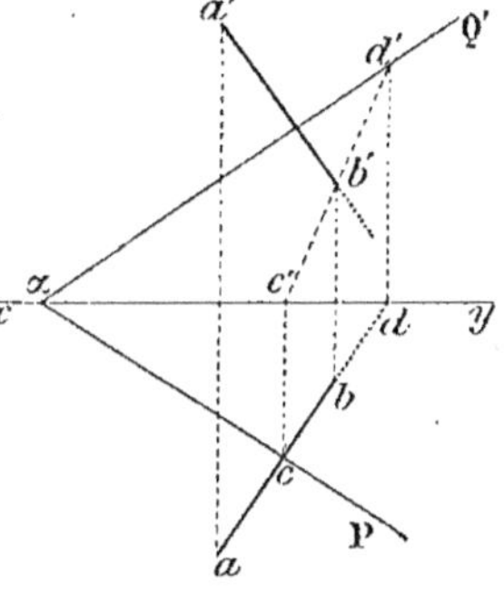

Fig. 159.

Le pied de la perpendiculaire est le point de rencontre de cette droite avec le plan. Pour le trouver, prenons pour plan auxiliaire le plan projetant horizontalement la droite. Ce plan coupe le plan donné suivant la droite (cd, c'd'); les deux droites (cd, c'd') et (ab, a'b') se rencontrent au point (b, b'), qui est le pied de la perpendiculaire.

Remarque. — Lorsque le plan est perpendiculaire à l'un des plans de projection, la construction se simplifie.

Soient le point (a, a') et le plan verti-

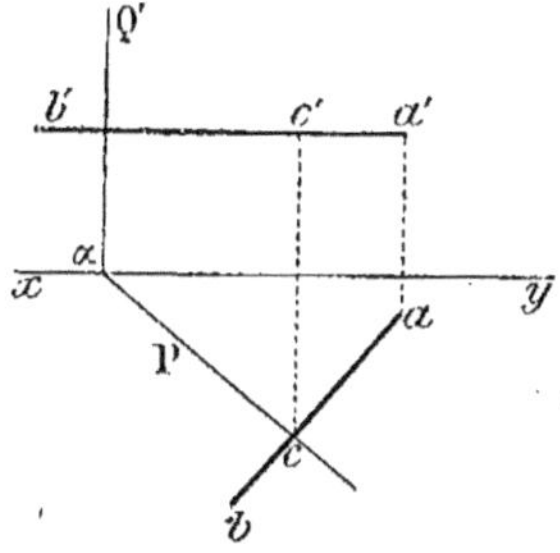

Fig. 160.

cal $P\alpha Q'$; menons ab perpendiculaire à αP, et $a'b'$ perpendiculaire à $\alpha Q'$ (fig. 160).

Le point (c, c') est le pied de la perpendiculaire (n° 111).

Cette perpendiculaire est une horizontale; donc le segment $(ac, a'c')$ se projette en vraie grandeur sur le plan horizontal (n° 9), et ac mesure la distance du point au plan.

La construction est analogue lorsque le plan donné est de bout.

2° Le plan est donné par deux droites concourantes. — Soit à mener du point (p, p') une perpendiculaire au plan défini par les deux droites $(oa, o'a')$ et $(ob, o'b')$ (fig. 161).

On commence par déterminer une horizontale $(ce, c'e')$ et une fron-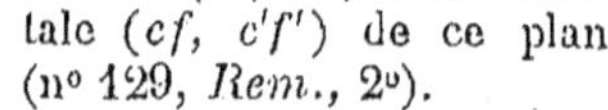tale $(cf, c'f')$ de ce plan (n° 129, *Rem.*, 2°).

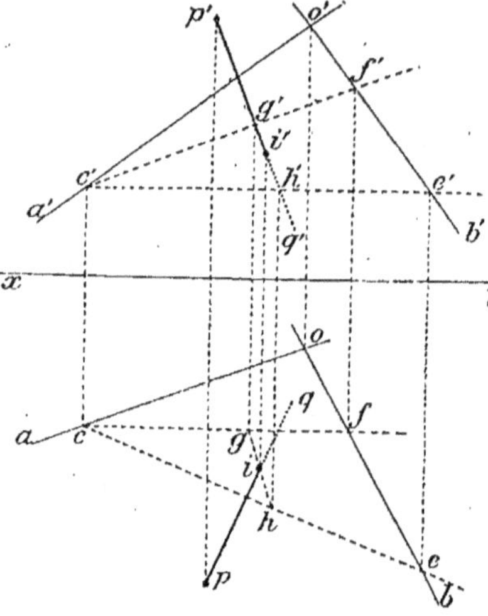

Puis de p, on abaisse la perpendiculaire pq sur ce, et de p', la perpendiculaire $p'q'$ sur $c'f'$; $(pq, p'q')$ est la perpendiculaire cherchée.

Pour obtenir le pied de cette perpendiculaire, remarquons que l'horizontale et la frontale du plan menées par le point (c, c') définissent le plan de la même manière que les droites concourantes données.

Le plan de bout $p'q'$, projetant verticalement la perpendiculaire, coupe le plan donné suivant la droite $(gh, g'h')$; cette dernière droite rencontre la perpendiculaire au point (i, i') qui est le point cherché.

Fig. 161.

Problème.

131. — *Par un point donné, mener un plan perpendiculaire à une droite donnée.*

On peut mener immédiatement par le point une horizontale du plan demandé, il suffit que sa projection horizontale soit perpendiculaire à la projection horizontale de la droite donnée.

Soient $(ab, a'b')$ et (c, c') la droite et le point donnés (fig. 162).

On mène cd perpendiculaire à ab, $c'd'$ parallèle à xy, puis $d'Q'$ perpendiculaire à $a'b'$, et αP perpendiculaire à ab.

Le plan $P\alpha Q'$ est perpendiculaire à $(ab, a'b')$, puisque ses traces sont perpendiculaires aux projections de même nom de la droite ; de plus, il passe par le point (c, c'), car il contient une droite $(cd, c'd')$ menée par ce point.

La construction est la même quand le point donné appartient à la droite.

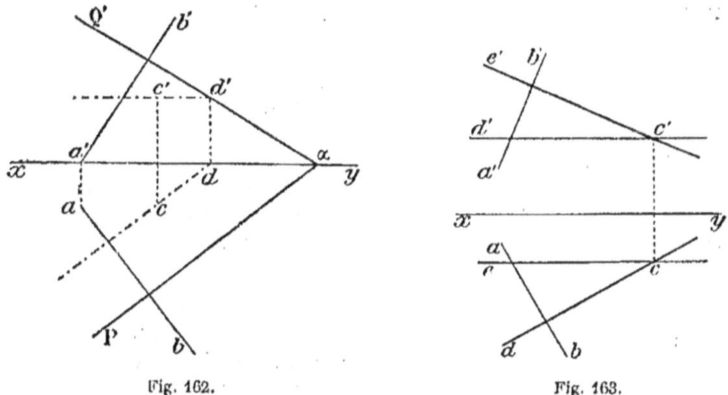

Fig. 162.   Fig. 163.

Remarque. — Lorsqu'on ne veut pas déterminer les traces du plan, il suffit de mener par le point (c, c') (fig. 163) une horizontale et une frontale de ce plan.

La projection cd de l'horizontale doit être perpendiculaire à ab, et la projection $c'c'$ de la frontale doit être perpendiculaire à $a'b'$.

Le plan est défini par les deux droites concourantes $(cd, c'd')$ et $(cc, c'c')$.

Problème.

132. — *Par un point donné, mener une perpendiculaire à une droite donnée.*

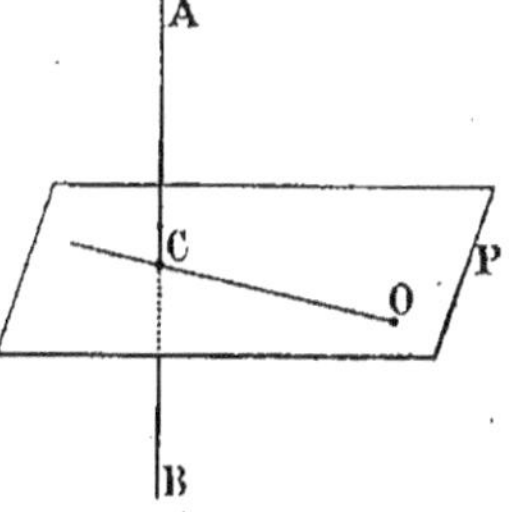

Fig. 164.

SOLUTION GÉOMÉTRIQUE. — Par le point donné O (fig. 164), on mène le plan P perpendiculaire à la droite AB, on cherche le point C où cette droite rencontre le plan, et on joint le point O au point C.

OC est la perpendiculaire demandée.

En effet, AB, perpendiculaire au plan P, est perpendiculaire à OC qui passe par son pied dans le plan, et réciproquement OC est perpendiculaire à AB.

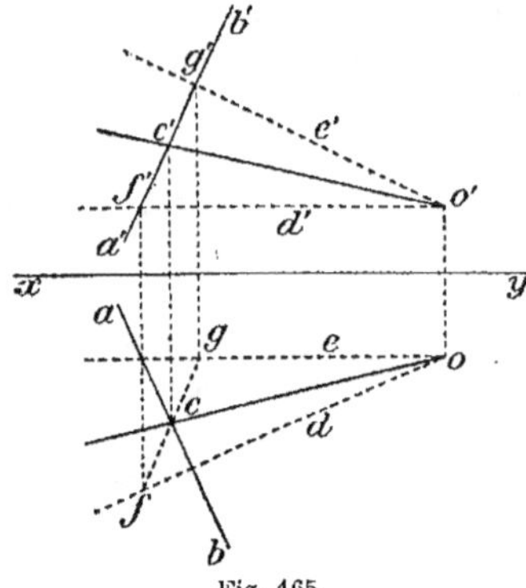

Fig. 165.

ÉPURE. — Par le point (o, o'), (fig. 165), menons une horizontale $(od, o'd')$ et une frontale $(oc, o'c')$ perpendiculaires à la droite donnée. Le plan de ces deux droites est lui-même perpendiculaire à la droite $(ab, a'b')$.

Cette dernière droite perce le plan au point (c, c'), et la droite $(oc, o'c')$ est la perpendiculaire cherchée.

133. Remarque. — *Lorsque la droite est parallèle à l'un des plans de projection*, on a immédiatement les projections de la perpendiculaire.

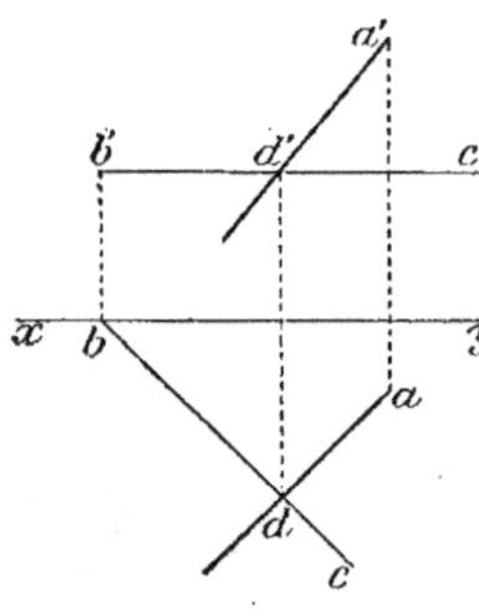

Fig. 166.

Soit, par exemple, à mener par le point (a, a') une perpendiculaire à l'horizontale $(bc, b'c')$ (fig. 166).

L'angle droit, formé par les deux lignes considérées, ayant un côté parallèle au plan horizontal, se projette sur ce plan suivant un angle droit (n° 126).

Donc, du point a, il suffit de mener ad perpendiculaire à bc, et de déterminer d' par une ligne de rappel.

La droite $(ad, a'd')$ est la perpendiculaire demandée.

Problème.

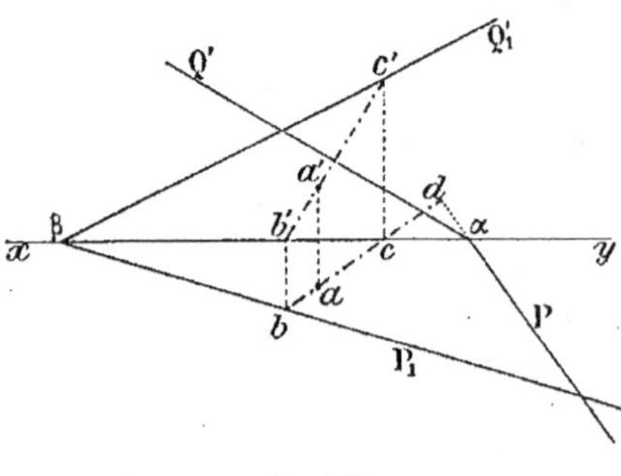

Fig. 167.

134. — *Par un point donné, mener un plan perpendiculaire à un plan donné.* (Problème indéterminé.)

Pour que deux plans soient perpendiculaires l'un à l'autre, il suffit que l'un d'eux contienne une droite perpendiculaire à l'autre plan (M. G., n° 455); donc, du point donné il faut abaisser une perpendiculaire sur le plan donné ; tout plan mené par cette droite sera perpendiculaire au premier.

Soient (a, a') et $P\alpha Q'$ le point et le plan donnés (fig. 167).

Par la projection a, menons la perpendiculaire bc à la trace αP ; puis par a', la perpendiculaire $b'c'$ à $\alpha Q'$, et joignons un point quelconque β de xy aux traces b et c' de la droite obtenue.

Le plan $P_1\beta Q_1'$ répond à la question.

Problème.

135. — *Par un point donné, mener un plan perpendiculaire à deux plans donnés.*

1er Moyen. — Par le point donné, on peut mener un plan perpendiculaire à l'intersection des deux plans donnés ; il sera perpendiculaire à chacun d'eux.

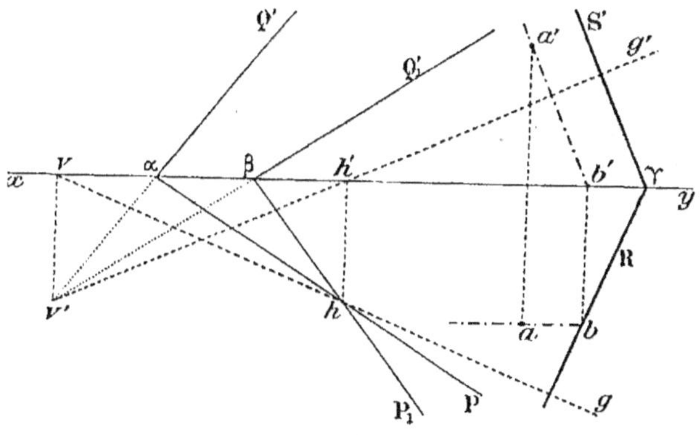

Fig. 168.

2° Moyen. — Du point donné, on peut abaisser une perpendiculaire sur chaque plan ; le plan de ces deux droites sera perpendiculaire à chacun des plans donnés. (M. G., n° 455.)

Voici les constructions relatives au 1er moyen.
Soient (a, a'), $P\alpha Q'$ et $P_1\beta Q_1'$ le point et les plans donnés (fig. 168).
Déterminons l'intersection $(hv, h'v')$ des deux plans.
Par le point (a, a'), menons une frontale du plan demandé. Pour cela, traçons $a'b'$ perpendiculaire à $h'g'$, et ab parallèle à xy.
Par la trace b de la ligne de front, menons $b\gamma$ perpendiculaire à hg, puis $\gamma S'$ perpendiculaire à $h'g'$.

Le plan $R\gamma S'$, perpendiculaire à l'intersection (hg, $h'g'$), est perpendiculaire aux deux plans donnés.

Remarque. — Le cas particulier suivant est très employé.

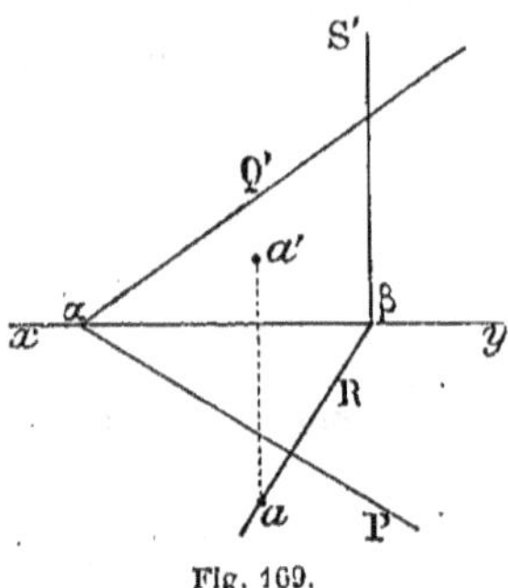

Fig. 169.

136. — *Par un point donné, mener un plan vertical perpendiculaire à un plan donné.*

Soient (a, a') et $P\alpha Q'$ le point et le plan donnés (fig. 169).

Le plan demandé est perpendiculaire à l'intersection (αP, xy) du plan $P\alpha Q'$ avec le plan horizontal. De plus, sa trace horizontale contient la projection horizontale a (n° 62).

Donc, menons $a\beta$ perpendiculaire à αP, puis $\beta S'$ perpendiculaire à xy.

Le plan $R\beta S'$ est le plan demandé.

Problème.

137. — *Par une droite donnée, mener un plan perpendiculaire à un plan donné.*

D'un point quelconque de la droite, il faut abaisser une perpendi-

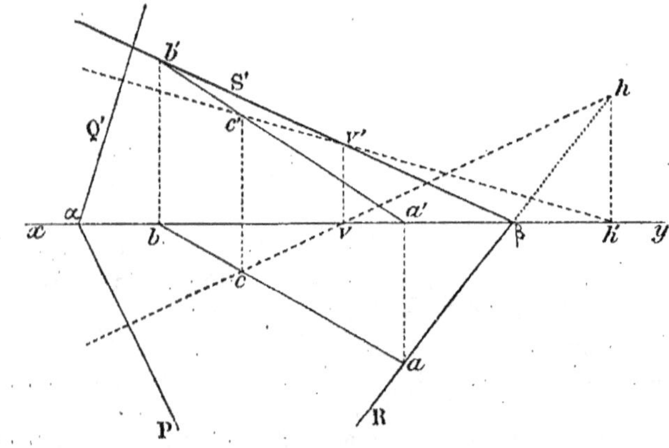

Fig. 170.

culaire sur le plan donné, le plan des deux droites sera perpendiculaire au plan donné, puisqu'il contiendra une perpendiculaire à ce plan. (M. G., nº 455.)

Soient $(ab, a'b')$ et $P\alpha Q'$ la droite et le plan donnés. Prenons un point (c, c') sur la droite, et menons $(ch, c'h')$ perpendiculaire au plan $P\alpha Q'$ (nº 130).

Le plan des droites concourantes $(ac, a'c')$ et $(ch, c'h')$ répond à la question.

Ses traces ah, $b'v'$, doivent se couper sur xy (nº 56).

II

GÉOMÉTRIE COTÉE

CHAPITRE VI

DU POINT ET DE LA DROITE

§ I. — INTRODUCTION — DU POINT

138. But de la méthode. — La Géométrie cotée a pour objet de représenter les figures de l'espace à l'aide d'un seul plan de projection.

Dans la pratique, on l'emploie en topographie et dans la représentation des corps qui ont un faible relief relativement à l'étendue de leur projection horizontale; notamment dans les terrassements, les fortifications, le tracé des routes et des canaux.

139. Plan de comparaison. — Le plan de comparaison est le plan horizontal que l'on prend pour plan de projection.

Ce choix du plan de projection provient de ce que, dans les applications de la géométrie cotée, le plan de projection est effectivement horizontal.

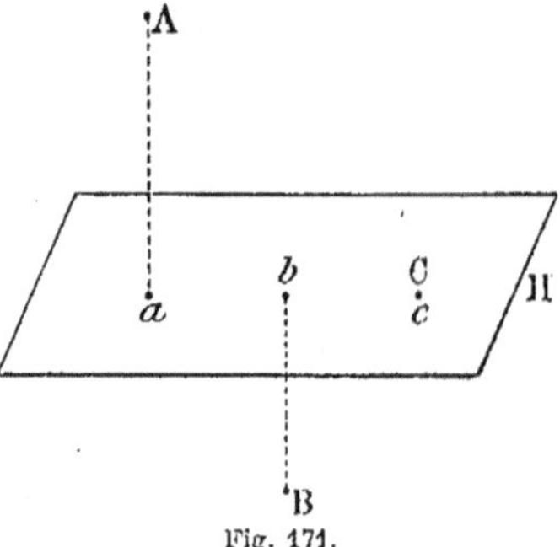

Fig. 171.

140. Cote d'un point. — La cote d'un point A (fig. 171) est le nombre qui mesure la longueur de sa projetante Aa.

La cote est **positive** lorsque le point est situé au-dessus du plan de comparaison; ex. : Aa.

Elle est **négative** lorsque le point est situé au-dessous du plan; ex. : Bb.

Enfin, elle est **nulle** lorsque le point est situé sur le plan; ex. : Cc.

On appelle **cote ronde** toute cote exprimée par un nombre entier.

Remarque. — Généralement, on suppose le plan de comparaison assez bas pour que les cotes de tous les points d'une même figure soient positives.

141. Représentation d'un point. — Un point se représente par sa projection horizontale et par sa cote.

La cote d'un point s'écrit entre parenthèses, près de la lettre qui désigne sa projection.

Supposons que, dans la figure 171, on ait :

$$A a = 3 \text{ unités} \quad \text{et} \quad B b = 2 \text{ unités}.$$

Le point A sera représenté, sur le plan de comparaison, par $a(3)$ (fig. 172); le point B par $b(-2)$, et enfin le point C, dont la cote est nulle, par $c(0)$.

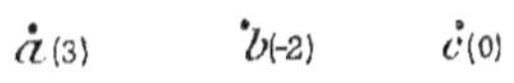

$$\dot{a}\,(3) \qquad \dot{b}\,(-2) \qquad \dot{c}\,(0)$$

Fig. 172.

142. Épure d'un point. — L'ensemble formé par la projection d'un point et sa cote s'appelle l'**épure** ou la **projection cotée** de ce point.

Ex. : $a(3)$, $b(-2)$, $c(0)$ (fig. 172).

Projection cotée ou épure d'une figure. — On appelle projection cotée ou épure d'une figure l'ensemble des projections cotées des points de cette figure.

Plan coté. — Le plan de comparaison est appelé **plan coté**, parce qu'on y inscrit les cotes des points projetés.

143. Échelle numérique. — Dans la pratique, les surfaces représentées ayant des dimensions très grandes par rapport à celles de la feuille de dessin, on réduit toutes les longueurs horizontales dans un même rapport.

L'épure est donc seulement semblable à la projection de la figure sur le plan de comparaison, et le rapport de similitude porte le nom d'**échelle numérique**.

Supposons le rapport de similitude égal à $\dfrac{1}{100}$. Cela signifie qu'une longueur horizontale de 1 mètre sur le terrain est représentée sur l'épure par une longueur de 1 centimètre.

144. Échelle graphique. — L'échelle graphique d'un plan coté est l'échelle de reproduction employée pour les longueurs des projections horizontales.

L'échelle graphique est indispensable; car, dans un même problème, les longueurs sont données les unes par des nombres, les autres par des segments rectilignes; par suite, on est conduit à remplacer par des lignes des longueurs données en nombre, ou bien à évaluer numériquement les longueurs des droites du dessin.

Pour construire l'échelle graphique AB (fig. 173), on porte plusieurs fois bout à bout l'unité choisie, et on numérote 0, 1, 2, 3..., de gauche à droite, les points obtenus.

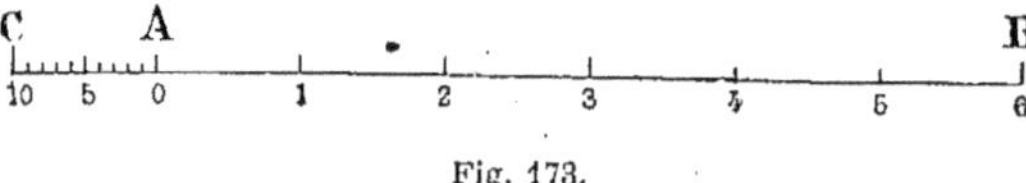

Fig. 173.

Pour mesurer les longueurs à $\frac{1}{10}$ près, on porte à gauche de A une longueur AC égale à une unité. AC s'appelle le **talon** de l'échelle; on divise ce talon en 10 parties égales que l'on numérote en sens contraire des divisions de AB, c'est-à-dire de droite à gauche.

À l'aide de cette échelle, on peut porter une longueur donnée sur une droite du dessin, et, inversement, connaître la longueur représentée par une ligne du dessin.

L'échelle graphique sert encore à la mesure des cotes.

Unité graphique. — On appelle **unité graphique** la longueur d'une division de l'échelle AB. Elle représente l'unité de longueur réduite à l'échelle du dessin.

Remarque. — L'échelle numérique et l'échelle graphique ont un seul et même but : réduire les dimensions de l'objet à représenter dans le rapport de similitude adopté. Le dessinateur emploie l'une ou l'autre suivant la commodité des opérations.

Si l'échelle graphique figurait seule sur le dessin, l'épure serait exacte, car elle donnerait une figure semblable à la figure proposée; mais rien ne nous renseignerait sur les dimensions véritables de l'objet.

Voilà pourquoi dans le relevé des travaux sur le terrain, topographie, terrassements, etc., il est **indispensable d'inscrire l'échelle numérique.** Pour habituer l'élève à se rendre compte de l'importance de l'échelle numérique, nous avons pris le soin de l'indiquer au-dessous de l'échelle graphique, dans la plupart des épures.

§ II. — DE LA DROITE

145. Représentation de la droite. — Si la droite n'est pas perpendiculaire au plan de comparaison, sa projection est une droite (n° 4).

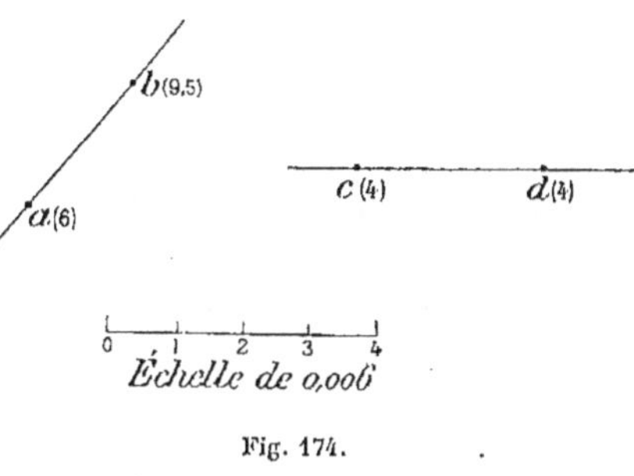

Fig. 174.

On la représente par sa projection horizontale et la cote de deux de ses points.

Ex. : $a(6)$ $b(9,5)$ et $c(4)$ $d(4)$ (fig. 174).

Horizontale. — Une horizontale est une droite parallèle au plan de comparaison. Ex. CD (fig. 175).

Tous les points de cette droite sont également distants du plan de comparaison ; ainsi $Cc = Dd$; la figure $CDdc$ est un parallélogramme, et $cd = CD$.

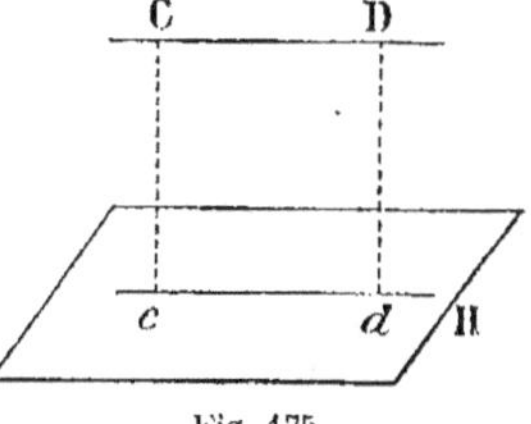

Fig. 175.

Donc le segment cd est égal à la longueur CD de l'espace, et, de plus, il lui est parallèle.

Si $Cc = Dd = 4$ unités, l'horizontale sera représentée par une droite sur laquelle on marque deux points de même cote.

Ex. : $c(4)$ $d(4)$ (fig. 174).

Verticale. — Une verticale est une droite perpendiculaire au plan de comparaison.

On la représente par sa projection qui est un point, sans cote (fig. 176).

Fig. 176.

146. Rabattement d'un plan vertical sur le plan de comparaison. — Rabattre le plan vertical V_1 sur le plan de comparaison H, c'est l'amener à coïncider avec le plan H, en le faisant tourner autour de la ligne d'intersection mn des deux plans (fig. 177).

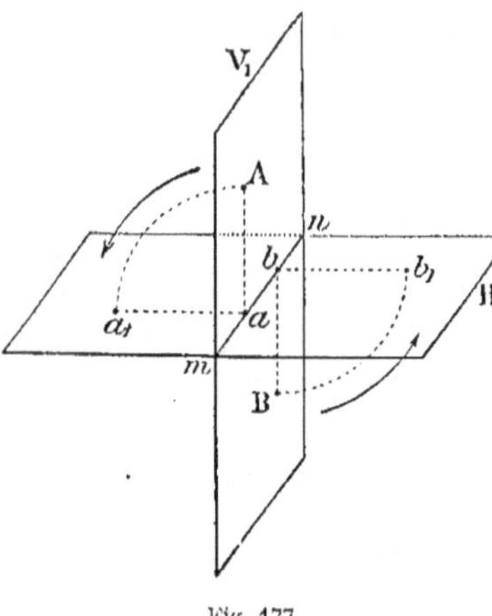

Fig. 177.

L'intersection mn est la charnière ou l'axe de rabattement.

Un point A du plan vertical se rabat en a_1 sur une perpendiculaire à mn menée par a, projection horizontale du point, et l'on a :

$$a a_1 = A a,$$

car, dans le rabattement, $A a$ reste constamment perpendiculaire à mn et vient se placer en $a a_1$ dans le plan H.

Un point B du plan vertical, situé au-dessous du plan de comparaison, se rabat de même en b_1, sur la perpendiculaire $b b_1$ à mn, de manière que $b b_1 = b B$, et du côté opposé à celui de a_1 par rapport à mn.

Problème.

147. — *Rabattre un point d'un plan vertical, connaissant la trace de ce plan et la cote du point.*

Un plan vertical est déterminé par sa trace mn, et la projection d'un point du plan se trouve sur cette trace (n° 8, *Rem.*).

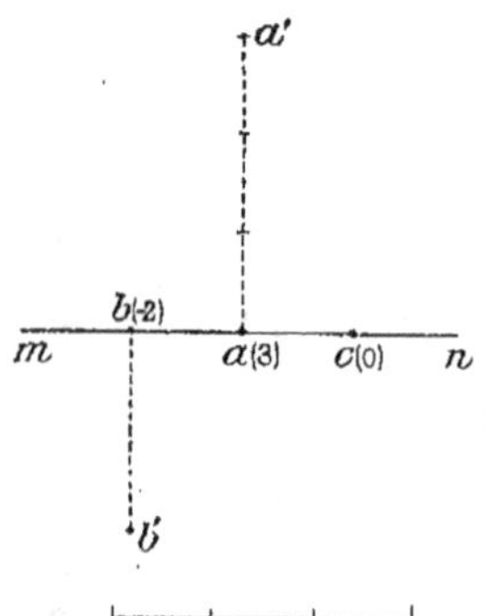

Échelle de 0,075

Fig. 178.

Soit à rabattre le point a (3) autour de mn. Du point a, projection du point, on élève sur mn une perpendiculaire aa', sur laquelle on porte 3 unités de l'échelle graphique.

a' est le rabattement demandé.

Remarque. — Le point b (— 2) se rabat en b' du côté opposé de la charnière, et $b b' = 2$.

Le point C (0), situé sur l'axe, est tout rabattu.

148. **Rabattement d'une droite.** — Rabattre une droite, c'est rabattre son plan projetant, en le faisant tourner autour de

sa trace. Le rabattement d'une droite s'obtient en effectuant le rabattement de deux de ses points.

Soit à rabattre la droite $a\,(3)\,b\,(5)$. Par les points a et b, et d'un même côté de ab, puisque les cotes de ces deux points sont positives, menons des perpendiculaires à ab; prenons $aa' = 3$ unités de l'échelle graphique et $bb' = 5$; $a'b'$ est le rabattement demandé.

Remarque. — $a'b'$ est la vraie grandeur du segment AB de l'espace.

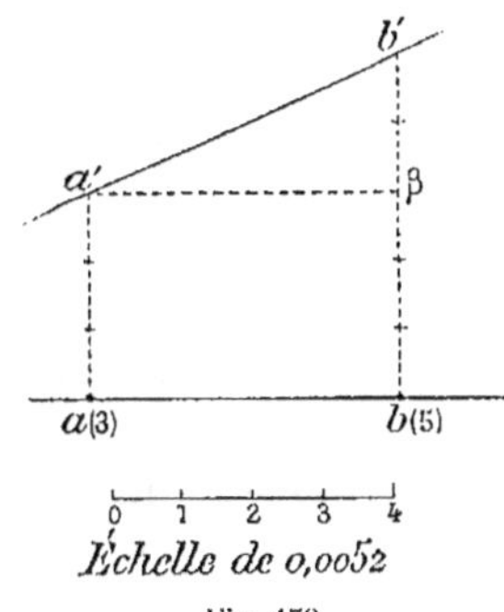

Échelle de 0,0052

Fig. 179.

Problème.

149. — *Connaissant la projection* m *d'un point d'une droite, trouver la cote de ce point.*

Soient $a\,(3)\,b\,(5)$ et m la droite et le point donnés. Rabattons la droite sur le plan de comparaison en menant aa' et bb' perpendiculaires à ab, et prenant $aa' = 3$, $bb' = 5$ unités de l'échelle.

Nous obtenons $a'b'$ pour rabattement de la droite; le point m se rabat en m', et la cote demandée est la longueur mm', mesurée à l'échelle graphique. En traçant $m'n'$ parallèle à ab, on voit immédiatement que la cote approximative du point m est 3,5.

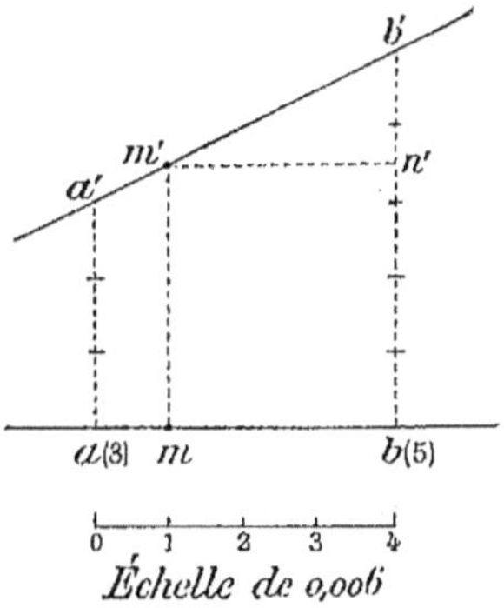

Échelle de 0,006

Fig. 180.

MÉTHODE NUMÉRIQUE. — Il s'agit de calculer Mm, connaissant Aa, Bb, ab, am (fig. 181).

On a :

$$Mm = MC + Cm = MC + Aa.$$

Déterminons MC. Les triangles semblables ACM et ADB donnent la proportion :

$$\frac{MC}{AC} = \frac{BD}{AD},$$

ou

$$\frac{\text{cote M} - \text{cote A}}{am} = \frac{\text{cote B} - \text{cote A}}{ab}; \quad (1)$$

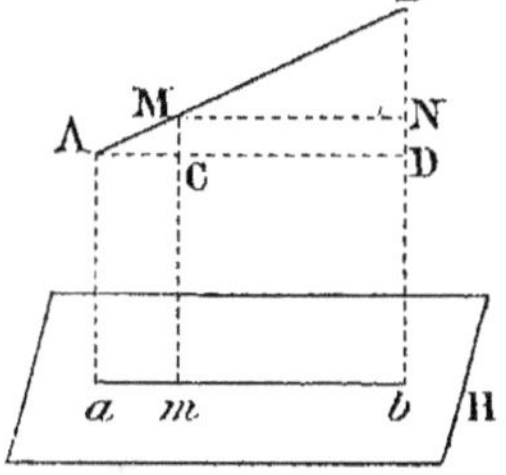

d'où

$$MC = \text{cote M} - \text{cote A} = \frac{(\text{cote B} - \text{cote A}) \times am}{ab}. \quad (2)$$

Fig. 181.

On mesure am et ab à l'échelle graphique :

$$am = 1, \quad ab = 4,$$

et l'on a : $\qquad \mathrm{MC} = \dfrac{(5-3) \times 1}{4} = \dfrac{2 \times 1}{4} = 0,5 ;$

donc $\qquad \mathrm{M}m = \mathrm{MC} + \mathrm{C}m = 0,5 + 3 = 3,5.$

Remarques. — 1° La relation (1) montre que la différence des cotes de deux points quelconques est proportionnelle à la distance de leurs projections horizontales.

2° Lorsque la droite est **verticale**, le problème est indéterminé, car la projection ne suffit pas à elle seule pour déterminer le point.

Problème.

150. — *Placer sur une droite un point* **m**, *de cote donnée.*

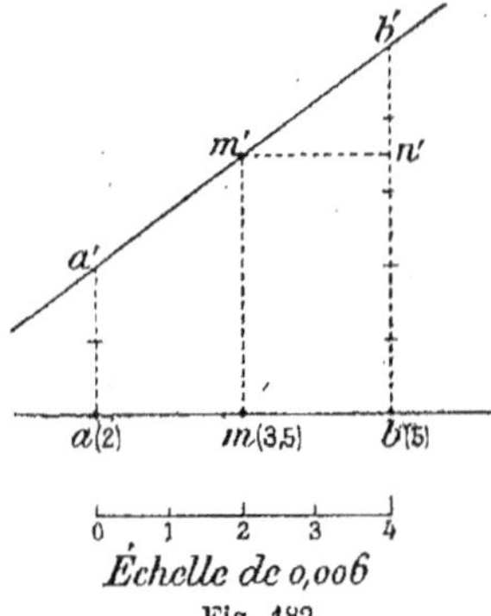

Échelle de 0,006

Fig. 182.

Soit à placer sur la droite $a(2)\, b(5)$ un point m de cote **3,5**.

Rabattons la droite en $a'b'$ sur le plan de comparaison (n° 148) ; sur bb', portons $bn' = 3,5$ unités de l'échelle, menons $n'm'$ parallèle à ab, et enfin $m'm$ perpendiculaire à ab ; m est le point demandé.

En effet,

$$mm' = bn' = 3,5.$$

SOLUTION NUMÉRIQUE. — De la relation (1) (n° **149**), on a :

$$am = ab \times \frac{\text{cote M} - \text{cote A}}{\text{cote B} - \text{cote A}} \cdot$$

Donc $\qquad am = ab \times \dfrac{1,5}{3} = \dfrac{1}{2}\, ab,$

et l'on construit facilement la projection m du point demandé.

Remarques. — 1° Si la droite est **verticale**, on inscrit la cote du point à côté de la trace de la droite.

2° Si la droite est **horizontale**, deux cas se présentent :

En premier lieu, si la cote du point égale celle de la droite, le problème est indéterminé, puisque tous les points de la droite ont la même cote.

En second lieu, si le point a une cote différente de celle de l'horizontale, le problème est impossible.

151. — Échelle de pente et graduation d'une droite. — L'échelle de pente d'une droite est la projection d'une suite de points à cote ronde de cette droite.

Graduer une droite, c'est marquer sur sa projection une suite de points à cote ronde, c'est-à-dire déterminer l'échelle de pente de cette droite.

Trace d'une droite. — La trace d'une droite est le point où cette droite perce le plan de comparaison ; c'est donc le point de cette droite qui a pour cote zéro.

Problème.

152. — *Graduer une droite, connaissant les projections et les cotes de deux de ses points.*

Soient $a(2)$ et $b(5)$ les projections de deux points donnés ; ab est la projection de la droite.

Rabattons cette droite en $a'b'$; bb' égale 5 unités de l'échelle graphique ; marquons ces divisions et, par les points obtenus, menons des parallèles à ab jusqu'à leur rencontre avec $a'b'$, puis projetons les points d'intersection sur ab.

On obtient ainsi les projections des points 0, 1, 2..., de la droite AB.

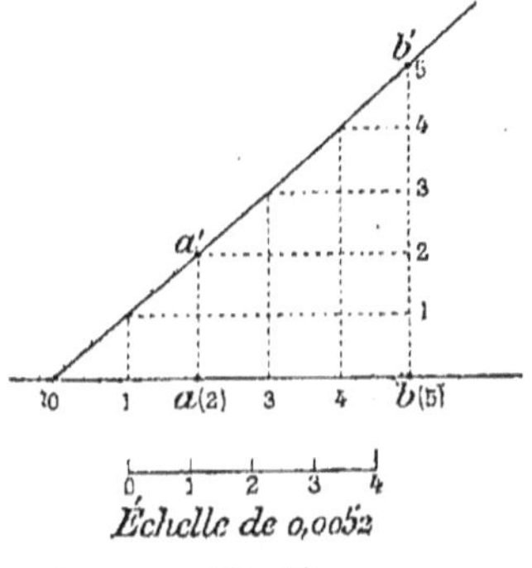

Fig. 183.

Remarques. — 1° Pour obtenir la trace, c'est-à-dire le point de cote zéro de la droite, il suffit de prolonger $a'b'$ jusqu'à sa rencontre avec ab.

2° Dans l'exemple précédent (fig. 183), il suffit de diviser ab en trois parties égales, et d'affecter les points de division de la cote correspondante ; car, d'après la formule (1) (n° 149), la distance des projections horizontales de deux points est proportionnelle à la différence des cotes.

Numériquement. — Soit à graduer la droite $a(2,2)\ b(4,7)$ (fig. 184) ; il suffit de déterminer deux points à cote ronde, $m(3)$ et $n(4)$, par exemple.

De la formule (1) (n° 149), on a :

$$am = \frac{\text{cote M} - \text{cote A}}{\text{cote B} - \text{cote A}} \times ab.$$

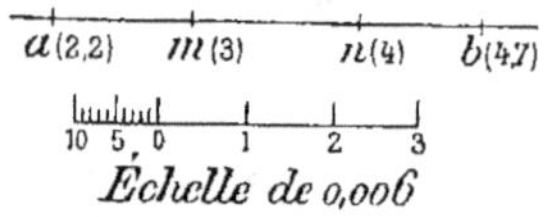

On mesure ab à l'échelle graphique ;

soit $\qquad ab = 5$.

Fig. 184.

Alors

$$am = \frac{(3 - 2,2) \times 5}{4,7 - 2,2} = \frac{0,8 \times 5}{2,5} = 1,6.$$

De même,

$$an = \frac{(4 - 2,2) \times 5}{4,7 - 2,2} = \frac{1,8 \times 5}{2,5} = 3,6$$

et, à partir de a, on porte 1,6 de l'échelle graphique pour obtenir le point $m(3)$, et 3,6 pour avoir le point $n(4)$.

Connaissant deux points de cote ronde, m et n, il est facile de graduer la droite.

§ III. — PENTE ET INTERVALLE D'UNE DROITE

153. Pente d'une droite. — La pente d'une droite est la tangente trigonométrique de l'angle que cette droite forme avec le plan de comparaison.

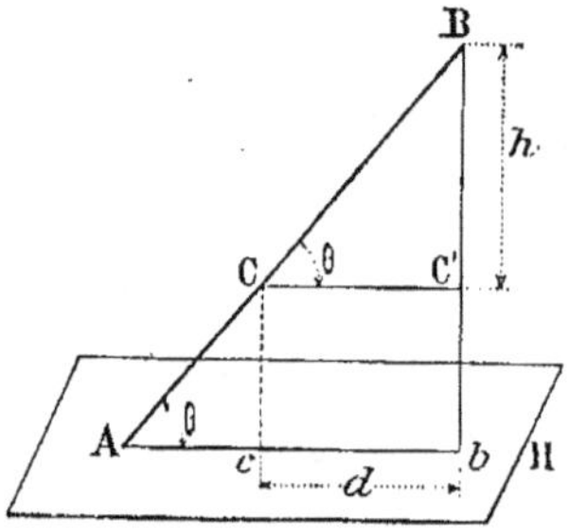

L'angle d'une droite et d'un plan est l'angle que fait cette droite avec sa projection sur le plan (M. G., n° 465).

Appelons p la pente de la droite, et θ l'angle BAb que forme cette droite AB avec sa projection Ab sur le plan de comparaison.

Fig. 185.

On a :

$$p = \operatorname{tg} \theta = \frac{Bb}{Ab} \qquad (\textit{Cours de Trigonométrie}, \text{n° 90}).$$

En projetant un point quelconque C de la droite, on a encore :

$$p = \operatorname{tg} \theta = \frac{BC'}{CC'} = \frac{BC'}{cb} = \frac{Bb - C'b}{Ab - Ac} = \frac{\text{cote B} - \text{cote C}}{Ab - Ac},$$

et l'on peut dire :

La pente d'une droite est la valeur absolue du rapport qu'on obtient en divisant la différence des cotes de deux de ses points par la distance de leurs projections horizontales.

Remarque. — La différence des cotes de deux points s'appelle la *distance verticale* de ces deux points, et se représente par h.

La distance des projections horizontales de deux points s'appelle la *distance horizontale* de ces points, et se représente par d.

Donc *la pente d'une droite est le rapport de la distance verticale à la distance horizontale de deux quelconques de ses points.*

En effet,
$$p = \operatorname{tg} \theta = \frac{h}{d}.$$

Cas particuliers. — 1º Lorsque AB est horizontale, l'angle θ est nul ; il en est de même de la pente.

2º Lorsque AB est verticale, l'angle $\theta = 90°$, et la pente est infinie (*Trigon.*, nº 12).

154. Module ou intervalle. — On appelle *module ou intervalle* d'une droite la distance, mesurée à l'échelle graphique, de deux points dont la cote diffère d'une unité.

Théorème.

155. — *L'intervalle est l'inverse de la pente.*

En effet, supposons que les cotes des points B et C diffèrent d'une unité (fig. 185). Nous avons (nº 153) :
$$p = \operatorname{tg} \theta = \frac{\text{cote B} - \text{cote C}}{Ab - Ac}.$$

Mais (cote B — cote C) $= 1$; donc, par définition, la différence $Ab - Ac$ représente l'intervalle que nous désignerons par i.

Alors
$$p = \frac{1}{i},$$

ou
$$i = \frac{1}{p}.$$

Remarque. — *L'intervalle d'une droite est la cotangente de l'angle que cette droite forme avec le plan de comparaison.*

En effet, de la formule $i = \dfrac{1}{p}$,

on a :
$$i = \frac{1}{\operatorname{tg} \theta} = \operatorname{cotg} \theta \quad (\textit{Trigon.}, \text{nº 8}).$$

156. Pentes et intervalles remarquables. — Donnons à θ les valeurs remarquables 30º, 45º et 60º. En se reportant au *Cours de*

Trigonométrie, n° 26, on trouve pour les valeurs correspondantes de p et de i :

$$1° \qquad 0 = 30°, \qquad p = \text{tg } 30° = \frac{1}{\sqrt{3}}, \qquad i = \frac{1}{p} = \sqrt{3},$$

$$2° \qquad 0 = 45°, \qquad p = \text{tg } 45° = 1, \qquad i = \frac{1}{p} = 1,$$

$$3° \qquad 0 = 60°, \qquad p = \text{tg } 60° = \sqrt{3}, \qquad i = \frac{1}{p} = \frac{1}{\sqrt{3}}.$$

Problème.

157. — *Trouver l'angle d'une droite avec le plan de comparaison.*

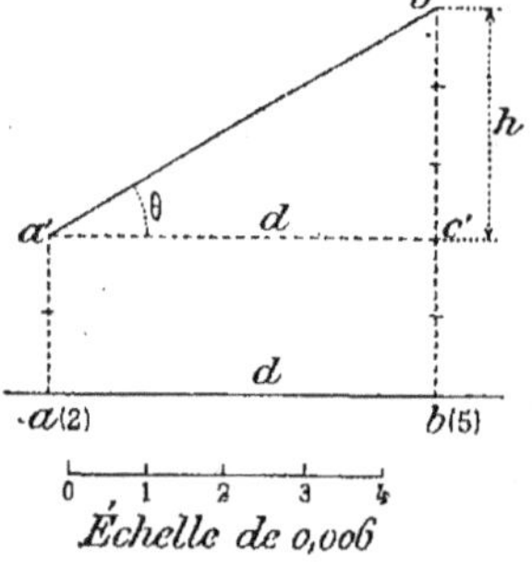

Fig. 186.

L'angle d'une droite et d'un plan est l'angle que forme cette droite avec sa projection sur le plan.

Soit $a(2)\, b(5)$ la droite donnée.

Rabattons-la en $a'b'$ sur le plan de comparaison (n° 148).

Pour avoir l'angle des deux droites $a'b'$ et ab, il suffit de mener par a' une parallèle $a'c'$ à ab. L'angle 0, ou $b'a'c'$, est l'angle cherché.

NUMÉRIQUEMENT. — On mesure d'abord ab à l'échelle graphique.

On a (n° 153) :

$$\text{tg } 0 = \frac{\text{cote B} - \text{cote A}}{ab} = \frac{h}{d};$$

les deux termes de la fraction étant connus, il en est de même de tg 0, et l'on peut avoir l'angle 0 en se servant des tables de logarithmes.

§ IV. — DISTANCE DE DEUX POINTS

Problème.

158. — *Trouver la distance de deux points.*

La distance de deux points égale la mesure de la longueur de la droite qui joint ces deux points.

Menons la droite $a(3)\, b(5)$, et rabattons-la en $a'b'$ (n° 148); $a'b'$ est la distance demandée (fig. 187).

Numériquement. — Traçons $a'c'$ parallèle à ab, et mesurons cette dernière droite à l'échelle graphique.

Dans le triangle rectangle $a'c'b'$, on a :

$$a'b' = \sqrt{\overline{a'c'}^2 + \overline{b'c'}^2},$$

ou
$$D = \sqrt{d^2 + h^2}. \qquad (1)$$

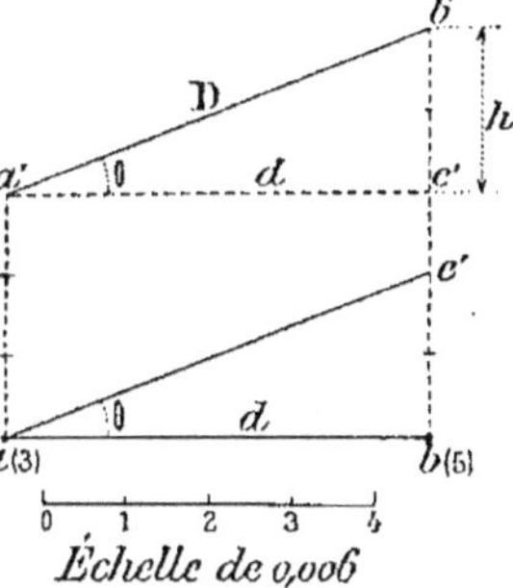

Échelle de 0,006

Fig. 187.

Remarques. — 1° On peut obtenir la vraie grandeur de la droite en portant sur bb' une distance bc', égale à la **différence** des cotes des deux points, et en menant ac'. En effet, ac' est parallèle et égale à $a'b'$.

Cette opération revient à rabattre le plan projetant la droite ab sur le plan horizontal de cote 3.

2° Si l'on connaît la valeur numérique de la pente p, on a :

$$p = \frac{h}{d};$$

d'où
$$h = pd, \quad h^2 = p^2 d^2,$$

et la formule (1) (n° 158) devient :

$$D = \sqrt{d^2 + p^2 d^2} = d\sqrt{1 + p^2}.$$

De même, si l'intervalle i est connu, on trouve :

$$D = h\sqrt{1 + i^2}.$$

Problème.

159. — *Prendre sur une droite donnée, à partir d'un point donné, un segment de longueur donnée.*

Soient $a(1)\, b(3,5)$ et c les projections de la droite et du point donnés. Rabattons cette droite en $a'b'$ (n° 148); le point c se rabat en c'; portons, de part et d'autre de ce point, des distances $c'm'$ et $c'n'$, égales chacune à la longueur donnée; les points m', n' se projettent en m, n. Les segments cm et cn répondent à la question.

Il y a deux solutions, car le segment donné peut être porté de part et d'autre du point c.

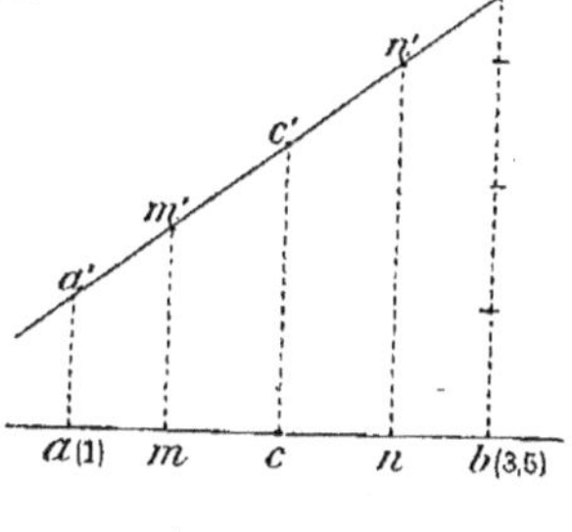

Échelle de 0,009

Fig. 188.

Remarque. — Si la droite donnée est **horizontale**, le segment se projette sur cette droite en vraie grandeur (n° 9), et il suffit de porter la longueur voulue de part et d'autre du point donné.

§ V. — DROITES CONCOURANTES

Théorème.

160. — *Pour que deux droites soient concourantes, il faut et il suffit que leurs projections se coupent, et que le point de concours ait la même cote sur chaque droite.*

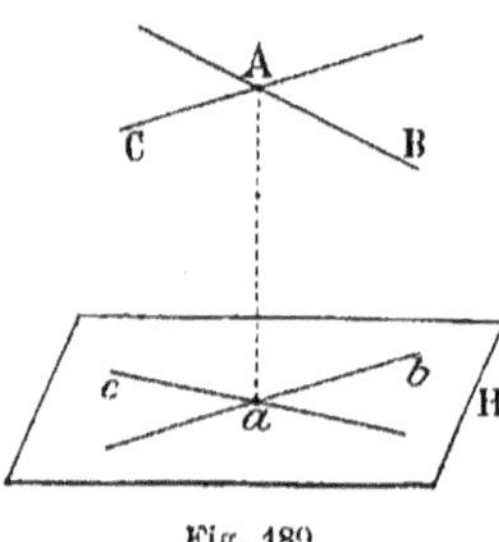

Fig. 189.

1° La condition est nécessaire. — Soient deux droites, AB et AC, qui se coupent au point A (fig. 189).

Par définition, la projection d'une droite est le lieu des projections de chacun de ses points. Le point d'intersection A appartenant à chaque droite, sa projection a doit appartenir à la projection de chaque droite; donc les projections ont un point commun a : elles sont concourantes.

Ce point commun, a, est affecté de la même cote sur chaque droite, celle du point A de l'espace.

2° La condition est suffisante. — Soient deux droites, AB et AC, dont les projections a (3) b (6) et a(3) c(7) se coupent au point a(3) (fig. 190).

Sur la perpendiculaire élevée en a au plan de comparaison, il existe un point et un seul, A, de cote 3; or ce point A appartient à chaque droite; donc les deux droites de l'espace se coupent au point A.

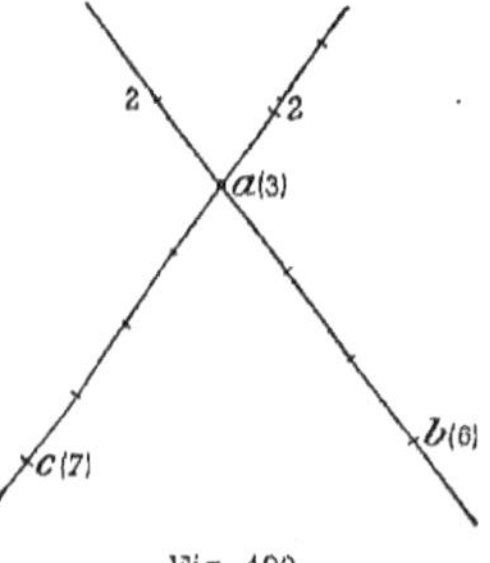

Fig. 190.

Problème.

161. *Reconnaître si deux droites données par leurs projections cotées sont concourantes.*

1° Si les projections données sont concourantes, il suffit que le point d'intersection ait la même cote sur chaque droite (n° 160, 2°).

2° Les projections données ne se coupent pas dans les limites de l'épure.

Soient données les droites $a(3)$ $b(6)$ et $c(4)$ $d(8)$, dont les projections ne se coupent pas dans les limites de l'épure (fig. 191).

Si ces droites sont concourantes, elles définissent un plan; ce plan est aussi déterminé par les deux droites $a(3)$ $d(8)$ et $c(4)$ $b(6)$, obtenues respectivement en joignant un point de l'une des droites données à un point de l'autre.

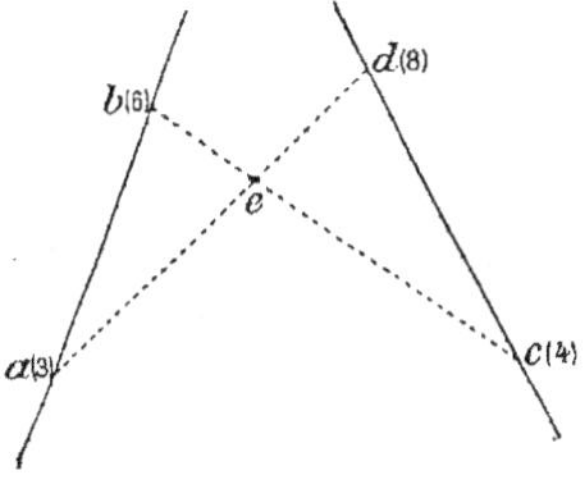

Fig. 191.

On est donc ramené à vérifier que les droites $a(3)$ $d(8)$ et $c(4)$ $b(6)$ sont concourantes, et l'on retombe sur le 1er cas.

162. Cas particulier. — **Les projections horizontales sont confondues.**

Soient deux droites, $a(3)$ $b(5)$ et $c(2)$ $d(4)$, dont les projections horizontales sont confondues (fig. 192).

Ces droites se trouvent dans un même plan vertical, qui est le plan projetant; elles sont concourantes ou parallèles.

Pour le reconnaître, rabattons le plan vertical sur le plan de comparaison; ab se rabat en $a'b'$, et cd en $c'd'$ (n° 148).

Le point de rencontre e' de $a'b'$ avec $c'd'$ est le rabattement du point d'intersection des deux droites;

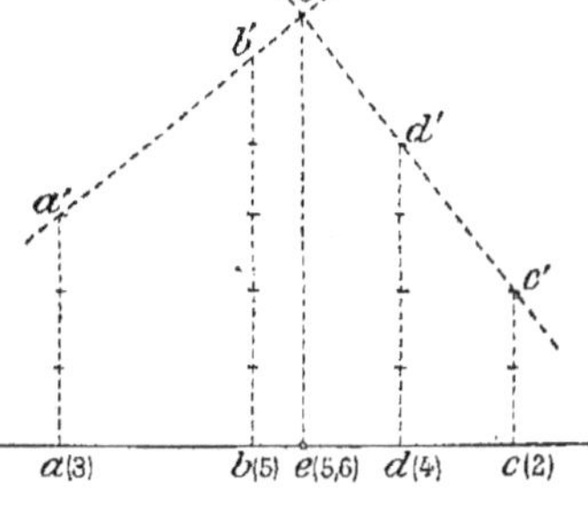

Échelle de 0,006

Fig. 192.

il se projette en e, et l'on obtient sa cote en mesurant ee' à l'échelle graphique.

§ VI. — DROITES PARALLÈLES

163. Horizontales parallèles. — *Pour que deux horizontales soient parallèles, il faut et il suffit que leurs projections horizontales soient parallèles.*

En effet, deux droites parallèles ont leurs projections parallèles (n° 6); donc la condition est **nécessaire**. Elle est **suffisante**, car les deux droites de l'espace, parallèles à leurs projections (M. G., n° 436), sont elles-mêmes parallèles.

Théorème.

164. — *Pour que deux droites données par leurs projections cotées soient parallèles, il faut et il suffit :*

1° Que leurs projections soient parallèles ;

2° Que leurs intervalles soient égaux ;

3° Que les cotes croissent dans le même sens.

1° Les conditions sont nécessaires. — Soient deux droites parallèles AB et CD. Leurs projections sur un plan quelconque, et, en particulier, sur le plan de comparaison, sont parallèles (n° 6) ; donc ab et cd sont parallèles.

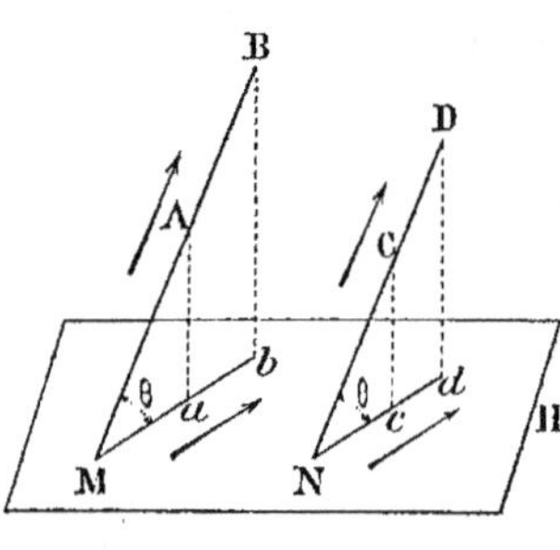
Fig. 193.

De plus, comme l'angle de l'une avec sa projection, et l'angle de l'autre avec sa projection sont des angles à côtés parallèles et de **même sens**, ces angles sont égaux ; donc les pentes des deux droites sont égales, et les cotes croissent dans le même sens.

Les pentes étant égales, il en sera de même des intervalles qui sont les inverses des pentes.

2° Les conditions sont suffisantes. — En effet, soient deux droites $a(1)\,b(5)$ et $c(1)\,d(5)$ ayant des projections parallèles, des intervalles égaux et des graduations de même sens (fig. 194).

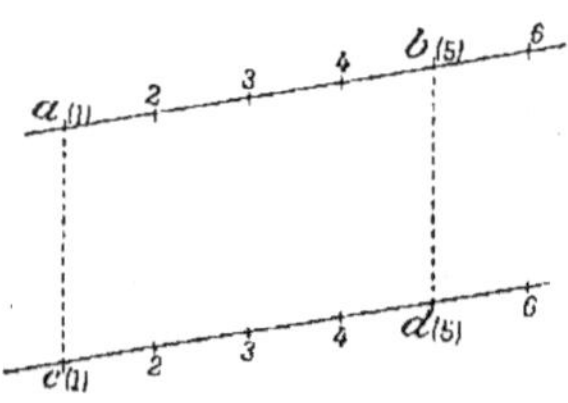
Fig. 194.

Traçons les droites $a(1)\,c(1)$ et $b(5)\,d(5)$, joignant des points de même cote sur chaque droite.

La figure $abcd$ est un parallélogramme, puisque ab est égale et parallèle à cd ; donc ac est parallèle à bd ; mais ac et bd sont les projections parallèles de deux horizontales, et les droites AC et BD sont parallèles (n° 163).

Ces deux droites parallèles AC et BD déterminent un plan P. Les droites AB et CD, ayant chacune deux de leurs points dans le plan P, sont tout entières dans ce plan. Les plans projetants de ces droites sont d'ailleurs parallèles (n° 6, 2° *Rem.*). Donc AB et CD sont parallèles comme intersections de deux plans parallèles par le plan P.

Problème.

165. *Par un point donné, mener une parallèle à une droite donnée.*

1° La droite est quelconque. — Soient $a(1) b(4)$ et $c(3)$ la droite et le point donnés. Par le point $c(3)$, menons cd parallèle à ab; à partir du point $c(3)$, portons des intervalles égaux à ceux de la droite ab, et enfin graduons cd dans le même sens que ab (fig. 195).

Les deux droites $a(1) b(4)$ et $c(3) d(6)$ sont parallèles (n° 164).

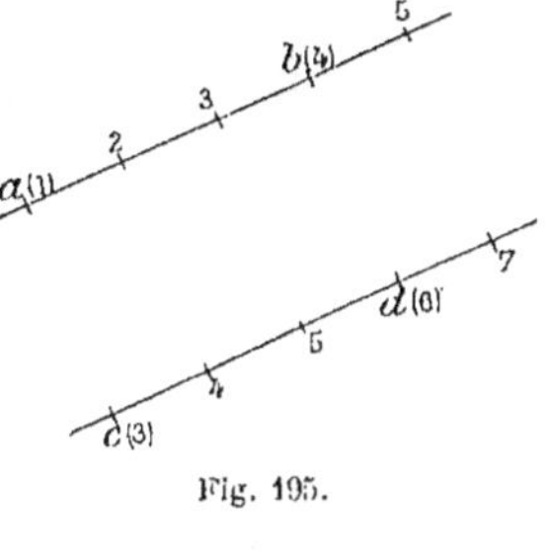

Fig. 195.

2° La droite donnée est horizontale. — Soient $a(3) b(3)$ et $c(5)$ l'horizontale et le point donnés; par le point c, menons cd parallèle à ab, et marquons la cote 5 au point d (fig. 196).

Les horizontales $a(3) b(3)$ et $c(5) d(5)$ sont parallèles comme ayant leurs projections horizontales parallèles (n° 163).

Fig. 196.

CHAPITRE VII

DU PLAN

---

§ 1. — REPRÉSENTATION DU PLAN

166. Détermination d'un plan. — Un plan est déterminé, soit par deux droites concourantes ou parallèles, soit par une droite et un point, soit par trois points non en ligne droite.

Ces diverses déterminations peuvent se ramener à la première, celle du plan défini par deux droites concourantes (n° 54).

Donc, en Géométrie cotée comme en Géométrie descriptive, un plan pourra toujours être représenté par les projections de deux droites concourantes.

167. Plan horizontal. — On appelle plan **horizontal** tout plan parallèle au plan de comparaison.

Tous les points du plan horizontal ont même cote, celle du plan ; donc un plan horizontal est défini soit par sa **cote**, soit par la projection d'un de ses points.

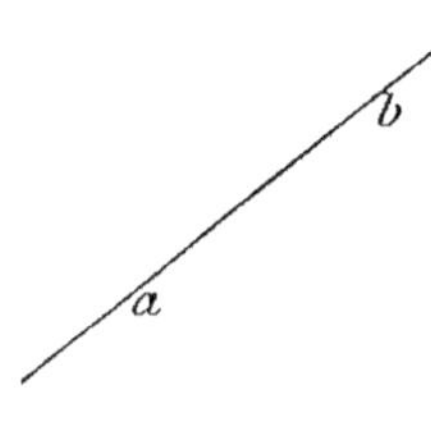

Fig. 197.

Plan vertical. — On appelle plan vertical tout plan perpendiculaire au plan de comparaison.

Un plan vertical est défini par sa trace ab, c'est-à-dire par la droite suivant laquelle il coupe le plan de comparaison (fig. 197).

168. Horizontales d'un plan. — On appelle **horizontales** d'un plan les droites de ce plan qui sont parallèles au plan de comparaison.

Les horizontales d'un plan jouissent de nombreuses propriétés :

1° On peut les considérer comme les intersections des plans horizontaux avec le plan P.

2° Elles sont parallèles entre elles, comme intersections de plans parallèles par le plan P.

3° Leurs projections sont parallèles.

4° Nous avons déjà vu qu'une horizontale quelconque est définie par sa projection et par sa cote (n° 145).

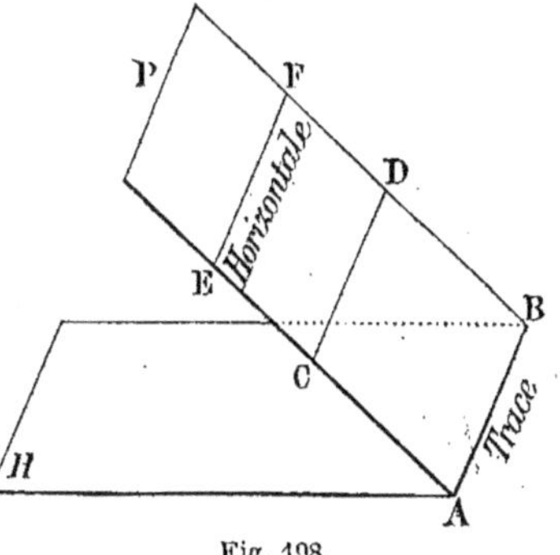

Fig. 198.

Trace d'un plan. — La trace d'un plan est l'intersection de ce plan avec le plan de comparaison. C'est l'horizontale AB, de cote zéro, du plan P (fig. 198).

Problème.

169. — *Déterminer une horizontale d'un plan.*

Il suffit de joindre deux points de même cote de ce plan.

Soit un plan défini par les deux droites concourantes $a(3)\,b(1)$ et $a(3)\,c(1)$; joignons le point $b(1)$ de ab au point $c(1)$ de ac; la droite $b(1)\,c(1)$ est l'horizontale de cote 1 du plan considéré.

En joignant les points de cote 2, on a l'horizontale correspondante.

La trace du plan s'obtient en joignant les points de cote zéro de chaque droite (n° 168); c'est la droite $d(0)\,e(0)$.

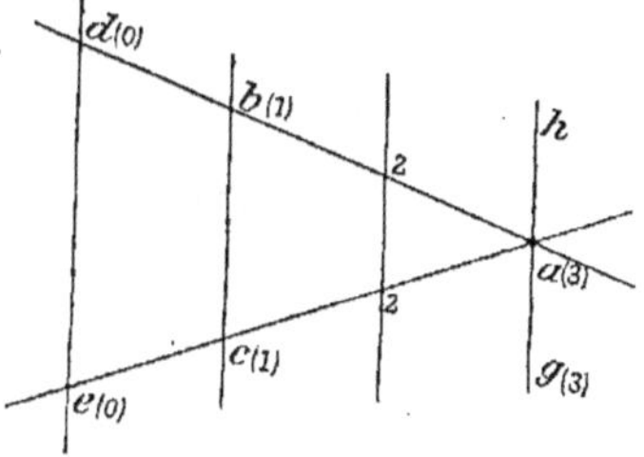

Fig. 199.

Enfin, pour obtenir l'horizontale de cote 3, il suffit de mener par $a(3)$ une parallèle à l'une des horizontales déjà déterminées, car les projections des horizontales d'un même plan sont parallèles.

Remarque. — L'horizontale $b(1)\,c(1)$, par exemple, est l'intersection du plan donné avec le plan horizontal de cote 1.

170. Ligne de plus grande pente d'un plan. — On appelle ligne de plus grande pente d'un plan P, par rapport au plan de comparaison H, toute droite CD de ce plan qui forme avec le plan H le plus grand angle possible (n° 79).

Ces lignes jouissent des propriétés suivantes :

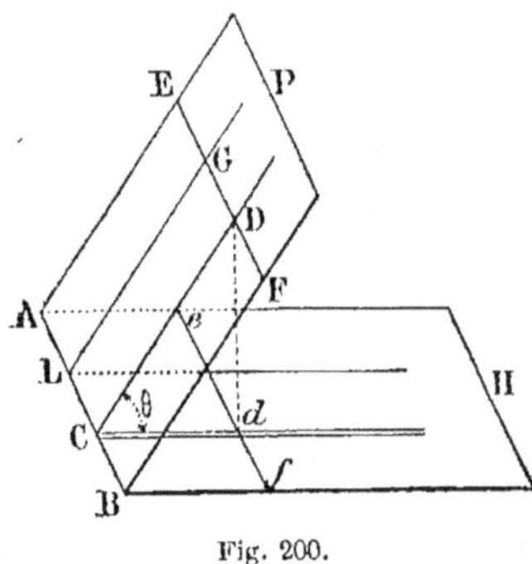

Fig. 200.

1° *Les lignes de pente d'un plan sont perpendiculaires à la trace de ce plan* (M. G., n° 470), *et, en général, aux horizontales de ce plan.*

2° *Les projections des lignes de pente d'un plan sont perpendiculaires aux projections des horizontales de ce plan* (n° 79, 1°). Pour établir cette propriété, on peut dire encore : l'angle droit DCB (fig. 200), ayant un côté CB dans le plan de projection, se projette en vraie grandeur sur ce plan (n° 126) ; donc C*d* est perpendiculaire à AB.

3° *Les lignes de pente sont parallèles entre elles ;* en effet, dans le plan P, les droites DC, GL, perpendiculaires à AB (n° 73, 1°), sont parallèles.

Donc **leurs projections sont aussi parallèles.**

4° *L'angle formé par une ligne de pente et sa projection mesure le dièdre formé par le plan donné avec le plan de comparaison,* car CD et C*d* étant perpendiculaires à AB, leur angle est l'angle plan du dièdre considéré.

5° *Par tout point du plan, on peut mener une ligne de pente et une seule,* parce que par un point donné du plan P, il existe une seule perpendiculaire à la droite AB du plan.

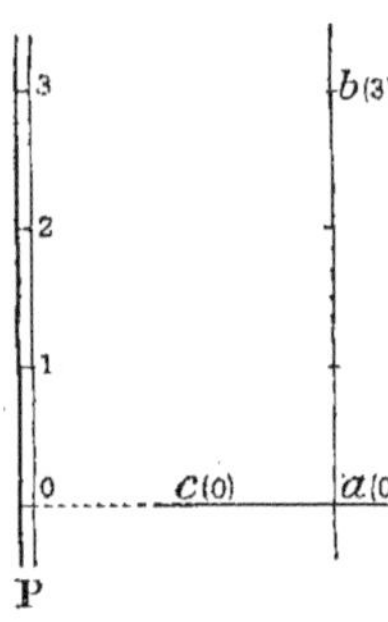

Fig. 201.

Théorème.

171. — *Un plan incliné est défini par la projection cotée d'une de ses lignes de pente.*

Soit $a(0)\,b(3)$ la projection cotée d'une ligne de pente d'un plan (fig. 201). On a vu (n° 170, 2°) que la projection d'une ligne de pente est perpendiculaire aux projections des horizontales du plan.

Dès lors, pour obtenir une horizontale quelconque du plan, l'horizontale de cote zéro, par exemple, ou la trace du plan, il suffit de mener par le point $a(0)$

la droite $a(0)\,c(0)$ perpendiculaire à ab, et le plan est défini par deux droites concourantes.

172. Représentation d'un plan par une ligne de plus grande pente. — Lorsqu'on représente un plan par une ligne de pente, on distingue la projection de cette ligne des autres droites de l'épure par **deux traits parallèles et rapprochés**. Ex. : P (fig. 201).

Ce mode de représentation est très simple et donne immédiatement la direction des horizontales du plan.

173. Définition. — *On appelle* pente, intervalle, échelle de pente *d'un plan, la pente,* l'intervalle, l'échelle de pente *d'une de ses lignes de plus grande pente.*

<h2 align="center">Problème.</h2>

174. — *Déterminer une ligne de pente d'un plan défini par deux droites concourantes.*

Soient $a(1)\,b(3)$ et $a(1)\,c(3)$ les projections des droites données; menons les horizontales de cotes 2 et 3, en joignant les points de même cote sur les deux droites.

Toute perpendiculaire, $d(1)\,e(3)$, à la direction des horizontales est une ligne de pente du plan considéré (n° 170, 2°).

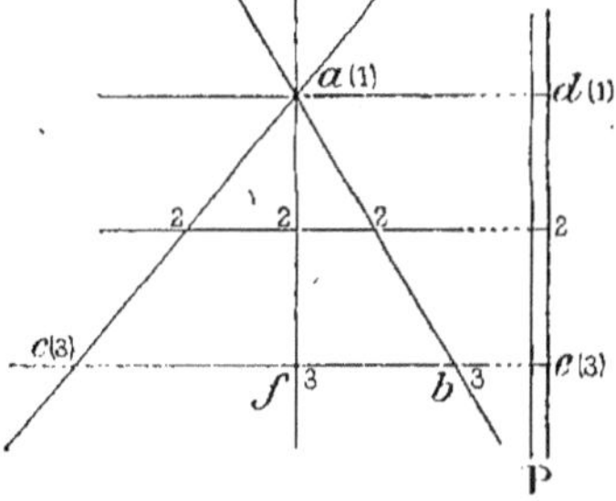

Fig. 202.

Si l'on veut que la ligne de pente passe par un point donné du plan, $a(1)$, par exemple, il suffit de mener par $a(1)$ une perpendiculaire à la direction des horizontales; on obtient ainsi la ligne de pente $a(1)\,f(3)$.

<h2 align="center">§ II. — PROBLÈMES DIVERS SUR LE PLAN</h2>

<h3 align="center">Problème.</h3>

175. — *Connaissant la projection horizontale d'un point d'un plan, déterminer sa cote.*

MÉTHODE GÉNÉRALE. — *On mène, par ce point, une horizontale,*

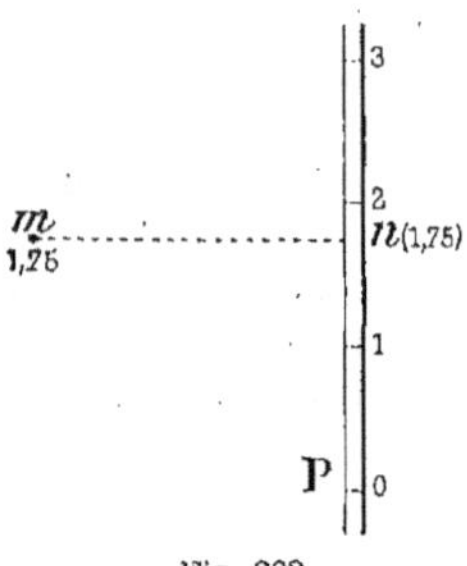

Fig. 203.

et on cherche la cote du point où cette horizontale rencontre une droite du plan.

1° **Le plan est représenté par son échelle de pente P.** — Faisons passer par m une horizontale du plan, en menant par ce point une perpendiculaire à l'échelle de pente.

Soit n le point où cette horizontale rencontre l'échelle de pente. Sa cote est 1,75, et le point m a aussi pour cote 1,75.

2° **Le plan est défini par deux droites concourantes.** — On commence d'abord par déterminer une horizontale $e(3) f(3)$ du plan donné (n° 169); puis, par le point m, on mène une parallèle à cette horizontale. L'horizontale $m d$ du point m rencontre la droite $a b$ au point d, de cote approximative 2,2. Par conséquent, le point m du plan a aussi pour cote 2,2.

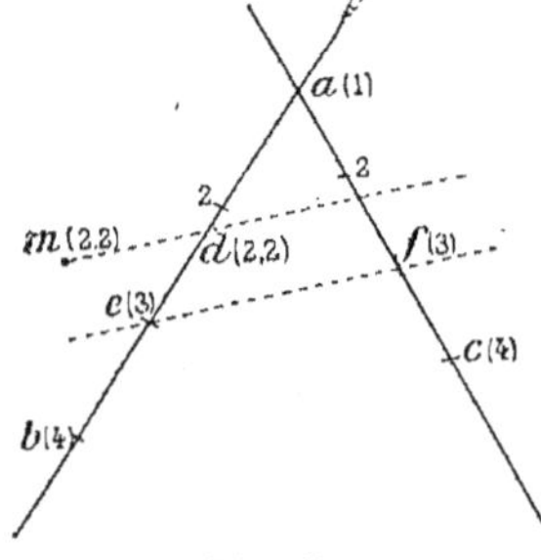

Fig. 204.

Remarque. — Le point m (fig. 203 et 204) peut être considéré comme la projection d'une verticale (n° 145).

Déterminer la cote de ce point revient à trouver la cote du point d'intersection de cette verticale avec le plan P.

Problème.

176. — *Reconnaître la position d'un point par rapport à un plan.*

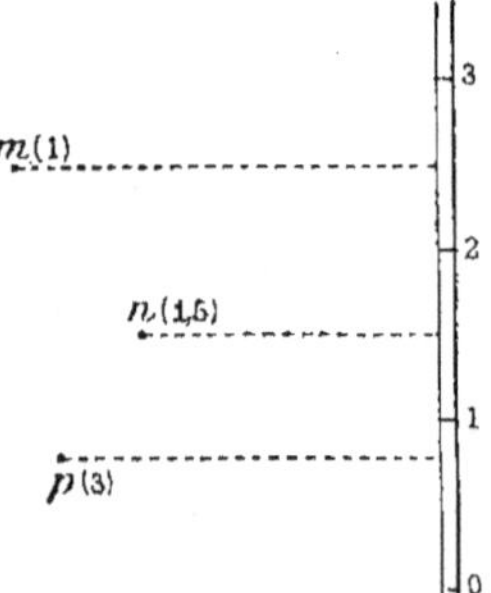

Fig. 205.

Un point est au-dessus ou au-dessous d'un plan, suivant que sa cote est supérieure ou inférieure à celle du point où la verticale du point considéré rencontre le plan.

Soient un plan P, donné par son échelle de pente, et un point $p(3)$. La verticale du point p perce le plan au point de cote 0,7 (n° 175, Rem.); donc le point $p(3)$ est au-dessus du plan P.

On voit de même que le point $m(1)$ est au-dessous du plan, et que le point $n(1,5)$ est sur le plan.

Problème.

177. — *Graduer une droite d'un plan, connaissant la projection horizontale de cette droite.*

Il suffit de déterminer les points d'intersection de la droite avec les horizontales du plan, et de marquer sur ces points les cotes correspondantes.

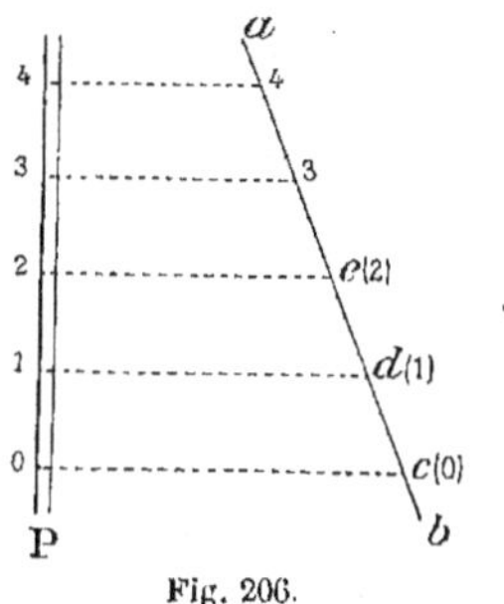

Fig. 206.   Fig. 207.

Soient ab la droite et P le plan donnés (fig. 206). Les horizontales du plan rencontrent la droite aux points c, d, e..., auxquels on donne les cotes correspondantes, $c(0)$, $d(1)$...

Il suffit de mener deux horizontales pour déterminer la droite.

La distance cd est l'intervalle de la droite.

La construction est analogue lorsque le plan est donné par deux droites concourantes $c(3)$ $d(5)$ et $c(3)$ $e(5)$ (fig. 207).

Remarques. — 1° Lorsque la projection de la droite est parallèle aux horizontales du plan, elle est elle-même une horizontale de ce plan, et l'on obtient immédiatement sa cote.

2° La droite donnée peut être considérée comme la trace d'un plan vertical ; graduer cette droite revient donc à déterminer l'intersection du plan P avec un plan vertical dont on connaît la trace.

Problème.

178. — *Reconnaître si une droite donnée se trouve dans un plan donné.*

Pour qu'une droite se trouve dans un plan, il faut que sa graduation coïncide avec celle de la droite du plan qui a même projection.

Il suffit de mener deux horizontales du plan donné, et de vérifier que les points de rencontre avec la droite ont même cote sur les horizontales et sur la droite.

Problème.

179. — *Par un point donné dans un plan, mener dans ce plan une droite de pente donnée.*

Soient $a(2)$ et P le point et le plan donnés; soit p la pente de la droite.

Supposons le problème résolu, et soit ab la droite demandée.

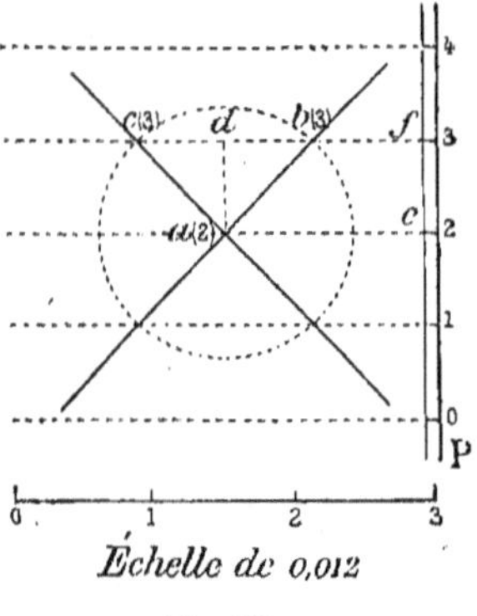

Échelle de 0,012

Fig. 208.

L'intervalle de la droite, inverse de la pente, est la projection d'un segment dont les cotes des extrémités diffèrent d'une unité.

Un premier lieu géométrique de l'extrémité, b, de la projection de ce segment, est l'horizontale bf du plan P, dont la cote diffère de 1 de celle du point $a(2)$.

Un second lieu est la circonférence de centre a et de rayon $ab = i = \dfrac{1}{p}$, p représentant la pente de la droite. Le point cherché, b, est à l'intersection de ces deux lieux.

Discussion. — ef est l'intervalle $I = \dfrac{1}{P}$ du plan donné (n° 173), et ab est l'intervalle $i = \dfrac{1}{p}$ de la droite.

Pour que la circonférence de rayon ab rencontre l'horizontale bf, on doit avoir : $\qquad ab \geqq ad \quad$ ou $\quad ab \geqq ef,$

ou encore $\qquad \dfrac{1}{p} \geqq \dfrac{1}{P}; \quad$ d'où $\quad p \leqq P.$

Donc la pente de la droite doit être au plus égale à la pente du plan.

1° Si $p < P$, le problème admet deux solutions, tel est le cas de la figure 208; les droites ab et ac répondent à la question;

2° Si $p = P$, on n'a plus qu'une solution; la ligne est une ligne de pente du plan;

3° Si $p > P$, le problème est impossible.

NUMÉRIQUEMENT. — Soit 0,5 la pente de la droite donnée ; son intervalle $i = \dfrac{1}{0,5} = 2$. Du point $a(2)$ comme centre, avec un rayon égal à 2 unités de l'échelle graphique, on décrit une circonférence, et l'on obtient les points b et c (fig. 208), comme il a été dit ci-dessus.

Remarque. — Dans la pratique, la pente donnée est ordinairement une fraction, l'intervalle se présente aussi sous forme fractionnaire ; on peut cependant prendre un rayon entier.

Soit la pente $\dfrac{3}{4}$; l'intervalle sera $\dfrac{4}{3}$; en considérant l'horizontale dont la cote diffère de 3 unités de celle du point donné, et en rendant le rayon trois fois plus grand, le rapport ne sera pas changé, et le rayon deviendra égal à

$$\frac{4}{3} \times 3 = 4 \text{ unités}$$

de l'échelle graphique (fig. 209).

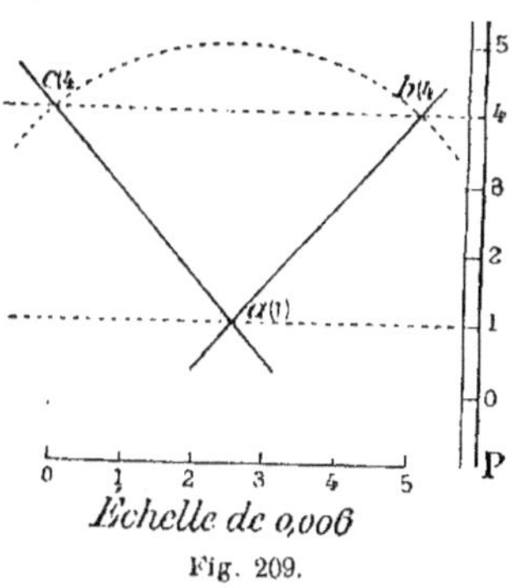

Échelle de 0,006

Fig. 209.

Problème.

180. *Par un point d'un plan, mener dans ce plan une droite faisant un angle α avec le plan horizontal.*

Ce problème revient au précédent (n° 179) ; on a, en effet, en représentant par i l'intervalle de la droite :

$$i = \operatorname{cotg} \alpha \quad (\text{n° 155}).$$

On peut construire graphiquement l'intervalle de la droite. Soit un angle $BAC = \alpha$; déterminons sur AB le point D de cote 1 ; D se projette en d, et Ad est l'intervalle cherché (n° 154). On n'a plus qu'à appliquer la construction précédente (n° 179).

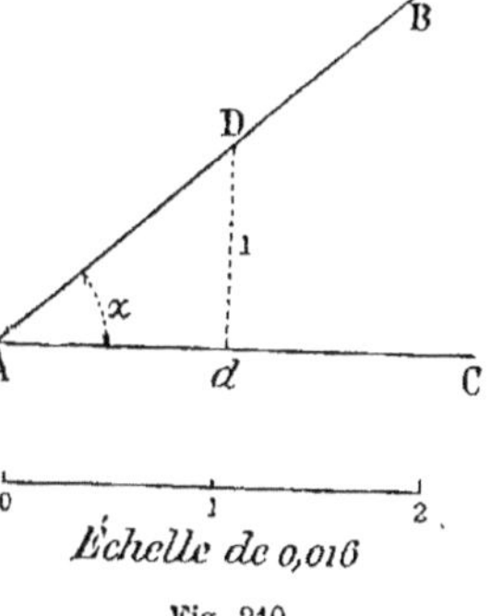

Échelle de 0,010

Fig. 210.

Problème.

181. — *Par une droite donnée, mener un plan qui ait une pente donnée.*

Supposons le problème résolu, et soit P une échelle de pente du plan demandé.

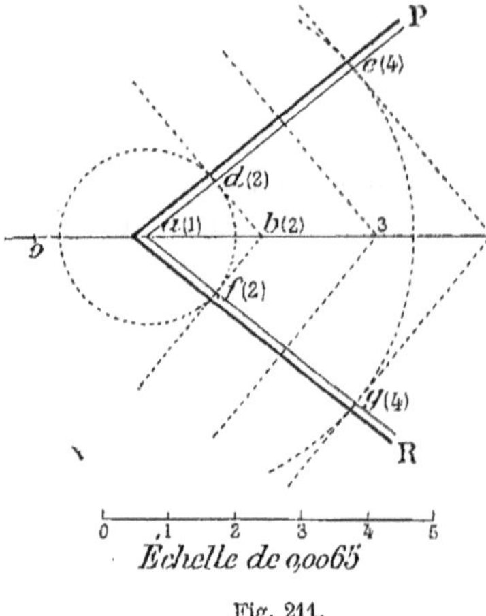

Fig. 211.

L'intervalle du plan, $\dfrac{1}{P}$, est le segment de son échelle de pente, compris entre les projections de deux horizontales dont la cote diffère d'une unité, et l'échelle de pente est perpendiculaire aux horizontales.

Si d'un point $a(1)$ de la droite, par exemple, nous décrivons une circonférence de rayon $\dfrac{1}{P}$, elle sera tangente à l'horizontale de cote 2 du plan.

D'où la construction suivante :

D'un point $a(1)$ de la droite, avec $\dfrac{1}{P}$ pour rayon, on décrit une circonférence à laquelle on mène des tangentes du point $b(2)$. On obtient ainsi la direction des horizontales du plan cherché, et on construit ensuite une échelle de pente P de ce plan.

Discussion. — Pour que, du point $b(2)$, on puisse mener des tangentes à une circonférence de centre $a(1)$, il faut :

$$a\,d \leqq a\,b,$$

ou
$$\frac{1}{P} \leqq \frac{1}{p};$$

soit
$$P \geqq p.$$

Donc la pente du plan doit être supérieure ou au moins égale à celle de la droite.

1º Si $P > p$, il y a deux solutions, car on peut mener au cercle deux tangentes $b\,d$ et $b\,f$.

2º Si $P = p$, il n'y a qu'une solution; la tangente est perpendiculaire à la droite donnée, et cette droite $a\,b$ est une ligne de pente du plan cherché.

3º Si $P < p$, le point b est inférieur à la circonférence, et le problème est impossible.

Numériquement. — Soit $\dfrac{3}{4}$ la pente donnée; l'intervalle du plan sera :

$$I = 1 : \frac{3}{4} = \frac{4}{3} = 1,3\ldots;$$

donc la circonférence de centre $a(1)$ aura pour rayon $ad = 1,3\ldots$, mesuré à l'échelle graphique.

Pour éviter ce nombre fractionnaire, on procède comme il suit : du point $a(1)$, décrivons une circonférence de rayon ac égal à trois fois l'intervalle du plan, soit $\dfrac{4}{3} \times 3 = 4$ unités de l'échelle graphique; puis, menons à ce cercle des tangentes, du point $c(4)$ dont la cote diffère de 3 unités de celle du point $a(1)$. $c(4)$ $c(4)$ est la direction des horizontales du plan, et l'on peut facilement graduer une échelle de pente.

Cas particulier. — La droite donnée est horizontale.

On ne peut plus marquer, sur cette droite, des points de cote différente. Les échelles de pente du plan cherché sont perpendiculaires à cette horizontale, et il ne reste qu'à porter sur ces lignes des distances égales à l'intervalle.

Soit $a(4)$ $b(4)$ l'horizontale donnée et $P = \dfrac{4}{3}$; l'intervalle du plan sera $\dfrac{3}{4}$.

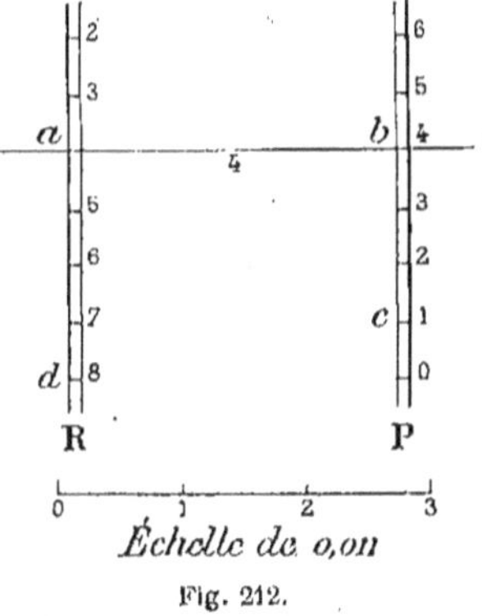

Échelle de 0,01

Fig. 212.

Prenons les $\dfrac{3}{4}$ d'une division de l'échelle graphique, et portons cette distance sur bc et sur ad, de part et d'autre des points a et b; on obtient ainsi deux plans P et R qui répondent à la question, car à partir du point de cote 4, on peut graduer l'échelle de pente dans les deux sens.

Problème.

181 bis. — Par une droite don-née, mener un plan faisant un angle donné α avec le plan de com-paraison.

Ce problème revient au précédent, car

$$I = \frac{1}{P} = \operatorname{cotg} \alpha,$$

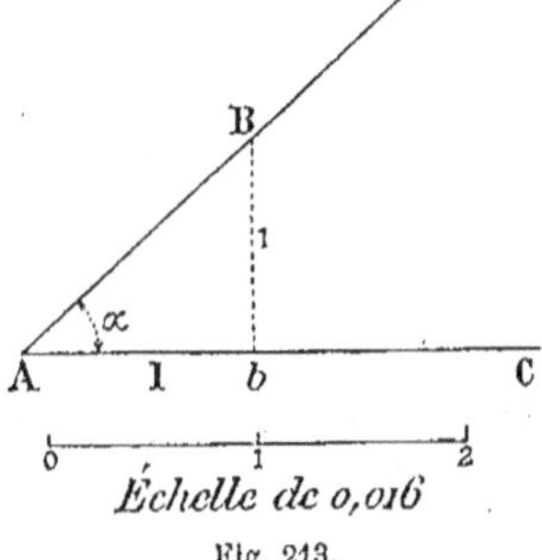

Échelle de 0,016

Fig. 213.

et α étant connu, on peut avoir cotg α à l'aide des tables de logarithmes.

GRAPHIQUEMENT, on détermine l'intervalle du plan en construisant un angle $BAC = \alpha$, et en cherchant le point B dont la cote diffère de celle du point A d'une unité. Bb doit égaler une unité de l'échelle graphique.

L'intervalle du plan est Ab.

§ III. — DROITES ET PLANS PARALLÈLES

Théorème.

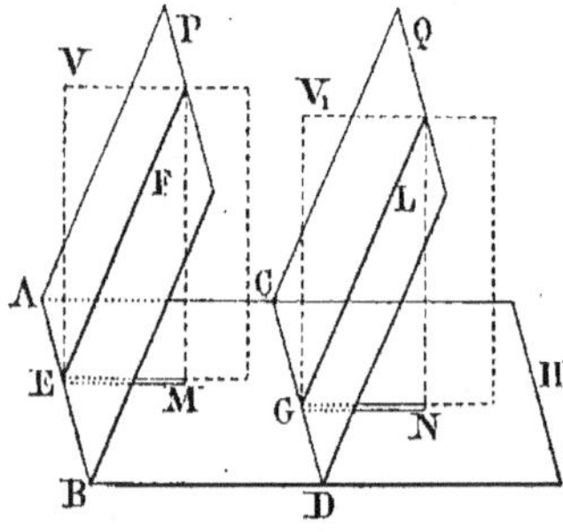

Fig. 214.

182. — *Pour que deux plans soient parallèles, il faut et il suffit que leurs lignes de plus grande pente soient parallèles.*

1° La condition est nécessaire. — Soient deux plans parallèles P et Q; leurs traces horizontales AB et CD sont parallèles. Les plans V et V_1 qui projettent les lignes de pente EF, GL, sont perpendiculaires à ces traces et, par suite, parallèles entre eux; donc leurs intersections EF et GL par les plans parallèles P et Q sont parallèles; il en est de même de leurs projections EM, GN, sur le plan H.

2° La condition est suffisante. — Soient deux plans dont les lignes de plus grande pente sont parallèles; les échelles de pente P et Q de ces plans sont également parallèles (fig. 215). Menons une horizontale de chaque plan; ces horizontales sont parallèles comme perpendiculaires à la direction des échelles de pente.

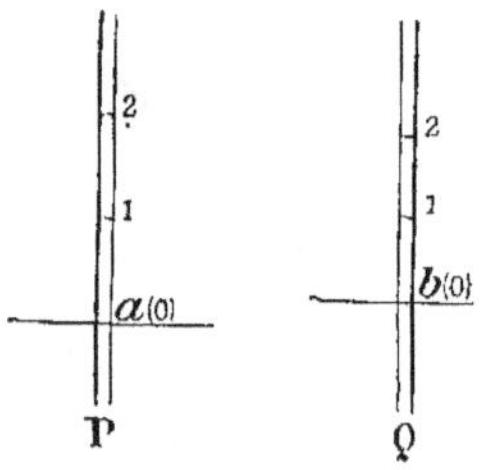

Le plan P, défini par deux droites de directions différentes, respectivement parallèles à deux droites du plan Q, est parallèle à ce plan.

Fig. 215.

Corollaire. — *Pour que deux plans soient parallèles, il faut et il suffit que leurs échelles de pente soient parallèles, que leurs intervalles soient égaux et que leurs cotes croissent dans le même sens.*

Ce sont là, en effet, les conditions nécessaires et suffisantes pour que les lignes de plus grande pente soient parallèles (n° 164).

Cas particuliers. — 1° Deux plans horizontaux quelconques sont parallèles.

2° Pour que deux plans verticaux soient parallèles, il faut et il suffit que leurs traces soient parallèles.

Problème.

183. — *Mener par un point un plan parallèle à un plan.*

Règle générale. — 1° *Si le plan est défini par son échelle de pente, on mène par le point une parallèle à cette échelle de pente.*

2° *Si le plan est défini par deux droites concourantes, on mène par le point une parallèle à chacune des deux droites.*

1° Soit à mener, par le point $a(5)$, un plan parallèle au plan P, défini par son échelle de pente (fig. 216). Par a, on trace une parallèle Q à la droite P, on porte sur cette parallèle des intervalles égaux à ceux de P, et on la gradue dans le même sens.

Le plan Q est parallèle au plan P (n° 182).

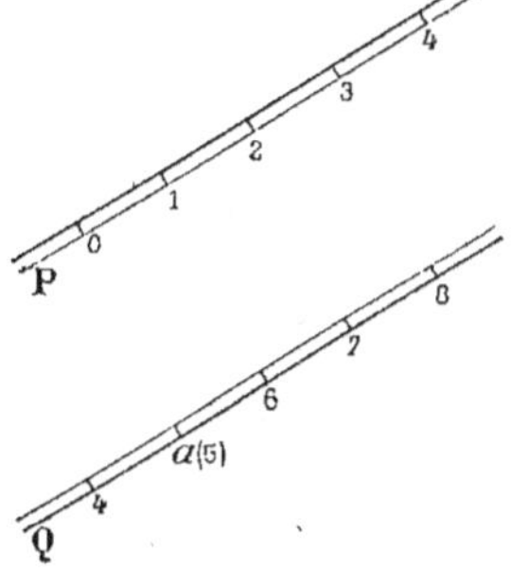

Fig. 216.

2° Soit à faire passer par le point $m(3)$ un plan parallèle au plan des deux droites concourantes $a(1)\,b(3)$ et $a(1)\,c(4)$ (fig. 217).

Par le point $m(3)$, on mène d'abord $m(3)n(5)$ parallèle à $a(1)b(3)$ (n° 165), puis $m(3)\,r(5)$ parallèle à $a(1)\,c(4)$.

Les deux droites mn et mr déterminent le plan demandé.

Problème.

184. — *Par une droite donnée, mener un plan parallèle à une droite donnée.*

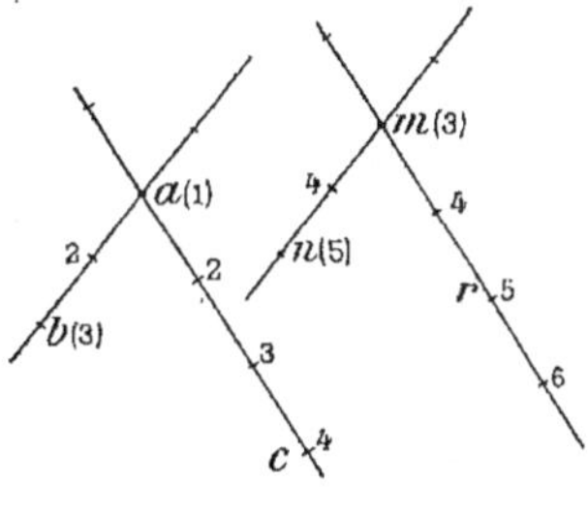

Fig. 217.

Si deux droites sont parallèles, tout plan passant par l'une d'elles est parallèle à l'autre (M. G., n° 429). Donc, par un point quelconque

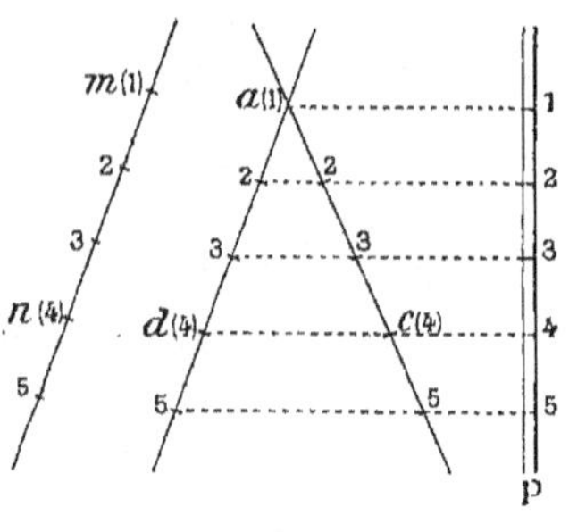

Fig. 218.

de la première, il suffit de tracer une parallèle à la seconde, et le plan est défini par deux droites concourantes.

Soient $a(1)$ $c(4)$ et $m(1)$ $n(4)$ les deux droites données ; par un point quelconque $a(1)$ de la première, menons $a(1)$ $d(4)$ parallèle à la seconde $m(1)$ $n(4)$ (n° 165).

Le plan des deux droites ad, ac est le plan demandé.

Pour obtenir une échelle de pente, il suffit de mener les horizontales de ce plan et de tracer une droite quelconque P perpendiculaire à ces horizontales.

Problème.

185. — *Par un point donné, mener un plan parallèle à deux droites non situées dans un même plan.*

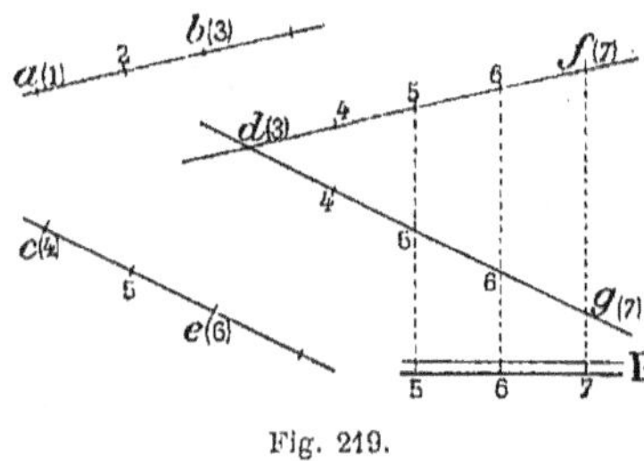

Fig. 219.

Par le point donné, il faut mener une parallèle à chaque droite.

Soient $a(1)$ $b(3)$, $c(4)$ $e(6)$ et $d(3)$, les droites et le point donnés (fig. 219).

Par $d(3)$, menons d'abord $d(3)$ $f(7)$ parallèle à $a(1)$ $b(3)$ (n° 165) ; puis $d(3)$ $g(7)$ parallèle à $c(4)$ $e(6)$.

Le plan des deux droites df, dg, est le plan demandé.

En traçant les horizontales de ce plan, on peut graduer une échelle de pente P.

CHAPITRE VIII

INTERSECTIONS DE DROITES ET DE PLANS

§ I. — INTERSECTION DE DEUX PLANS

L'intersection de deux plans est une ligne droite. Il suffit d'en déterminer deux points. Nous distinguerons plusieurs cas :

186. Intersection d'un plan horizontal avec un plan quelconque P. — L'intersection d'un plan P avec un plan horizontal est une horizontale du plan P.

Sa cote est celle du plan horizontal considéré.

Intersection d'un plan vertical avec un plan quelconque P. — Puisque l'un des plans est vertical, la projection de l'intersection se confond avec la trace horizontale de ce plan, et l'on est ramené à déterminer une droite du plan P, connaissant sa projection horizontale (n° 177).

187. Les deux plans sont quelconques.

Méthode générale. — *Soient P et Q deux plans quelconques* (fig. 220).

Pour déterminer leur intersection, on coupe ces deux plans par un plan auxiliaire R et l'on cherche les intersections CD, EF, de ce plan auxiliaire avec chacun des plans donnés.

Le point G, commun aux deux droites, appartient à l'intersection cherchée.

Un second plan auxiliaire donne un nouveau point de l'intersection.

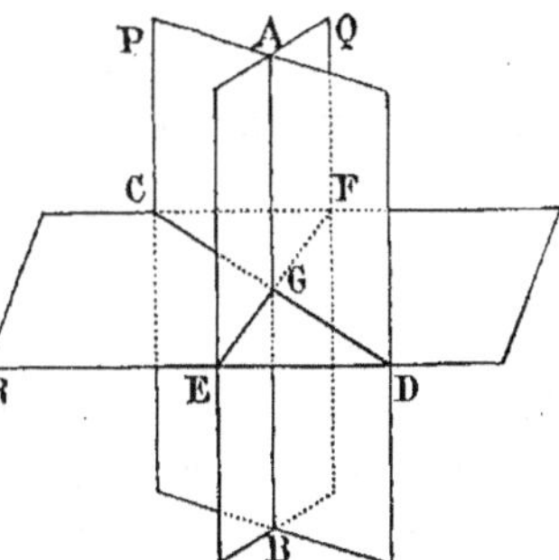

Fig. 220.

Comme **plans auxiliaires**, on emploie surtout des **plans horizontaux**. On pourrait aussi utiliser des **plans verticaux**, mais leur emploi exige **un rabattement**.

Problème.

188. — *Déterminer l'intersection de deux plans quelconques.*

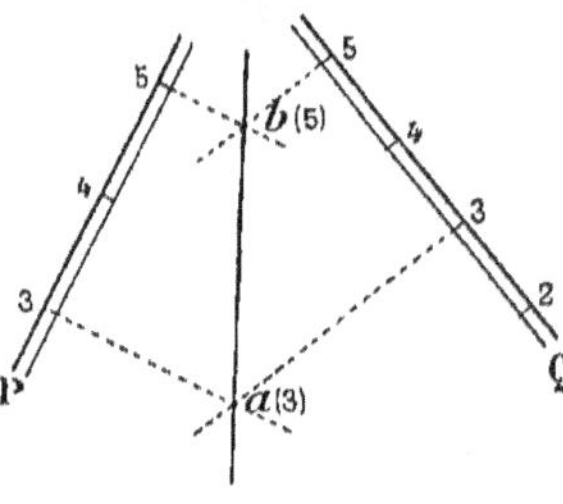

Fig. 221.

1° Chaque plan est donné par son échelle de pente. — Soit à déterminer l'intersection des deux plans P et Q.

Un premier plan horizontal auxiliaire de cote 3 coupe chacun des plans suivant une horizontale de cote 3; ces deux horizontales se rencontrent au point a (3), qui appartient à l'intersection des deux plans P et Q.

Un second plan horizontal de cote 5 donne le point b (5); la droite a(3) b(5) est l'intersection demandée.

2° Les deux plans sont donnés par deux droites concourantes. —

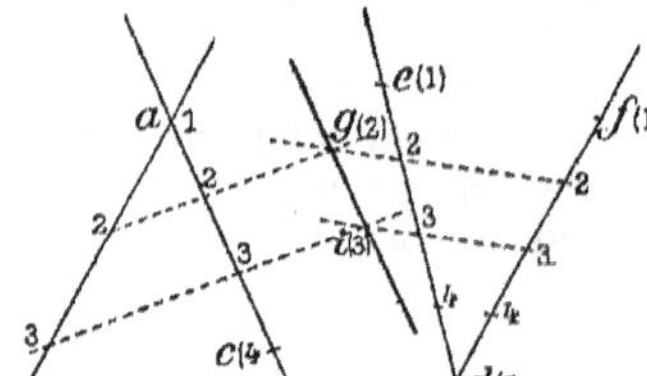

Fig. 222.

Soient les deux plans a(1) b(4) c(4) et d(5) e(1) f(1).

Un premier plan horizontal auxiliaire de cote 2 coupe chacun des plans suivant une horizontale de cote 2; ces horizontales se rencontrent au point g(2).

Un second plan auxiliaire de cote 3 coupe les plans donnés suivant des horizontales de cote 3 dont la rencontre en i(3) détermine un second point de l'intersection.

g(2) i(3) est l'intersection cherchée.

Problème.

189. — *Déterminer l'intersection de deux plans dont les échelles de pente sont parallèles.*

Les horizontales des deux plans sont parallèles; donc leur intersection est parallèle à ces horizontales, car deux plans menés par deux droites parallèles ont leur intersection parallèle à ces droites (M. G., n° 435).

La direction de l'intersection est connue : c'est celle des horizontales des deux plans; il suffit d'en trouver un point. Mais on ne peut se servir de plans horizontaux auxiliaires, puisque ces plans couperaient les deux plans donnés suivant des droites parallèles.

1er Moyen. — Emploi d'un plan auxiliaire quelconque coupant chacun des plans donnés. — Le point commun aux deux intersections appartiendra à la droite demandée.

Soient P et Q les plans donnés (fig. 223). Prenons le plan auxiliaire R, et traçons les horizontales de cotes 2 et 4 des trois plans.

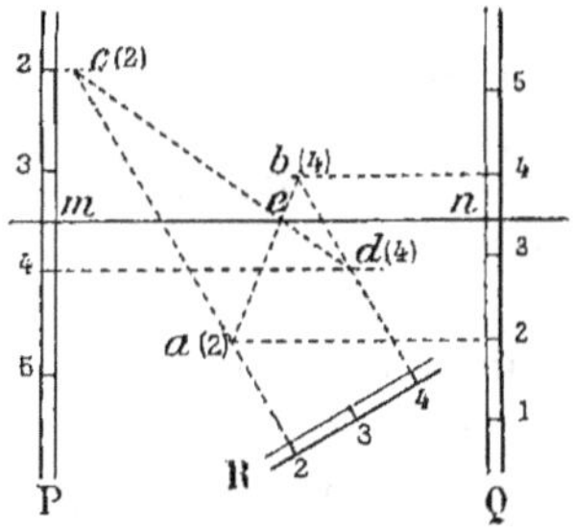

La droite $a(2)$ $b(4)$ est l'intersection de Q et de R (n° 188), $c(2)$ $d(4)$ est celle de P et de R; les droites ab, cd se coupent en e, qui est un point de l'intersection cherchée; par e, il faut mener une horizontale mn; cette ligne est l'intersection des plans P et Q.

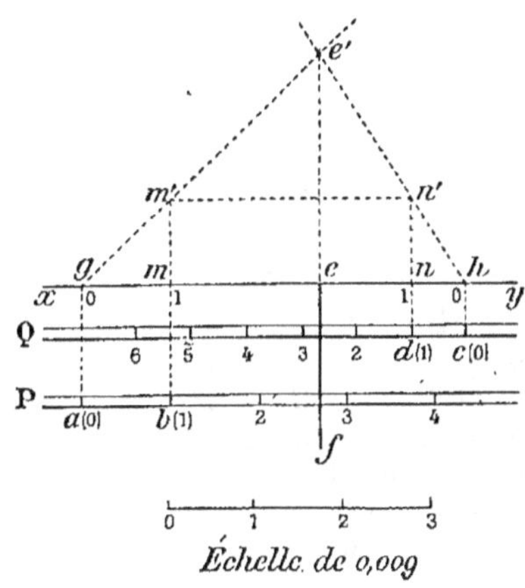
Fig. 223.

Remarque. — Dans ce problème (n° 189), les **lignes de pente** P et Q des deux plans considérés ne sont point parallèles, car leurs inclinaisons sont différentes.

190. 2e Moyen. — Emploi d'un plan vertical auxiliaire. — Soient P et Q les deux plans donnés, à échelles de pente parallèles. Prenons un plan vertical auxiliaire dont la trace xy soit parallèle aux échelles de pente. Ce plan vertical coupe les deux plans donnés suivant deux droites dont les projections sont confondues sur xy. On gradue ces deux droites en les considérant comme situées dans les plans P et Q, et l'on est ramené à une question connue (n° 162).

Fig. 224.

Le plan vertical rencontre le plan P suivant la droite $g(0)$ $m(1)$, et le plan Q suivant $h(0)$ $n(1)$.

En rabattant le plan vertical, on obtient gm' et hn' pour rabattement des deux droites (nº 162). Enfin gm' et hn' se rencontrent en e', rabattement d'un point de l'intersection. Sa projection est e, de cote approximative 2, 7, et l'horizontale $ef(2,7)$ est l'intersection des deux plans.

Remarque. — Le plan vertical auxiliaire peut être quelconque.

191. 3ᵉ MOYEN. — On utilise la remarque suivante : *Les projections des horizontales, qui s'appuient sur deux droites à projections parallèles, concourent au même point.*

En effet, d'après un théorème de géométrie, on sait que si des sécantes divisent des parallèles en parties proportionnelles, ces sécantes concourent au même point (M. G., nº 242).

Les horizontales $a(1)$ $d(1)$, $b(2)$ $c(2)$, etc. (fig. 225), ne se rencontrent pas dans l'espace; mais leurs projections sont concourantes.

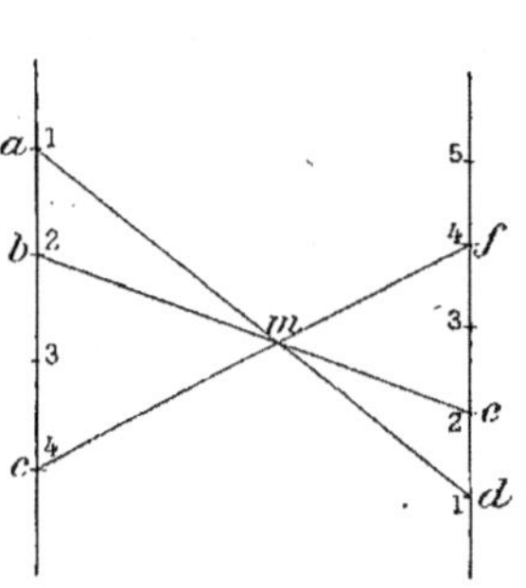

Fig. 225.

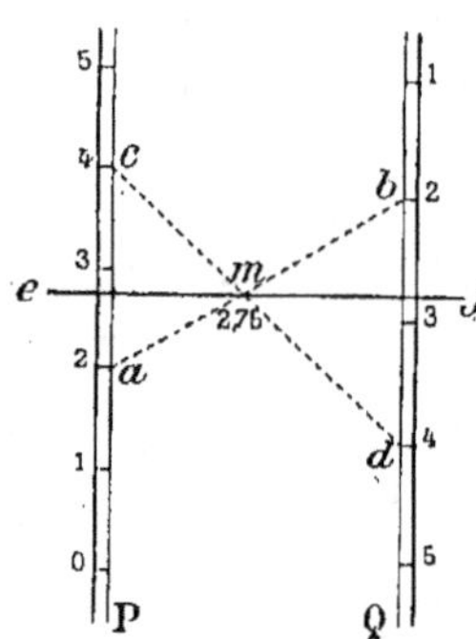

Fig. 226.

Soient deux plans P et Q dont les échelles de pente sont parallèles (fig. 226).

Menons les horizontales $a(2)$ $b(2)$ et $c(4)$ $d(4)$. Leur point d'intersection m est le point de concours des projections des horizontales qui s'appuient sur les lignes de pente P et Q.

Et, puisque l'intersection cherchée est une horizontale commune aux deux plans, sa projection passe par le point m.

Pour l'obtenir, il suffit de mener par m une perpendiculaire aux échelles de pente.

Sa cote est environ 2,75.

Problème.

192. — *Déterminer le point commun à trois plans.*

Pour trouver le point commun à trois plans, on cherche l'intersection de l'un d'eux avec chacun des deux autres; en général, les deux lignes ainsi déterminées se rencontrent, et leur point de concours appartient aux trois plans.

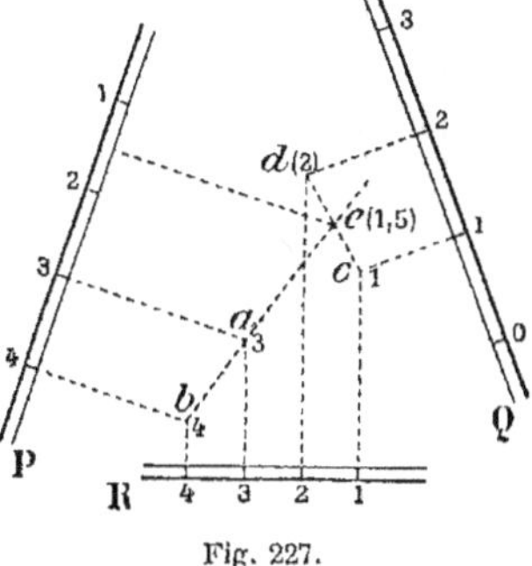

Fig. 227.

Soient P, Q, R, les trois plans donnés. Le plan R coupe le plan P suivant la droite $a(3)\ b(4)$, et le plan Q suivant la droite $c(1)\ d(2)$. Ces deux droites se rencontrent au point c dont on obtient la cote en le considérant comme appartenant à l'un quelconque des trois plans, P, par exemple.

§ II. — INTERSECTION D'UNE DROITE ET D'UN PLAN

193. MÉTHODE GÉNÉRALE. — *Par la droite AB, on fait passer un plan Q; on cherche l'intersection CD des deux plans: le point E, commun aux deux droites AB et CD, est le point cherché.*

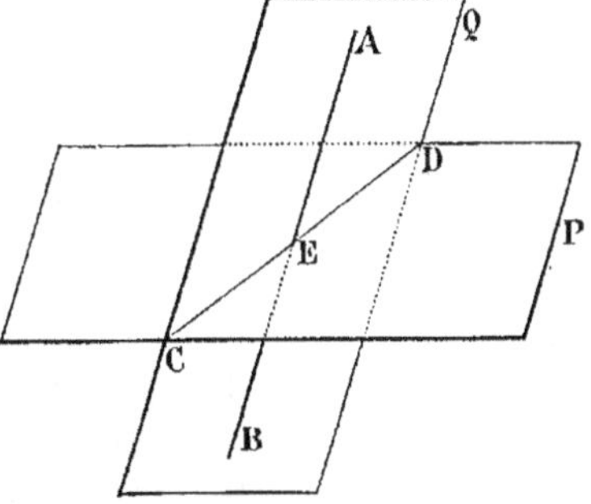

Fig. 228.

Problème.

194. — *Déterminer l'intersection d'une droite et d'un plan.*

1° La droite et le plan sont quelconques.

Soient le plan P défini par son échelle de pente et la droite $a(1)\ b(3)$ (fig. 229).

D'après la méthode indiquée (n° 193), par la droite $a(1)\ b(3)$, menons un plan auxiliaire Q, en nous donnant arbitrairement la direction $a(1)\ c(1)$ des horizontales de ce plan.

Cherchons l'intersection des deux plans P et Q, en employant les plans horizontaux de cote 1 et 2 (nᵒ 188). Soit $c(1)$ $d(2)$ cette intersection; les droites ab et cd se coupent en m, qui est le point de rencontre de la droite et du plan.

Sa cote approximative est 1,7.

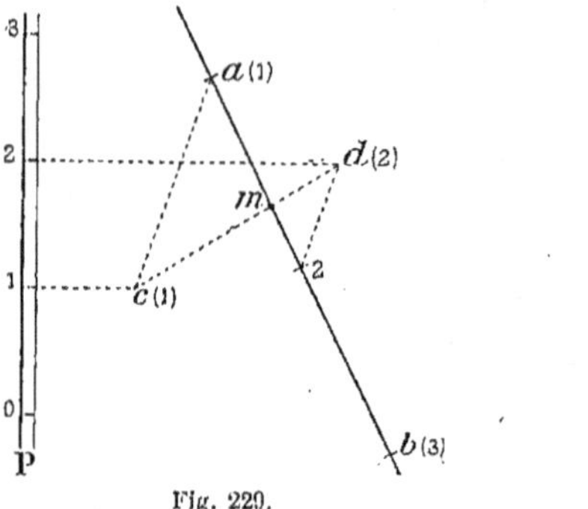
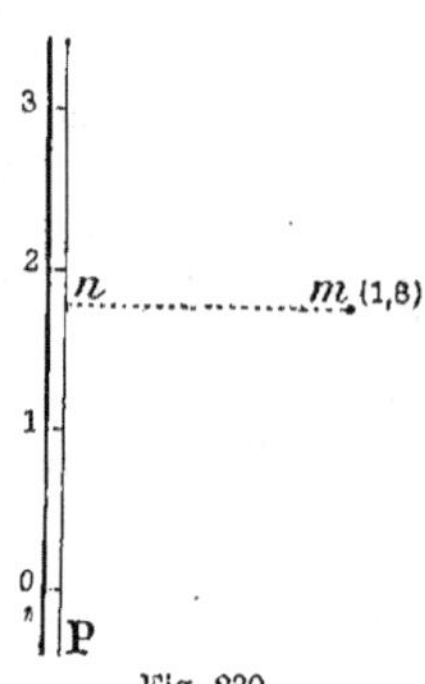

Fig. 229.   Fig. 230.

Remarque. — On choisit la direction des horizontales du plan auxiliaire Q de manière que ces lignes rencontrent les horizontales correspondantes du plan P dans les limites de l'épure.

2ᵒ **La droite est verticale.** — Le point d'intersection se projette en m, trace de la droite sur le plan de comparaison (fig. 230). On est ramené à trouver la cote d'un point d'un plan, connaissant la projection de ce point (nᵒ 175). On abaisse la perpendiculaire mn sur l'échelle de pente P, et on marque sur le point la cote correspondante 1,8.

3ᵒ **La droite est horizontale.** — Prenons pour plan auxiliaire le plan horizontal de cote 2 (fig. 231).

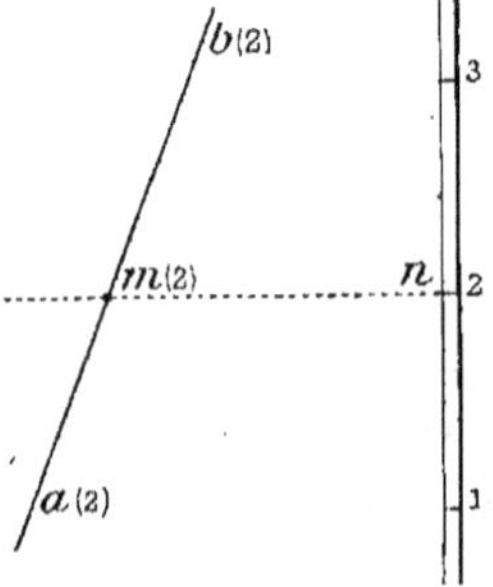

Ce plan passe par la droite donnée $a(2)$ $b(2)$, et coupe le plan P suivant l'horizontale $m(2)$ $n(2)$; ab et mn se rencontrent en $m(2)$, qui est le point cherché.

4ᵒ **La projection de la droite est parallèle à l'échelle de pente du plan.**

Soit à trouver l'intersection de la droite $a(0)$ $b(3)$ avec le plan P, ab étant parallèle à l'échelle de pente P.

D'après la méthode générale, faisons passer par la droite un plan défini par la direction arbitraire $a(0)$ $c(0)$, $b(3)$ $d(3)$ (fig. 232) de ses horizontales.

Fig. 231.

Ce plan rencontre le plan P suivant la droite $c(0)$ $d(3)$; ab et cd se coupent en $m(1,6)$, qui est le point demandé (n° 194, 1°).

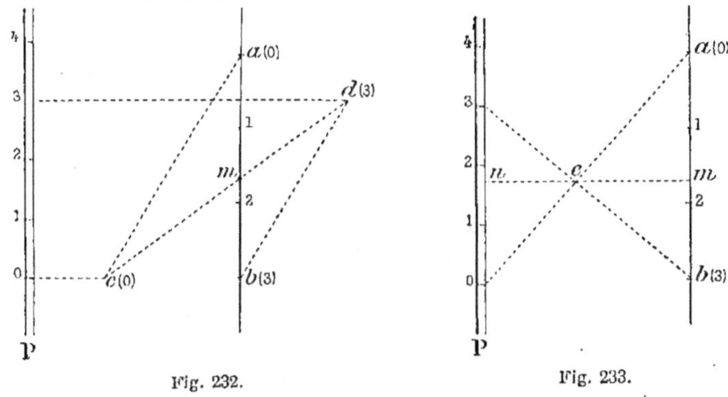

Fig. 232.   Fig. 233.

On peut aussi (fig. 233) prendre pour plan auxiliaire un plan dont la droite donnée $a(0)$ $b(3)$ serait une ligne de pente. Ce plan coupe le plan P suivant une horizontale dont on sait trouver la projection (n° 191), et la droite ab perce le plan P au point $m(1,7)$, intersection de ab et de mn.

195. 5° **Le plan donné est horizontal.** — Le point d'intersection est le point de la droite ayant même cote que le plan horizontal considéré. On le détermine comme au n° 150.

6° **Le plan donné est vertical.** — Soient $a(2)$ $b(4)$ et xy la droite et la trace du plan (fig. 234). Le point d'intersection se projette sur ab, puisqu'il appartient à la droite, et sur xy, puisqu'il se trouve dans le plan.

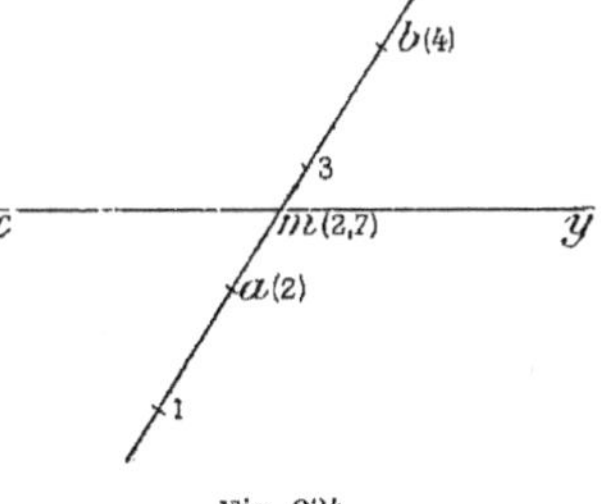

Fig. 234.

Il a donc pour projection le point m, intersection des deux droites. Il ne reste plus qu'à déterminer sa cote (n° 149).

§ III. — PROBLÈMES SUR LA DROITE ET LE PLAN

Problème.

196. — *Par un point donné, mener une droite parallèle à un plan donné, et rencontrant une droite donnée.*

Solution géométrique. — 1re Méthode. — Par le point A (fig. 235), on mène un plan R parallèle au plan donné P, on détermine le point de rencontre E de la droite donnée BC avec le plan R, et l'on joint le point A au point E. AE est la droite demandée.

2e Méthode. — Par le point A et la droite BC (fig. 235), on fait passer un plan Q qui rencontre le plan donné P suivant la droite GF ; puis par le point A, on mène à GF la parallèle AE, qui est la droite demandée.

En effet, les droites AE et BC, non parallèles, et situées dans un même plan Q, se rencontrent. De plus, AE, parallèle à la droite GF du plan P, est parallèle à ce plan.

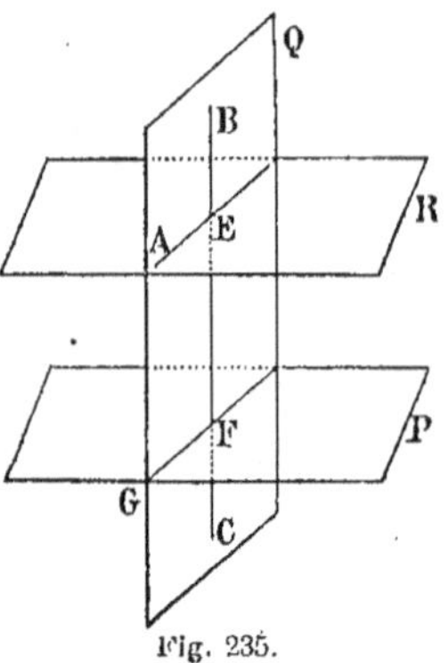
Fig. 235.

Voici l'épure relative à la première méthode. — Soient $a(3)$, $c(3)$ $b(6)$ et P, le point, la droite et le plan donnés.

Par $a(3)$, menons le plan R parallèle au plan P (n° 183), déterminons l'intersection $d(3)$ $f(6)$ du plan R avec le plan auxiliaire mené par la droite CB, et dont les horizontales ont la direction arbitraire $c(3)$ $d(3)$ (n° 194).

Les deux droites bc et df se rencontrent au point e (4, 8).

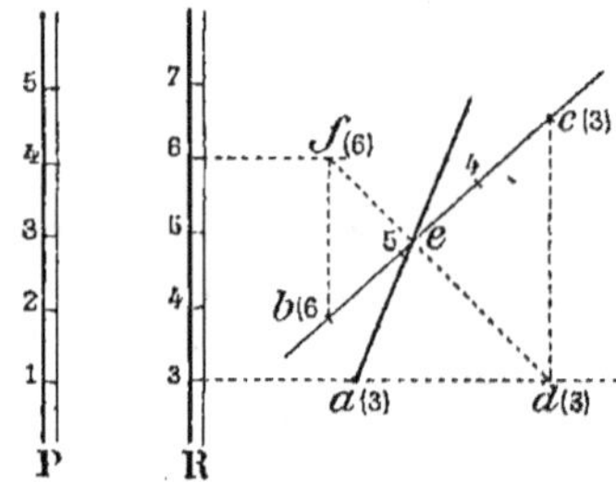
Fig. 236.

En joignant les points a, e, on obtient la droite demandée ae. En effet, cette droite passe par le point $a(3)$; elle rencontre bc au point e, et enfin elle est parallèle au plan P, puisqu'elle est située dans le plan R parallèle au plan P.

Problème.

197. — *Par un point donné, mener une droite qui en rencontre deux autres non situées dans un même plan.*

Solution géométrique. — Par le point A et l'une des droites, CE, par exemple, on fait passer un plan P ; on cherche le point M où la seconde droite BD perce le

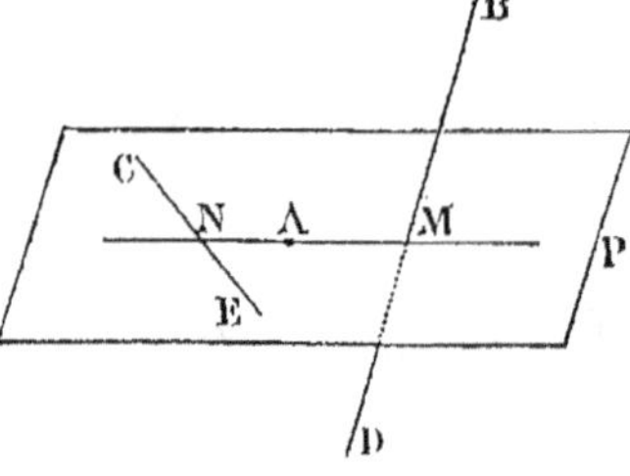
Fig. 237.

plan ; on joint le point M au point A, et AM est la droite demandée (fig. 237).

En effet, cette droite AM, située dans un même plan avec la première CE, la rencontre ou lui est parallèle.

ÉPURE. — Soient $b(2)\,d(3)$, $c(2)\,e(3)$ et $a(3)$, les droites et le point donnés (fig. 238).

Par la droite ce et le point a faisons passer un plan : ses horizontales auront la direction $a(3)\,e(3)$. Pour avoir le point où $b\,d$ perce ce plan, menons d'abord, par la droite, un plan auxiliaire dont les horizontales ont la direction arbitraire $d(3)\,g(3)$, et employons les plans horizontaux de cote 2 et 3 (n° 194). On obtient ainsi $f(2)\,g(3)$, qui rencontre $b\,d$

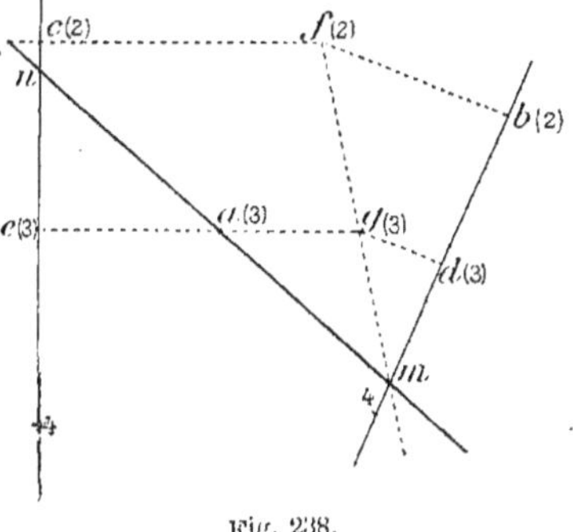

Fig. 238.

au point m. En joignant le point m au point a, on a la droite demandée.

Comme vérification, le point n doit avoir la même cote sur $m\text{-}n$ et sur ce.

Problème.

198. — *Mener une droite qui rencontre deux droites données, non situées dans un même plan, et qui soit parallèle à une troisième droite aussi donnée.*

SOLUTION GÉOMÉTRIQUE. — **1er Moyen.** — Par la première droite BD, menons un plan parallèle à la troisième AL; cherchons le point N où la seconde droite CE perce ce plan et, par ce point N, menons une parallèle NM à la droite AL.

NM est la droite demandée.

2e Moyen. — Supposons le problème résolu, et soit MN la droite demandée. Les droites BD et MN déterminent un plan parallèle à AL; il en est de même des droites EC et MN; donc MN est l'intersection de deux plans parallèles à AL,

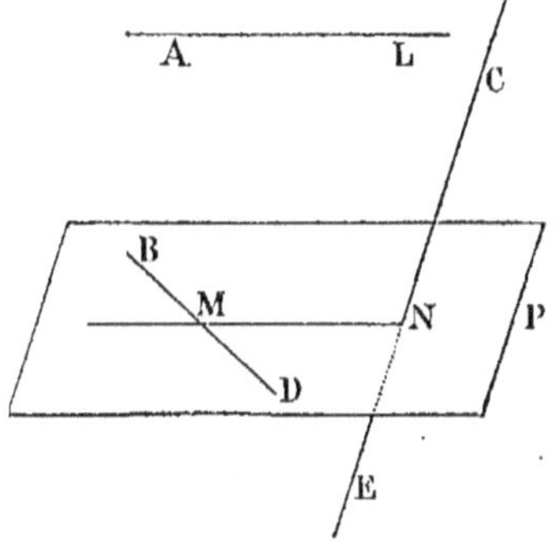

Fig. 239.

et menés respectivement par BD et CE.

Épure. — **2ᵉ Moyen.** — Soit à tracer une droite parallèle à $a(1)\,l(2)$, et s'appuyant sur les deux droites $b(4)\,d(5)$, $c(4)\,e(5)$ (fig. 240).

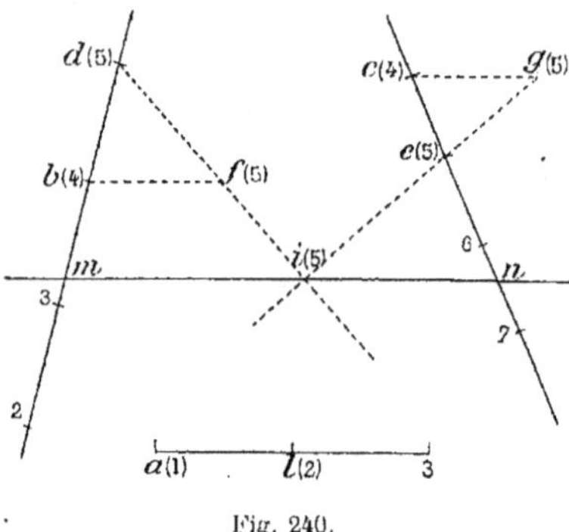

Fig. 240.

Menons par chacune des droites $b\,d$, $c\,e$, un plan parallèle à $a\,l$; pour cela, par les points b, c, on trace $b(4)\,f(5)$, $c(4)\,g(5)$, égales et parallèles à $a(1)\,l(2)$, et de même sens. Les horizontales de cote 5 de ces plans se rencontrent au point $i(5)$, qui appartient à l'intersection cherchée, et comme cette intersection est parallèle à $a\,l$, il suffit de tracer par le point $i(5)$ une parallèle $m\,n$ à $a\,l$.

Comme vérification, on s'assure que la droite MN rencontre les deux droites BD et CE (nᵒ 160, 2ᵒ).

CHAPITRE IX

DROITES ET PLANS PERPENDICULAIRES

---

§ I. — DROITE PERPENDICULAIRE A UN PLAN

Théorème.

199. — Pour qu'une droite soit perpendiculaire à un plan, il faut et il suffit :

1° Que la projection de la droite soit parallèle à l'échelle de pente du plan ;

2° Que les intervalles de la droite et du plan soient inverses l'un de l'autre ;

3° Que les cotes croissent en sens contraires sur la projection de la droite et sur l'échelle de pente du plan.

I. Les conditions sont nécessaires. — 1° Soit la droite AB perpendiculaire au plan P, qu'elle rencontre en C (fig. 241). Soient CG la ligne de pente qui passe par C, DE l'intersection des deux plans et c la projection de C. La droite BG est perpendiculaire à DE, d'après le théorème des trois perpendiculaires (M. G., n° 426).

Le plan CGB est perpendiculaire au plan P, puisqu'il passe par AB ; il l'est aussi à l'horizontale DE, puisqu'il contient deux droites GC et GB perpendiculaires à DE ; il est donc vertical, et la projection c de C se trouve sur BG.

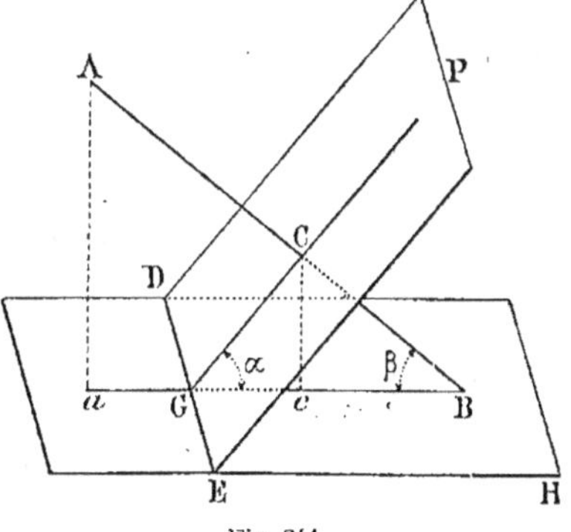

Fig. 241.

6 — GÉOMÉTRIE DESCRIPTIVE.

Ainsi la projection de AB sera perpendiculaire aux horizontales du plan P et, par suite, parallèle aux échelles de pente de ce plan.

2° Dans le triangle rectangle GCB, on a :

$$\operatorname{tg} \alpha = \operatorname{cotg} \beta = \frac{1}{\operatorname{tg} \beta} ;$$

et la pente de la droite est l'inverse de la pente du plan ; de même, les intervalles sont inverses l'un de l'autre.

3° Soit C de cote positive ; les points G et B ont une cote nulle ; les cotes croissent de G en c sur l'échelle de pente, et décroissent de c en B sur la projection de la droite.

II. Les conditions sont suffisantes. — Considérons la ligne de pente dont la projection se confond avec celle de la droite donnée. Les deux droites sont dans un même plan, qui est le plan projetant ; elles ne sont pas parallèles, puisque leurs graduations sont de sens contraires ; donc elles se coupent en un point C qui appartient au plan P. Soit c la projection de C ; c est entre G et B, puisque les graduations sont de sens contraires.

Dans le triangle GCB, les angles G et B sont aigus, car c est entre G et B ; ils sont complémentaires, puisque $\operatorname{tg} \mathrm{CGB} = \dfrac{1}{\operatorname{tg} \mathrm{CBG}}$, et le triangle est rectangle en C.

DE, perpendiculaire aux deux droites GC et GB, est perpendiculaire à leur plan GCB ; le plan P, mené par DE, est perpendiculaire au plan GCB ; la droite CB ou AB, située dans le plan GCB et perpendiculaire à l'intersection GC des deux plans GCB et P, est perpendiculaire au second plan P.

Remarque. — Toute perpendiculaire à un plan vertical est une horizontale, et toute verticale est perpendiculaire à un plan horizontal.

Problème.

200. — *Construire l'inverse d'une longueur donnée l.*

Soit x la longueur cherchée. On doit avoir :

$$x = \frac{1}{l},$$

que l'on peut écrire :
$$x = \frac{1^2}{l} ;$$

x est une troisième proportionnelle entre 1 (l'unité de longueur) et l.

Sur une droite indéfinie, portons $AB = l$; au point B, menons la perpendiculaire BC égale à l'unité de longueur, joignons AC, et enfin, au point C, menons une perpendiculaire à AC jusqu'à sa rencontre en D avec AB.

BD est la longueur demandée.

En effet, dans le triangle rectangle ACD, la hauteur CB est moyenne proportionnelle entre les segments qu'elle détermine sur l'hypoténuse.

Donc $\quad AB \times BD = \overline{BC}^2,$

ou $\qquad\qquad l \times x = 1^2;$

d'où $\qquad\qquad x = \dfrac{1}{l}.$

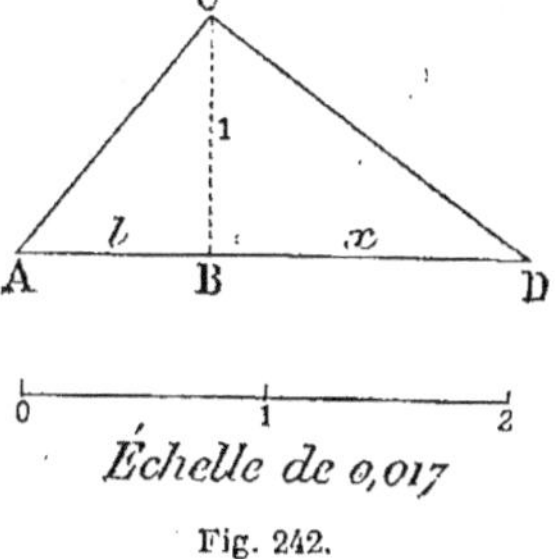

Échelle de 0,017

Fig. 242.

Application. — Ce problème permet de construire l'intervalle d'une droite perpendiculaire à un plan, connaissant l'intervalle de ce plan, et réciproquement.

§ II. — PROBLÈMES SUR LES DROITES
ET LES PLANS PERPENDICULAIRES

Problème.

201. — *Mener par un point la perpendiculaire à un plan, et déterminer le pied de cette perpendiculaire.*

Soient $a(3)$ et P le point et le plan donnés (fig. 243).

Par le point $a(3)$, menons d'abord une parallèle af, à l'échelle de pente; construisons ensuite l'intervalle ce de cette droite (n° 200), et portons-le sur af à partir du point a; enfin, graduons af en sens inverse de P.

La droite ainsi obtenue est perpendiculaire au plan P.

Pour déterminer le point où elle perce le plan, prenons comme plan auxiliaire le plan ayant af pour échelle de pente (n° 194); l'intersection des deux plans est l'horizontale commune aux deux plans, et passant

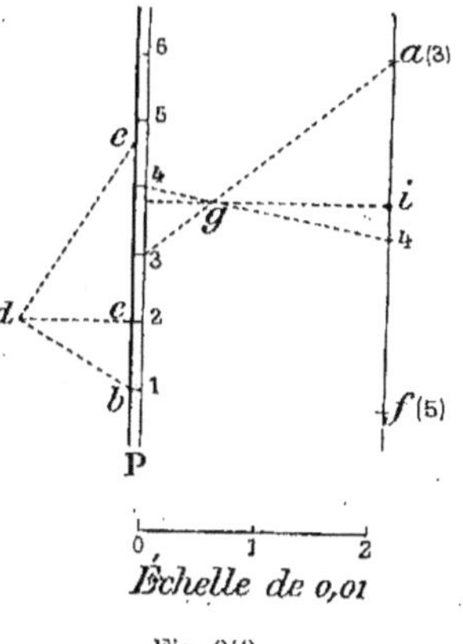

Échelle de 0,01

Fig. 243.

deux plans est l'horizontale commune aux deux plans, et passant par le point de concours, g, des projections des horizontales qui s'appuient sur la perpendiculaire et sur l'échelle de pente P.

Le point i est le pied de la perpendiculaire.

Remarque. — En déterminant la distance des points a et i (n° 246), on aurait la distance du point $a(3)$ au plan P.

202. **Autre méthode.** — Soient $a(4)$ et P le point et le plan donnés (fig. 244).

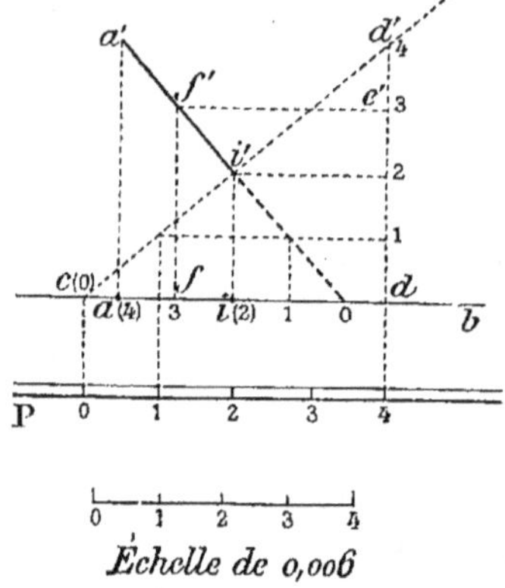

Échelle de 0,006

Fig. 244.

Par le point donné $a(4)$, menons d'abord, parallèlement à P, la projection ab de la perpendiculaire cherchée.

Le plan vertical de trace ab coupe le plan donné suivant une ligne de pente cd ayant pour rabattement cd'; et le point $a(4)$, situé dans ce plan, se rabat en a' $(aa' = 4)$.

La perpendiculaire cherchée est perpendiculaire à toutes les droites du plan P et, en particulier, à la ligne de pente cd'. Par conséquent, il suffit, du point a', de mener la perpendiculaire à cd', et le point i', où les deux droites se coupent, est le point où la droite perce le plan. Il se projette en i.

Sa cote est la distance ii' mesurée à l'échelle graphique.

Enfin, il est facile de graduer la droite : par le point e', par exemple, menons une parallèle $e'f'$ à ab et projetons f' en f; la cote du point f est :
$$ff' = de' = 3.$$

Remarque. — Le segment $a'i'$ est la distance du point $a(4)$ au plan P.

203. **Cas particuliers.** — 1° **Le plan donné est vertical.** — La perpendiculaire est l'horizontale de même cote que le point considéré, et dont la projection est perpendiculaire à la trace du plan.

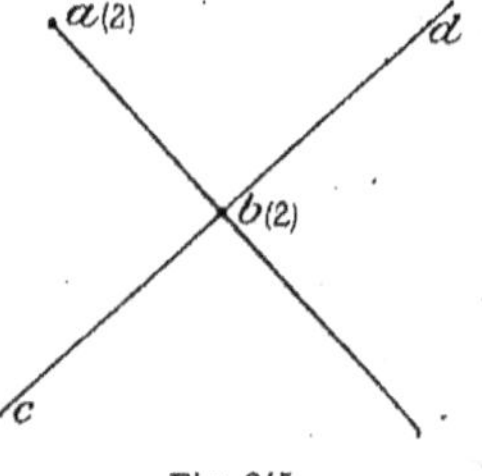

Fig. 245.

Soient $a(2)$ le point donné, et cd la trace du plan vertical; du point a, on mène la perpendiculaire à cd; $b(2)$ est le pied de cette perpendiculaire, et le segment $a(2)\,b(2)$ est la vraie grandeur de la distance du point au plan.

2⁰ **Le plan donné est horizontal.** — La perpendiculaire est la verticale du point donné, et la distance du point au plan est égale à la différence des cotes du point et du plan.

Problème.

204. — *Par un point, mener un plan perpendiculaire à une droite.*

Soient $b(3)$ $c(2)$ et $a(6)$ la droite et le point donnés (fig. 246).

Traçons une droite quelconque P parallèle à bc, et du point a menons la perpendiculaire am qui est l'horizontale de cote 6 du plan cherché.

Construisons en ce l'intervalle du plan, inverse de l'intervalle bc de la droite (n⁰ 200).

Portons cet intervalle sur P, à partir du point m, et graduons l'échelle de pente en sens inverse de la droite. Le plan P ainsi déterminé est perpendiculaire à la droite bc (n⁰ 199).

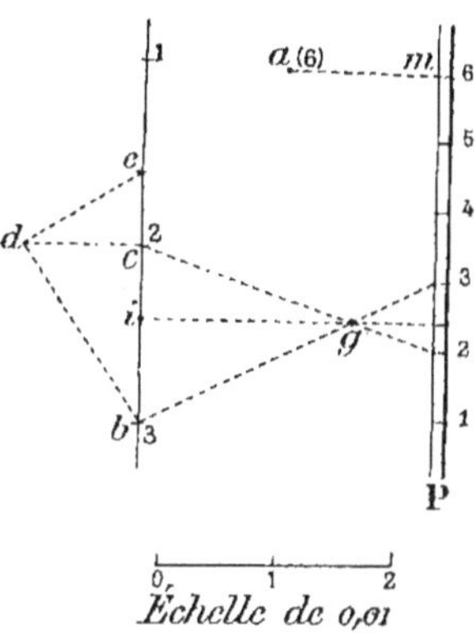

Échelle de 0,01

Fig. 246.

Enfin, la droite rencontre le plan au point $i(2,4)$ (n⁰ 194).

205. Cas particuliers. — 1⁰ **La droite est verticale.** — Le plan cherché est un plan horizontal de même cote que le point donné.

2⁰ **La droite est horizontale.** — Soient $b(1)$ $c(1)$ et $a(3)$ la droite et le point donnés (fig. 247).

Le plan cherché est vertical.

Sa trace, perpendiculaire à $b(1)$ $c(1)$, passe par le point donné $a(3)$.

Le pied de la perpendiculaire est le point $d(1)$, intersection de ae avec bc.

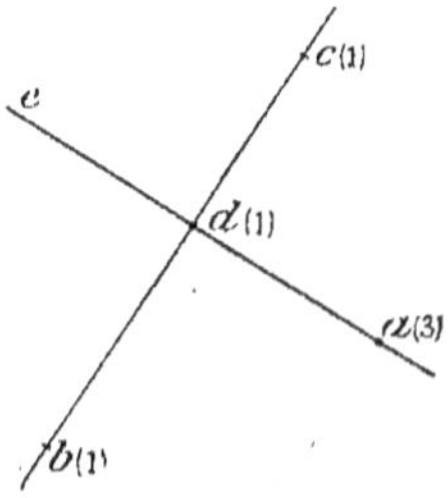

Fig. 247.

Problème.

206. — *Par un point donné, mener une perpendiculaire à une droite donnée.*

SOLUTION GÉOMÉTRIQUE. — Par le point donné A, on mène le plan P perpendiculaire à la droite donnée BC. On cherche le point E où cette droite perce le plan, et on joint le point A au point E.

AE est la perpendiculaire demandée (fig. 248).

En effet, BC, perpendiculaire au plan P, est perpendiculaire à AE qui passe par son pied dans le plan, et, réciproquement, AE est perpendiculaire à BC.

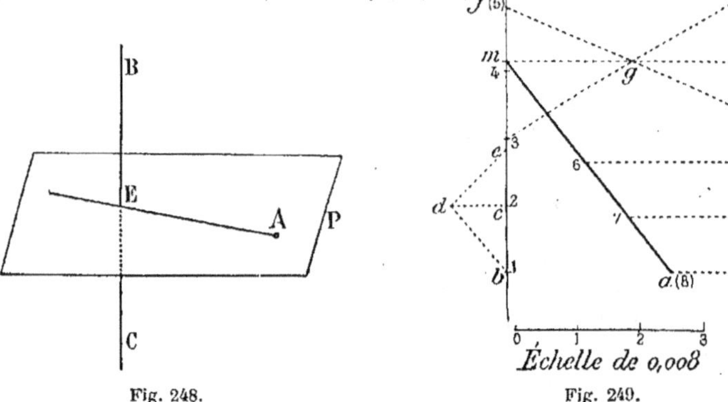

Fig. 248. Fig. 249.

ÉPURE. — Soient $b(1)$ $f(5)$ et $a(8)$ la droite et le point donnés (fig. 249). Menons d'abord par le point $a(8)$ le plan P perpendiculaire à la droite $b(1)$ $f(5)$ (n° 204).

Déterminons le point m où la droite perce le plan (n° 194), et enfin joignons le point a au point m. La droite am est la perpendiculaire demandée.

Pour graduer am, il suffit de remarquer qu'elle se trouve dans le plan P (n° 177).

207. Cas particuliers. — 1° **La droite est verticale.** — Soient b la trace de la verticale et $a(6)$ le point donnés (fig. 250).

La perpendiculaire est une horizontale de même cote que le point donné et dont la projection passe par les points $a(6)$ et b.

La longueur ab égale la distance du point à la droite.

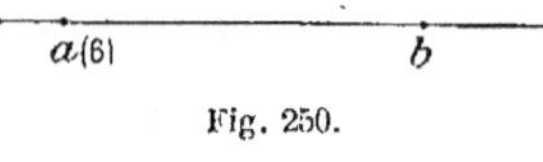

Fig. 250.

2° **La droite est horizontale.** — Dans ce cas, on a immédiatement la direction de la perpendiculaire. En effet, l'angle des deux droites, l'horizontale et la perpendiculaire, ayant un côté parallèle au plan de comparaison, se projette en vraie grandeur sur ce plan (n° 126).

Soient l'horizontale $b(1)$ $c(1)$ et le point $a(3)$; il suffit de mener ae perpendiculaire à bc. Le point d'intersection, d, des deux droites a pour cote **1**, celle de l'horizontale.

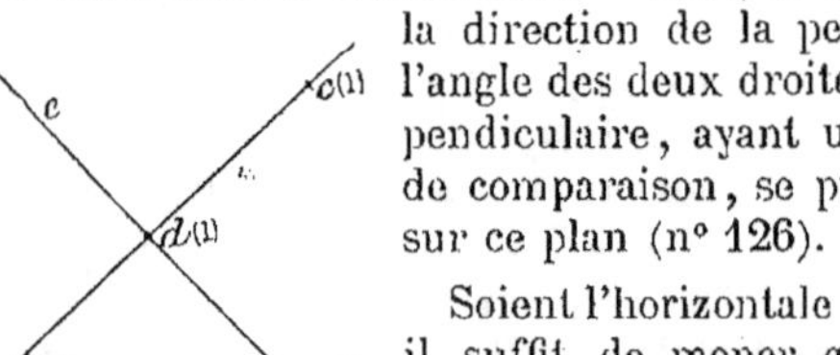

Fig. 251.

Problème.

208. — *Par une droite don-née, mener un plan perpen-diculaire à un plan donné.*

Soient $a(2)\,g(5)$ et P la droite et le plan donnés (fig. 252).

Par un point quelconque $a(2)$ de la droite donnée, on mène une perpendiculaire au plan P ; le plan des deux droites est le plan demandé.

Par $a(2)$, menons une per-pendiculaire au plan P, en traçant d'abord $a(2)\,f$ parallèle à l'échelle de pente P, et en graduant cette droite, après avoir construit son intervalle

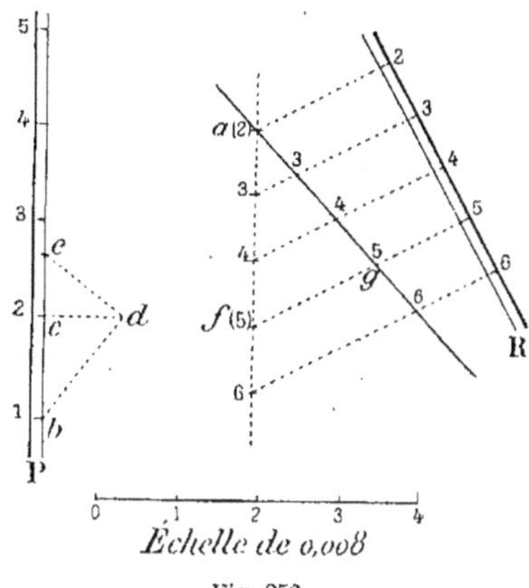

Échelle de o,oo8

Fig. 252.

en ce. Le plan déterminé par les deux droites $a(2)\,f(5)$ et $a(2)\,g(5)$ répond à la question.

On a tracé en R une de ses lignes de pente.

III

MÉTHODES DIVERSES — APPLICATIONS

CHAPITRE X

MÉTHODES DIVERSES

---

209. Introduction. — La résolution des problèmes de Géométrie descriptive se simplifie lorsque les données ont des positions particulières, relativement aux plans de projection : ainsi, on peut trouver directement la distance d'un point à un plan vertical (n° 130, 1°, *Rem.*); mener une perpendiculaire à une droite horizontale (n° 133), tandis qu'il faut des constructions particulières pour mener une perpendiculaire à une droite quelconque (n° 132), etc.

Il est donc utile, et parfois nécessaire, de rapporter les données à de nouveaux plans de projection qui permettent d'employer des constructions plus simples; ou bien, de modifier la position des données par rapport aux plans primitifs.

On distingue trois méthodes principales :

1° *Les changements des plans de projection ;*

2° *Les rabattements ;*

3° *Les rotations.*

Conformément aux programmes, nous ne nous occuperons, dans cette première partie, que du changement du plan vertical et des rabattements.

§ I. — CHANGEMENT DU PLAN VERTICAL

210. But de la méthode. — Le changement de plan vertical a pour but d'amener une droite quelconque à être parallèle, ou un plan quelconque à être perpendiculaire, au nouveau plan vertical.

Problème.

211. — *Étant données les projections d'un point dans le système des deux plans rectangulaires* **H** *et* **V**, *construire les projections de ce point dans le système des deux plans rectangulaires* **H** *et* **V**$_1$.

Considérons deux plans verticaux V et V$_1$ d'intersection BE
(fig. 253).

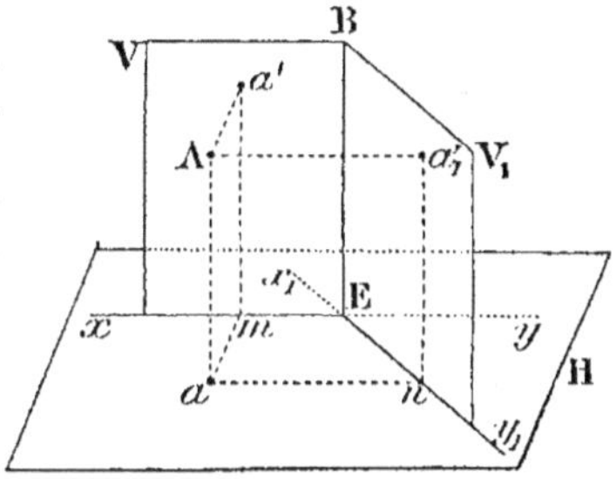

Dans le système des deux plans
H et V, un point A de l'espace a
pour projections a et a'.

Dans le système H et V$_1$, le
même point a pour projections a
et a'_1.

On a : $\qquad ma' = Aa,$
$\qquad\qquad\quad na'_1 = Aa.$

Donc $\qquad ma' = na'_1.$

Ainsi lorsqu'on change le plan
vertical de projection, **la projec-**

Fig. 253.

**tion horizontale d'un point quelconque ne change pas, et la cote de
ce point reste constante.**

212. Disposition des projections. — Pour faciliter la lecture
de l'épure, la nouvelle ligne de terre est désignée par x_1y_1; les lettres
sont placées de telle sorte qu'en lisant x_1y_1 de gauche à droite, suivant l'usage, la partie supérieure du nouveau plan vertical se trouve
au-dessus de la ligne de terre.

La nouvelle projection verticale du point A est indiquée par a'_1.

On désigne, d'une manière abrégée, par xy le système des deux
plans H et V, et par x_1y_1 le système des plans H et V$_1$.

213. RÈGLE PRATIQUE. — *Lorsqu'on change de plan vertical, la
nouvelle projection verticale d'un point s'obtient en abaissant, de
la projection horizontale, une perpendiculaire sur* x$_1$y$_1$, *et en
portant, dans la direction convenable, la cote du point considéré.*

Problème.

214. — *Effectuer un changement de plan vertical pour un
point.*

1° Soient a et a' les projections d'un point dans le système xy; il
faut trouver ses projections dans le système x_1y_1 (fig. 254).

6

D'abord, la projection horizontale, a, ne change pas.

Du point a, on abaisse une perpendiculaire $a\,n\,a_1'$ sur $x_1\,y_1$ et l'on porte **au-dessus** de $x_1\,y_1$ une longueur $n\,a_1'$ égale à $m\,a'$, puisque la

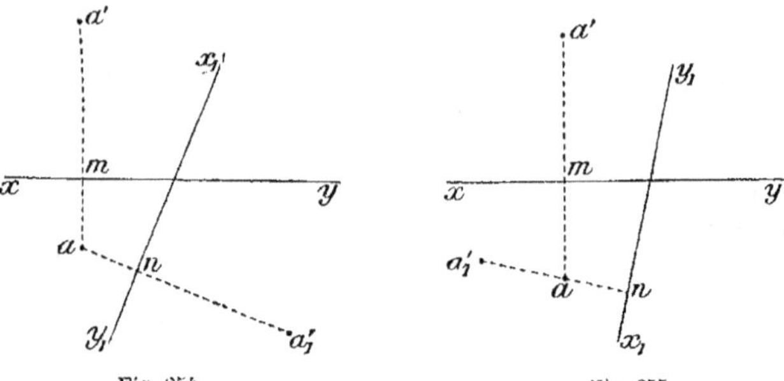

Fig. 254.

Fig. 255.

cote $m\,a'$ est **positive**; a_1' est la nouvelle projection verticale du point considéré.

2° Soient encore a et a' les projections d'un point dans le système xy, et x_1y_1 la nouvelle ligne de terre (fig. 255). On mène $n\,a\,a_1'$ perpendiculaire à $x_1\,y_1$ et, puisque la cote $m\,a'$ est **positive**, on porte **au-dessus** de $x_1\,y_1$ la distance $n\,a_1' = m\,a'$.

Dans ce changement de plan vertical, le point (a, a_1') se trouve dans le second dièdre (n° 24, 2°).

Problème.

215. — *Effectuer un changement de plan vertical pour une droite.*

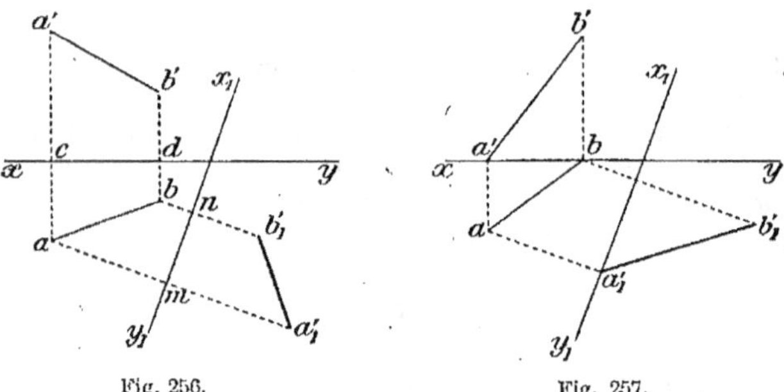

Fig. 256.

Fig. 257.

Il suffit de trouver les nouvelles projections verticales de deux points de cette droite.

1° Soient $(ab,\ a'b')$ les projections d'une droite dans le système xy (fig. 256). Pour obtenir la nouvelle projection verticale dans le système $x_1 y_1$, des points a et b, il suffit d'abaisser des perpendiculaires sur $x_1 y_1$, et de prendre sur ces perpendiculaires,

$$m\,a'_1 = c\,a' \quad \text{et} \quad n\,b'_1 = d\,b'.$$

$a'_1 b'_1$ est la nouvelle projection verticale de la droite.

2° Il est avantageux de choisir, pour l'un des points à projeter, le point de cote nulle.

Exemple $(a,\ a')$ (fig. 257).

Problème.

216. — *Effectuer un changement de plan vertical, de manière qu'une droite donnée soit parallèle au nouveau plan vertical.*

Il suffit que la nouvelle ligne de terre $x_1 y_1$ soit parallèle à la projection horizontale de la droite (n° 52, 3°).

Soit $(ab,\ a'b')$ la droite donnée. Prenons $x_1 y_1$ parallèle à ab et déterminons la nouvelle projection verticale $a'_1 b'_1$ de la droite (n° 215).

La droite $(ab,\ a'_1 b'_1)$ est parallèle au nouveau plan vertical; c'est une frontale dans le système $x_1 y_1$.

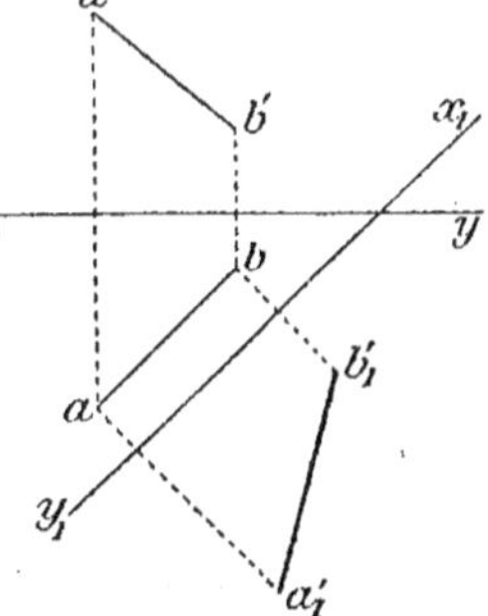

Fig. 258.

Problème.

217. — *A l'aide d'un changement de plan vertical, amener une horizontale à être une ligne de bout.*

Il faut choisir un plan vertical perpendiculaire à la ligne donnée; la nouvelle ligne de terre $x_1 y_1$ doit être perpendiculaire à ab (n° 52, 6°).

La projection horizontale ab ne change pas (fig. 259); tous les points de la droite ont même cote, et cette cote est invariable; donc, il suffit de prendre, sur la ligne de rappel qui se confond avec ab, une distance $a\,a'_1$ égale à la cote $a\,a'$.

La droite $(ab,\ a'_1)$ est de bout, car ab est perpendiculaire à $x_1 y_1$.

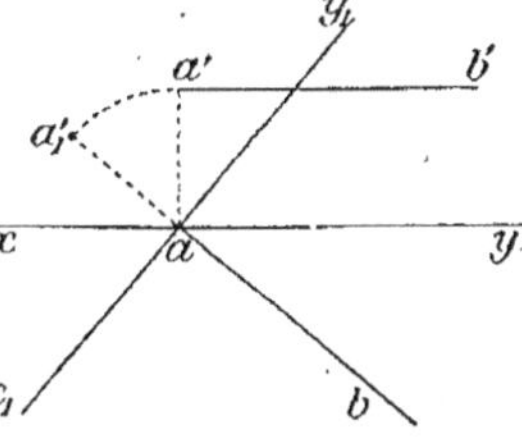

Fig. 259.

Problème.

218. — *Effectuer le changement de plan vertical pour un plan quelconque défini par ses traces.*

La trace horizontale ne change pas; la nouvelle trace verticale est

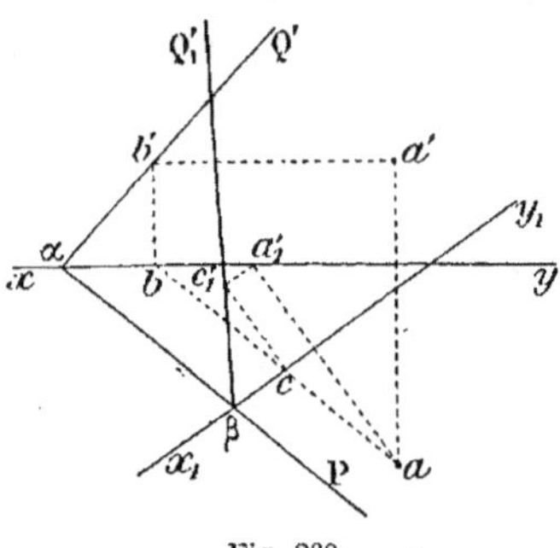

l'intersection du plan donné avec le nouveau plan vertical; on en connaît un point, β, point de rencontre de $x_1 y_1$ avec αP (fig. 260); il suffit d'en trouver un second. Pour cela, on prend un point du plan donné et l'on détermine sa nouvelle projection verticale.

Prenons un point quelconque (a, a'), par exemple, du plan $P\alpha Q'$, à l'aide d'une horizontale $(ab, a'b')$ de ce plan; déterminons a'_1 (n° 214); l'horizontale considérée a pour nou-

Fig. 260.

velles projections ac, $a'_1 c'_1$; (c, c'_1) est la nouvelle trace verticale de cette droite, et $\beta c'_1$ est la nouvelle trace verticale du plan.

Problème.

219. — *Par un changement de plan vertical, amener un plan quelconque à être un plan de bout.*

1° **Le plan est donné par ses traces** αP **et** $\alpha Q'$ (fig. 261). — Il faut

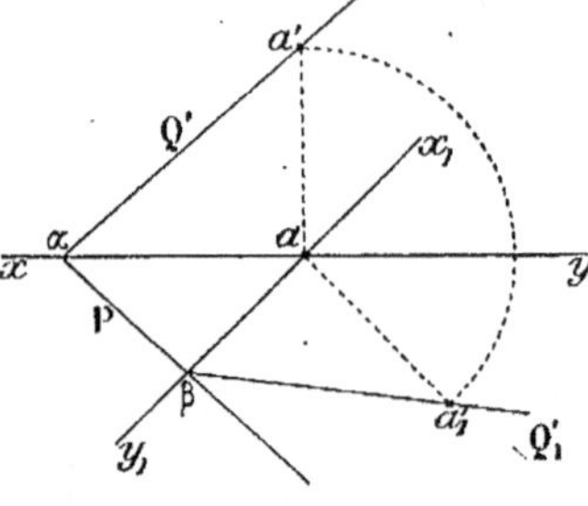

que la nouvelle ligne de terre $x_1 y_1$ soit perpendiculaire à la trace horizontale αP (n° 64).

On pourrait employer une construction analogue à celle du problème précédent (n° 218); mais, dans l'un et l'autre, la détermination de la nouvelle trace se simplifie, en utilisant le point du plan donné qui se projette horizontalement à l'intersection des deux lignes de terre.

Fig. 261.

Soit donc $P\alpha Q'$ le plan donné; prenons un nouveau plan vertical tel que $x_1 y_1$ soit perpendiculaire à αP.

Le point (a, a') a sa nouvelle projection verticale sur la trace cherchée, puisqu'il se projette horizontalement sur $x_1 y_1$; la cote de

ce point restant invariable, il suffit de mener aa'_1 perpendiculaire
à $x_1 y_1$ et de prendre $aa'_1 = aa'$.

Dans le nouveau système, le plan est devenu $P\beta Q'_1$.

Remarque. — Puisque dans le nouveau système le plan est de
bout, *tous les points* du plan ont leur projection verticale sur la
nouvelle trace verticale $\beta Q'_1$ (n° 66).

2° **Le plan est donné par deux droites concourantes** $(ab,\ a'b')$ et
$(ac,\ a'c')$ (fig. 262).

On détermine d'abord une horizontale $(bc,\ b'c')$ de ce plan et l'on
trace la nouvelle ligne de terre $x_1 y_1$
perpendiculaire à bc.

La nouvelle trace verticale s'obtient en cherchant les nouvelles projections a'_1 et b'_1 de deux points du
plan.

$a'_1 b'_1$ rencontre $x_1 y_1$ au point α.
La trace verticale est $\alpha Q'_1$; quant à
la trace horizontale αP_1, elle est perpendiculaire à $x_1 y_1$.

Remarque. — Tous les points
de l'horizontale $(bc,\ b'c')$ se pro-
jettent verticalement en b'_1, car cette droite est de bout dans le
système $x_1 y_1$.

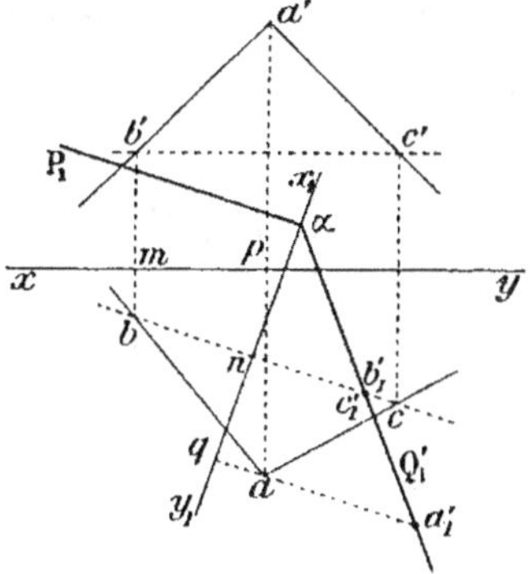

Fig. 262.

§ II. — RABATTEMENT D'UN PLAN SUR UN PLAN HORIZONTAL

220. But de la méthode. — La méthode des rabattements a
pour but d'amener une figure plane, donnée par ses projections, à
se placer sur un des plans de projection ou à lui être parallèle, afin
qu'elle se projette en vraie grandeur sur ce plan (n° 9).

A l'aide des rabattements, **toute question de géométrie plane peut
être résolue dans un plan situé d'une manière quelconque par rapport
aux plans de projection;** car il suffit de rabattre le plan, de faire les
constructions indiquées par le *Manuel de Géométrie*, et de relever
la figure obtenue.

Manière de procéder. — Pour amener un plan à se confondre
avec le plan horizontal, on le fait tourner autour de sa trace
horizontale jusqu'à ce qu'il vienne s'appliquer sur ce plan de projection.

Pour rendre parallèle au plan horizontal un plan donné, on le fait tourner autour d'une de ses horizontales.

D'une manière analogue, on rabat un plan sur le plan vertical ou sur un plan de front, en le faisant tourner autour de sa trace verticale, ou autour d'une de ses lignes de front.

La droite autour de laquelle on fait tourner le plan s'appelle la **charnière** ou l'**axe de rabattement**.

Remarque. — C'est toujours un plan que l'on rabat ; mais, dans un grand nombre de cas, on cherche particulièrement à déterminer la position qu'occupent, après le rabattement, un ou plusieurs points du plan considéré.

Ainsi, **rabattre un point**, c'est rabattre le plan déterminé par le point et l'axe donnés, et indiquer la nouvelle position du point.

De même, **relever un point rabattu**, c'est relever le plan déterminé par l'axe et le point donnés, et chercher les nouvelles projections du point considéré.

Problème.

221. — *Rabattre un plan autour d'une parallèle au plan horizontal.*

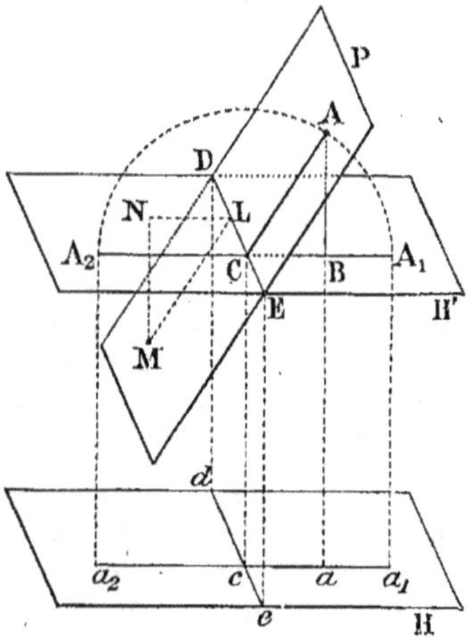

Rabattre un point, c'est rabattre le plan déterminé par le point et l'axe de rabattement (n°220, *Rem.*).

Soient A et DE le point et l'axe donnés (fig. 263), P le plan qu'ils déterminent, et H' le plan horizontal passant par l'axe, et sur lequel doit s'effectuer le rabattement.

Du pied B de la projetante AB, abaissons la perpendiculaire BC sur DE et joignons AC ; cette ligne est perpendiculaire à DE, d'après le théorème des trois perpendiculaires (M. G., n° 426) ; si l'on fait tourner le plan DAE autour de DE, le point A décrit un arc de cercle et vient se placer en A_1 ou A_2, suivant le sens de la rotation, sur le prolongement de la perpendiculaire BC à DE, de manière que $A_1C = A_2C = AC$, car pendant ce déplacement AC reste constamment perpendiculaire à DE.

Fig. 263.

Or AB est la différence des cotes du point A et de l'axe DE, ou la **distance verticale** du point à l'axe. En épure, c'est la distance de la projection verticale du point à la projection verticale de l'axe.

BC est la **distance horizontale** du point à l'axe. En épure, c'est la distance de la projection horizontale du point à la projection horizontale de l'axe.

On peut donc formuler la règle pratique suivante, dite règle du triangle rectangle.

222. RÈGLE DU TRIANGLE RECTANGLE. — *Pour rabattre un point sur le plan horizontal, on abaisse de sa projection horizontale une perpendiculaire sur l'axe, et, à partir du pied de cette perpendiculaire, on prend une longueur égale à l'hypoténuse d'un triangle rectangle ayant pour côtés les distances verticale et horizontale du point à l'axe.*

223. **Remarques.** — 1º Le triangle rectangle ABC est appelé **triangle de rabattement.** Les triangles de rabattement de tous les points du plan P sont semblables, car l'angle ACB est l'angle rectiligne du dièdre formé par le plan P avec les plans horizontaux.

Donc le rabattement d'un plan détermine l'angle de ce plan avec les plans horizontaux.

2º Tous les points du plan P, situés au-dessus du plan H′, se rabattent d'un même côté de DE ; tous les points situés au-dessous se rabattent du côté opposé.

3º Les points situés sur l'axe DE restent fixes pendant le rabattement.

224. ÉPURE. — 1º Soit à rabattre le point (a, a') autour de l'hori-

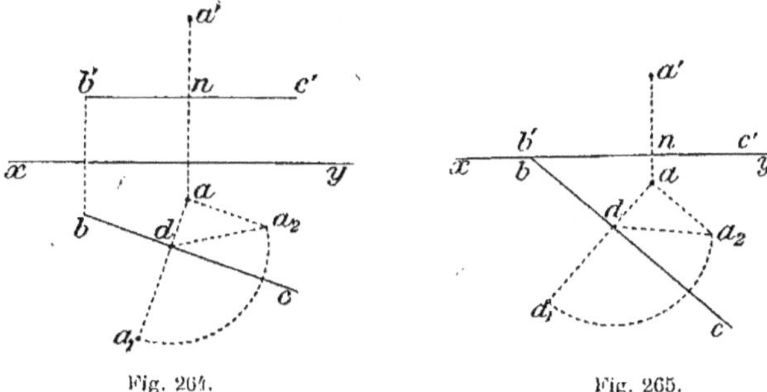

Fig. 264.   Fig. 265.

zontale $(bc, b'c')$ (fig. 264). Abaissons la perpendiculaire ad sur bc ; sur une parallèle à l'axe, prenons $aa_2 = na'$; da_2 est l'hypoténuse du triangle de rabattement, car na' et ad égalent les distances verticale et horizontale du point à l'axe.

On porte da_2 en da_1, et l'on obtient en a_1 le rabattement demandé.

La construction est la même lorsque l'axe est situé dans le plan horizontal ; il suffit de prendre $aa_2 = na'$; puis $da_1 = da_2$ (fig. 265).

Remarque. — Pour rabattre un point autour d'une frontale, on procède d'une manière analogue, en construisant un triangle rectangle ayant pour côtés de l'angle droit les distances **de bout** et **de front**, de ce point à l'axe.

2° **En géométrie cotée**, soit à rabattre le point $a(5)$ autour de l'horizontale $b(2)$ $c(2)$ (fig. 266).

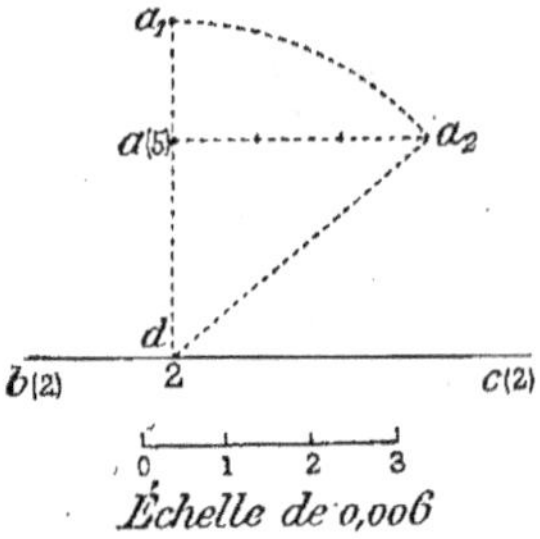

La construction est la même. Abaissons la perpendiculaire $a(5)$ $d(2)$ sur bc, et prenons sur la parallèle aa_2 à bc une distance égale à $5 - 2 = 3$ unités de l'échelle graphique. $a(5)d$ et $a(5)a_2$ représentent les distances horizontale et verticale du point à l'axe ; da_2 est l'hypoténuse du triangle de rabattement ; on porte cette distance de d en a_1, et le point se trouve rabattu en a_1.

Fig. 266.

Remarque. — L'angle ada_2 (fig. 266) est l'angle du plan de comparaison et du plan déterminé par l'horizontale bc et le point a.

Problème.

225. — *Rabattre un plan vertical sur un plan horizontal.*

Nous avons déjà traité directement cette question (n°s 30 et 146) ; mais on peut la rattacher au rabattement d'un plan quelconque sur un plan horizontal, dont elle n'est qu'un cas particulier.

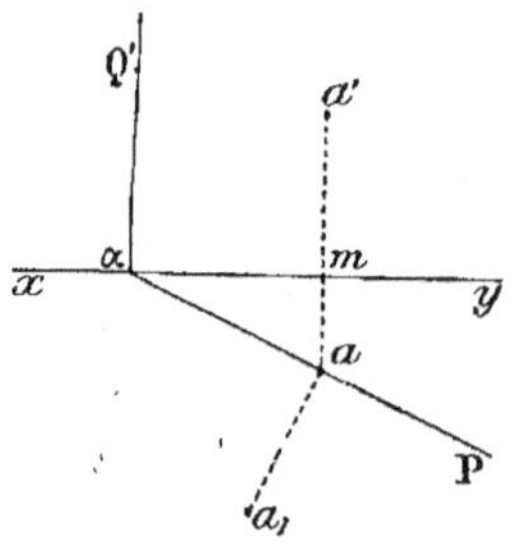

En effet, la projection horizontale a (fig. 267) du point A du plan se trouve sur la trace αP, qui est l'axe de rabat-

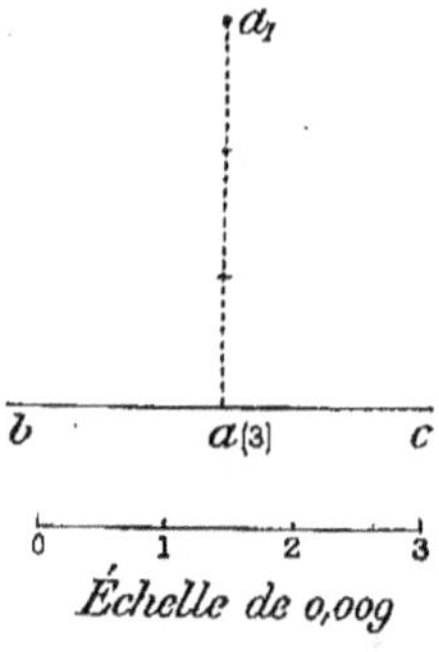

Fig. 267.

Fig. 268.

Échelle de 0,009

tement. La **distance horizontale** du point à l'axe est nulle, et il suffit de porter la **distance verticale** $m\,a'$ de a en a_1, sur la perpendiculaire à αP.

De même, en géométrie cotée, pour rabattre un point $a\,(3)$ du plan vertical bc (fig. 268), il suffit de mener par $a\,(3)$ la perpendiculaire à bc, et de prendre $a\,(3)\,a_1 = 3$ unités de l'échelle graphique.

Problème inverse.

226. — *Étant donnés la projection horizontale d'un point et son rabattement autour d'une horizontale, déterminer la projection verticale du point.*

On a recours à des opérations inverses des précédentes (nᵒˢ 224 et 225).

Connaissant l'hypoténuse et un côté de l'angle droit du triangle de rabattement, on détermine l'autre côté; cette longueur est la **distance verticale** du point à l'axe.

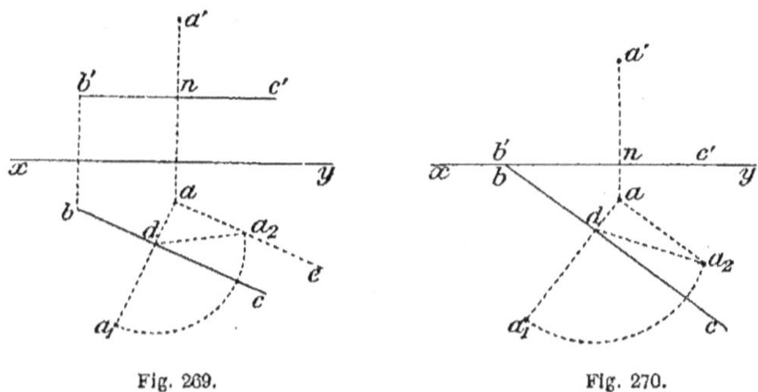

Fig. 269.   Fig. 270.

Soient $(bc,\ b'c')$ l'axe donné, a_1 le point rabattu et a sa projection horizontale (fig. 269 et 270).

Il faut que les points a et a_1 soient sur une même perpendiculaire à l'axe bc (nᵒ 222), et que l'on ait $da_1 > da$. On élève à ad une perpendiculaire ac; du centre d, on la coupe par un arc a_1a_2; la longueur aa_2 est la **distance verticale** du point à l'axe; on porte donc aa_2 de n en a'.

La construction est la même quelles que soient les positions respectives de a et a_1 par rapport à l'axe.

227. Remarque. — Ce problème porte le nom de **problème du relèvement.** L'énoncé général peut se formuler ainsi : *Un plan* **P**

ayant été rabattu sur un plan horizontal, déterminer les projections d'un point de ce plan, connaissant son rabattement.

Pour résoudre ce problème, il faut connaître la projection horizontale du point en même temps que son rabattement, ou bien les projections d'un autre point du plan.

228. Remarque. — Suppression de la ligne de terre. —

Dans les épures qui précèdent (fig. 264, 269, 270), et dans beaucoup d'autres (fig. 105, 119, etc.), la ligne de terre n'est d'aucune utilité.

Lorsque les plans de projection n'interviennent pas dans la question d'une manière directe, et que l'on prend soin de n'utiliser que les données, on ne considère ni les traces des plans, ni les traces des droites, ni les distances des points aux plans de projection.

Tout déplacement des plans de projection parallèlement à eux-mêmes n'aurait d'autre effet, sur l'épure, que d'éloigner ou de rapprocher de xy les projections de la figure, sans modifier ni l'une ni l'autre de ces projections. Alors les cotes et les éloignements sont arbitraires, la position de xy est indéterminée.

La ligne de terre ne sert plus qu'à indiquer la direction des lignes de rappel, et on peut se dispenser de la tracer sur l'épure.

Problème.

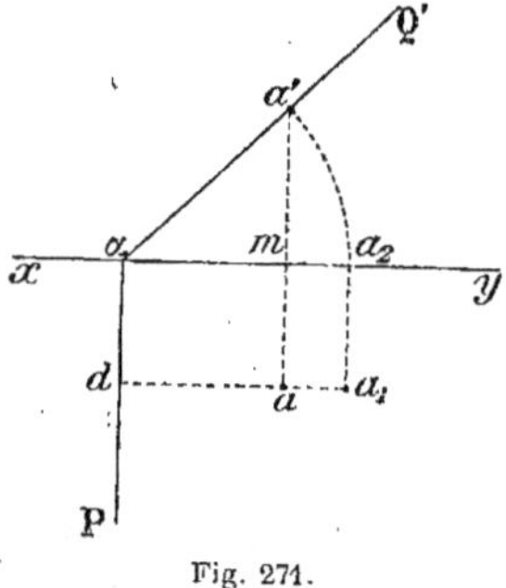

Fig. 271.

229. — *Rabattre un plan de bout sur un plan horizontal.*

Soient le plan de bout $P\alpha Q'$ et un point (a, a') de ce plan (fig. 271); αP est l'axe de rabattement, et le triangle rectangle est tout construit en $\alpha m a'$. En effet, $m\alpha = a d$ et $m a'$ représentent les distances horizontale et verticale du point à l'axe; $\alpha a'$ est l'hypoténuse. Donc sur la perpendiculaire $a d$ à αP, il suffit de porter $d a_1 = \alpha a_2 = \alpha a'$.

Problème inverse.

230. — *Relever un plan de bout rabattu sur le plan horizontal.*

Soient αP la trace horizontale du plan, a et a_1 la projection horizontale et le rabattement d'un point du plan (fig. 271).

La projection verticale du point se trouve sur la ligne de rappel menée par a. Pour déterminer a', il faut, de α comme centre avec da_1 pour rayon, décrire un arc de cercle qui coupe am au point a'; a' est la projection verticale du point, et $\alpha a'$ la trace verticale du plan considéré.

Si l'on donne $P\alpha$, $\alpha Q'$ et a_1, du point a_1, on trace $a_1 d$ perpendiculaire à αP, puis $a_1 a_2$ parallèle à αP, on coupe $\alpha Q'$ par un arc de cercle de centre α et de rayon αa_2; l'intersection détermine a', projection verticale du point; une ligne de rappel donne la projection horizontale a.

Problème.

231. — *Dans le rabattement d'un plan autour de sa trace horizontale, déterminer la position de la trace verticale de ce plan.*

Soit le plan $P\alpha Q'$ à rabattre sur le plan horizontal, afin de déterminer la nouvelle position de sa trace $\alpha Q'$ (fig. 272).

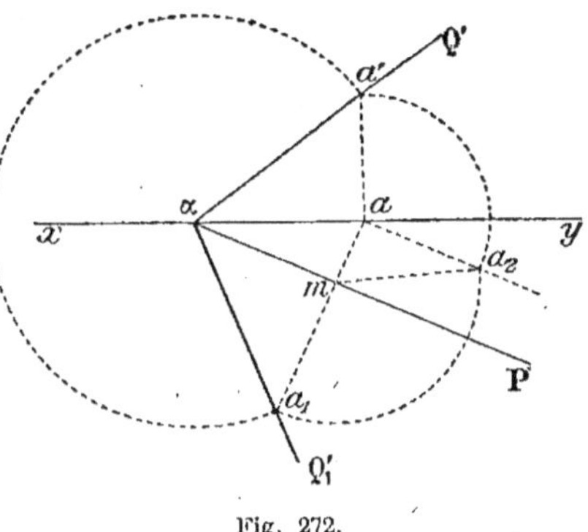

Fig. 272.

1er Moyen. — On connaît un point α du rabattement de la trace $\alpha Q'$; il suffit d'en trouver un second; prenons un point quelconque (a, a') de cette trace, et appliquons la règle du triangle rectangle (n° 222). Ce point se rabat en a_1, et $\alpha Q'$ devient $\alpha Q'_1$.

2e Moyen. — Le rabattement du point (a, a') se trouve sur la perpendiculaire am, abaissée de a sur l'axe αP (n° 222). La distance $\alpha a'$ ne varie point; donc, après le rabattement, on aura $\alpha a_1 = \alpha a'$, et le point a_1 se trouve aussi sur la circonférence de centre α et de rayon $\alpha a'$. L'intersection de cette circonférence avec la perpendiculaire am à αP donne le point a_1.

Remarques. — 1° a) Le point a_1 se trouve sur la perpendiculaire $am a_1$; — b) la distance $ma_1 = ma_2$; — c) la distance $\alpha a_1 = \alpha a'$.

Deux quelconques de ces trois conditions suffisent pour déterminer le rabattement a_1. Ainsi : a) et b) donnent le 1er moyen; — a) et c) donnent le 2e moyen; — enfin b) et c) conduisent à un 3e moyen.

3e Moyen. — Du point m comme centre, avec ma_2 pour rayon, on décrit un arc que l'on coupe par un autre arc décrit du centre α, avec α a' pour rayon.

2° Le rabattement peut s'effectuer de part et d'autre de α P.

232. Cas particulier. — *Les traces du plan à rabattre sont parallèles à la ligne de terre.*

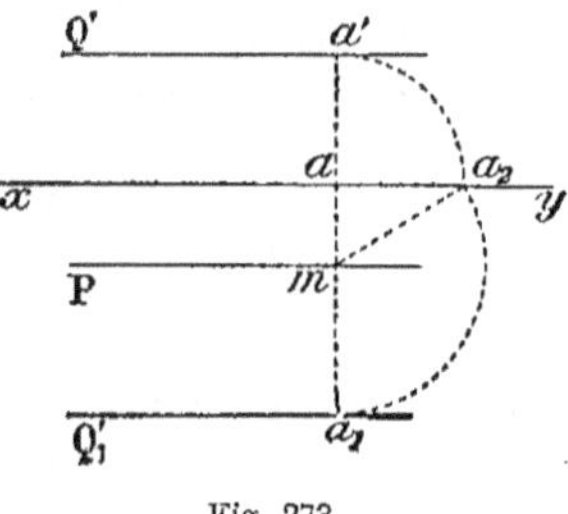

Fig. 273.

Soit à rabattre, sur le plan horizontal, le plan P Q', parallèle à xy (fig. 273).

Le rabattement de Q' sera parallèle à xy; il suffit d'en déterminer un point.

Pour cela, on applique la règle du triangle rectangle à un point quelconque (a, a') de Q'. Soit $m\,a\,a_2$ le triangle de rabattement; on porte l'hypoténuse $m\,a_2$ en $m\,a_1$ et, par a_1, on mène Q'_1 parallèle à xy.

Problème inverse.

233. — *Connaissant les deux traces d'un plan, rabattu sur le plan H, relever ce plan et déterminer sa trace verticale.*

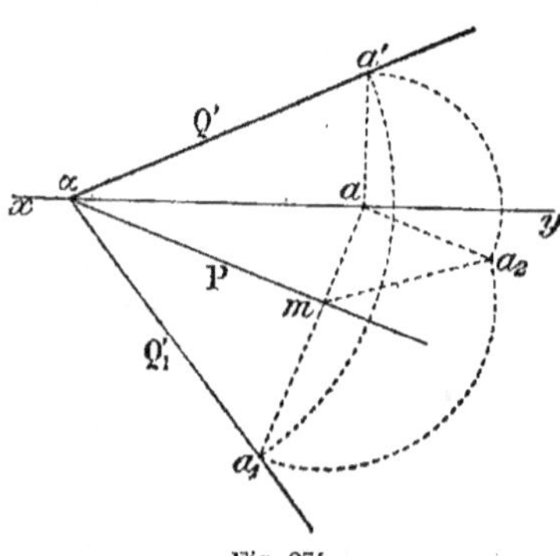

Fig. 274.

Il suffit de déterminer un point de la trace verticale, à l'aide d'opérations inverses des précédentes (n° 231).

1er Moyen. — Soit à relever le plan P α Q'_1.

D'un point quelconque a_1 de Q'_1 abaissons sur la trace α P la perpendiculaire $a_1\,m\,a$; par le point a élevons des droites respectivement perpendiculaires à $a\,m$ et à xy; du point m comme centre, avec $m\,a_1$ pour rayon, décrivons un arc, afin de déterminer a_2; puis portons l'ordonnée $a\,a_2$ de a en a', enfin menons $\alpha\,a'$, trace demandée.

2° Moyen. — Mener $a_1\,m\,a$, élever par le point a une perpendiculaire à xy, et couper cette perpendiculaire en a' par un arc décrit du centre α, avec $\alpha\,a_1$ pour rayon.

3° Moyen. — Le point a' est l'intersection des arcs $a_1\,a'$ et $a_2\,a'$.

Problème.

234. — *Dans le rabattement d'un plan, autour de sa trace horizontale, déterminer la nouvelle position d'un point de ce plan.*

Par le point, on mène une droite du plan, le rabattement du point se trouve sur le rabattement de cette droite.

Comme ligne auxiliaire, on emploie fréquemment une horizontale ou une ligne de front.

Soit (b, b') un point quelconque du plan $P\alpha Q'$ (fig. 275).

Déterminons le rabattement $\alpha Q'_1$ de la trace verticale $\alpha Q'$ (n° 231), puis le rabattement $c_1 b_1$ de l'horizontale $(bc, b'c')$ du point donné ; pour cela, menons par c_1 une parallèle à l'axe αP.

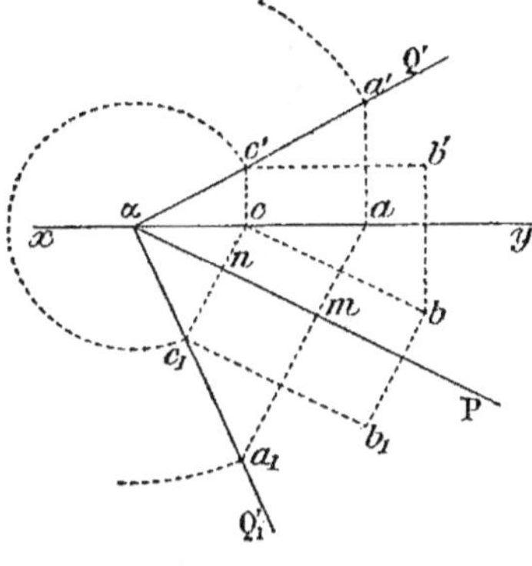

Fig. 275.

Le point (b, b') de l'espace décrit un cercle dont le plan est perpendiculaire à αP ; donc il vient en b_1, à l'intersection de la perpendiculaire $b b_1$ et de la parallèle $c_1 b_1$.

Remarque. — Lorsqu'on veut trouver les rabattements de deux points du plan, le plus simple est de rabattre, à l'aide des traces, la droite qui joint ces deux points (fig. 276). Le rabattement de la droite passe par la trace horizontale h, et par le point v_1 que l'on détermine en coupant la perpendiculaire $v v_1$ par un arc décrit du centre α, avec $\alpha v'$ pour rayon (n° 231, 2° *moyen*).

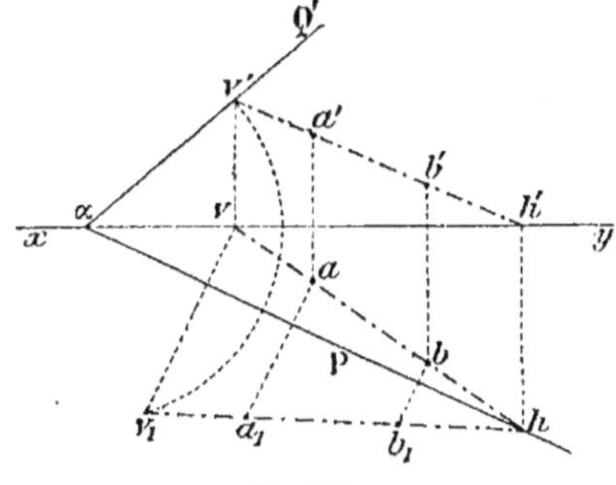

Fig. 276.

Les projections horizontales a, b, viennent en a_1, b_1, sur des perpendiculaires à l'axe.

Problème inverse.

235. — *Relever un plan rabattu, ainsi que des points situés dans ce plan, lorsqu'on connaît une des traces de ce plan et le rabattement de l'autre trace.*

On effectue les opérations inverses de celles qui résolvent le problème direct (n° 234).

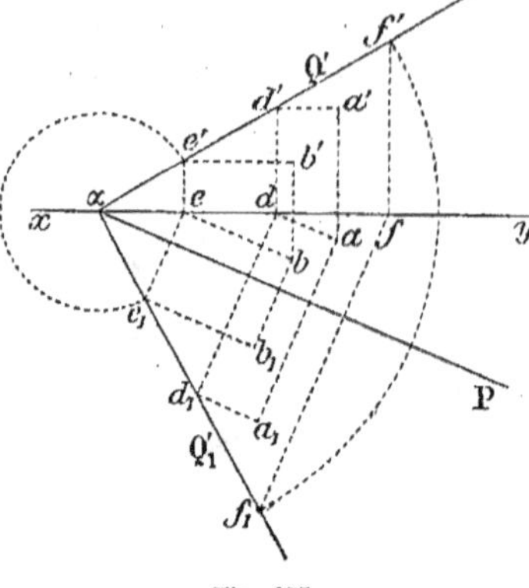

Fig. 277.

Ainsi, on relève la seconde trace du plan, et l'horizontale de chaque point rabattu ; le point où cette dernière ligne est coupée par la perpendiculaire abaissée du point rabattu sur l'axe est l'une des projections du point considéré.

Soient $P\alpha Q'_1$ le plan rabattu, et a_1, b_1, etc., divers points de ce plan.

Après avoir déterminé $\alpha Q'$ (n° 233), menons les horizontales $a_1 d_1$, $b_1 e_1$, etc. ; pour relever $a_1 d_1$, par exemple, abaissons du point d_1 une perpendiculaire sur l'axe αP ; elle fait connaître d sur xy, et une ligne de rappel donne d' sur $\alpha Q'$.

Alors on trace les projections da et $d'a'$ de l'horizontale considérée.

Enfin la perpendiculaire abaissée du point a_1 sur l'axe fait connaître la projection horizontale a, et une ligne de rappel donne a'.

Problème.

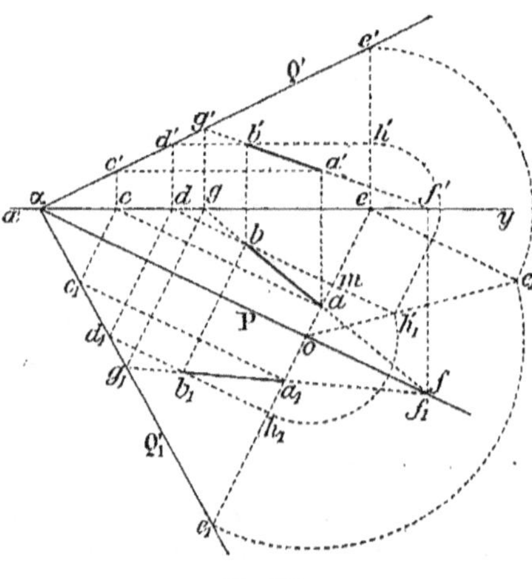

Fig. 278.

236. — *Relever un plan rabattu, ainsi qu'un segment rectiligne de ce plan, lorsqu'on connaît une trace de ce plan et le rabattement de l'autre trace.*

Soient αP la trace horizontale, $\alpha Q'_1$ le rabattement de la trace verticale du plan donné, et $a_1 b_1$ le segment à relever.

1° **Emploi d'horizontales.** — On détermine $\alpha Q'$, puis on relève l'horizontale de chaque point (n° 235), et l'on en déduit $(ab, a'b')$.

Remarque. — Pour relever chaque horizontale, $b_1 d_1$, par exemple, on peut procéder de trois manières différentes :

a) De la trace d_1, abaisser la perpendiculaire $d_1 d$ sur l'axe de rabattement ; mener la ligne de rappel dd', puis db parallèle à l'axe αP, et $d'b'$ parallèle à xy ;

b) Porter la longueur αd_1 de α en d', abaisser $d'd$, et tracer les projections $d'b'$, db.

c) Prendre $oh_1' = oh_1$, puis $ch' = mh_1'$, enfin par h_1' et h', mener des droites respectivement parallèles à l'axe et à xy.

2° **Emploi des traces de la droite donnée.** — Prolongeons le segment $a_1 b_1$, de manière à obtenir les traces f_1 et g_1. La trace horizontale f fait connaître f'. Du rabattement g_1 de la trace verticale, abaissons une perpendiculaire $g_1 g$ sur l'axe ; la projection horizontale g fait connaître la trace verticale g' ; on mène ensuite fg et $f'g'$, et des perpendiculaires telles que $b_1 b$ et bb'.

Remarque. — Dans le tracé des figures planes (n° 237), il faut recourir autant que possible aux traces des droites principales de la figure donnée : ce procédé est plus avantageux que l'emploi des horizontales.

Application.

237. — *Relever un carré dont le plan est rabattu sur le plan horizontal.*

Soient αP la trace horizontale du plan, $\alpha Q_1'$ le rabattement de la trace verticale, et $a_1 b_1 c_1 d_1$ le rabattement du carré (fig. 279).

La trace verticale du plan se relève suivant $\alpha Q'$, au moyen du point m_1 relevé en (m, m'). On pourrait obtenir les projections des sommets en relevant chacun d'eux au moyen d'horizontales, mais il est tout aussi simple d'employer les traces des côtés.

Considérons $a_1 b_1$; ses traces sont rabattues en e_1, f_1 ; e_1 se relève en (e, e') et f_1 en (f, f') ; $e_1 f_1$ a pour projections ef, $e'f'$; des perpendiculaires $a_1 a$, $b_1 b$ à αP donnent les projections horizontales a, b sur ef ; enfin des lignes de rappel font connaître a', b' sur $e'f'$.

Les constructions sont analogues pour les autres côtés, pour $c_1 d_1$, par exemple. D'autre part, le point c_1 a été relevé en (c, c') au moyen de l'horizontale $c_1 i_1$ qui devient $(ci, c'i')$; ce second procédé peut servir de vérification.

Remarques. — 1º Le point s est fixe sur αP; donc $s\,a_1$ se relève en $(sa,\ s'a')$, et le point d_1 fait connaître $(d,\ d')$.

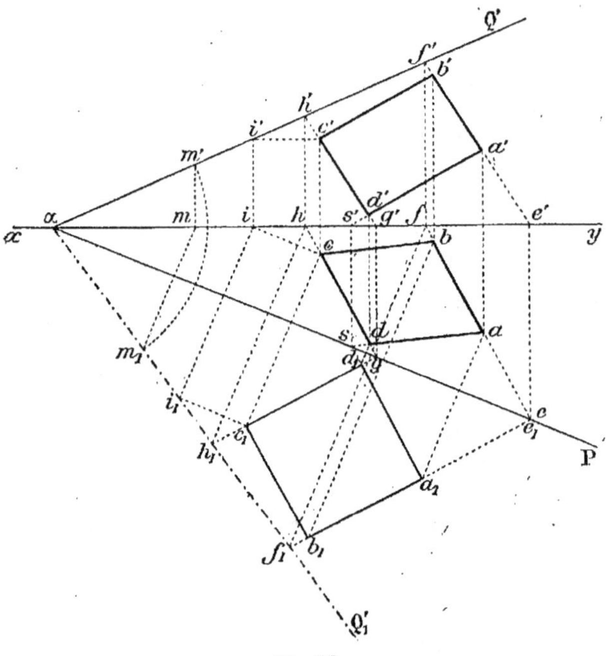

Fig. 279.

2º Les projections de deux droites parallèles, sur un même plan, sont parallèles; ainsi les projections $abcd$, $a'b'c'd'$, sont des parallélogrammes.

<h2 style="text-align:center">Problème.</h2>

238. — *Relever un point d'un plan donné par deux droites concourantes, et rabattu sur un plan horizontal.*

Considérons le plan des deux droites $(oa,\ o'a')$ et $(ob,\ o'b')$, rabattu sur le plan horizontal H', autour de l'horizontale $(ab,\ a'b')$ (fig. 280).

Soit à relever un point de ce plan rabattu en d_1.

Construisons d'abord le triangle de rabattement $c\,o\,o_2$ du point $(o,\ o')$ de ce plan. Pour cela, on mène oc perpendiculaire à ab, oo_2 perpendiculaire à oc, et l'on prend $oo_2 = mo'$; puis on porte co_2 en co_1, et l'on obtient en o_1 le rabattement du point $(o,\ o')$.

Les triangles de rabattement de tous les points du plan sont semblables (n° 223, 1°); donc,
menons $d_1 i$ perpendiculaire
à ab, id_2 parallèle à co_2,
portons id_1 en id_2, et enfin,
du point d_2, abaissons la
perpendiculaire $d_2 d$ sur id_1;
d est la projection horizontale du point; sa projection
verticale se trouve sur une
ligne de rappel issue de d,
et le point d' s'obtient en
portant $nd' = dd_2$ au-dessus
de $a'b'$, car dd_2 représente
la **distance verticale** du point
à l'axe, et le point d_1, rabattu
du même côté que o_1, par
rapport à l'axe ab, se projette

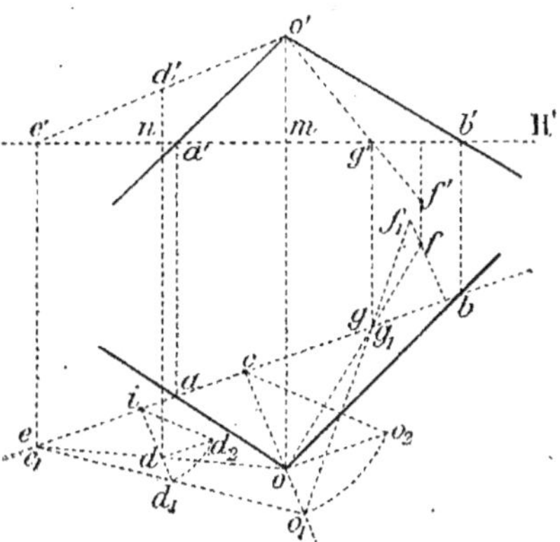

Fig. 280.

du même côté que o', par rapport à la projection verticale de l'axe.

Mais, pour relever d_1, on peut se servir du relèvement de o_1, sans
construire le triangle idd_2.

Menons la droite $o_1 d_1$ qui rencontre ab en e_1; le point e_1 est fixe
sur l'axe; il coïncide avec sa projection horizontale e, et sa projection
verticale e' se trouve sur $a'b'$. La droite $o_1 e_1$ se relève suivant $(oe, o'e')$;
les projections du point rabattu en d_1 sont sur cette droite. La projection horizontale appartient à oe et à la perpendiculaire $d_1 i$ menée
de d_1 sur l'axe : c'est le point d, intersection des deux droites. Une
ligne de rappel détermine la projection verticale d' sur $o'e'$.

On procède d'une manière analogue pour relever le point rabattu
en f_1, en remarquant que f_1 et o_1 étant situés de part et d'autre
de ab, il en est de même de leurs projections horizontales, tandis
que leurs projections verticales seront de part et d'autre de $a'b'$.

Problème.

239. — *Rabattre, sur un plan horizontal, un plan déterminé
par son échelle de pente.*

Soit à rabattre le plan P sur le plan horizontal.

L'axe de rabattement est l'horizontale ab de cote 3. Construisons
en acc_2 le triangle de rabattement du point c (4); il suffit de mener
en c une perpendiculaire à l'échelle de pente, de porter $cc_2 = 1$
unité de l'échelle graphique, et de tracer l'hypoténuse ac_2. En
effet, ac et cc_2 représentent les distances **horizontale** et **verticale**
du point C à l'axe.

7 — GÉOMÉTRIE DESCRIPTIVE N° 271 A.

Soit maintenant à rabattre le point du plan projeté en d. Menons d'abord de perpendiculaire à ab; tous les triangles de rabattement

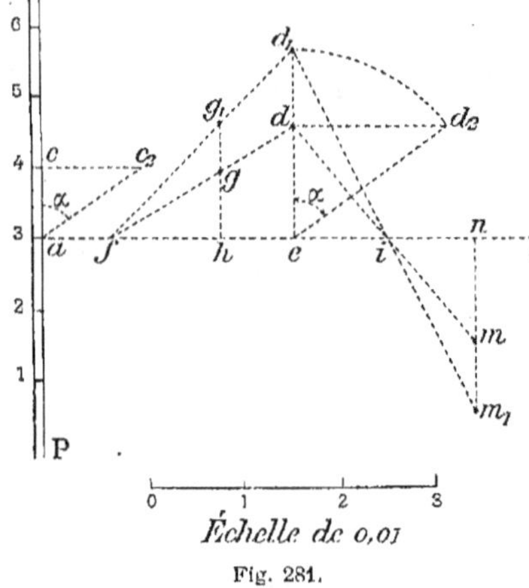

étant semblables, par c, traçons ed_2 parallèle à ac_2, puis dd_2 parallèle à ab; ed_2 est l'hypoténuse du triangle de rabattement du point d; en portant ed_2 en ed_1, on obtient le point cherché d_1.

Pour rabattre un second point du plan, projeté en g, par exemple, il n'est pas nécessaire de construire un nouveau triangle de rabattement; menons dg, qui rencontre ab en f; le point f, situé sur l'axe ab, reste fixe pendant le rabattement; df se rabat en d_1f; le rabattement du point g est sur cette droite et sur la perpendiculaire gh à ab; il se trouve donc en g_1, intersection des deux droites.

Les constructions sont analogues lorsque la projection m du point donné est située de l'autre côté de ab par rapport au point d.

Problème inverse.

240. — *Relever un plan donné par son échelle de pente, et rabattu sur un plan horizontal.*

On refait en sens inverse les constructions précédentes (n° 239).

Soit un plan P donné par son échelle de pente et rabattu autour de l'horizontale $a(3)\,b(3)$ (fig. 281).

Construisons en acc_2 le triangle de rabattement du point $c(4)$ de l'échelle de pente.

Pour relever un point rabattu en d_1, menons d_1e perpendiculaire à ab, ed_2 parallèle à ac_2, portons ed_1 en ed_2, et enfin abaissons la perpendiculaire d_2d sur ed_1; d est la projection du point considéré; sa cote égale $3 + dd_2$, dd_2 étant mesuré à l'échelle graphique.

Soit à relever un second point rabattu en m_1, abaissons m_1n perpendiculaire sur ab, traçons m_1d_1; cette droite rencontre ab au point i, qui reste fixe sur l'axe; donc le relèvement de la droite d_1m_1 passe par ce point; le point d_1 se relève en d, la droite d_1im_1 se relève en dim, et m est le point demandé.

Le point rabattu en g_1 se relève par une construction analogue.

CHAPITRE XI

DÉTERMINATION DES DISTANCES

241. Introduction. — Les conditions nécessaires et suffisantes pour qu'une figure se projette en **vraie grandeur** sur un plan sont :

1° Que la figure soit plane ;

2° Que son plan soit parallèle au plan de projection (n° 9).

Donc pour obtenir la vraie grandeur d'une figure plane, il suffit d'amener son plan à être parallèle à l'un des plans de projection, au plan horizontal, par exemple.

§ I. — DISTANCE DE DEUX POINTS

242. — La distance de deux points A et B est la longueur du segment rectiligne AB qui joint ces deux points.

Un segment AB, parallèle à l'un des plans de projection, se projette en vraie grandeur sur ce plan.

Si le segment AB n'est pas parallèle à l'un des plans de projection, on peut :

1° L'amener à être parallèle au plan vertical, par un changement de plan vertical (n° 216) ;

2° Ou bien le rabattre sur le plan horizontal.

Problème.

243. — *Trouver la distance de deux points donnés par leurs projections.*

Soit à trouver la distance des deux points (a, a') et (b, b').

1° Joignons ces deux points par la droite $(ab, a'b')$, et rabattons cette droite sur le plan horizontal en faisant tourner le plan projetant autour de sa trace ab (fig. 282).

En a et b, menons des perpendiculaires à la projection horizontale ab, et prenons $a\,a_1 = m\,a'$ et $b\,b_1 = n\,b'$ (n° 33). La distance demandée est $a_1 b_1$.

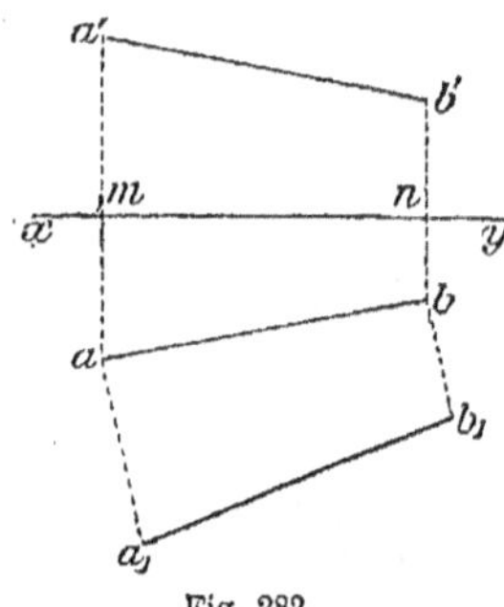

Fig. 282.

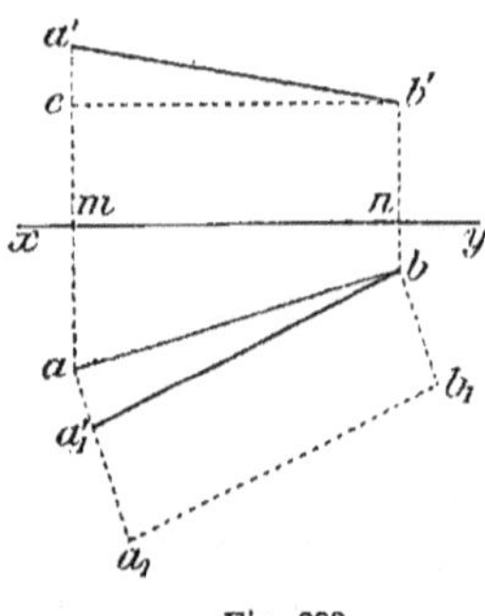

Fig. 283.

2° On peut encore, sur la perpendiculaire menée par le point a à ab (fig. 283), prendre $a\,a'_1 = c\,a'$, et joindre le point b au point a'_1. La distance demandée est $b\,a'_1$.

Ce second procédé consiste à rabattre le plan projetant horizontalement la droite sur le plan horizontal dont la cote $n\,b'$ égale celle du point (b, b').

En comparant les deux constructions, on peut remarquer que $a'_1 b = a_1 b_1$ (fig. 283), comme parallèles comprises entre parallèles.

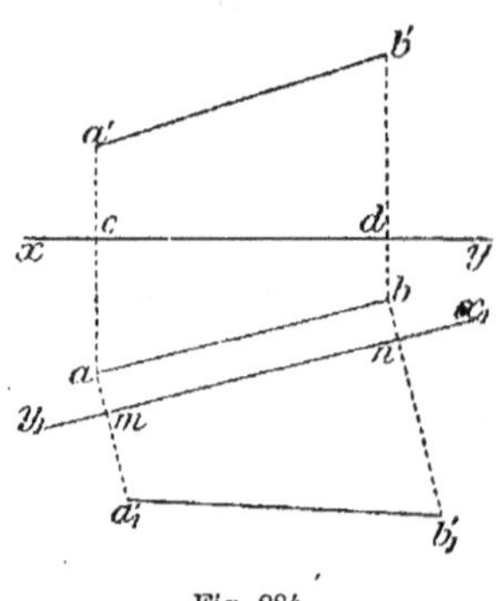

Fig. 284.

Remarque. — L'angle $a\,b\,a'_1$ est l'angle que forme la droite AB avec le plan horizontal.

3° Effectuons un changement de plan vertical, de manière que la droite donnée soit de front dans le nouveau système; il suffit que la nouvelle ligne de terre $x_1 y_1$ (fig. 284) soit parallèle à ab (n° 216).

Les nouvelles projections verticales des deux points sont a'_1 et b'_1; on les détermine en prenant $m\,a'_1 = c\,a'$ et $n\,b'_1 = d\,b'$.

Le segment $(ab, a'_1b'_1)$, parallèle au nouveau plan vertical, se projette en vraie grandeur sur ce plan.

La distance demandée est $a'_1 b'_1$.

Remarque. — Le premier procédé (fig. 282) revient à un

changement de plan vertical dans lequel la nouvelle ligne de terre coïncide avec ab.

En géométrie cotée, soit à trouver la distance de deux points ayant pour projections $a(3)$, $b(6)$ (fig. 285).

Rabattons le plan qui projette la droite $a(3)\,b(6)$ autour de l'horizontale de cote 3 de ce plan ; le point $a(3)$, situé sur l'axe, reste fixe, et le point $b(6)$ vient en b_1 sur la perpendiculaire bb_1 à ab ($bb_1 = 3$ unités de l'échelle graphique).

La distance demandée est ab_1.

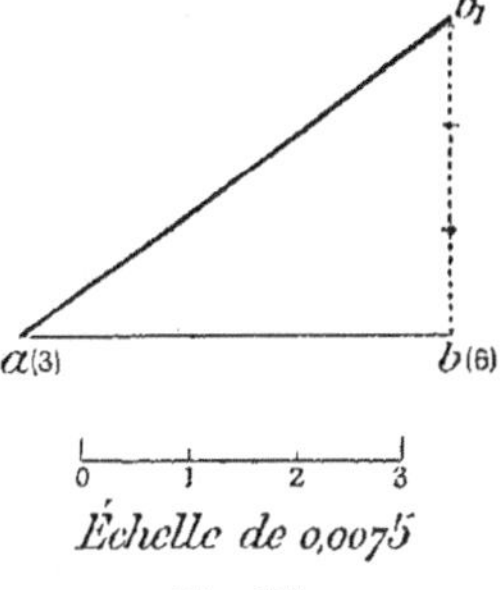

Échelle de 0,0075

Fig. 285.

Remarque. — L'angle bab_1 est l'angle que forme la droite avec le plan de comparaison.

NUMÉRIQUEMENT, on mesure ab à l'échelle graphique ; soit $ab = 4$ unités. La formule (1) (n° 158) donne :

$$ab_1 = D = \sqrt{d^2 + h^2} = \sqrt{4^2 + 3^2} = 5.$$

Problème inverse.

244. — *Porter sur une droite, à partir d'un point donné, un segment de longueur donnée* l.

On rabat la droite ; on prend sur le rabattement, à partir du

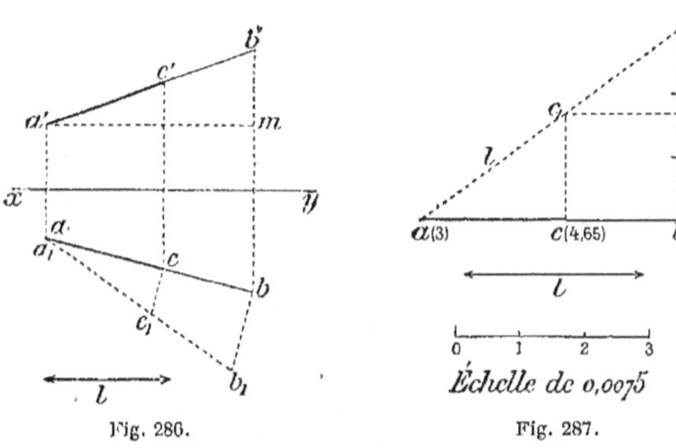

Fig. 286.

Échelle de 0,0075

Fig. 287.

point donné, le segment de longueur voulue, et on détermine les projections de l'extrémité obtenue.

1° Opérons comme pour chercher la vraie grandeur a_1b_1 de $(ab, a'b')$

(n° 243, 2°); portons l de a_1 en c_1; le point c_1 a pour projection horizontale c, et pour projection verticale c'.

$(ac, a'c')$ est le segment demandé.

2° En géométrie cotée, rabattons la droite donnée $a(3)$ $b(6)$ en ab_1 (n° 243), et prenons $ac_1 = l$; le point c_1 se projette en c.

La cote du point c égale $3 + bm$.

Dans le cas de la figure, $bm = 1{,}65$, et la projection du segment demandé est $a(3)$ $c(4{,}65)$.

§ II. — DISTANCE D'UN POINT A UN PLAN

Problème.

245. — *Trouver la distance d'un point à un plan.*

La distance d'un point à un plan se mesure sur la perpendiculaire abaissée du point sur le plan (M. G., n° 425).

MÉTHODE GÉNÉRALE. — *Pour trouver la distance d'un point à un plan, il faut abaisser du point la perpendiculaire sur le plan, chercher le point où elle rencontre le plan et déterminer la vraie grandeur du segment de cette droite compris entre ces deux points.*

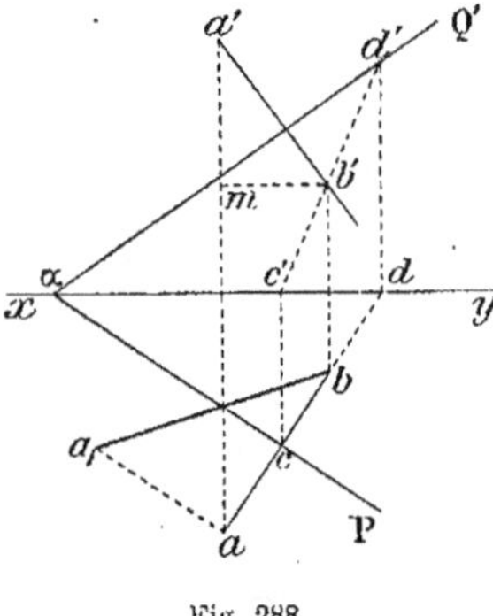

Fig. 288.

1° Soient (a, a') et $P\alpha Q'$ le point et le plan donnés (fig. 288).

Du point (a, a'), abaissons la perpendiculaire $(ab, a'b')$ sur le plan; ses projections ab, $a'b'$ sont respectivement perpendiculaires aux traces correspondantes du plan (n° 129); à l'aide du plan cdd' projetant horizontalement la droite, déterminons le pied (b, b') de la perpendiculaire (n° 107), et cherchons en ba_1 la vraie grandeur du segment $(ab, a'b')$ (n° 243, 2°); ba_1 est la distance demandée.

246. — 2° En géométrie cotée, soit à trouver la distance du point $m(0)$ au plan P donné par son échelle de pente (fig. 289).

Du point $m(0)$, abaissons la perpendiculaire mf sur le plan P (n° 201); il faut construire d'abord en cd l'intervalle de cette droite, puis, par m, mener à P une parallèle mf sur laquelle on porte l'intervalle obtenu, et graduer cette droite en sens inverse de P.

Ensuite, il faut déterminer le point n où la droite perce le plan, en prenant, par exemple, pour plan auxiliaire celui qui aurait mf pour ligne de pente (n° 194, 4°).

Enfin, il reste à obtenir la vraie grandeur du segment mn. Pour éviter le calcul de la cote du point n, on rabat d'abord le segment $m(0) f(2)$ sur le plan de comparaison ; le point n de ce segment se rabat en n_1, et la ligne mn_1, mesurée à l'échelle graphique, donne la distance demandée.

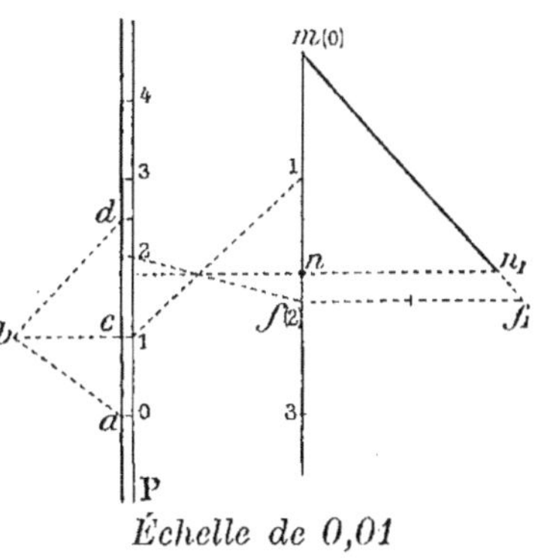

Échelle de 0,01

Fig. 289.

247. Cas particuliers. —
1° **Le plan est horizontal.** — La perpendiculaire est une verticale ; la distance demandée égale la différence des cotes du point et du plan.

2° **Le plan est de front.** — La perpendiculaire est une droite de bout. La distance demandée égale la différence des éloignements du point et du plan.

248. 3° Le plan est vertical. — Soient (a, a') et $P\alpha Q'$ le point et le plan donnés (fig. 290).

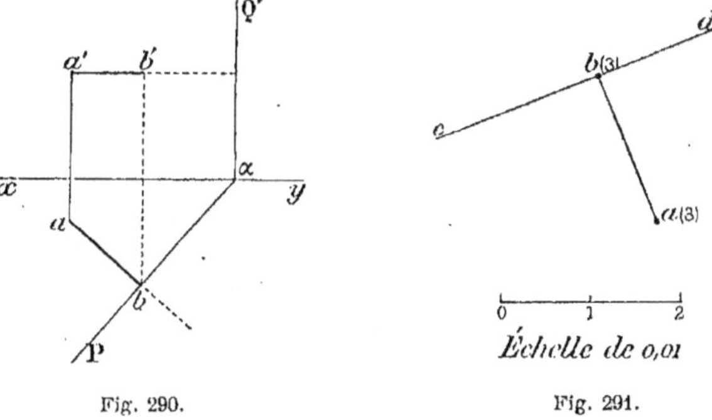

Fig. 290.

Échelle de 0,01

Fig. 291.

La perpendiculaire est une horizontale ; elle rencontre le plan au point (b, b') (n° 111), et la projection horizontale ab est la distance demandée.

En **géométrie cotée**, du point donné $a(3)$ (fig. 291), on mène une

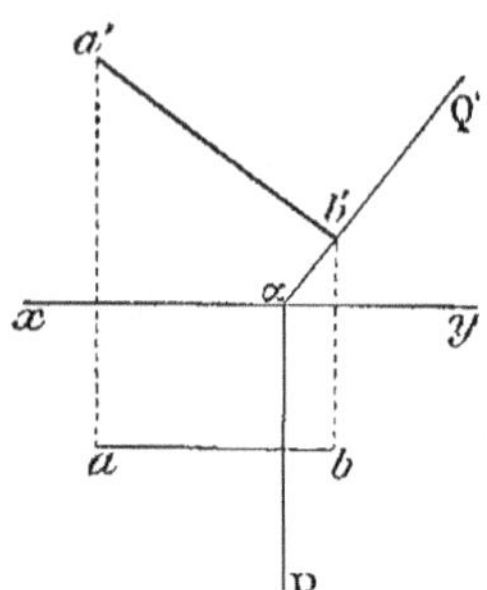

Fig. 292.

perpendiculaire à la trace cd du plan ; cette perpendiculaire est une horizontale de cote 3, et ab est la distance cherchée.

249. 4° Le plan est de bout. — Soient (a, a') et $P\alpha Q'$ le point et le plan donnés (fig. 292).

La perpendiculaire est une frontale ; elle rencontre le plan au point (b, b') (n° 111), et la projection verticale $a'b'$ est la distance cherchée.

250. Remarque. — Par un changement de plan vertical, on peut rendre de bout un plan quelconque (n° 219), et appliquer la construction précédente.

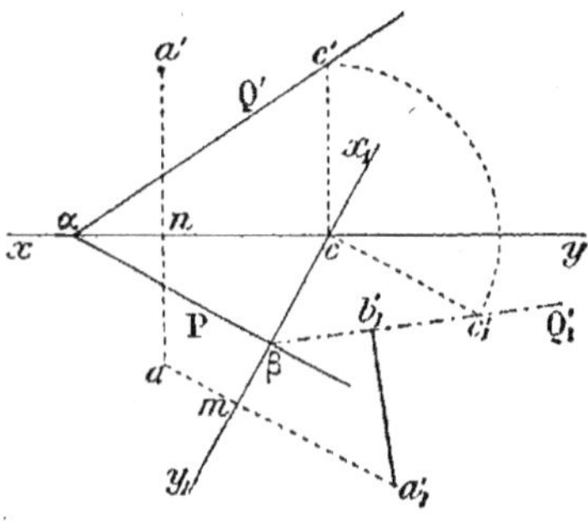

Fig. 293.

Soient (a, a') le point et $P\alpha Q'$ un plan quelconque (fig. 293).

Effectuons un changement de plan vertical de manière que le plan $P\alpha Q'$ soit **de bout** dans le nouveau système ; il faut prendre $x_1 y_1$ perpendiculaire à αP.

A l'aide du point (c, c') projeté horizontalement au point de concours des lignes de terre, on détermine la nouvelle trace $\beta Q'_1$ du plan donné (n° 219).

Le point (a, a') a pour nouvelle projection verticale a'_1 ($m a'_1 = n a'$) et, du point a'_1, il suffit de mener $a'_1 b'_1$ perpendiculaire à $\beta Q'_1$.

La distance demandée est $a'_1 b'_1$ (n° 249).

251. — En **géométrie cotée**, soit à trouver la distance du point $a(4)$ au plan P (fig. 294).

Prenons un plan vertical auxiliaire, dont la trace xy soit parallèle à P et passe par le point a.

La projection verticale du point est a' sur la perpendiculaire à xy, et telle que $aa' = 4$ unités de l'échelle.

Par les points $e(0)$ et $f(1)$ de l'échelle de pente, menons des perpendiculaires

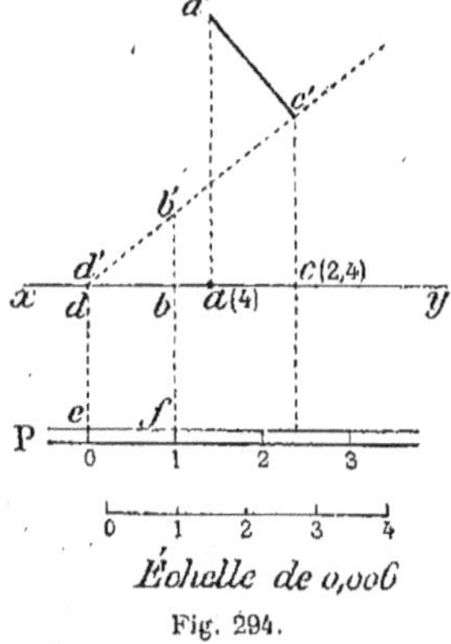
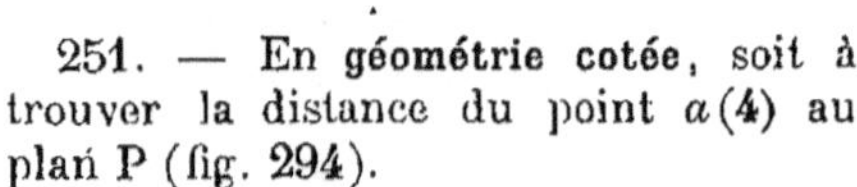

Échelle de 0,006

Fig. 294.

à xy; d' est la trace verticale de l'horizontale de cote zéro du plan P; b'($bb' = 1$) est la trace verticale de l'horizontale de cote 1; $d'b'$ est la trace verticale du plan.

Dans ce nouveau système, le plan est de bout, et la perpendiculaire $a'c'$ à $d'b'$ donne la distance du point au plan (n° 249).

cc' représente la cote du point c, pied de la perpendiculaire.

Problème.

252. — *Déterminer la distance d'un point à un plan donné par deux droites concourantes.*

Supposons le plan défini par une horizontale (oc, $o'c'$) et une frontale (ob, $o'b'$) (fig. 295).

Si le plan était donné par deux droites quelconques, on chercherait d'abord la direction des horizontales et des frontales du plan.

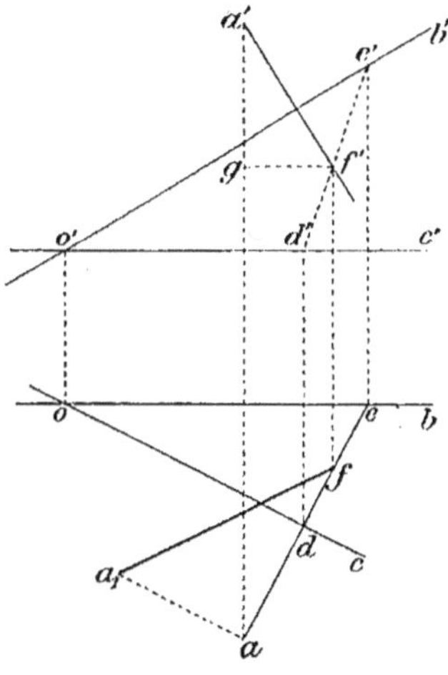

Fig. 295.

Soit (a, a') le point donné; abaissons de a la perpendiculaire sur oc, et de a' la perpendiculaire sur $o'b'$. La droite (af, $a'f'$) est perpendiculaire au plan.

Pour trouver le pied de cette perpendiculaire, prenons pour plan auxiliaire le plan projetant horizontalement af, et qui coupe le plan donné suivant (de, $d'e'$); cette dernière droite rencontre la perpendiculaire au point (f, f').

Pour avoir la vraie grandeur du segment (af, $a'f'$), rabattons-le sur le plan horizontal passant par $f'g$. En a, on mène perpendiculairement à af la droite $aa_1 = a'g$; le point (a, a') se rabat en a_1 (n° 243, 2°), et a_1f est la distance cherchée.

Problème.

253. — *Trouver la distance d'un point à un plan parallèle à la ligne de terre.*

Soient (a, a') et P Q' le point et le plan donnés (fig. 296).

Si, des projections a et a' du point, on abaisse, d'après la règle

7'

ordinaire, des perpendiculaires sur les traces correspondantes, on obtient une droite de profil, et le point (a, a') ne suffit pas à la déterminer.

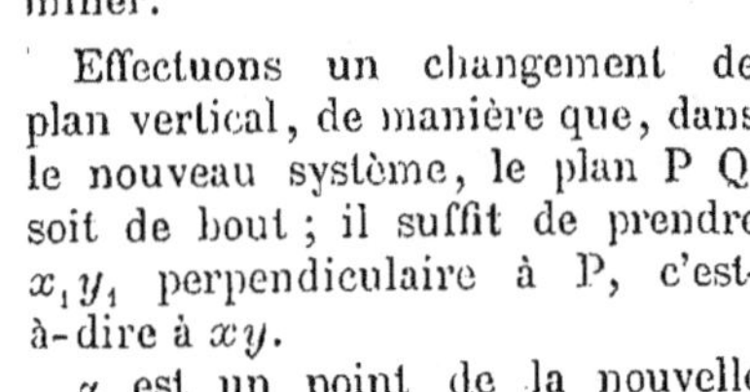

Fig. 296.

Effectuons un changement de plan vertical, de manière que, dans le nouveau système, le plan P Q' soit de bout ; il suffit de prendre $x_1 y_1$ perpendiculaire à P, c'est-à-dire à xy.

α est un point de la nouvelle trace verticale, et le point (c, c') de Q' se projette verticalement en c_1' ($c c_1' = c c'$) ; $\alpha c_1'$ est la trace cherchée.

Le point a se projette en a_1' ($n a_1' = m a'$), et la perpendiculaire $a_1' b_1'$ à $\alpha Q_1'$ donne la distance du point au plan.

Pour définir la perpendiculaire dans le système xy, il suffit de mener $b_1' b$ perpendiculaire à $x_1 y_1$, et de porter la cote $d b_1'$ en $m b'$.

Problème.

254. — *Trouver la distance de deux plans parallèles.*

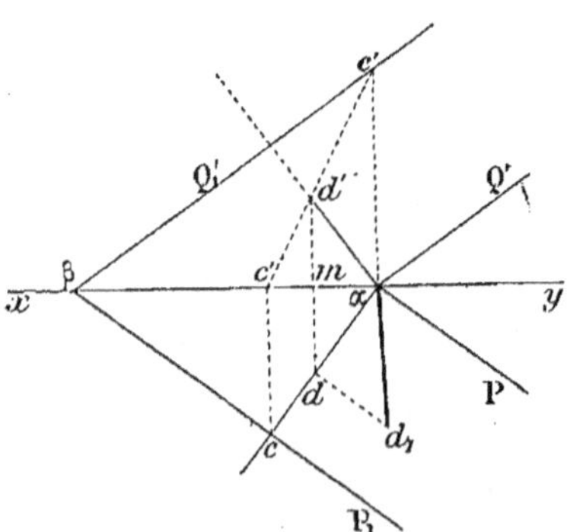

Fig. 297.

Il suffit de chercher la distance d'un point quelconque de l'un d'eux à l'autre plan.

Soient $P \alpha Q'$ et $P_1 \beta Q_1'$ les plans donnés (fig. 297).

En choisissant le point α sur le premier plan, on n'a pas de construction à effectuer pour avoir un point du plan.

Du point α, abaissons la perpendiculaire $(\alpha d, \alpha d')$ sur le plan $P_1 \beta Q_1'$, déterminons le pied (d, d') de cette perpendiculaire (n° 108) et la vraie grandeur αd_1 de cette ligne (n° 243, 2°).

Problème inverse.

255. — *Mener un plan parallèle au plan $P \alpha Q'$, et distant de ce plan d'une longueur 1 donnée.*

Par le point α, on mène une perpendiculaire $(\alpha c, \alpha c')$ au plan $P\alpha Q'$ (fig. 298) ; on détermine un point (d, d') tel que la distance αd_1 égale l ; pour cela, on prend un point (c, c') sur la perpendiculaire, on détermine la vraie longueur αc_1 de $(\alpha c, \alpha c')$; puis on porte la longueur donnée de α en d_1, on mène l'horizontale $d_1 v$, afin d'obtenir un point v' de la trace verticale ; enfin, on mène $v'\beta$ parallèle à $\alpha Q'$, et βP_1 parallèle à αP.

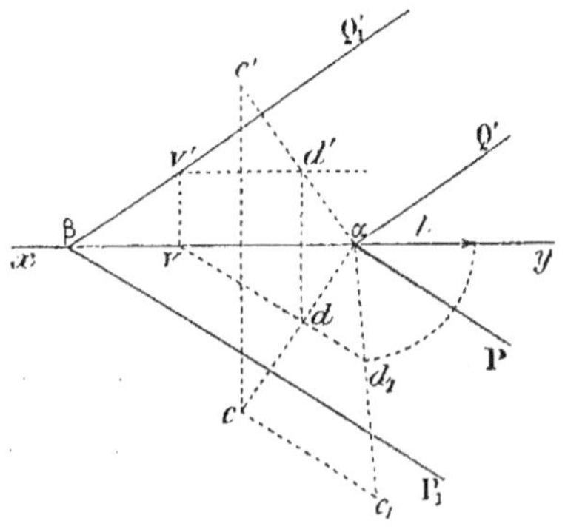

Fig. 298.

256. Remarque. — La méthode du changement de plan vertical donne une solution plus élégante de ces deux questions (nos 254 et 255).

On prend un nouveau plan vertical perpendiculaire aux deux plans donnés, et, sur ce nouveau plan, la distance des traces est la distance demandée.

Soient les plans parallèles $P\alpha Q'$ et $R\beta S'$ (fig. 299).

Prenons un nouveau plan vertical perpendiculaire aux deux plans ; il suffit que $x_1 y_1$ soit perpendiculaire aux traces horizontales de ces plans (n° 249).

Pour déterminer les nouvelles traces, au point b élevons une perpendiculaire à $x_1 y_1$, et prenons $b b_1' = b b'$, $b c_1' = b c'$.

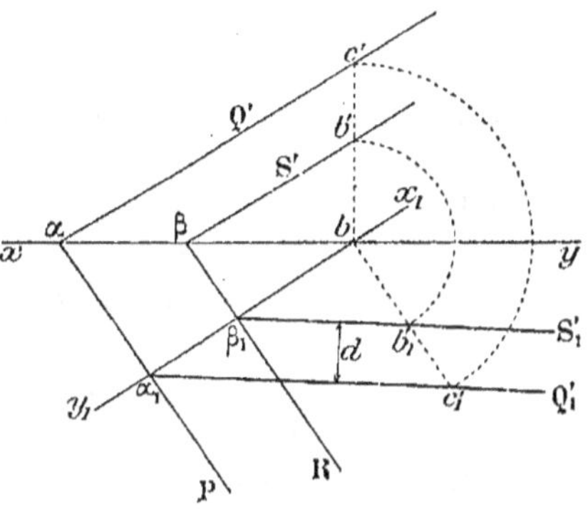

Fig. 299.

Les plans $P\alpha_1 Q_1'$ et $R\beta_1 S_1'$ sont perpendiculaires au nouveau plan vertical, car leurs traces horizontales sont perpendiculaires à $x_1 y_1$; donc la perpendiculaire commune d est la distance cherchée.

Pour résoudre le problème inverse, on rend de bout le plan donné $P\alpha Q'$, en prenant $x_1 y_1$ perpendiculaire à αP, et l'on détermine la trace $\alpha_1 Q_1'$; à une distance d de cette nouvelle trace, on mène $\beta_1 S_1'$ parallèle à $\alpha_1 Q_1'$, puis $\beta_1 R$ parallèle à αP, et enfin $\beta S'$ parallèle à $\alpha Q'$.

La distance d pouvant être portée de part et d'autre de $\alpha_1 Q_1$, le problème admet deux solutions.

§ III. — DISTANCE D'UN POINT A UNE DROITE

257. — MÉTHODE GÉNÉRALE. — *Du point* **A** (fig. 300), *on abaisse une perpendiculaire sur la droite* **BC**, *on détermine le pied* **D** *de cette perpendiculaire, et la vraie grandeur du segment* **AD** *est la distance cherchée.*

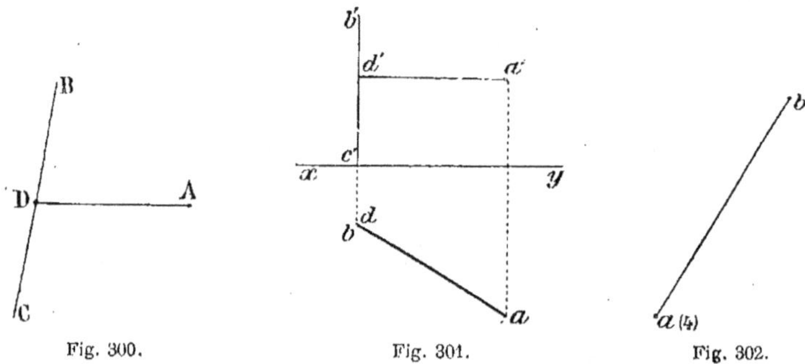

Fig. 300.   Fig. 301.   Fig. 302.

258. Cas particuliers. — 1° **La droite est verticale.** — La perpendiculaire est une horizontale dont la projection horizontale ad (fig. 301) s'obtient en joignant le point a au pied b de la verticale.

Sa projection verticale $a'd'$ est parallèle à xy.

Le segment horizontal $(ad,\ a'd')$ se projette en vraie grandeur en ad : c'est la distance cherchée.

Remarque. — Lorsque **la droite est de bout**, les constructions sont analogues, et la distance du point à la droite s'obtient en joignant la projection verticale du point à la trace verticale de la droite.

En géométrie cotée, soit à trouver la distance du point $a\,(4)$ à la verticale de trace b (fig. 302). Cette distance égale la longueur du segment ab qui joint la projection du point à la trace de la droite.

259. 2° La droite est parallèle à l'un des plans de projection. — Soit à trouver la distance du point $(a,\ a')$ à l'horizontale $(bc,\ b'c')$ (fig. 303).

L'angle droit, formé par la perpendiculaire et l'horizontale, ayant un côté parallèle au plan horizontal, se projette sur ce plan suivant un angle droit (n° 126).

Donc on peut déterminer immédiatement la perpendiculaire.

De la projection horizontale a du point, on mène ad perpendiculaire à bc, projection horizontale de la droite ; d est la projection du pied de la perpendiculaire ; une ligne de rappel donne d' sur $b'c'$, et on cherche la vraie grandeur da_1 du segment $(ad, a'd')$. Pour cela, il suffit de porter ma' en aa_1 sur la perpendiculaire à ad (n° 243, 2°).

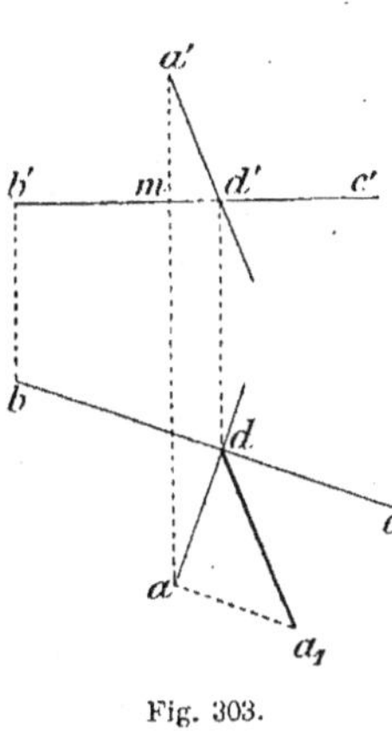

Fig. 303.

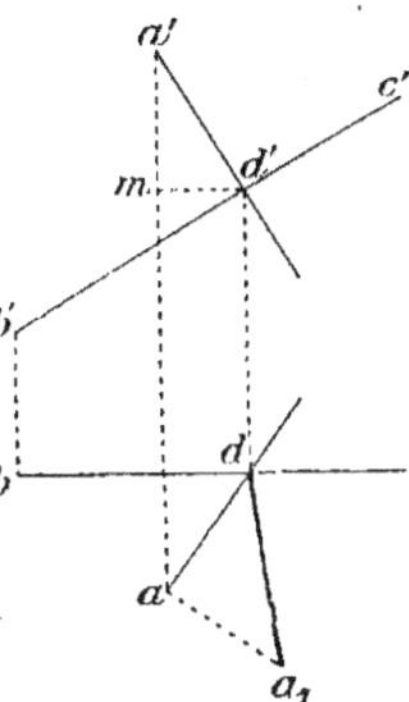

Fig. 304.

Les constructions sont analogues lorsque la droite est de front (fig. 304). L'angle droit, formé par la perpendiculaire et la droite, se projette en vraie grandeur sur le plan vertical ; de a', on abaisse la perpendiculaire sur $b'c'$; on détermine le pied (d, d') de cette perpendiculaire et, en da_1, la vraie grandeur du segment $(ad, a'd')$.

260. — En géométrie cotée, soit à trouver la distance du point $a(5)$ à l'horizontale $b(1)\,c(1)$ (fig. 305).

Du point a, on abaisse la perpendiculaire sur bc ; le pied de cette perpendiculaire est en $d(1)$, point de rencontre des deux droites. Rabattons le segment $d(1)\,a(5)$ sur le plan horizontal de cote 1 ; il suffit de porter la différence des cotes, $5 - 1 = 4$ unités de l'échelle, sur la perpendiculaire aa_1 à ad.

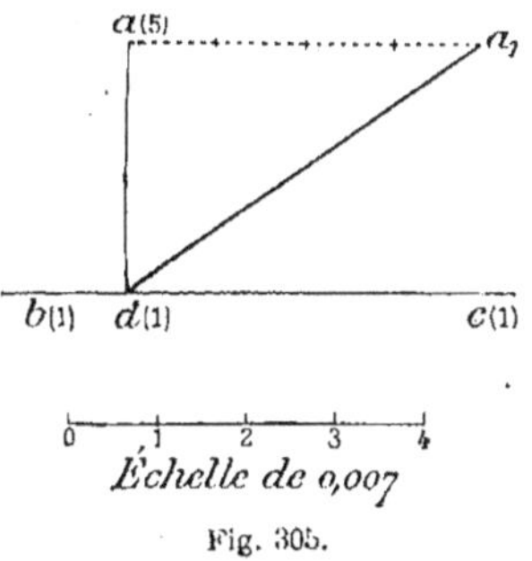

Échelle de 0,007

Fig. 305.

Le point a se rabat en a_1 ; le point d, situé sur l'axe, reste fixe, et da_1 est la distance cherchée.

261. Cas général. — La droite est quelconque

1ʳᵉ Méthode. — *Par le point donné, on mène un plan perpendiculaire à la droite, on joint le point donné au point où la droite perce le plan, et on cherche la vraie grandeur du segment obtenu.*

Les opérations relatives à la construction de la perpendiculaire sont indiquées aux n°s 132 et 206 ; il ne reste plus, pour avoir la vraie distance du point à la droite, qu'à rabattre le segment $(oc, o'c')$ (n° 132) ou $a(8) m(4,2)$ (n° 206) sur le plan horizontal.

262. 2° MÉTHODE DU RABATTEMENT. — *On rabat le plan déterminé par la droite et le point sur le plan horizontal ; la distance du point rabattu au rabattement de la droite est la distance cherchée.*

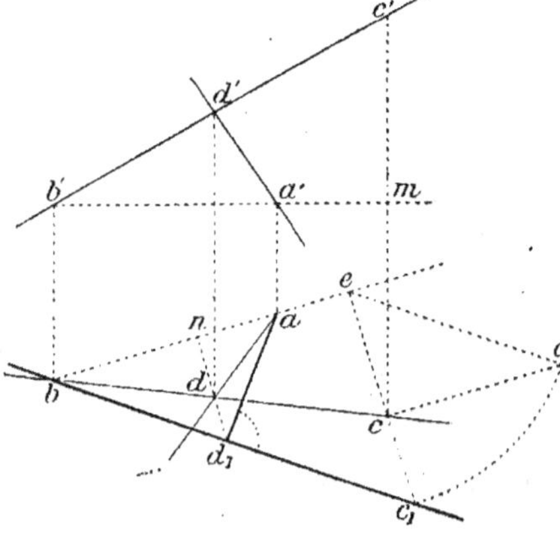

Fig. 306.

Soient $(bc, b'c')$ et (a, a') la droite et le point donnés (fig. 306).

Rabattons le plan de la droite et du point autour de l'horizontale $(ab, a'b')$ du point (a, a'). Les points b et a ne changent pas ; (c, c') vient en c_1, et la droite est rabattue en bc_1.

La distance cherchée est ad_1, distance du rabattement du point au rabattement de la droite.

Pour relever le point d_1, on mène $d_1 n$ perpendiculaire à ba ; son point de rencontre avec bc donne la projection horizontale d, et une ligne de rappel détermine d'.

Les projections de la perpendiculaire sont ad et $a'd'$.

263. — En **géométrie cotée**, soit à trouver la distance du point $a(1)$ à la droite $b(1) c(3)$ (fig. 307).

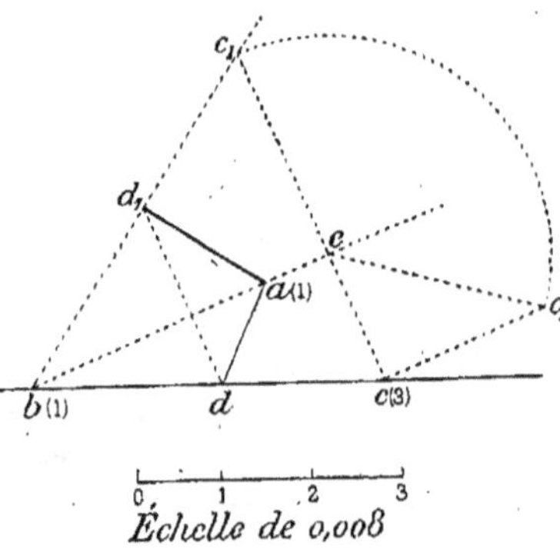

Échelle de 0,008

Fig. 307.

Menons une horizontale $b(1)$ $a(1)$ du plan déterminé par la droite et le point donnés, et rabattons ce plan sur le plan horizontal de cote 1 ; les points $a(1)$, $b(1)$ situés sur l'axe de rabattement restent fixes ; pour obtenir le rabattement de la droite, il suffit de rabattre un autre de ses points, $c(3)$, par exemple, en c_1 ; bc_1 est le rabattement de la droite.

La perpendiculaire ad_1, abaissée du point a sur bc_1, est la distance cherchée.

En menant $d_1 d$ perpendiculaire à ba, on obtient en ad la projection de la perpendiculaire abaissée du point sur la droite.

264. 3° MÉTHODE DU CHANGEMENT DE PLAN VERTICAL. — *On prend un nouveau plan vertical parallèle à la droite, et l'on est ramené à un problème connu (n° 259).*

Soient $(bc,\ b'c')$ et $(a,\ a')$ la droite et le point donnés (fig. 308).

Prenons un nouveau plan vertical parallèle à cette droite ; il suffit que $x_1 y_1$ soit parallèle à bc.

Déterminons les nouvelles projections verticales $b'_1 c'_1$ et a'_1 de la droite et du point (n°s 214, 215). Dans le système $x_1 y_1$, la droite est de front, et pour avoir la perpendiculaire, il suffit de mener $a'_1 d'_1$ perpendiculaire à $b'_1 c'_1$ (n° 259) ; $(d,\ d'_1)$ est le pied de la perpendiculaire, laquelle se projette horizontalement en ad.

Pour obtenir la distance en vraie grandeur, rabattons-la autour de l'horizontale $(ad,\ md'_1)$.

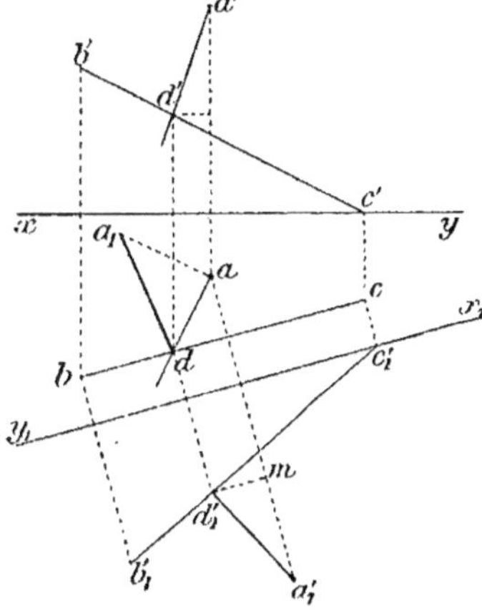

Fig. 308.

Il suffit d'élever en a une perpendiculaire à ad, sur laquelle on porte $aa_1 = ma'_1$.

La distance du point à la droite est da_1.

CHAPITRE XII

DÉTERMINATION DES ANGLES

§ I. — ANGLE DE DEUX DROITES

265. Définition. — On nomme angle de deux droites, non situées dans un même plan, l'angle de deux droites concourantes respectivement parallèles aux droites données.

Lorsque deux droites sont parallèles à l'un des plans de projection, leur angle se projette en vraie grandeur sur ce plan.

Ainsi l'angle de deux horizontales est égal à l'angle de leurs projections horizontales, et l'angle de deux droites de front égale l'angle de leurs projections verticales.

Cas particulier. — Pour qu'un angle droit se projette suivant un angle droit, il suffit que l'un de ses côtés soit parallèle au plan de projection (n° 126).

266. MÉTHODE GÉNÉRALE. — *Pour obtenir l'angle de deux droites concourantes, on rabat le plan de ces deux droites sur un plan horizontal ; l'angle des rabattements des deux droites est l'angle cherché.*

267. Bissectrice. — La bissectrice de l'angle rabattu est le rabattement de la bissectrice de l'espace. Donc, pour obtenir la bissectrice d'un angle, on construit la bissectrice du rabattement de cet angle, et on la relève en remarquant que, passant par le sommet, il suffit d'en relever un point.

Problème.

268. — *Trouver l'angle de deux droites, et déterminer les projections de sa bissectrice.*

Soient $(oa, o'a')$ et $(ob, o'b')$ les deux droites données (fig. 309).

Rabattons le plan des deux droites sur le plan horizontal H′, en le faisant tourner autour de l'horizontale $(ab,\ a'b')$.

Les points $(a,\ a')$ et $(b,\ b')$, situés sur l'axe, restent fixes pendant le rabattement ; il suffit de rabattre le point de rencontre $(o,\ o')$ des deux droites.

Construisons en $co\,o_2$ le triangle de rabattement, en abaissant oc perpendiculaire sur ab ; puis en menant oo_2 parallèle à ab, et en prenant $oo_2 = mo'$.

Il suffit de porter l'hypoténuse co_2 en co_1 pour obtenir en o_1 le rabattement de $(o,\ o')$.

L'angle ao_1b est l'angle demandé.

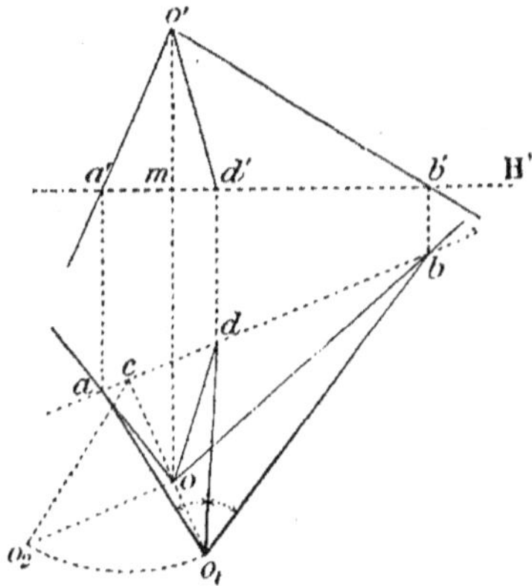

Fig. 309.

Menons la bissectrice o_1d de cet angle ; le point d, intersection de o_1d avec ab, appartient à l'horizontale ; sa projection verticale est d' sur $a'b'$.

La bissectrice se relève en $(od,\ o'd')$.

269. Cas particulier. — Les deux droites ont même projection horizontale.

Le plan des deux droites est vertical et les constructions se simplifient.

Soient les droites $(oa,\ o'a')$ et $(ob,\ o'b')$ (fig. 310) dont les projections horizontales sont confondues en ab. Ces deux droites sont situées dans un même plan vertical de trace ab. Rabattons ce plan sur un plan horizontal quelconque H′, en le faisant tourner autour de l'horizontale $(ab,\ a'b')$.

Les points $(a,\ a')$ et $(b,\ b')$, situés sur l'axe, restent fixes pendant le rabattement. Le sommet $(o,\ o')$ se rabat en o_1, sur la per-

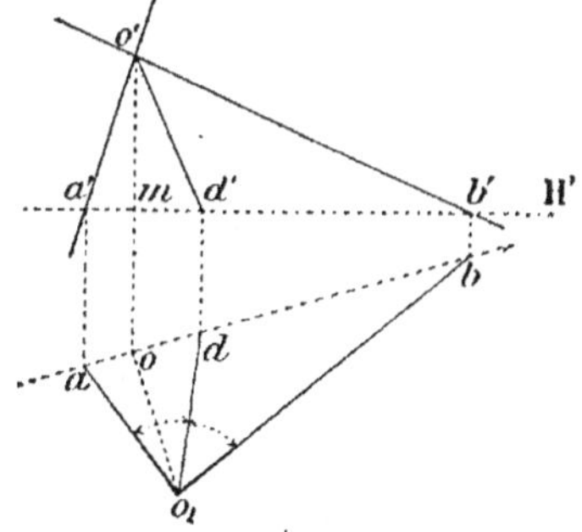

Fig. 310.

pendiculaire menée de o à ab, de manière que $oo_1 = mo'$ (n° 225).

ao_1b est l'angle des deux droites.

Menons la bissectrice $o_1 d$ de cet angle ; cette droite rencontre l'axe au point (d, d') ; elle a pour projections od, $o'd'$.

Problème.

270. — *Déterminer l'angle de deux droites, définies par leurs projections cotées, et construire la bissectrice de cet angle.*

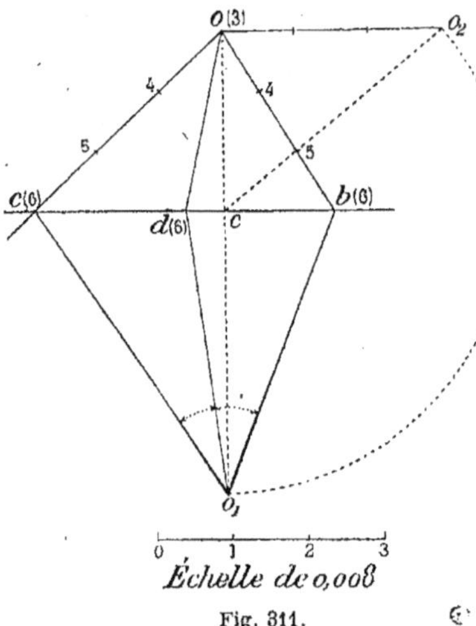

Échelle de 0,008

Fig. 311.

Soient les deux droites $o(3)\ b(6)$ et $o(3)\ c(6)$ (fig. 311).

Rabattons le plan de ces droites sur le plan horizontal de cote 6, en le faisant tourner autour de l'horizontale $b(6)\ c(6)$.

Les points $b(6)$ et $c(6)$, situés sur l'axe, restent fixes pendant le rabattement ; il suffit de rabattre en o_1 le sommet $o(3)$ (n° 266).

co_1b est l'angle demandé.

Traçons la bissectrice $o_1 d$ de l'angle rabattu ; cette droite rencontre l'horizontale au point $d(6)$, et $o(3)\ d(6)$ est la projection de la bissectrice.

271. **Cas particulier.** — **Les projections des deux droites sont confondues.**

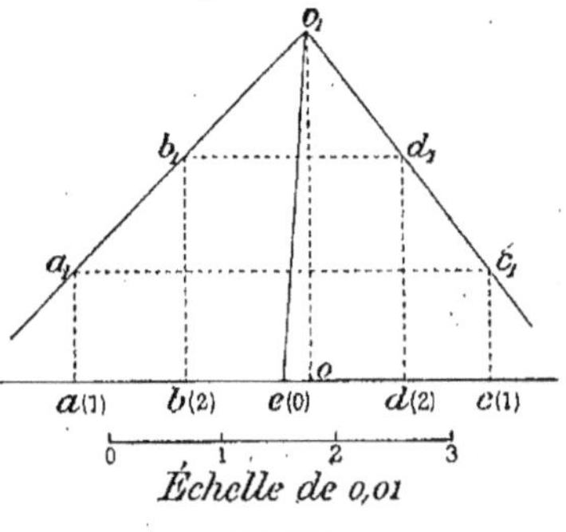

Échelle de 0,01

Fig. 312.

Soient les deux droites $a(1)\,b(2)$ et $c(1)\,d(2)$ (fig. 312), dont les projections sont confondues ; ces droites sont dans un même plan vertical de trace ab. Rabattons ce plan sur le plan de comparaison.

Les points a, b, c, d, se rabattent en a_1, b_1, c_1, d_1, à des distances de ab égales à leurs cotes respectives (n° 225).

Les droites sont rabattues en a_1b_1 et c_1d_1, et leur angle égale l'angle $a_1o_1c_1$ de leurs rabattements.

Menons la bissectrice $o_1 c(0)$ de l'angle $a_1 o_1 c_1$; cette droite rencontre l'axe au point c de cote zéro ; sa projection est oc. Pour déterminer la cote du point o, il suffit de mesurer oo_1 à l'échelle graphique.

§ II. — ANGLE D'UNE DROITE ET D'UN PLAN

272. Définition. — L'angle d'une droite et d'un plan est l'angle que forme cette droite avec sa projection sur le plan.

Soient AB la droite, P le plan, et BC la projection de la droite sur le plan (fig. 313).

ABC est l'angle de la droite et du plan.

Dans le triangle rectangle ABC, les angles ABC et BAC sont complémentaires.

Or, en géométrie descriptive, l'angle BAC est plus facile à obtenir directement que l'angle ABC.

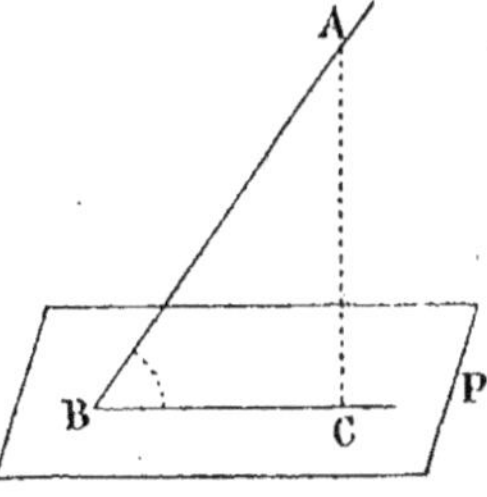

Fig. 313.

273. MÉTHODE GÉNÉRALE. — *D'un point quelconque de la droite, on abaisse une perpendiculaire sur le plan ; on détermine la vraie grandeur de l'angle des deux droites : son complément égale l'angle de la droite et du plan.*

Problème.

274. — *Trouver l'angle d'une droite et d'un plan défini par ses traces.*

Soient $(ab, a'b')$ et $P\alpha Q'$ la droite et le plan donnés (fig. 314).

D'un point quelconque (a, a') de la droite, abaissons la perpendiculaire $(ac, a'c')$ sur le plan (n° 130, 1°).

Pour déterminer l'angle des deux droites, rabattons-le sur le plan horizontal H', en le faisant tourner

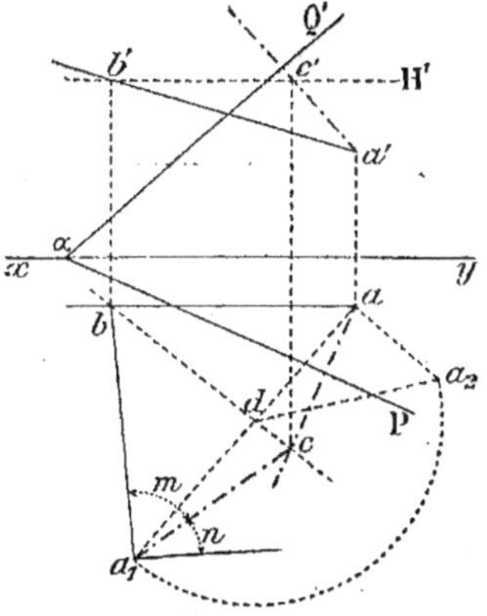

Fig. 314.

autour de l'horizontale $(bc, b'c')$. Le point (a, a') se rabat en a_1 (n° 224) ; m est l'angle des deux droites, et son complément n est l'angle de la droite et du plan.

Remarque. — Pour obtenir ce complément, il suffit de mener, par le sommet a_1, une perpendiculaire à l'un des côtés, $a_1 b$, par exemple, de l'angle rabattu $b a_1 c$.

Problème.

275. — *Déterminer l'angle d'une droite et d'un plan donné par deux droites concourantes.*

Soit la droite $(ab,\ a'b')$ (fig. 315). Supposons le plan donné par une horizontale $(of,\ o'f')$ et une frontale $(og,\ o'g')$.

Du point $(a,\ a')$, abaissons la perpendiculaire $(ac,\ a'c')$ sur le plan (n° 130, 2°), et cherchons l'angle des deux droites $(ab,\ a'b')$ et $(ac,\ a'c')$, en le rabattant sur le plan horizontal H', autour de l'horizontale $(bc,\ b'c')$.

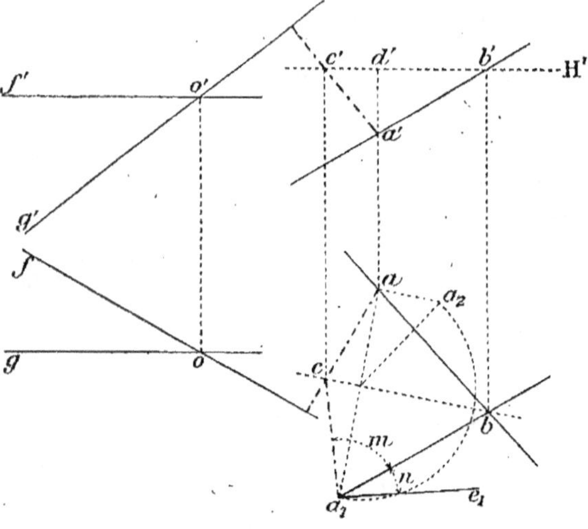

Fig. 315.

Les points b et c, situés sur l'axe, restent fixes, et le point $(a,\ a')$ se rabat en a_1.

$c a_1 b$ est l'angle des deux lignes, et son complément $b a_1 e_1$ est l'angle de la droite et du plan.

Remarque. — Lorsque le plan est donné par deux droites quelconques, on détermine d'abord une horizontale et une frontale du plan.

Problème.

276.— *Déterminer l'angle d'une droite a(1) b(2) et d'un plan défini par son échelle de pente P.*

D'un point quelconque $a(1)$ de la droite, menons la perpendiculaire $a(1)c(2)$ au plan P (n° 201), après avoir construit son intervalle en hi ; graduons cette perpendiculaire en sens inverse de P, et rabattons l'angle des deux droites sur le plan horizontal de cote 2, en le faisant tourner autour de $b(2)c(2)$.

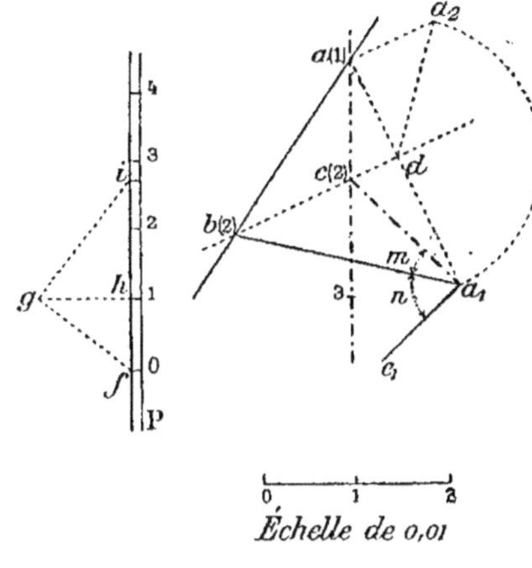

Échelle de 0,01

Fig. 316.

Les points de l'axe, b et c, restent fixes ; $a(1)$ se rabat en a_1 ; ba_1c est l'angle des deux droites, et son complément ba_1c_1 égale l'angle de la droite et du plan.

Problème.

277. — *Déterminer les angles que forme une droite avec les plans de projection.*

L'angle d'une droite avec le plan horizontal est l'angle de cette droite avec sa projection horizontale.

Nous avons incidemment déterminé cet angle (n° 243, 2° *Rem.*)

Rabattons le plan projetant la droite sur le plan horizontal, en le faisant tourner autour de sa trace ab (fig. 317). Le point b reste fixe et (a, a') se rabat en a_1 sur la perpendiculaire à ab, de manière que $aa_1 = aa'$.

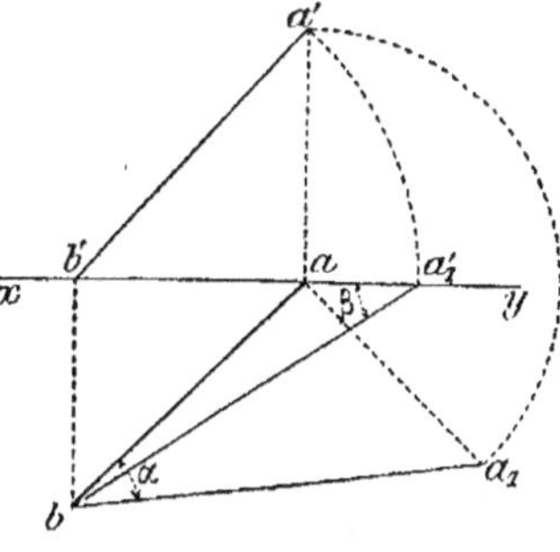

Fig. 317.

a_1b est le rabattement de la droite, et aba_1 est l'angle demandé.

De même, l'angle de la droite avec le plan vertical est l'angle de cette droite avec sa projection verticale.

Or, la droite donnée et sa projection verticale $a'b'$ sont contenues dans le plan de bout $bb'a'$; en rabattant ce plan sur le plan horizontal autour de bb', la projection verticale se rabat en $b'a'_1$ et la droite donnée en ba'_1; $b'a'_1b$ est l'angle de la droite considérée avec le plan vertical de projection.

278. Remarque. — L'angle β d'une horizontale avec le plan vertical égale l'angle de sa projection horizontale avec xy, car le plan horizontal qui la projette verticalement est parallèle au plan horizontal de projection (fig. 318).

De même, l'angle d'une frontale avec le plan horizontal égale l'angle de sa projection verticale avec xy.

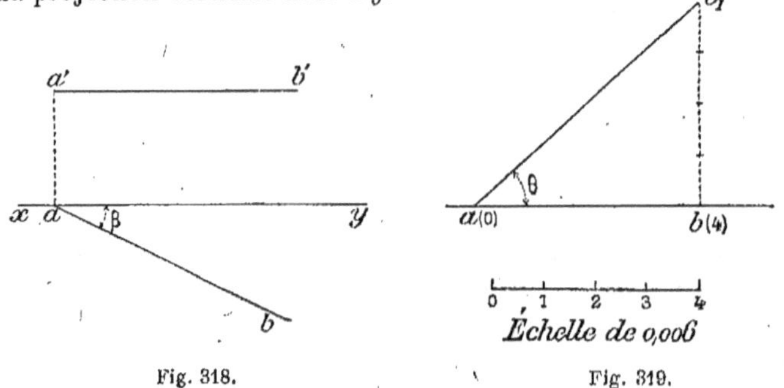

Fig. 318.   Fig. 319.

279. — En **géométrie cotée**, pour obtenir l'angle d'une droite avec les plans horizontaux, il suffit de rabattre le plan projetant la droite sur le plan de comparaison.

Soit la droite $a(0)\,b(4)$ (fig. 319); rabattons le plan projetant autour de sa trace ab; la droite se rabat en ab_1, et l'angle $bab_1 = \theta$ est l'angle de la droite avec le plan de comparaison, et, en général, avec tous les plans horizontaux, puisqu'ils sont parallèles au plan de comparaison.

§ III. — ANGLE DE DEUX PLANS

280. Définition. — L'angle plan ou angle rectiligne d'un dièdre AB est l'angle DCE formé par les droites CD, CE, menées dans chaque face perpendiculairement à l'intersection AB des deux plans M et N, en un même point quelconque C de cette intersection (M. G., n° 449).

Le plan ECD, ou P, étant perpendiculaire à la droite AB, on peut dire que le rectiligne d'un dièdre s'obtient en coupant les deux faces de ce dièdre par un plan perpendiculaire à l'arête.

Deux plans indéfinis M et N forment quatre dièdres égaux deux à deux, et supplémentaires deux à deux. Un plan P, perpendiculaire à l'intersection AB, les coupe suivant deux droites indéfinies EE' et DD', formant quatre angles qui sont les rectilignes respectifs des quatre dièdres.

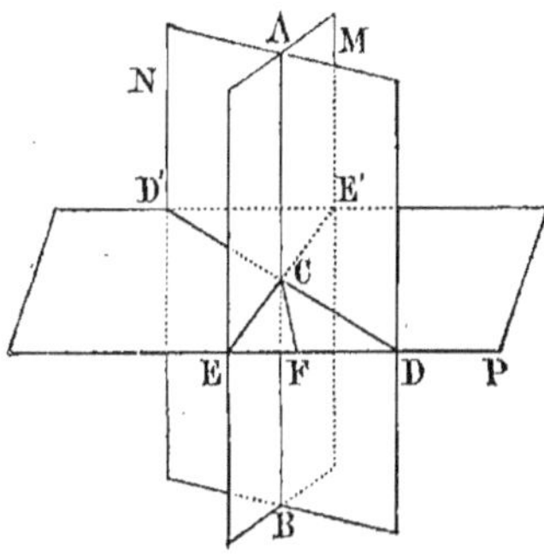

Fig. 320.

281. MÉTHODE GÉNÉRALE. — *Pour trouver l'angle de deux plans M et N, on coupe ces deux plans par un plan auxiliaire P, perpendiculaire à leur intersection AB. On cherche les intersections CD et CE du plan auxiliaire avec chacun des plans donnés, puis l'angle des deux droites ainsi obtenues. Cet angle est le rectiligne du dièdre.*

Le plan bissecteur du dièdre est déterminé par la bissectrice CF de l'angle obtenu, et par l'intersection des deux plans donnés.

Problème.

282. — *Déterminer l'angle d'un plan de bout avec le plan horizontal.*

Soit PαQ' le plan de bout considéré (fig. 321).

Le plan auxiliaire est le plan vertical de projection.

En effet, le plan vertical, perpendiculaire au plan donné et au plan horizontal, est perpendiculaire à leur intersection αP ; donc l'angle formé par xy avec la trace verticale αQ' est le rectiligne du dièdre considéré.

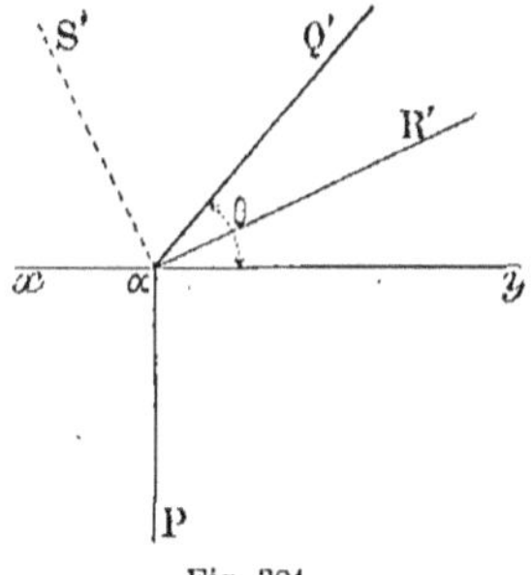

Fig. 321.

Pour obtenir le plan bissecteur PαR', il suffit de mener la bissectrice αR' de l'angle $y\alpha$Q'.

La bissectrice αS' de l'angle supplémentaire $x\alpha$Q' détermine le second plan bissecteur PαS'.

Remarque. — De même, l'angle d'un plan vertical avec le plan vertical de projection est donné par l'angle de sa trace horizontale avec xy.

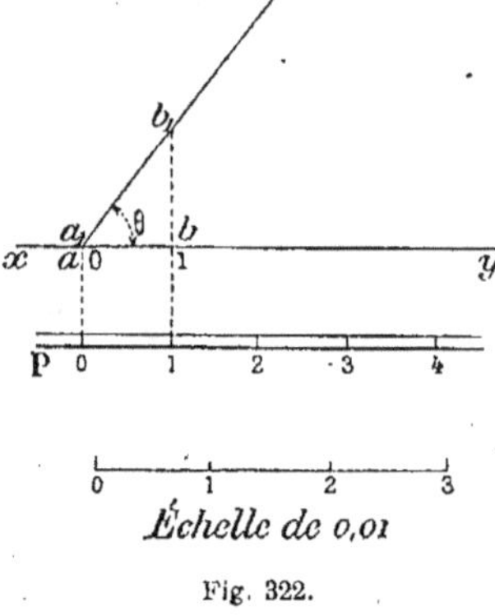

Échelle de 0,01

Fig. 322.

283. — En géométrie cotée, pour obtenir l'angle d'un plan P avec le plan de comparaison (fig. 322), on rend de bout le plan donné, en prenant un plan vertical auxiliaire perpendiculaire aux horizontales du plan P ; il suffit que xy soit parallèle à P.

Le plan P a pour trace verticale $a_1 b_1$, et l'angle cherché est $b a_1 b_1 = 0$ (n° 282).

Problème.

284. — *Déterminer l'angle d'un plan avec chacun des plans de projection.*

I. Le plan est donné par ses traces.

1° Cherchons d'abord l'angle du plan $P\alpha Q'$ avec le plan horizontal.

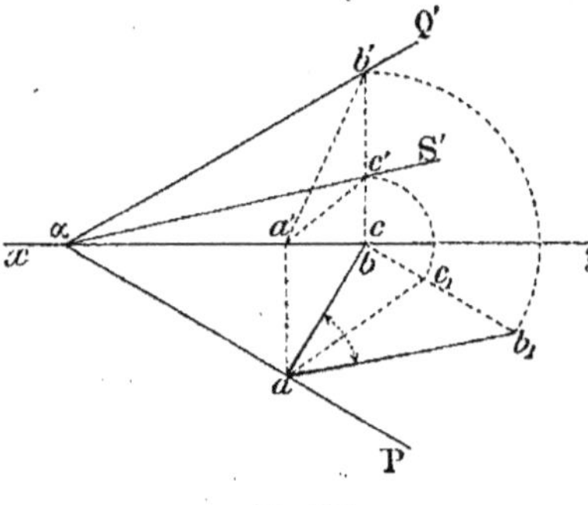

Fig. 323.

D'après la méthode générale, par un point quelconque (a, a') (fig. 323) de l'intersection αP des deux plans, menons un plan vertical abb' perpendiculaire à cette intersection ; il coupe le plan horizontal suivant (ab, xy) et le plan donné suivant $(ab, a'b')$; pour déterminer l'angle de ces deux droites, il suffit de rabattre $(ab, a'b')$ autour de ab ; le point (b, b') vient en b_1, et l'angle $b a b_1$ est l'angle demandé.

Le plan bissecteur a pour trace horizontale αP ; pour avoir sa trace verticale, menons $a c_1$, bissectrice de l'angle $b a b_1$; le point c_1 se relève en (c, c'), la bissectrice suivant $(ac, a'c')$, et $\alpha c'$ est la trace cherchée.

Le second plan bissecteur s'obtient de même, en relevant la bissectrice du supplément de l'angle $b\,a\,b_1$.

Remarque. — Par un changement de plan vertical, on peut rendre de bout le plan donné. L'angle de $x_1\,y_1$ avec la nouvelle trace verticale est l'angle demandé (n°ˢ 219 et 282).

2° Pour avoir l'angle d'un plan $P\,\alpha\,Q'$ avec le plan vertical (fig. 324),
prenons pour plan auxiliaire le plan de bout $a\,a'\,b'$, perpendiculaire à l'intersection $\alpha\,Q'$ des deux plans. Ce plan coupe le plan $P\,\alpha\,Q'$ suivant $(a\,b,\ a'\,b')$, et le plan vertical suivant $(a'\,b',\ x\,y)$. Le rabattement de ces deux droites, autour de $a\,a'$, donne l'angle demandé $a\,b_1\,a'$.

Le plan bissecteur a pour trace verticale $\alpha\,Q'$; sa trace horizontale s'obtient en menant la bissectrice $b_1\,c$ de l'angle $a\,b_1\,a'$, et en relevant cette droite en $(b\,c,\ b'\,c')$; $\alpha\,c$ est la trace cherchée.

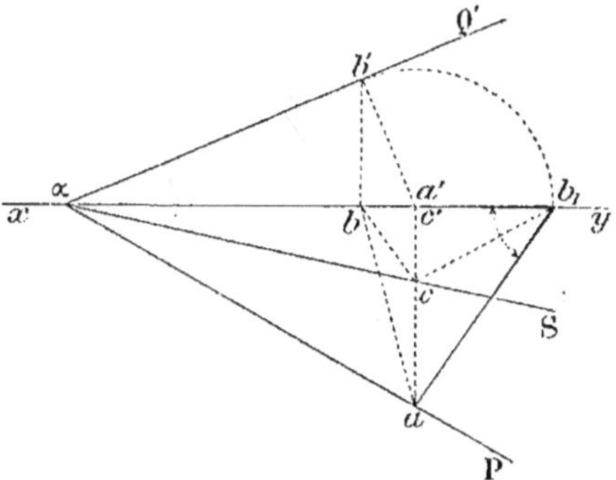

Fig. 324.

On obtiendrait de même la trace horizontale du second bissecteur, en traçant la bissectrice de l'angle $a\,b_1\,y$.

II. Le plan est donné par deux droites concourantes.

Soit à trouver l'angle du plan des deux droites $(a\,b,\ a'\,b')$, $(a\,c,\ a'\,c')$ avec le plan horizontal (fig. 325).

Soit $(b\,c,\ b'\,c')$ une horizontale quelconque, intersection du plan donné avec le plan horizontal de trace $b'\,c'$. Menons $a\,d$ perpendiculaire à $b\,c$. Le plan vertical de trace $a\,d$, perpendiculaire à cette horizontale, sera perpendiculaire aux deux plans dont elle est l'intersection ; il coupe le plan horizontal H' suivant l'horizontale $(a\,d,\ b'\,c')$, et le plan donné suivant $(a\,d,\ a'\,d')$.

L'angle de ces deux droites s'obtient en rabattant le plan sécant

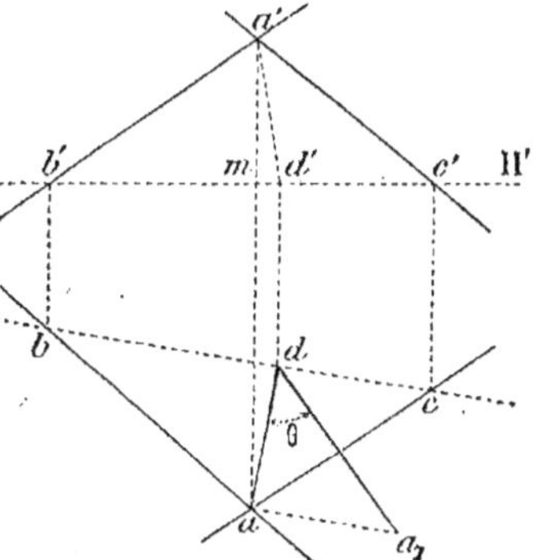

Fig. 325.

8 — GÉOMÉTRIE DESCRIPTIVE N° 271 A.

autour de ad. Le point de l'axe, d, reste fixe, et (a, a') vient en a_1 sur une perpendiculaire à ad, de telle sorte que $aa_1 = ma'$.

$(ad, a'd')$ se rabat en da_1, et ada_1 est l'angle demandé.

Remarque. — Le triangle ada_1 est le triangle de rabattement du point (a, a') autour de l'axe $(bc, b'c')$ (n° 223, 1°).

Problème.

285. Cas général. — *Déterminer l'angle de deux plans quelconques donnés par leurs traces.*

Soient les deux plans $P\alpha Q'$, $P_1\alpha Q_1'$, et $(ab, a'b')$ leur intersection (fig. 326). Par un point quelconque (c, c') de cette intersection, menons un plan perpendiculaire à $(ab, a'b')$.

Pour déterminer la trace horizontale R de ce plan (n° 131), traçons la frontale $(cd, c'd')$ du plan ($c'd'$ est perpendiculaire à $a'b'$);

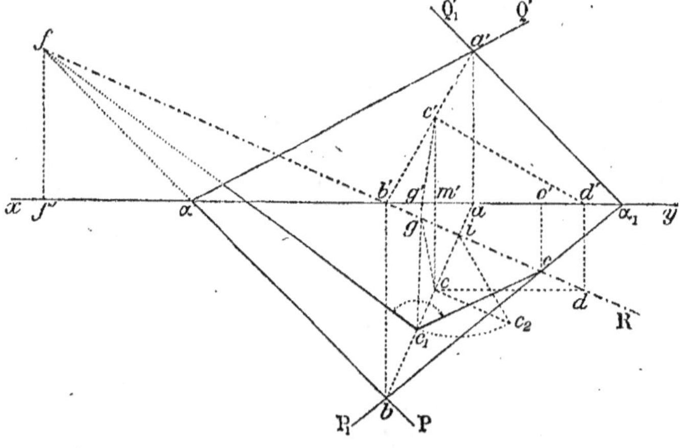

Fig. 326.

R doit passer par la trace horizontale d de la frontale et être perpendiculaire à ab. Cette trace R coupe les traces horizontales des deux plans aux points (e, e') et (f, f').

Les plans $P\alpha Q'$ et R se coupent suivant $(cf, c'f')$, et les plans $P_1\alpha_1 Q_1'$ et R suivant $(ce, c'e')$. Mais il est inutile de tracer ces deux droites pour avoir leur angle.

En effet, si nous rabattons leur plan sur le plan horizontal, en le faisant tourner autour de ef, les points (e, e') et (f, f') de l'axe restent fixes ; on n'a donc qu'à rabattre le sommet (c, c') de l'angle.

Pour cela, construisons en $c\,i\,c_2$ le triangle de rabattement ; ci est déjà perpendiculaire à ef ; menons cc_2 perpendiculaire à ci et portons $cc_2 = m'c'$; le point (c, c') vient en c_1 $(ic_1 = ic_2)$, et l'angle demandé est fc_1c.

Plan bissecteur. — Menons la bissectrice c_1g de l'angle fc_1e ; elle rencontre l'axe de rabattement en (g, g') ; ses projections sont $(cg, c'g')$, et le plan bissecteur est déterminé par les deux droites $(cg, c'g')$, $(ab, a'b')$.

Sa trace horizontale passe par b et g ; en joignant à a' le point d'intersection de bg avec xy, on obtiendrait la trace verticale.

286. Cas particuliers. — 1° **Les deux plans sont perpendiculaires à l'un des plans de projection.**

Soient deux plans verticaux $P\alpha Q'$ et $P_1\alpha_1 Q'_1$ (fig. 327). Le plan horizontal de projection, perpendiculaire à chacun d'eux, est perpendiculaire à leur intersection, et l'angle $\alpha m\alpha_1$ des traces horizontales des deux plans est le rectiligne de leur dièdre.

Menons la bissectrice βR de l'angle $\alpha m\alpha_1$; le plan vertical $R\beta S'$ est l'un des bissecteurs des dièdres des deux plans.

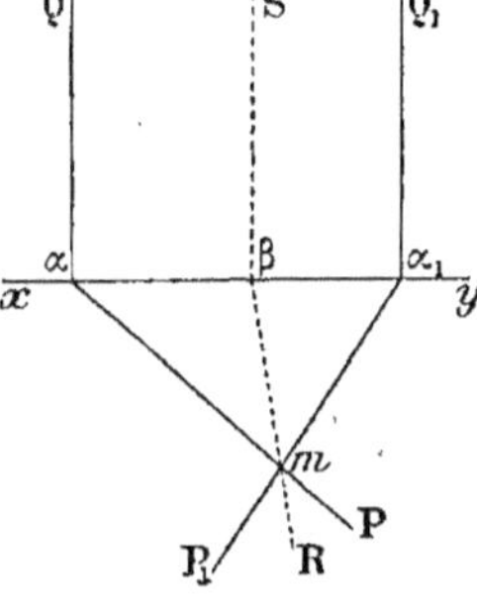

Fig. 327.

287. — 2° **Les plans ont leurs traces de même nom parallèles.**

On a vu (n° 96) que, dans ce cas, leur intersection est une horizontale, parallèle à la direction commune de leurs traces horizontales.

Coupons les deux plans donnés par un plan $mn\,aa'$, perpendiculaire à leurs traces parallèles, et, par suite, à leur intersection ; les traces ma_1 et na_1 des plans donnés sur le plan auxiliaire, rabattues autour de am, font connaître l'angle demandé ma_1n.

Plans bissecteurs. — Il suffit

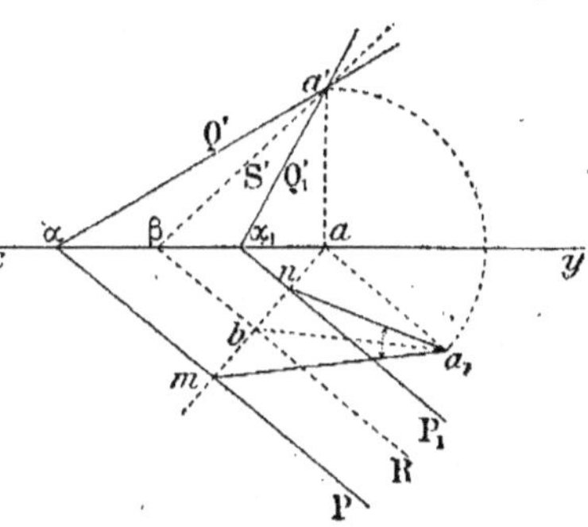

Fig. 328.

de tracer la bissectrice a_1b de l'angle ma_1n et de mener par b, intersection de a_1b avec am, une parallèle à αP, puis de joindre β à a'.

$R\beta S'$ est l'un des plans bissecteurs ; une construction analogue donnerait le second : il suffirait de mener par a_1 une perpendiculaire à a_1b.

288. 3° Les plans sont parallèles à la ligne de terre.

Leurs traces sont aussi parallèles à xy, et il en est de même de leur intersection.

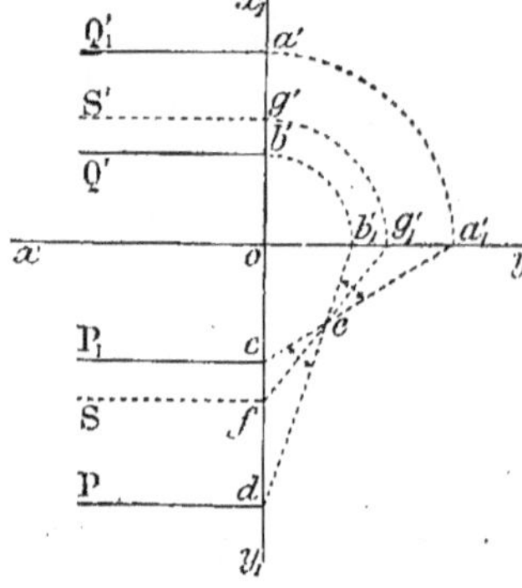

Fig. 329.

Soient les plans PQ' et P^1Q_1' parallèles à xy (fig. 329).

Le plan perpendiculaire à leur intersection est un plan de profil ; prenons-le pour plan vertical auxiliaire ; les deux plans deviennent de bout dans le nouveau système, et l'angle de leurs traces verticales est l'angle demandé.

Soit donc x_1y_1 perpendiculaire à xy. Le nouveau plan vertical coupe les plans donnés suivant deux droites ayant pour traces d et b', c et a' dans le système xy ; leurs nouvelles projections verticales sont ca_1' et db_1' ; leur angle ced est le rectiligne du dièdre.

Plans bissecteurs. — Menons la bissectrice fg_1' de l'angle ced, et soit f sa trace horizontale ; g_1', rabattement de la trace verticale, se relève en g'. Par f et g', menons des parallèles à xy ; on obtient ainsi les traces S, S', d'un plan bissecteur.

Une perpendiculaire à fg_1', menée par le point e, permettrait de déterminer les traces du second bissecteur.

Problème.

289. — *Trouver l'angle de deux plans, définis par leurs échelles de pente.*

Soient P et Q les échelles de pente des deux plans donnés (fig. 330).

Déterminons d'abord leur intersection $a(1)$ $b(2)$, à l'aide des plans horizontaux de cote 1 et 2.

Par un point quelconque $b(2)$ de l'intersection, menons un plan R

perpendiculaire à cette intersection ; l'échelle de pente R sera parallèle à ab, son intervalle bc, inverse de l'intervalle de la droite, et les graduations de sens contraires.

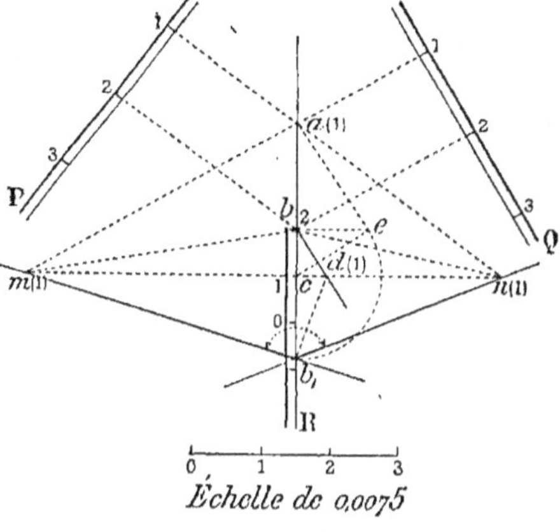

Échelle de 0,0075

Fig. 330.

Déterminons l'intersection du plan R avec chacun des plans P et Q. On connaît déjà un point $b(2)$ des intersections cherchées ; il suffit d'en déterminer un second pour chacune d'elles.

Menons le plan horizontal de cote 1. Chacun des trois plans est coupé suivant l'horizontale de cote 1 ; le point $m(1)$ appartient à l'intersection des plans R et Q, et le point $n(1)$ à l'intersection des plans R et P.

Donc $m(1) b(2)$ et $n(1) b(2)$ sont les intersections demandées.

Pour avoir leur angle, il suffit de le rabattre autour de l'horizontale $m(1) n(1)$, sur le plan horizontal de cote 1. Le triangle de rabattement est tout construit en bce. Portons ce en cb_1 ; les points m, n, de l'axe restent fixes, $b(2)$ vient en b_1, et $m b_1 n$ est l'angle des deux plans.

Plans bissecteurs. — Traçons la bissectrice $b_1 d$ de l'angle $m b_1 n$. Cette droite se relève en $b(2) d(1)$, et un plan bissecteur des plans P et Q est défini par les deux droites concourantes $b(2) a(1)$ et $b(2) d(1)$.

La bissectrice du supplémentaire de l'angle $m b_1 n$ déterminerait le second bissecteur.

290. Cas particulier. — **Les échelles de pente sont parallèles.**

L'intersection est une horizontale des deux plans ; en prenant un plan vertical auxiliaire perpendiculaire à cette horizontale, c'est-à-dire aux horizontales des deux plans, ceux-ci deviennent de bout, et leur angle égale celui de leurs traces sur le plan vertical (n° 286).

Soient P et Q les deux plans donnés (fig. 331). Prenons $x_1 y_1$, trace du plan vertical auxiliaire, parallèle aux lignes de pente.

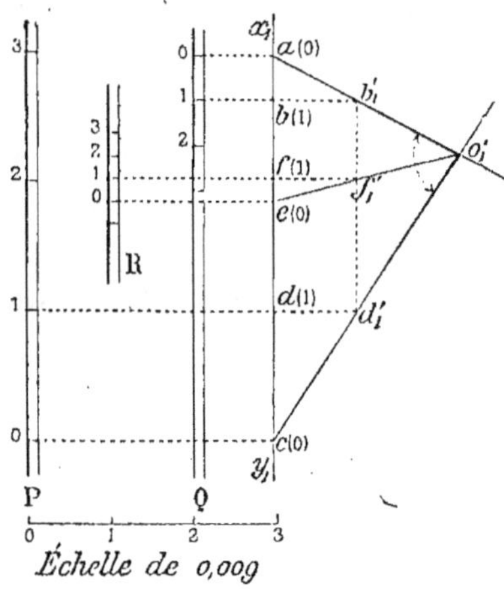

Échelle de 0,009

Fig. 331.

Le plan Q est coupé suivant $a(0)\,b(1)$, et le plan P suivant $c(0)\,d(1)$. Ces droites se rabattent en ab'_1 et cd'_1, et leur angle, ao'_1c, est l'angle des plans P et Q.

Plans bissecteurs. — Menons la bissectrice $o'_1e(0)$; elle se relève en $e(0)\,f(1)$, et l'on peut graduer une échelle de pente R du plan bissecteur; elle est parallèle à P et à Q.

L'échelle de pente du second bissecteur a même direction et se graduerait d'une façon analogue.

291. Autre méthode pour déterminer l'angle de deux plans.

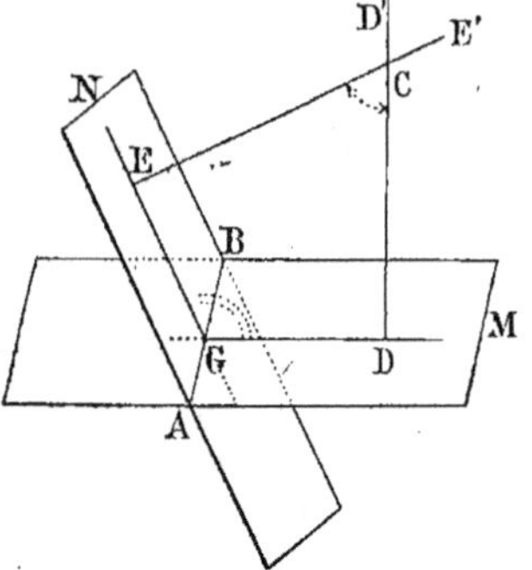

Fig. 332.

D'un point quelconque C, abaissons des perpendiculaires CD et CE sur les plans M et N; le plan CED, perpendiculaire à chacun des plans M et N, est perpendiculaire à leur intersection AB, et les angles des droites GE, GD, sont les rectilignes des dièdres formés par les plans.

Dans le quadrilatère CEGD, les angles D et E sont droits; par suite, les angles aigus en C et G sont égaux; il en est de même des angles obtus. *Donc, pour obtenir les angles formés par deux plans donnés, on abaisse d'un point quelconque de l'espace des perpendiculaires sur les deux plans, et l'on construit les angles de ces deux droites.*

Cette méthode est plus rapide que la précédente, mais elle ne permet pas de déterminer les plans bissecteurs.

Exemples.

292. — **1° Les plans sont donnés par leurs traces.** — Soit à trouver l'angle des deux plans $P\alpha Q'$ et $R\beta S'$ (fig. 333).

D'un point quelconque (o, o'), menons $(o\,a, o'\,a')$ perpendiculaire

au plan PαQ', et $(ob, o'b')$ perpendiculaire au plan RβS' (n° 130);
puis cherchons l'angle de ces deux droites, en le rabattant sur un plan horizontal quelconque H', autour de l'horizontale $(ab, a'b')$.

Les points (a, a') et (b, b'), situés sur l'axe, restent fixes; le point (o, o') se rabat en o_1; l'angle ao_1b et son supplément bo_1d sont les rectilignes des dièdres.

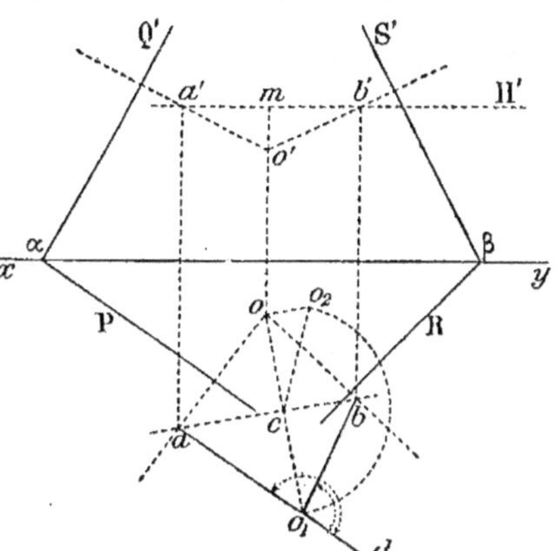

Fig. 333.

2° **Chaque plan est donné par deux droites concourantes.** — Soient les deux plans $(mf, m'f')$, $(me, m'e')$ et $(ng, n'g')$, $(ni, n'i')$, définis chacun par une horizontale et une frontale (fig. 334).

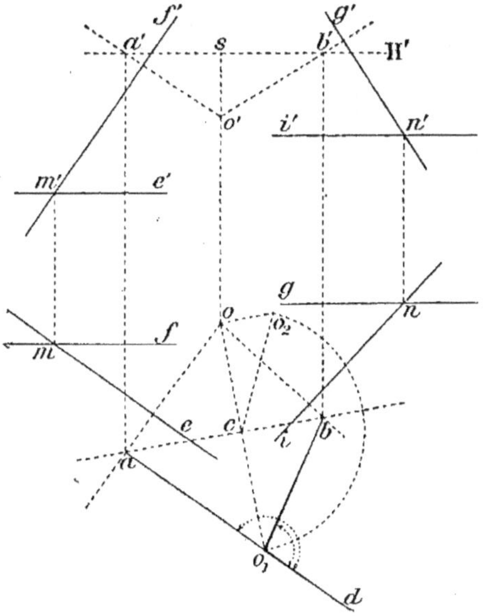

D'un point quelconque (o, o'), abaissons $(oa, o'a')$ perpendiculaire sur le premier plan, et $(ob, o'b')$ perpendiculaire sur le second. Rabattons l'angle de ces deux droites sur le plan horizontal H'; les points (a, a') et (b, b') situés sur l'axe restent fixes; le point (o, o') se rabat en o_1; l'angle ao_1b et son supplément bo_1d sont les rectilignes cherchés.

3° **Chaque plan est défini par son échelle de pente.** — D'un point quelconque $m(5)$, abaissons les perpendiculaires $m(5)\,e(7)$ et $m(5)\,f(7)$ sur les plans P et Q (n° 201).

Fig. 334.

Rabattons le plan de ces deux droites sur le plan horizontal de cote 7, autour de $e(7)f(7)$; les points e, f, sont sur l'axe; ils restent fixes pendant le rabattement; le point m vient en m_1.

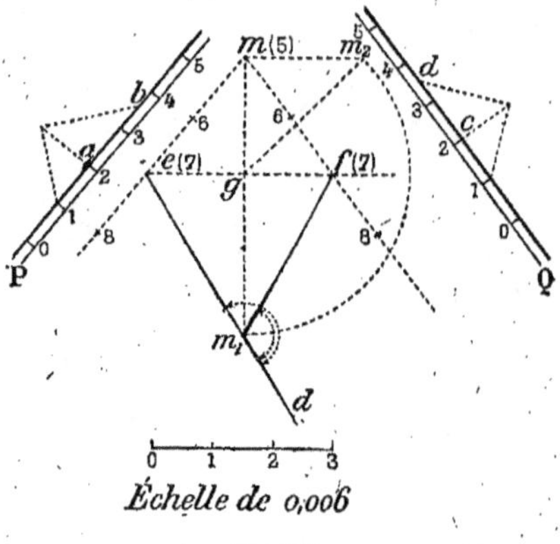

Échelle de 0,006

Fig. 385.

L'angle em_1f et son supplément fm_1d sont les rectilignes des dièdres formés par les deux plans.

COURS

DE

GÉOMÉTRIE DESCRIPTIVE

———

SECONDE PARTIE

———

CLASSE DE MATHÉMATIQUES

———

(PROGRAMME DU 29 JUILLET 1911)

PROGRAMME DU 29 JUILLET 1911

Rabattements. Changement d'un plan de projection; rotation autour d'un axe perpendiculaire à un plan de projection.

Application aux distances et aux angles; distance de deux points, d'un point à une droite, d'un point à un plan; plus courte distance de deux droites, dont l'une est verticale ou de bout, ou de deux droites parallèles à un même plan de projection; perpendiculaire commune à ces droites. Angle de deux droites; angle d'une droite et d'un plan; angle de deux plans.

Projection du cercle. Sphère; section plane; intersection avec une droite.

Représentation d'une surface par des courbes de niveau. Cote d'un point de la surface dont la projection horizontale est donnée. Pente d'une ligne tracée sur une surface. Lignes d'égale pente. Lignes de plus grande pente.

Application des considérations précédentes aux cartes topographiques.

Planimétrie et nivellement. Signes et teintes conventionnels.

Lecture d'une carte et en particulier de la carte d'État-major.

Usage de la carte sur le terrain.

COURS

DE

GÉOMÉTRIE DESCRIPTIVE

SECONDE PARTIE

CHAPITRE I

CHANGEMENT DU PLAN HORIZONTAL

---

§ I. — THÉORIE DU CHANGEMENT DU PLAN HORIZONTAL

Nous avons déjà traité du changement du plan vertical (n° 210) et indiqué quelques-unes de ses applications principales (n°s 216, 219, 242, 249, etc.).

On peut aussi changer le plan horizontal de projection.

293. Définition. — **Par convention, on appelle nouveau plan horizontal** tout plan perpendiculaire au plan vertical conservé, lorsque ce plan de bout doit remplacer le plan horizontal primitif.

Remarque. — Quelques auteurs appellent **mur** le plan vertical de projection et **sol** le plan horizontal. Ces désignations se justifient d'elles-mêmes dans la pratique et, dans le cas d'un changement de plan horizontal, on comprend mieux un sol non horizontal, qu'un plan horizontal **qui ne l'est pas.**

Néanmoins, dans ce qui suit, nous conserverons les anciens termes.

But de la méthode. — Le changement de plan horizontal a pour but d'amener une droite quelconque à être parallèle, ou un plan quelconque à être perpendiculaire au nouveau plan horizontal.

Problème.

294. — *Étant données les projections d'un point dans le système de deux plans rectangulaires H et V, construire les projections de ce point dans le système des deux plans rectangulaires H₁ et V.*

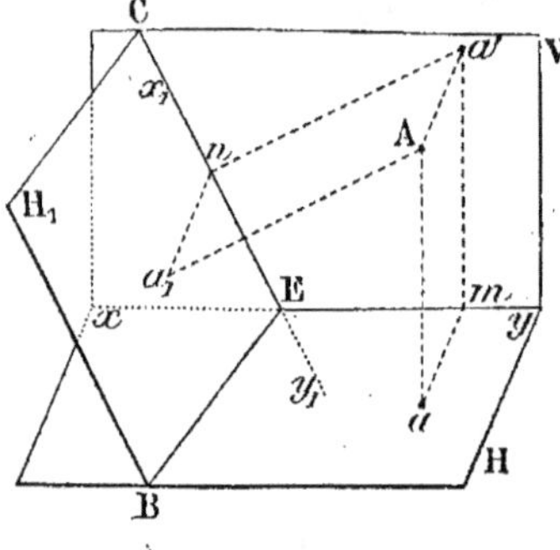

Fig. 336.

Considérons deux plans H et H₁, d'intersection BE, et perpendiculaires au plan V (fig. 336).

Dans le système des deux plans H et V, un point A de l'espace a pour projections a et a'.

Dans le système H₁ et V, le même point A a pour projections a_1 et a'.

On a : $am = Aa'$,

$a_1 n = Aa'$;

donc $a_1 n = am$.

Ainsi, lorsqu'on change le plan horizontal de projection, *la projection verticale d'un point ne change pas et l'éloignement de ce point reste constant.*

295. **Disposition des projections.** — Pour faciliter la lecture de l'épure, la nouvelle ligne de terre est désignée par $x_1 y_1$; les lettres sont placées de telle sorte qu'en lisant $x_1 y_1$ de gauche à droite, suivant l'usage, la partie antérieure du nouveau plan horizontal se trouve au-dessous de la ligne de terre.

La nouvelle projection horizontale du point A est indiquée par a_1.

On désigne, d'une manière abrégée, par xy le système des plans H et V, et par $x_1 y_1$ celui des plans H₁ et V.

296. RÈGLE PRATIQUE. — *Lorsqu'on change de plan horizontal, la nouvelle projection horizontale d'un point s'obtient en abaissant, de la projection verticale, une perpendiculaire sur x₁y₁, et en portant, dans la direction convenable, l'éloignement du point considéré.*

Problème.

297. — *Effectuer un changement de plan horizontal pour un point.*

1º Soient (a, a') les projections du point dans le système xy; il faut trouver ses projections dans le système $x_1 y_1$ (fig. 337).

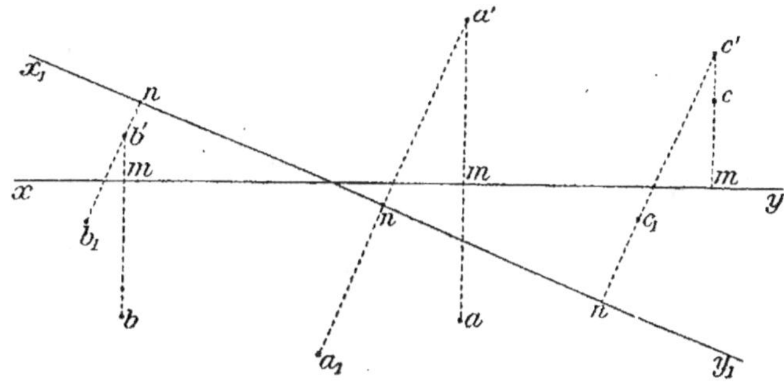

Fig. 337.

D'abord la projection verticale a' ne change pas; du point a', on abaisse une perpendiculaire $a'na_1$ sur x_1y_1, et l'on porte **au-dessous** de x_1y_1 une longueur égale à ma, puisque l'éloignement ma est **positif**; a_1 est la nouvelle projection horizontale du point considéré.

2º Un point (c, c'), situé derrière le plan vertical dans le système xy, reste derrière ce plan et devient (c_1, c'); sur la perpendiculaire $c'n$ à x_1y_1, on prend $nc_1 = mc$, car l'éloignement ne varie pas, et puisque cet éloignement est **négatif**, on porte nc_1 **au-dessus** de x_1y_1.

3º **Réciproquement**, si l'on donne un point (b_1, b') dans le système x_1y_1, on obtient ses projections (b, b') dans le système xy, en prenant $mb = nb_1$ et en portant cette distance **au-dessous** de xy, car l'éloignement est **positif**.

Problème.

298. — *Effectuer un changement de plan horizontal pour une droite.*

1º Soient ab, $a'b'$, les projections de la droite dans le système xy (fig. 338), et x_1y_1 la nouvelle ligne de terre.

Des points a', b', on abaisse des perpendiculaires sur $x_1 y_1$ et l'on prend **au-dessous** de cette ligne les distances

$$m_1 a_1 = m a, \quad n_1 b_1 = n b.$$

$a_1 b_1$ est la nouvelle projection horizontale de la droite.

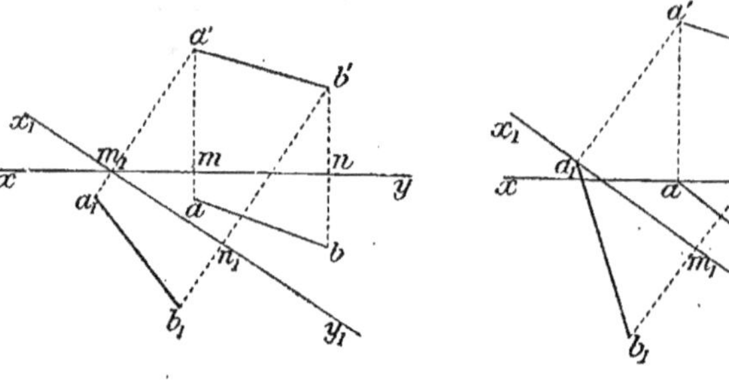

Fig. 338.   Fig. 339.

2° Il est avantageux de choisir, pour l'un des points à projeter, le point d'éloignement nul. Exemple (a, a') (fig. 339).

Problème.

299. — *Effectuer le changement de plan horizontal pour un plan quelconque défini par ses traces.*

La trace verticale ne change pas; la nouvelle trace horizontale est l'intersection du plan donné et du nouveau plan horizontal; on en connaît un point, β, point de rencontre de $x_1 y_1$ avec $\alpha Q'$ (fig. 340). Il suffit d'en trouver un second. Pour cela, on utilise, lorsque c'est possible, le point du plan donné qui se projette verticalement à l'intersection des deux lignes de terre.

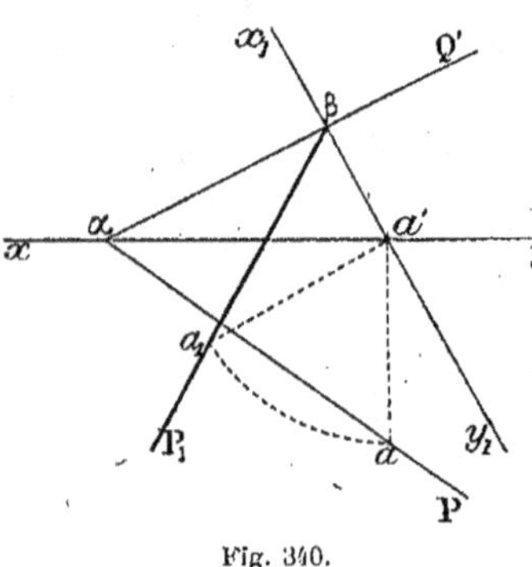

Fig. 340.

Soient $P \alpha Q'$ le plan donné, $x_1 y_1$ la nouvelle ligne de terre.

Le point (a, a') a pour nouvelles projections (a_1, a'), $(a' a_1 = a' a)$, et comme a' est sur $x_1 y_1$, ce point appartient à la nouvelle trace horizontale du plan; donc βa_1 est la trace cherchée.

Si les points a' ou β étaient hors des limites de l'épure, on chercherait la nouvelle trace horizontale d'une frontale du plan, en opérant comme on a fait au n° 218 pour la nouvelle trace verticale.

§ II. — APPLICATIONS

Problème.

300. — *Effectuer un changement de plan horizontal, de manière qu'une droite donnée soit parallèle au nouveau plan horizontal.*

Soit $(a\,b,\ a'b')$ la droite donnée (fig. 341). Prenons $x_1 y_1$ parallèle à $a'b'$ et déterminons la nouvelle projection horizontale $a_1 b_1$ de la droite (n° 298).

La droite $(a_1 b_1,\ a'b')$ est horizontale dans le système $x_1 y_1$. L'angle de $a_1 b_1$ avec $x_1 y_1$ donne l'angle θ que forme la droite avec le plan vertical (n° 278).

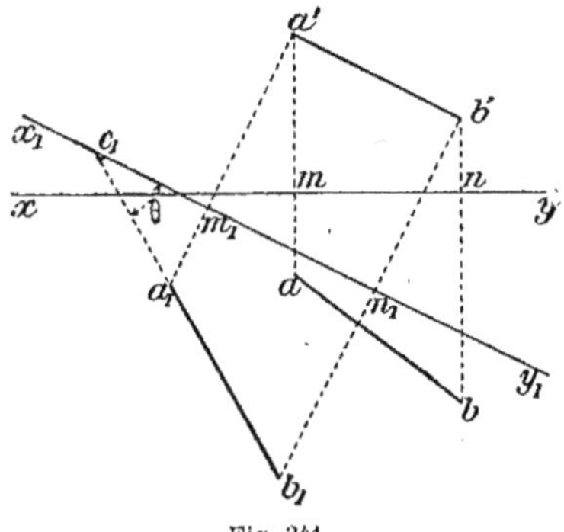
Fig. 341.

301. **Remarque.** — Pour trouver la distance d'un point à une droite, on sait qu'il faut d'abord abaisser une perpendiculaire du point sur la droite. Or la construction de la perpendiculaire est immédiate lorsque la droite donnée est parallèle à l'un des plans de projection.

On commence donc, par un changement de plan horizontal, à rendre la droite parallèle au nouveau plan (n° 300), et de la nouvelle projection horizontale m_1 (fig. 342) du point, on abaisse la perpendiculaire $m_1 n_1$ sur la nouvelle projection horizontale $a_1 b_1$ de la droite.

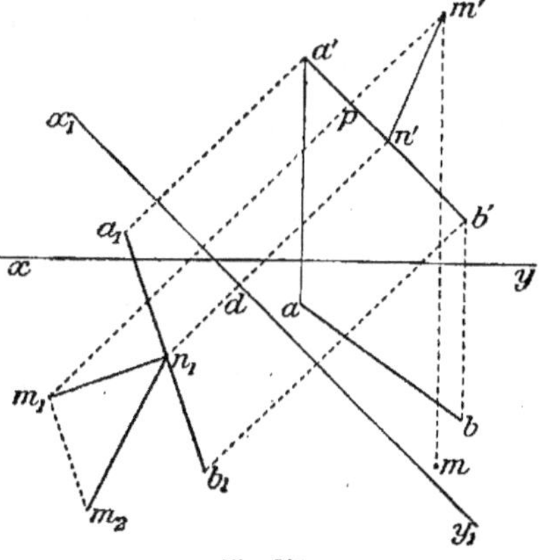
Fig. 342.

En rabattant le segment $(m_1 n_1,\ m'n')$ sur le plan horizontal de cote dn' et parallèle au nouveau plan horizontal, on obtient en $n_1 m_2$ la distance cherchée $(m_1 m_2 = p\, m')$.

Problème.

302. *Rendre une droite quelconque perpendiculaire à l'un des plans de projection.*

Il faut opérer deux changements de plan successifs; par exemple,

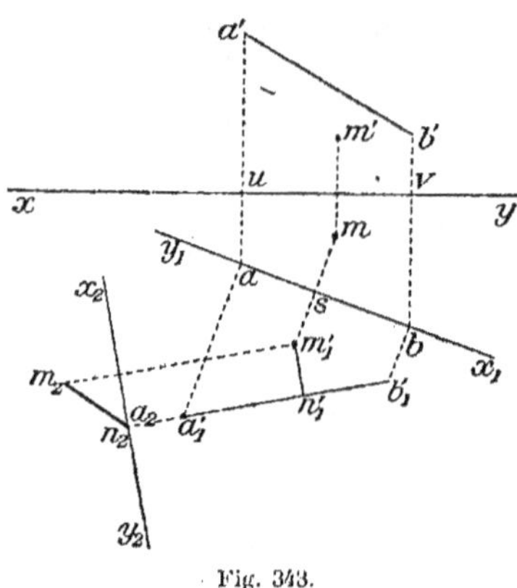

Fig. 343.

prendre un nouveau plan vertical V_1 parallèle à cette droite (n° 216), puis un nouveau plan horizontal H_1 perpendiculaire à la nouvelle projection verticale de la droite.

Soit $(ab,\ a'b')$ la droite donnée (fig. 343). Prenons un nouveau plan vertical V_1 avec $x_1 y_1$ passant par ab; la droite $(ab,\ a'_1 b'_1)$ est dans le plan V_1; puis prenons un nouveau plan horizontal H_1 avec $x_2 y_2$ perpendiculaire à $a'_1 b'_1$. La nouvelle projection horizontale a_2 est sur $x_2 y_2$, puisque la droite est dans le plan V_1, et la droite $(a_2,\ a'_1 b'_1)$ est perpendiculaire au plan H_1.

303. Remarque. — Soit à trouver la distance du point $(m,\ m')$ à la droite $(ab,\ a'b')$. Les projections du point sont $(m,\ m'_1)$ dans le système $x_1 y_1$ et $(m_2,\ m'_1)$ dans le système $x_2 y_2$. Or, dans ce dernier système, la droite $(a_2,\ a'_1 b'_1)$ est verticale; donc la distance du point à la droite s'obtient en joignant la projection horizontale du point à la trace horizontale de la droite (n° 258). Cette distance est $a_2 m_2$.

Problème.

304. — *Effectuer un changement de plan horizontal de manière qu'un plan quelconque soit vertical.*

Il suffit que la nouvelle ligne de terre soit perpendiculaire à la trace verticale du plan donné ou, en général, aux projections verticales des frontales du plan.

Soit $P\alpha Q'$ le plan donné (fig. 344). Prenons $x_1 y_1$ perpendiculaire à $\alpha Q'$, et déterminons la nouvelle trace horizontale βP_1, en utilisant le point (a, a') du plan qui se projette verticalement au point de concours des deux lignes de terre (n° 219).

Le plan $P_1 \beta Q'$ est vertical dans le système $x_1 y_1$.

305. Remarques. — 1° L'angle $P_1 \beta y_1 = \theta$ est l'angle formé par le plan donné avec le plan vertical (n° 282, *Rem.*).

2° Considérons un point (m, m') et déterminons sa

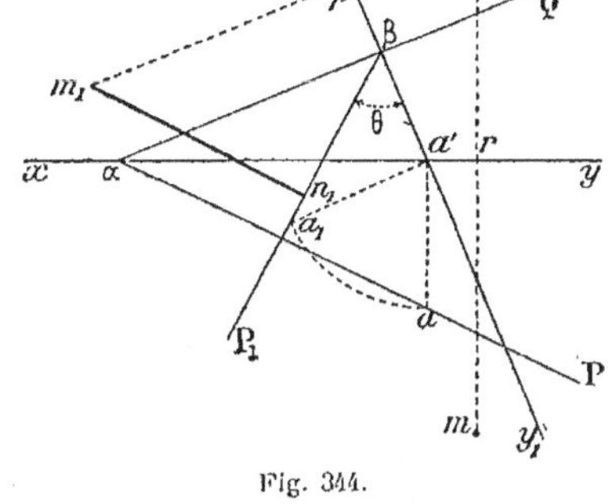

Fig. 344.

nouvelle projection horizontale m_1. La distance du point au plan est donnée par la perpendiculaire $m_1 n_1$ abaissée de m_1 sur βP_1 (n° 248).

306. Utilité des changements de plan. — Indépendamment des questions théoriques précédentes, dans lesquelles un changement de plan permet de simplifier certaines questions de recherches d'angles et de distances, ce procédé est très employé dans la pratique du dessin. Ainsi pour mettre en évidence des détails importants d'une machine ou d'un édifice, on projette ces détails sur des plans verticaux auxiliaires, ordinairement des plans de profil. Ces projections sont des **coupes** ou des **vues de côté** suivant le cas.

Dans la représentation d'un édifice, l'**élévation** ou **vue de face** est la projection sur un plan vertical parallèle à la façade; les **coupes verticales** sont les projections de sections sur des plans verticaux perpendiculaires ou parallèles à la façade; les **coupes horizontales** sont les projections, sur des plans horizontaux, des sections déterminées par des plans parallèles au plan horizontal.

CHAPITRE II

RABATTEMENT SUR UN PLAN DE FRONT

307. — Nous avons déjà dit (n° 220) que la méthode des rabattements a pour but d'amener une figure plane, donnée par ses projections, à se placer sur un des plans de projection ou à lui être parallèle, afin qu'elle se projette en vraie grandeur sur ce plan.

La théorie du rabattement sur un plan horizontal est indiquée dans la première partie, chapitre x, § 2; mais il est tout aussi utile de rabattre un plan sur le plan vertical de projection ou sur un plan de front.

§ I. — RABATTEMENT D'UN POINT

308. MÉTHODE GÉNÉRALE. — *Pour rabattre un plan sur le plan vertical ou sur un plan de front, on le fait tourner autour de son intersection avec le plan considéré, jusqu'à ce qu'il coïncide avec celui-ci.*

La droite autour de laquelle on fait tourner le plan s'appelle la **charnière** ou l'**axe de rabattement**.

Des considérations analogues à celles du n° 221 conduisent à la règle suivante :

309. RÈGLE DU TRIANGLE RECTANGLE. — *Pour rabattre un point sur un plan de front, on abaisse de sa projection verticale une perpendiculaire sur la projection verticale de l'axe et, à partir du pied de cette perpendiculaire, on prend une longueur égale à l'hypoténuse d'un triangle rectangle ayant pour côtés de l'angle droit les distances de bout et de front du point à l'axe, c'est-à-dire les distances des deux projections du point aux projections de même nom de l'axe.*

Problème.

310. — *Rabattre un point autour d'une parallèle au plan vertical.*

Soit à rabattre le point (a, a') autour de la droite de front $(bc, b'c')$ (fig. 345). Appliquons la règle du triangle rectangle (n° 309).

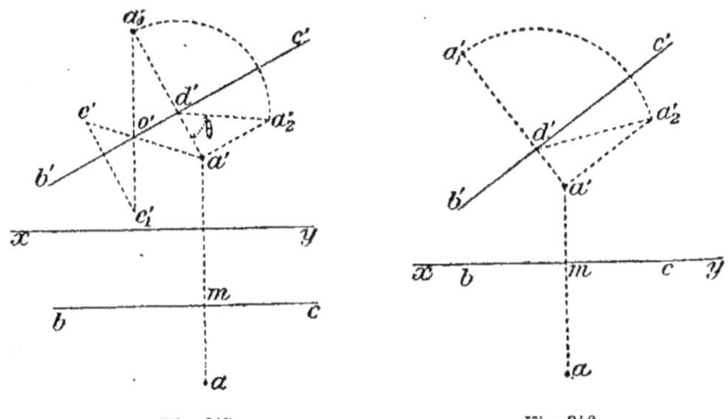

Fig. 345.   Fig. 346.

Menons $a'd'$ perpendiculaire à $b'c'$, puis $a'a'_2$ parallèle à $b'c'$ et prenons $a'a'_2 = am$; $d'a'_2$ est l'hypoténuse ; il suffit de porter cette distance en $d'a'_1$; a'_1 est le rabattement cherché.

La construction est la même lorsque l'axe est situé dans le plan vertical (fig. 346).

311. **Remarques.** — 1° L'angle $a'd'a'_2 = \theta$ est le rectiligne du dièdre formé par le plan vertical avec le plan déterminé par l'axe et le point.

2° Rabattre un point autour d'un axe, c'est rabattre, autour de cet axe, le plan défini par le point et l'axe.

Soit e' (fig. 345) la projection verticale d'un second point E du plan ABC. Pour obtenir son rabattement, il n'est pas nécessaire de recourir au triangle rectangle. Menons la droite $a'e'$; elle rencontre $b'c'$ au point o' qui reste fixe pendant le rabattement, puisqu'il est situé sur l'axe ; $a'o'$ se rabat en $a'_1 o'$, et le point E vient en e'_1, à l'intersection de $a'_1 o'$ avec la perpendiculaire abaissée de e' sur $b'c'$.

3° Les projections verticales a' et e' étant de part et d'autre de $b'c'$, il en est de même des points rabattus a'_1 et e'_1.

§ II. — RABATTEMENT D'UN PLAN AUTOUR DE SA TRACE VERTICALE

Problème.

312. — *Rabattre un plan de bout sur le plan vertical.*

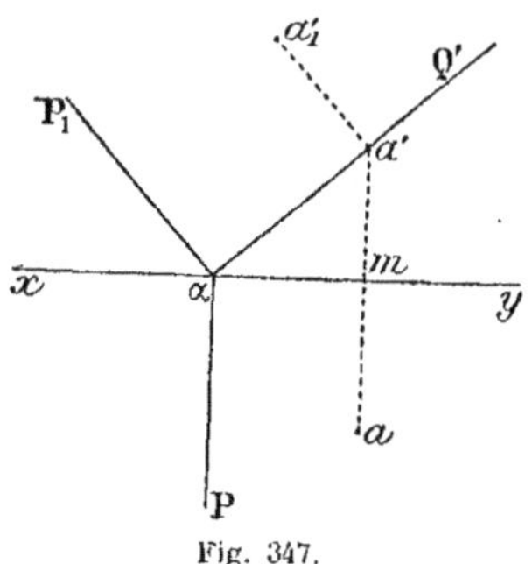

Fig. 347.

Soit à rabattre le plan de bout $P\alpha Q'$ (fig. 347) sur le plan vertical, autour de sa trace verticale ($\alpha Q'$, xy).

L'angle droit formé par $\alpha Q'$ et αP se rabat en vraie grandeur, et αP_1 est perpendiculaire à $\alpha Q'$.

Pour rabattre un point (a, a') du plan, il suffit de remarquer que la distance de la projection verticale du point à la projection verticale de l'axe est nulle. Donc il faut porter à partir de a', sur la perpendiculaire élevée en a' à $\alpha Q'$, une longueur $a'a'_1 = ma$, distance de la projection horizontale du point à la projection horizontale de l'axe.

313. Cas particulier. — Le plan $P\alpha Q'$ est de profil (fig. 348).

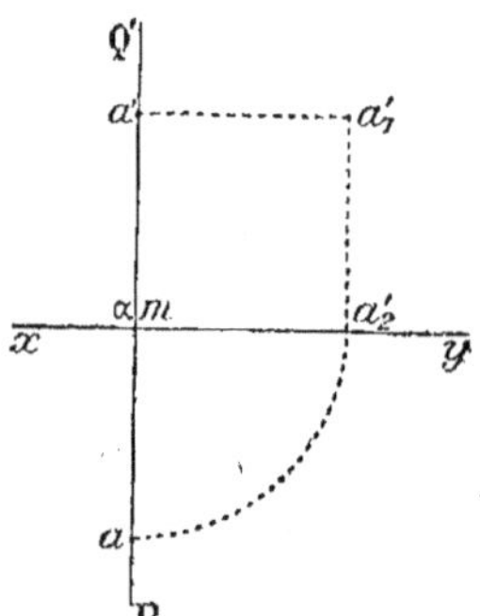

Fig. 348.

Le point (a, a') se rabat en a'_1 sur la perpendiculaire $a'a'_1$ à $\alpha Q'$, de manière que $a'a'_1 = ma$. Pour porter cette distance ma en $a'a'_1$, on décrit l'arc aa'_2 de centre m et de rayon ma, puis on mène $a'_2 a'_1$ parallèle à $\alpha Q'$.

Problème inverse.

314. — *Relever un plan de bout rabattu sur le plan vertical.*

Il faut effectuer en sens inverse les constructions du n° 312. La trace horizontale, rabattue en αP_1, se relève suivant αP perpendiculaire à xy (fig. 347).

Pour relever un point du plan, rabattu en a'_1, de a'_1, on abaisse

$a'_1 a'$ perpendiculaire à $\alpha Q'$; a' est la projection verticale du point ; sa projection horizontale se trouve sur la ligne de rappel issue de a' et à une distance $m a$ de xy telle que $\quad m a = a' a'_1$.

Le point demandé est (a, a').

Problème.

315. — *Dans le rabattement d'un plan autour de sa trace verticale, déterminer la position de la trace horizontale de ce plan.*

Soit à rabattre le plan $P \alpha Q'$ sur le plan vertical, afin de déterminer la nouvelle position de sa trace αP (fig. 349).

On connaît un point α du rabattement ; il suffit d'en trouver un second. Prenons un point quelconque (a, a') sur αP.

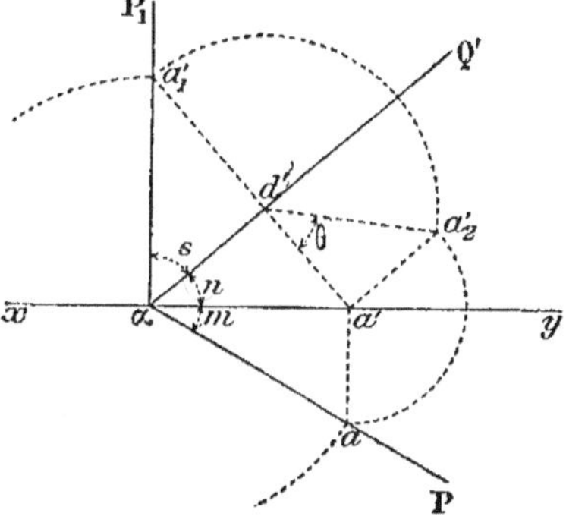

Fig. 349.

1ᵉʳ Moyen. — Construisons en $a' d' a'_2$ le triangle de rabattement du point (a, a'), et portons l'hypoténuse $d' a'_2$ en $d' a'_1$; $\alpha a'_1$ ou αP_1 est le rabattement demandé.

2ᵉ Moyen. — Le rabattement du point se trouve sur la perpendiculaire $a' d' a'_1$ à $\alpha Q'$; la distance αa reste invariable ; donc a'_1 appartient encore à la circonférence de centre α et de rayon αa. L'intersection de ces deux lignes donne le point demandé a'_1.

Remarque. — En employant le premier moyen, on pourrait aussi porter $d' a'_2$ dans le sens $d' a'$; par le second moyen, la circonférence rencontre $a' d'$ en deux points. Donc le problème admet deux solutions.

316. Formule trigonométrique déduite du rabattement d'un plan autour d'une de ses traces.

Soient m et n les angles aigus formés par les traces d'un plan avec xy et s l'angle aigu $P_1 \alpha Q'$ des deux traces du plan (fig. 349).

Dans le triangle rectangle $\alpha d' a'_1$, on a :

$$\alpha d' = \alpha a'_1 \cos s, \qquad\qquad (1)$$

et dans le triangle rectangle $\alpha d'a'$,

$$\alpha d' = \alpha a' \cos n ; \qquad (2)$$

mais dans le triangle rectangle $\alpha a'a$,

$$\alpha a' = \alpha a \cos m. \qquad (3)$$

En comparant (1) et (2), après avoir remplacé dans (2) $\alpha a'$ par sa valeur, il vient :

$$\alpha a_1' \cos s = \alpha a \cos m \cos n ;$$

or $\alpha a_1' = \alpha a$; donc, en simplifiant, il reste :

$$\cos s = \cos m \cos n.$$

Remarque. — Cette formule est un cas particulier de celle qui exprime le cosinus d'une face d'un trièdre en fonction des deux autres faces et du dièdre compris :

$$\cos a = \cos b \cos c + \sin b \sin c \cos A.$$

Dans le cas actuel, le trièdre est rectangle, car les deux plans de projection sont rectangulaires ; le dièdre A de ces deux plans est droit,

$$\cos A = \cos 90° = 0,$$

et il reste :

$$\cos a = \cos b \cos c.$$

(Voir *Compléments de Trigonométrie*, par F. G.-M., 3e édition, pages 443 et 445.)

Problème inverse.

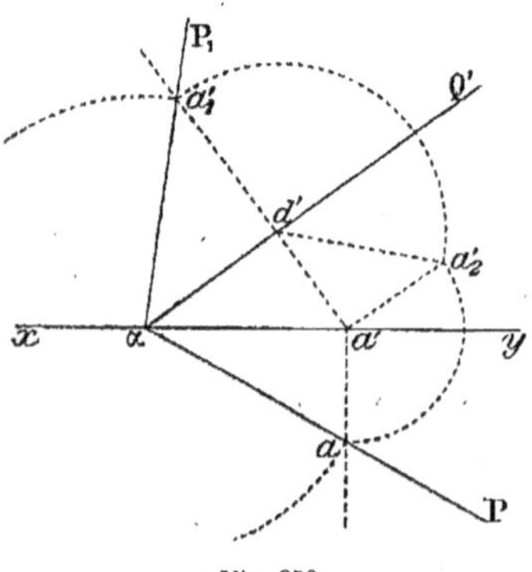

Fig. 350.

317. — *Connaissant les deux traces d'un plan rabattu sur le plan vertical, relever ce plan et déterminer la trace horizontale.*

Il suffit de déterminer un point de la trace horizontale, à l'aide d'opérations inverses des précédentes (n° 315).

Soit à relever le plan $P_1 \alpha Q'$ (fig. 350).

1er Moyen. D'un point quelconque a_1' de αP_1, abaissons sur la trace verticale $\alpha Q'$ la perpendiculaire $a_1' d' a'$; par le point a', élevons des droites respectivement perpendiculaires à $a'd'$ et à xy ; portons $d'a_1'$ en $d'a_2'$, puis $a'a_2'$ en $a'a$, enfin menons αa, trace demandée.

2ᵉ Moyen. — Après avoir tracé $a'_1 d'a'$ perpendiculaire à $\alpha Q'$ et $a'a$ perpendiculaire à xy, de α comme centre, avec $\alpha a'_1$ pour rayon, décrivons un arc de cercle qui coupe $a'a$ en a et menons αa; c'est la trace demandée.

Problème.

318. — *Dans le rabattement d'un plan sur le plan vertical, déterminer la nouvelle position d'un point de ce plan.*

Rabattons d'abord en αP_1 la trace horizontale du plan (n° 315). Pour rabattre un point (b, b') du plan (fig. 351), on peut utiliser l'horizontale du plan $(bf, b'f')$ qui passe par ce point; la trace verticale f' reste fixe pendant le rabattement, et cette droite vient en $f'b'_1$ parallèle à αP_1. Une perpendiculaire $b'b'_1$ à $\alpha Q'$ détermine le point b'_1.

On peut aussi employer une droite de front $(bg, b'g')$. La trace horizontale g vient en g'_1 $(\alpha g'_1 = \alpha g)$ et, par ce point, il suffit de mener une parallèle à $\alpha Q'$; la rencontre de cette parallèle avec $b'b'_1$ donne le point b'_1.

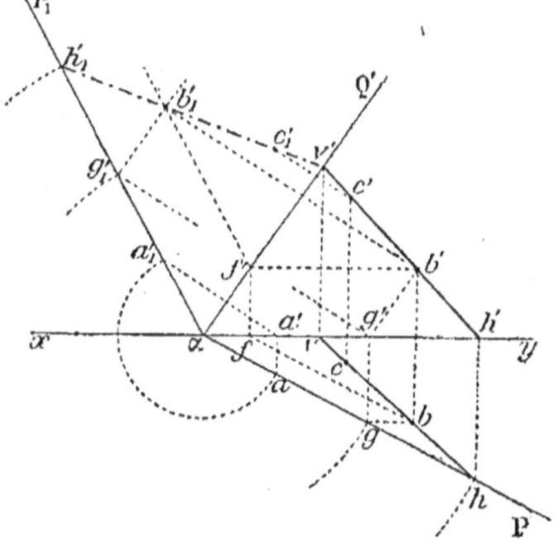

Fig. 351.

Enfin, on peut se servir d'une droite quelconque $(vh, v'h')$ du plan passant par le point (b, b'); v' reste fixe sur $\alpha Q'$; la trace horizontale h se rabat en h'_1 sur αP_1 $(\alpha h'_1 = \alpha h)$; $v'h'_1$ est le rabattement de la droite, et la perpendiculaire $b'b'_1$ à $\alpha Q'$ détermine le point b'_1.

Pour rabattre deux points (b, b') et (c, c'), on rabat la droite du plan $(vh, v'h')$ qui passe par ces deux points. Des perpendiculaires $b'b'_1$, $c'c'_1$ à $\alpha Q'$ déterminent les points rabattus b'_1, c'_1, sur $v'h'_1$.

Problème inverse.

319. — *Relever un plan rabattu sur le plan vertical, ainsi que des points situés dans ce plan, lorsqu'on connaît la trace verticale de ce plan et le rabattement de la trace horizontale.*

On effectue les opérations inverses de celles qui résolvent le problème direct (n° 318).

D'abord, on relève en αP (fig. 351) la trace horizontale de ce plan.

Pour relever un point rabattu en b'_1, on peut se servir de l'horizontale du plan passant par ce point ; par la trace verticale f' de cette droite, on mène $f'b'$ parallèle à xy, $f'f$ perpendiculaire à xy, et par f, fb parallèle à αP. La perpendiculaire b'_1b' à $\alpha Q'$ fait connaître b' sur $f'b'$, et une ligne de rappel donne b sur fb.

On peut opérer de même pour chaque point, ou bien utiliser une droite de front, telle que $g'_1b'_1$, qui se relève en $(gb, g'b')$.

Enfin, pour relever une droite quelconque rabattue en $v'h'_1$, le procédé le plus rapide consiste à relever les traces de cette droite. (v, v') situé sur l'axe ne change pas ; h'_1 vient en h sur αP $(\alpha h = \alpha h'_1)$, et une ligne de rappel hh' donne h' sur xy. On joint v et h, v' et h'.

Problème.

320. — *Relever un plan défini par deux droites concourantes et rabattu sur le plan vertical.*

Considérons un plan, défini par les deux droites $(ab, a'b')$, $(ac, a'c')$, et rabattu sur le plan vertical autour de l'axe $(bc, b'c')$ (fig. 352).

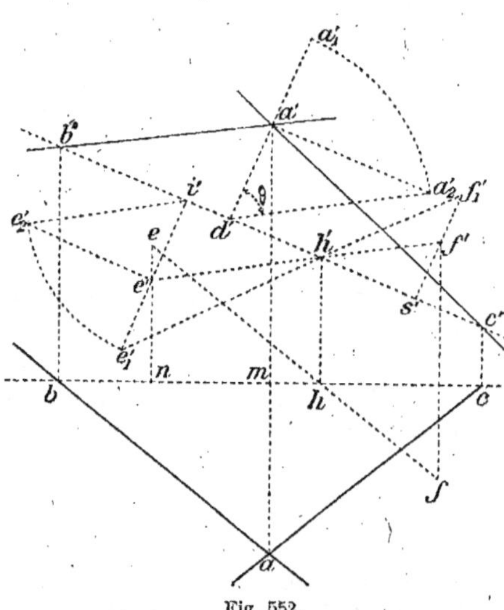

Fig. 552.

Soit à relever un point de ce plan rabattu en e'_1. Construisons d'abord en $a'd'a'_2$ le triangle de rabattement d'un point quelconque de ce plan, (a, a'), par exemple. Tous les triangles de rabattement des points d'un plan étant semblables, construisons en $i'e'c'_2$ un triangle semblable à $a'd'a'_2$. Pour cela, du point e'_1, on mène e'_1i' perpendiculaire à $b'c'$, puis $i'e'_2$ parallèle à $d'a'_2$, on porte $i'e'_1$ en $i'e'_2$ et, de e'_2, on abaisse la perpendiculaire sur $i'e'_1$; on obtient ainsi la projection verticale e' du point considéré.

La projection horizontale e se trouve sur la ligne de rappel $e'n$ et à une distance ne de bc égale à $e'e_2'$, distance de la projection horizontale du point à la projection horizontale de l'axe.

Pour relever un second point rabattu en f_1', on peut se dispenser de construire le triangle de rabattement de ce point.

Joignons $e_1'f_1'$; cette droite rencontre l'axe au point (h, h') qui est fixe sur l'axe; $e_1'h'$ se relève ne $(eh, e'h')$, et le point (f, f') appartient à cette droite. Sa projection verticale f' se trouve donc sur $e'h'$; elle se trouve aussi sur la perpendiculaire $f_1's'$ à $b'c'$; donc elle est située à leur intersection f', et une ligne de rappel détermine la projection horizontale f sur eh.

CHAPITRE III

ROTATIONS

---

321. — Dans la méthode des **changements des plans de projection,** la figure de l'espace ne change pas de position, mais elle est projetée sur de nouveaux plans.

Dans la **méthode des rotations,** les plans de projection sont invariables, mais on modifie la position de la figure dans l'espace. Pour cela, on fait tourner la figure autour d'un axe perpendiculaire à l'un des plans de projection.

L'axe vertical est perpendiculaire au plan H, et **l'axe horizontal** est perpendiculaire au plan V ; ce dernier est une **droite de bout** (n° 52, 6°).

§ I. — ROTATION DU POINT ET DE LA DROITE

322. Définition. — On appelle **mouvement de rotation** autour

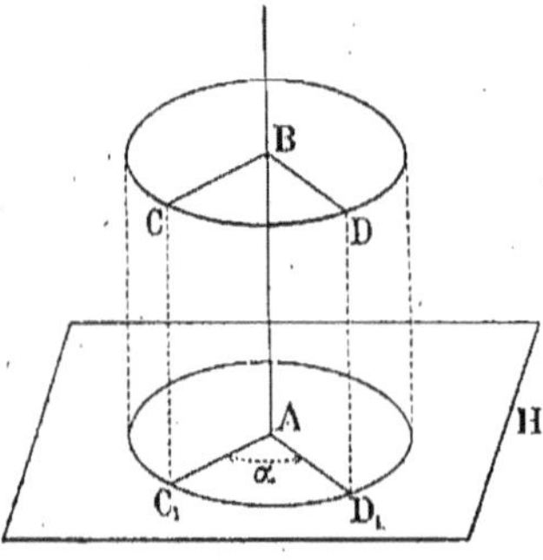

Fig. 353.

d'un axe vertical AB (fig. 353), un déplacement d'une figure dans lequel chaque point C de cette figure, non situé sur l'axe, décrit un arc de cercle CD dont le centre est sur l'axe de rotation et dont le plan, perpendiculaire à AB, est parallèle au plan H.

Mais toute figure parallèle à un plan se projette en vraie grandeur sur ce plan (n° 9) ; donc l'arc CD a pour projection horizontale un arc égal C_1D_1, de centre A.

La projection verticale de l'arc CD est une droite parallèle à xy, car le plan CBD est parallèle au plan horizontal.

L'angle $C_1 A D_1 = \alpha$ est l'angle de rotation du point C.

Dans une rotation déterminée d'une figure, cet angle est le même pour tous les points de la figure.

Une rotation est déterminée lorsqu'on connaît son axe et son angle en grandeur et en sens.

Remarque. — Tous les points situés sur l'axe restent fixes pendant la rotation.

Problème.

323. — *Faire tourner un point donné, d'un angle donné, autour d'un axe vertical.*

Soient (c, c'), α et $(a, a'b')$ le point, l'angle et l'axe donnés (fig. 354).

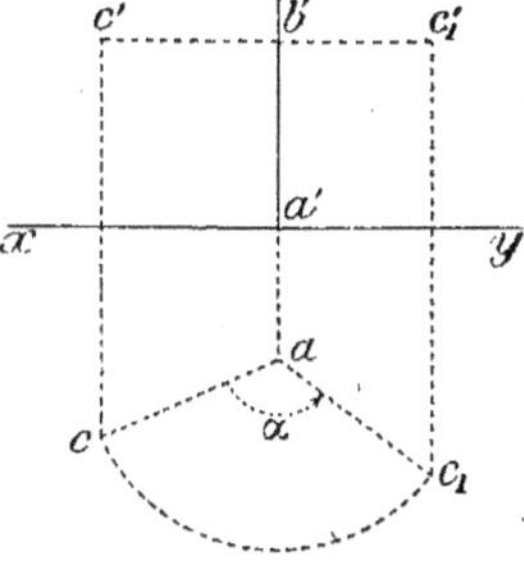

Puisque l'arc décrit par le point (c, c') se projette en vraie grandeur sur le plan horizontal, et que ac est la distance du point (c, c') à l'axe donné (n° 258), la projection horizontale c se déplace sur un arc de centre a, de rayon ac, et vient en c_1, de manière que l'angle cac_1 soit égal à l'angle donné α, en grandeur et en sens.

Fig. 354.

La projection verticale c' se déplace suivant une parallèle à xy et s'arrête en c'_1, sur la ligne de rappel menée du point c_1. Les nouvelles projections du point sont (c_1, c'_1).

324. Axe horizontal. — De même, si l'axe est une **droite de bout** $(ab, a')'$ (fig. 355), on trace l'angle $d'a'd'_1$ égal à l'angle donné α; la projection verticale se meut sur une circonférence de centre a' et de rayon $a'd'$; cette circonférence rencontre $a'd'_1$ en d'_1, nouvelle projection verticale du point considéré. Sa projection horizontale décrit une parallèle à xy et vient en d_1, sur la ligne de rappel menée du point d'_1.

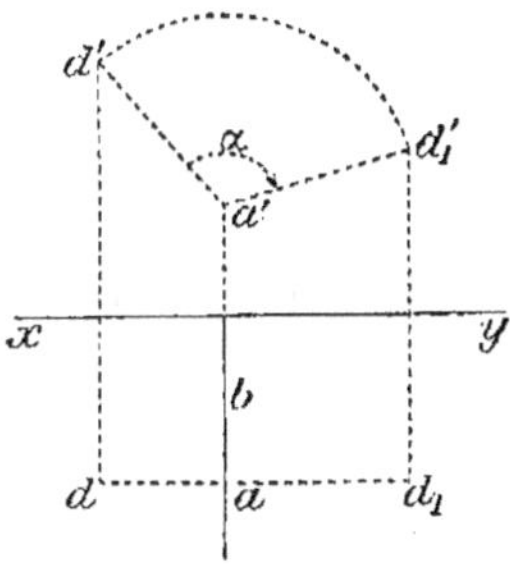

Fig. 355.

325. Règle pratique. — *Lorsqu'un point (c, c') tourne autour d'un axe vertical $(a, a'b')$:*

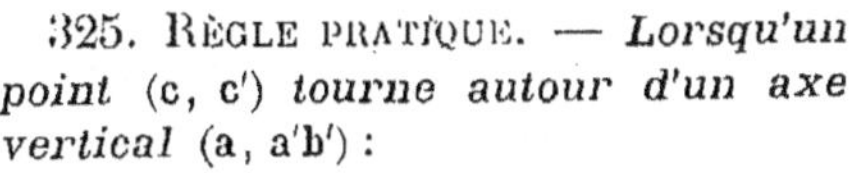

1° *Sa projection horizontale* c (fig. 354) *décrit un arc de cercle de centre* a *et de rayon* ac, *et vient en* c₁, *de manière que l'angle* cac₁ *égale l'angle donné en grandeur et en sens.*

2° Sa nouvelle projection verticale c_1' se trouve à l'intersection de la ligne de rappel menée par c_1 et de la parallèle à xy menée par c'.

La règle est analogue lorsque l'axe est une droite de bout.

Problème.

326. — *Faire tourner une droite, d'un angle donné, autour d'un axe vertical.*

La rotation d'une droite s'effectue par la rotation de deux de ses points.

Soit la droite $(cd,\ c'd')$ à faire tourner, d'un angle α autour de l'axe vertical $(a,\ a'b')$.

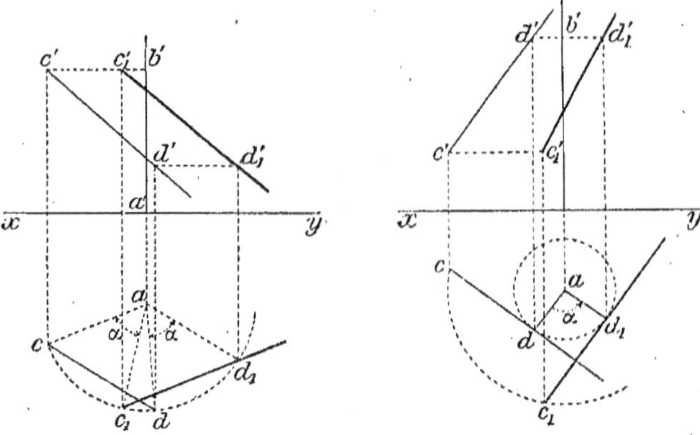

Fig. 356.　　　　Fig. 357.

1ʳᵉ Disposition (fig. 356). — Du centre a, décrivons un arc qui coupe la projection horizontale en deux points c et d; des lignes de rappel déterminent c' et d'; α étant l'angle donné, il suffit de prendre l'arc $dd_1 = cc_1$, et de projeter les points c_1, d_1 en c_1', d_1' sur les parallèles menées à xy par c' et d'. La droite donnée est devenue $(c_1d_1,\ c_1'd_1')$.

2° Disposition (fig. 357). — Puisque la projection horizontale de la droite tourne autour du point a dans le plan horizontal, elle reste constamment tangente à la circonférence de centre a et de rayon ad, distance du point a à cd.

Abaissons donc la perpendiculaire ad à cd, et construisons l'angle dad_1 égal à l'angle donné α; d fait connaître d'; par la rotation, ad vient en ad_1, et d_1 fait connaître d_1' sur la parallèle $d'b'd_1$ à xy.

Pour avoir un second point, il suffit de prendre $d_1 c_1 = dc$, de manière que c_1 soit orienté sur $d_1 c_1$ dans le même sens que c est orienté sur dc, et pour cela on peut décrire un arc de cercle de centre a, avec ac pour rayon. Enfin c_1 permet de déterminer c_1' sur la droite $c'c$, parallèle à xy.

327. Remarques. — 1° Quand c'est possible, on prend un axe qui rencontre la droite donnée, car alors le point de rencontre reste immobile, et il suffit de faire tourner un seul point de la droite; ainsi $(ac, c'b')$ devient $(ac_1, b'c_1')$ (fig. 358).

2° On opère d'une manière analogue lorsque l'axe est horizontal.

3° Pour faire tourner une droite autour d'un axe non perpendiculaire à l'un des plans de projection, il faut d'abord changer de plans de projection (n°s 247, 302), afin de retomber dans le cas ordinaire.

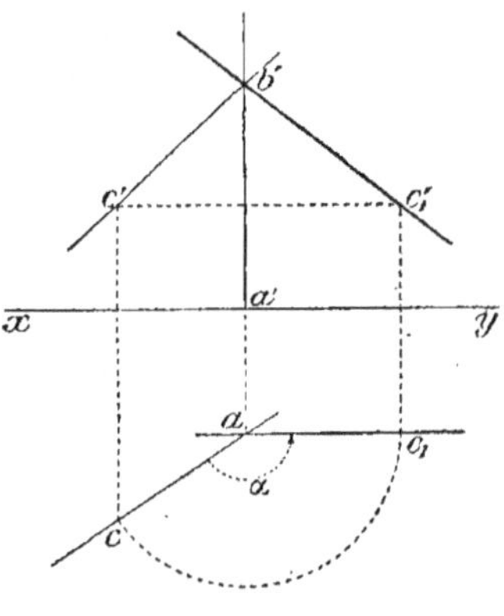

Fig. 358.

Problème.

328. — *Faire tourner d'un angle donné, autour d'un axe vertical, une droite donnée par sa projection cotée.*

Pendant la rotation, les cotes des différents points de la droite sont invariables. De même, l'angle de la droite avec le plan de comparaison reste constant. Donc la pente et, par suite, l'intervalle de cette droite, sont aussi constants.

D'autre part, comme la projection horizontale se meut dans le plan de comparaison, elle reste tangente à la circonférence de centre a et de rayon ad, distance de a à bc.

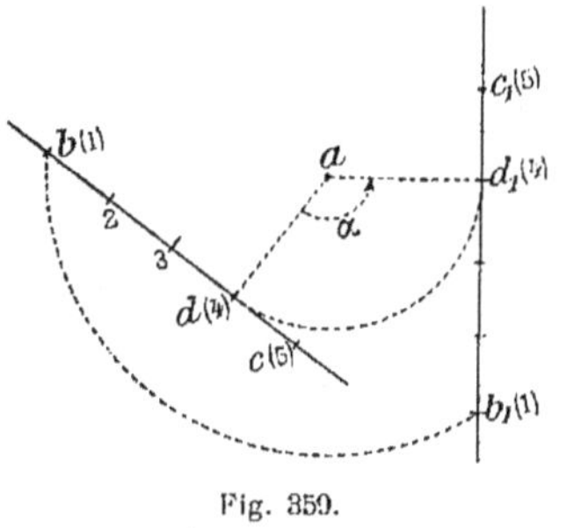

Par conséquent, pour effectuer la rotation indiquée, abaissons la per-

Fig. 359.

pendiculaire ad sur bc (fig. 359), construisons un angle dad_1 égal à l'angle donné α, et décrivons l'arc dd_1.

Le point d vient en d_1, qui a même cote 4 que le point d; par d_1, on mène une tangente à l'arc $d\,d_1$.

Pour obtenir un second point, il suffit de prendre $d_1 b_1 = db$, de manière que b_1 soit orienté sur $d_1 b_1$ dans le même sens que l'est b sur db, et pour cela on peut décrire un arc de cercle de centre a, avec ab pour rayon. On obtient ainsi le point b_1 (1).

Problème.

329. — *Rendre horizontale une droite donnée.*

Pour amener une droite à être horizontale en employant une rotation, il faut prendre un axe de bout, et faire tourner la droite donnée jusqu'à ce que sa projection verticale soit parallèle à xy.

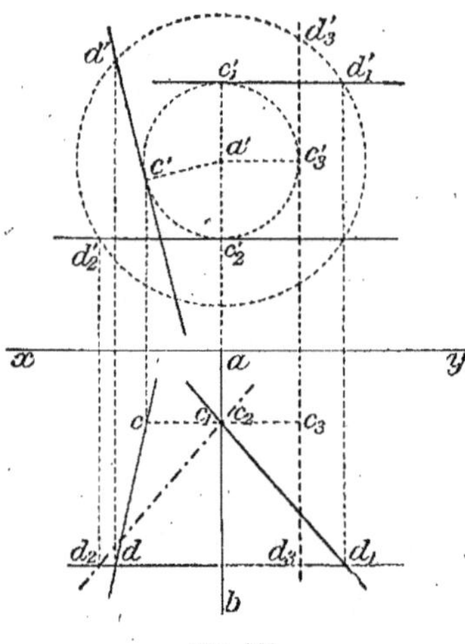

Fig. 360.

Soit la droite $(cd, c'd')$ (fig. 360). Prenons un axe de bout (ab, a'); décrivons du centre a' la circonférence tangente à $c'd'$, puis menons les tangentes parallèles à xy et prenons $c'_1 d'_1 = c'd'$, ou bien $c'_2 d'_2 = c'd'$, suivant le cas; enfin déterminons soit $c_1 d_1$, soit $c_2 d_2$.

Les droites $(c_1 d_1, c'_1 d'_1)$ et $(c_2 d_2, c'_2 d'_2)$ sont horizontales, et les projections $c_1 d_1$ et $c_2 d_2$ sont symétriques par rapport à $a b$.

330. Remarques. — 1° On peut amener la projection verticale en $c'_3 d'_3$ perpendiculaire à xy; la projection horizontale $c_3 d_3$ est aussi perpendiculaire à xy; la droite est devenue *de profil*.

2° Avec un axe vertical, on peut, par des constructions analogues, rendre la droite de front et de profil.

3° L'épure se simplifie lorsque l'axe rencontre la droite donnée (n° 327); mais **il est utile de résoudre la question d'une manière générale,** car l'axe peut être imposé par la figure qu'on étudie.

§ II. — ROTATION D'UN PLAN

331. — Un plan étant défini par deux droites, il suffit de faire tourner deux de ses lignes; on en déduit ensuite les nouvelles traces

du plan ; ordinairement, lorsque l'axe est vertical, on fait choix de
la trace horizontale et d'une autre horizontale de ce plan ; **autant
que possible**, on prend l'horizontale rencontrée par l'axe.

Pour opérer la rotation des droites, on a recours aux procédés du
n° 326.

Problème.

332. — *Un plan étant défini par ses traces, faire tourner ce
plan d'un angle donné, autour
d'un axe vertical.*

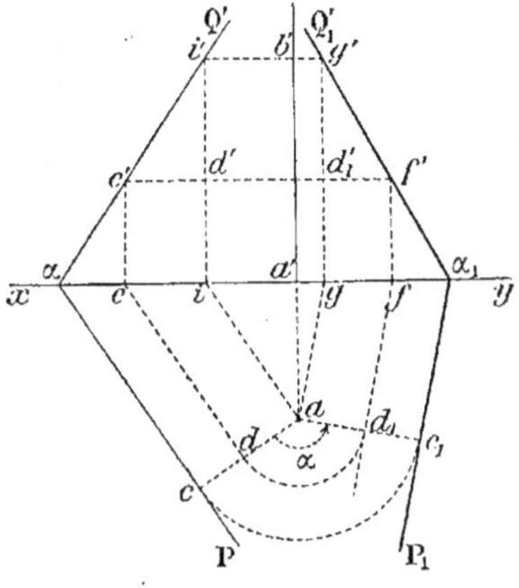

Fig. 361.

Soient $(a, a'b')$ et $P\alpha Q'$ (fig.
361) l'axe et le plan donnés ;
décrivons du centre a une circonférence tangente à αP, formons l'angle donné α ; la tangente $c_1 \alpha_1$ est la nouvelle trace
horizontale.

L'horizontale $(ai, b'i')$ devient $(ag, b'g')$. On obtient
ag en menant une parallèle à
$c_1 \alpha_1$.

Enfin, on joint le point α_1 au
point g'.

Le plan $P\alpha Q'$ est devenu
$P_1 \alpha_1 Q'_1$.

333. **Remarques.** — 1° Lorsque l'horizontale $(ai, b'i')$ qui rencontre l'axe a sa projection verticale hors
des limites de l'épure, on prend une autre
horizontale telle que $(de, d'e')$, qui devient
$(d_1 f, d_1'f')$, et l'on mène $\alpha_1 f'$ (fig. 361).

2° Lorsqu'un plan tourne autour d'un
axe vertical, ses horizontales restent horizontales pendant la rotation ; donc les
lignes de pente relatives au plan horizontal restent également des lignes de
pente.

3° L'angle ABC (fig. 362) du plan avec
la verticale reste invariable ; il en est de
même de l'angle ACB du plan avec le
plan horizontal ; par suite, la pente et
l'intervalle du plan sont constants.

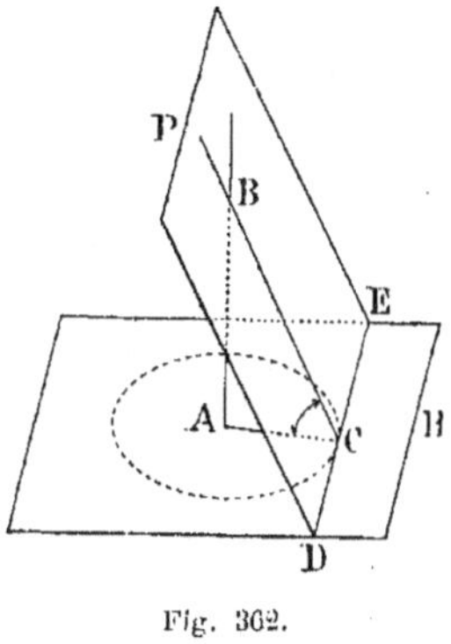

Fig. 362.

Ces deux dernières remarques sont utiles pour résoudre le problème suivant.

Problème.

334 — *Un plan étant défini par son échelle de pente, faire tourner ce plan d'un angle donné, autour d'un axe vertical.*

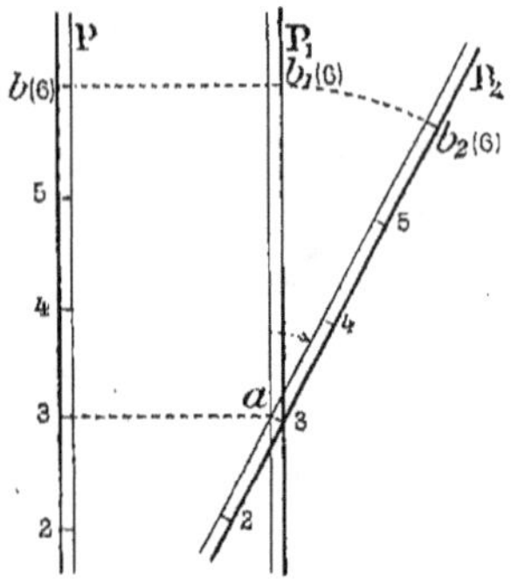

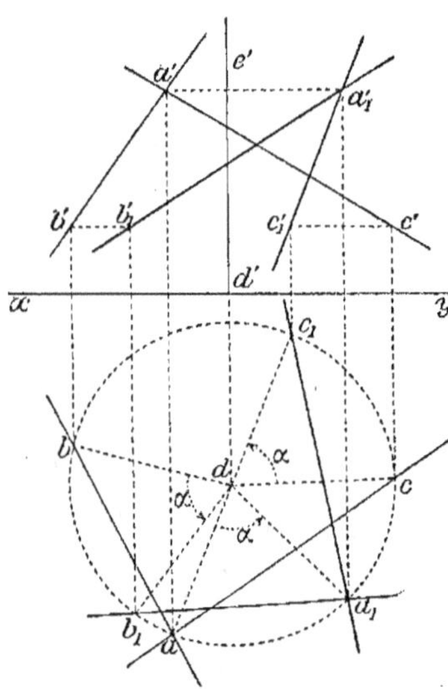

Fig. 363.

Soient P, a et α l'échelle de pente du plan donné, le pied de l'axe et l'angle de rotation (fig. 363).

Traçons l'échelle de pente dont la projection passe par le point a.

Ce point a est fixe et P_1 vient en P_2 ; le point $b_1(6)$ vient en $b_2(6)$ et, d'après les remarques 2° et 3° du numéro précédent, P_2 est une échelle de pente du plan dans sa nouvelle position.

Problème.

335. — *Faire tourner, autour d'un axe vertical, un plan déterminé par deux droites concourantes.*

Soit à faire tourner d'un angle α le plan des deux droites concourantes $(ab,\ a'b')$, $(ac,\ a'c')$, autour de l'axe vertical $(d,\ d'e')$ (fig. 364).

On pourrait déterminer le point où l'axe perce le plan, c'est-à-dire le point qui reste fixe pendant la rotation, et faire tourner la trace horizontale du plan.

Mais il est tout aussi simple de faire tourner de l'angle α trois points du plan ; d'abord le point $(a,\ a')$ commun aux deux droites, puis les points $(b,\ b')$ et $(c,\ c')$ des deux droites et tels que $db = dc = da$, pour n'avoir à décrire qu'une seule circonférence.

Fig. 364.

Soient (a_1, a_1'), (b_1, b_1) et (c_1, c_1') les projections des trois points considérés après la rotation.

Dans sa nouvelle position, le plan est défini par les deux droites concourantes $(a_1 b_1, a_1' b_1')$ et $(a_1 c_1, a_1' c_1')$. On commence d'abord par construire l'angle $b d b_1 = \alpha$; puis, pour obtenir les points a_1 et c_1, on prend les arcs $a a_1$ et $c c_1$ égaux à l'arc $b b_1$.

Problème.

336. — *Amener un plan quelconque à être perpendiculaire à l'un des plans de projection.*

Pour amener un plan à être perpendiculaire à l'un des plans de projection, au plan horizontal, par exemple, il faut le faire tourner autour d'un axe de bout, jusqu'à ce que sa trace verticale soit perpendiculaire à xy.

Soit à rendre vertical le plan $P\alpha Q'$ (fig. 365).

Prenons un axe de bout (ab, a'); menons par a' une frontale $(cd, c'd')$ du plan $P\alpha Q'$; elle détermine le point (c, c') où l'axe perce le plan donné, et la nouvelle trace horizontale du plan passe par le point c.

Pour opérer la rotation de la trace $\alpha Q'$, recourons au procédé du n° 332; du centre a', décrivons une circonférence tangente à $\alpha Q'$; menons la tangente $e_1' \alpha_1$ perpendiculaire à xy et joignons $\alpha_1 c$. Le plan $P\alpha Q_1$ est devenu le plan vertical $P_1 \alpha_1 Q_1'$.

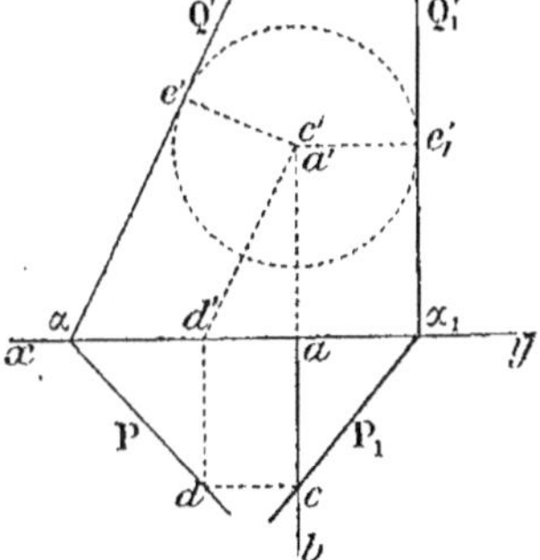

Fig. 365.

Problème.

337. — *Amener un plan quelconque à être parallèle à l'un des plans de projection.*

Pour amener un plan quelconque à être parallèle au plan horizontal, par exemple, il faut deux rotations :

1° En employant un axe vertical, on peut le rendre perpendiculaire au plan vertical ;

2° En le faisant tourner autour d'un axe de bout, ce plan restera perpendiculaire au plan vertical ; mais on l'amènera à être parallèle au plan horizontal en rendant sa trace verticale parallèle à xy.

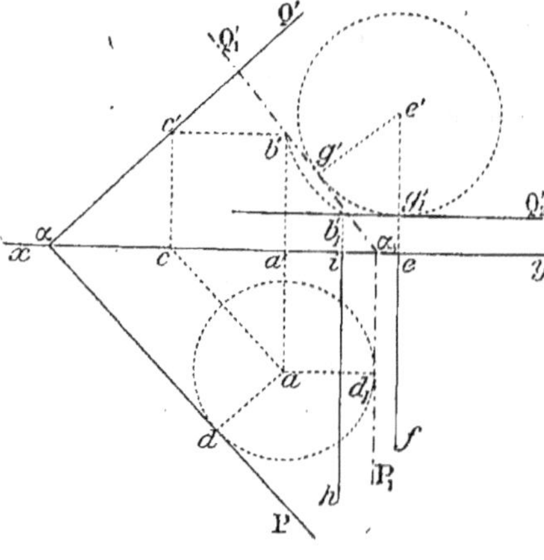

Fig. 366.

Soit le plan $P \alpha Q'$, qu'il faut rendre horizontal.

Prenons un axe vertical $(a, a'b')$, afin d'amener $P \alpha Q'$ dans la position $P_1 \alpha_1 Q_1'$, de manière que $\alpha_1 P_1$ soit perpendiculaire à xy; l'horizontale $(ac, b'c')$ fait connaître le point b', où l'axe perce le plan et détermine $\alpha_1 Q_1'$; puis, au moyen d'un axe horizontal (ef, e'), amenons le plan $P_1 \alpha_1 Q_1'$ à être horizontal; il suffit de tracer la tangente Q_2' parallèle à xy.

338. Remarques. — 1° Lorsque g' tend vers la position g_1', la trace $\alpha_1 P_1$ s'éloigne de plus en plus du point a; elle passe à l'infini quand Q_2' est parallèle à xy.

2° L'horizontale $(ac, b'c')$ devient successivement (b', aa') et (b_1', ih);

3° La construction se simplifie lorsque l'axe $(a, a'b')$ est pris dans le plan vertical, etc.; mais, ainsi qu'on l'a dit précédemment (n° 330, 3°), **il convient de résoudre la question avec des axes quelconques**, parce que le choix des axes de rotation est subordonné à l'ensemble de la figure dont le plan peut faire partie.

4° Voici le nombre d'opérations (rotation ou changement de plan) nécessaires pour rendre une droite quelconque, ou un plan quelconque, parallèle ou perpendiculaire à l'un des plans de projection :

Une seule opération suffit pour amener une droite à être parallèle, ou un plan à être perpendiculaire.

Il faut deux opérations pour amener une droite à être perpendiculaire, ou un plan à être parallèle.

§ III. — REMARQUES GÉNÉRALES SUR LES MÉTHODES

339. 1° **Les changements de plan, les rabattements et les rotations sont des méthodes générales**, parce que les solutions des problèmes résolus par l'une ou l'autre de ces méthodes ne tombent jamais en défaut; elles conviennent donc à tous les cas des problèmes.

2° Le rabattement d'un plan de bout autour de sa trace horizontale (n° 229) revient à une rotation de ce plan autour de cette même trace horizontale, l'angle de rotation étant égal à l'angle de la trace verticale $\alpha Q'$ avec xy.

Une remarque analogue a lieu lorsqu'il s'agit du rabattement d'un plan vertical autour de sa trace verticale.

3° Le rabattement, sur le plan horizontal, d'une figure plane située dans un plan vertical, revient à un changement de plan vertical, la nouvelle ligne de terre coïncidant avec la trace du plan sur le plan horizontal.

Remarque semblable au sujet du rabattement d'un plan de bout autour de sa trace verticale.

4° Le rabattement d'un plan quelconque sur un plan horizontal n'est autre chose qu'une rotation de ce plan autour d'un axe parallèle au plan horizontal; d'ailleurs, dans ce rabattement, on se borne à faire tourner des points situés dans le plan.

Même remarque pour le rabattement d'un plan quelconque sur un plan de front.

5° Le rabattement d'un plan quelconque sur un plan vertical est équivalent à un changement du plan horizontal suivi d'une rotation autour d'un axe vertical.

Soit à rabattre autour de la frontale (ef, e'f') *le plan déterminé par cette droite et le point* (a, a') *(fig. 367).*

Rabattons ce point en a'_2, après avoir construit le triangle de rabattement $d\,a'\,b'_1$.

Effectuons un changement de plan horizontal de manière que (ef, e'f') soit verticale; il suffit de prendre $x_1 y_1$ perpendiculaire à $e'f'$; la droite $(e_1, e'f')$ est la nouvelle position de (ef, e'f'), et le point (a, a') devient (a_1, a').

Dans le système $x_1 y_1$, le plan défini par la droite et le point considérés est vertical; il a

Fig. 367.

pour trace horizontale $e_1 a_1$, et tous les points du plan se projettent horizontalement sur $e_1 a_1$.

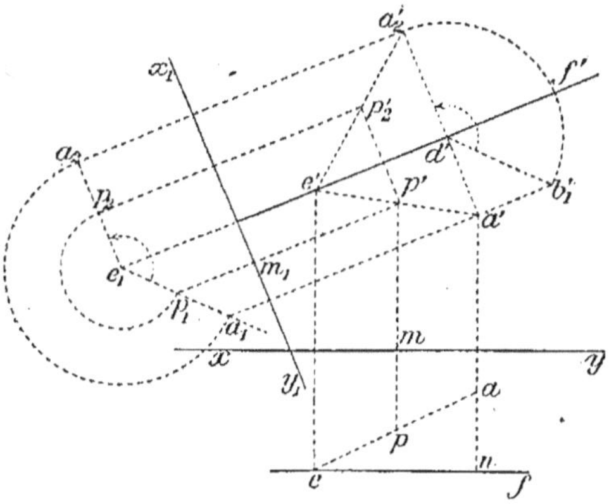

Effectuons une rotation d'angle $b'_1\,d'\,a'_2$ autour de l'axe $(e_1, e'f')$; a_1 vient en a_2 et a' en a'_2 sur la perpendiculaire $a'\,a_2$ à $e'f'$.

Or
$$e_1 a_2 = e_1 a_1 = d'b'_1 = d'a'_2;$$

donc, a'_2, la nouvelle projection verticale du point, occupe la même position que dans le rabattement.

Pour relever un point rabattu en p'_2, par exemple, on détermine sa projection horizontale p_2; une rotation, de sens inverse à la précédente, amène ce point en p_1; sa projection verticale est p' dans le système $x_1 y_1$; enfin, une ligne de rappel perpendiculaire à xy, et sur laquelle on porte $m\,p = m_1 p_1$, donne la projection horizontale p.

Comme vérification, $a'_2 p'_2$ et $a' p'$ doivent se rencontrer en un même point c' de $c'f'$, et ap doit passer par la projection horizontale c sur ef.

Pour effectuer la rotation, il s'agit de prendre $c_1 p_2 = c_1 p_1$, $e_1 a_2 = c_1 a_1$, etc. On peut tracer les arcs de cercle servant à porter ces longueurs en dehors de la figure, de manière à ne pas recouvrir les parties utiles de la figure.

6° On établirait de même que le rabattement d'un plan quelconque sur un plan horizontal est équivalent à un changement de plan vertical suivi d'une rotation autour d'un axe de bout.

CHAPITRE IV

APPLICATION DES MÉTHODES

DÉTERMINATION DES DISTANCES

340. — Nous avons déjà vu, nos 242 et suivants, comment on détermine les distances à l'aide d'un rabattement sur un plan horizontal ou d'un changement de plan vertical. Nous allons traiter ces questions soit par un changement de plan horizontal, soit par un rabattement sur un plan de front, soit par une rotation.

§ I. — DISTANCE DE DEUX POINTS

341. MÉTHODE GÉNÉRALE. — *Pour trouver la distance de deux points, on amène le segment de droite qui joint les deux points à être parallèle à l'un des plans de projection ; le segment se projette alors en vraie grandeur sur ce plan.*

Problème.

342. — *Trouver la distance de deux points donnés par leurs projections.*

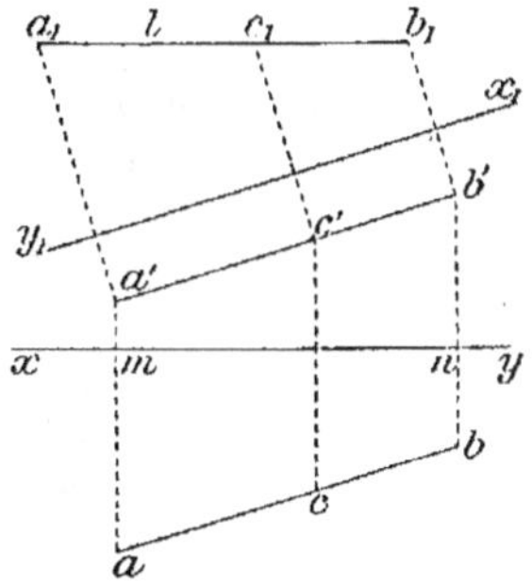

Soit à trouver la distance des deux points (a, a') et (b, b').

1° **Par un changement de plan horizontal**, on rend horizontale la droite qui joint les deux points ; il faut prendre $x_1 y_1$ parallèle à $a'b'$ (fig. 368) ; le segment considéré se projette en vraie grandeur sur le nouveau plan horizontal, et la nouvelle projection $a_1 b_1$ donne la distance des deux points.

Fig. 368.

2° **On rabat sur le plan vertical le** plan qui projette verticalement la droite. Il suffit de porter

$a'a'_1 = ma$ et $b'b'_1 = nb$ sur les perpendiculaires $a'a'_1$ et $b'b'_1$ à $a'b'$ (fig. 369).

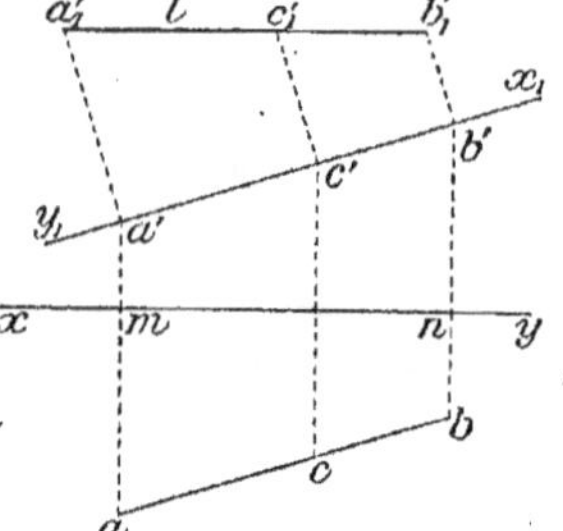

$a'_1 b'_1$ est la distance demandée.

Ce rabattement revient à un changement de plan horizontal dans lequel la nouvelle ligne de terre se confond avec $a'b'$. Les notations seules sont changées ; en effet, on écrit a'_1 pour le rabattement du point (a, a') et a_1 pour la nouvelle projection horizontale.

3° **Par une rotation autour d'un axe vertical**, on rend la droite parallèle au plan vertical (fig. 370).

Prenons pour axe la verticale $(a, a'c')$ qui rencontre la droite donnée au point (a, a').

Fig. 369.

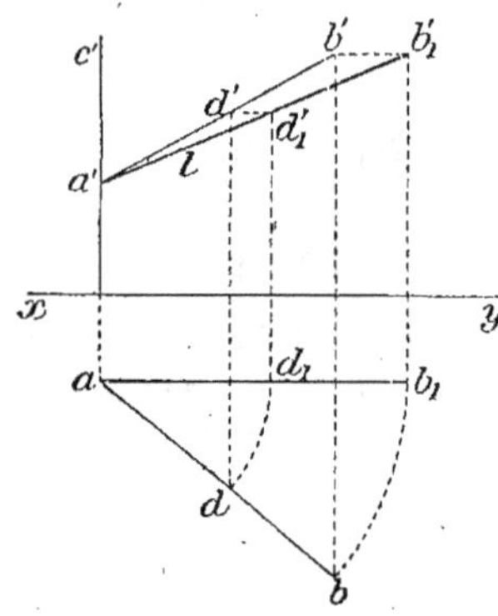

Fig. 370.

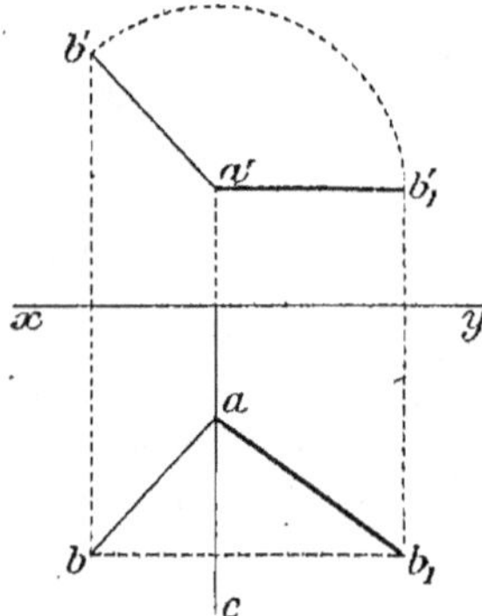

Fig. 371.

Pour amener la droite à être de front, il suffit de la faire tourner autour de l'axe $(a, a'c')$ jusqu'à ce que sa projection horizontale soit parallèle à xy. Le point b vient en b_1 de manière que $ab_1 = ab$; le point b' se déplace sur une parallèle $b'b'_1$ à xy et vient en b'_1 sur la ligne de rappel issue de b_1 ; $a'b'_1$, nouvelle projection verticale de la droite, est la distance demandée.

4° On peut aussi rendre la droite **parallèle au plan horizontal**, en la faisant tourner autour d'un **axe horizontal** (fig. 371) ; la nouvelle projection horizontale ab_1 est la vraie grandeur de la distance cherchée.

Remarque. — On peut se dispenser de figurer l'axe de rotation ; sa direction est suffisamment indiquée par la ligne de rappel aa'.

Problème inverse.

343. — *Porter sur une droite une longueur donnée, à partir d'un point donné.*

Soit à porter une longueur donnée l sur la droite $(ab, a'b')$, à partir du point (a, a').

Par l'un ou l'autre des procédés indiqués ci-dessus (n° 342), on construit la vraie grandeur de cette droite. Sur cette droite en vraie grandeur, et à partir du point donné, on porte la longueur voulue ; on détermine ensuite les projections de l'extrémité du segment obtenu.

Ainsi sur $a_1 b_1$ (fig. 368) ou sur $a_1' b_1'$ (fig. 369), on a pris $a_1 c_1 = l$ ou $a_1' c_1' = l$, et l'on a déterminé les projections (c, c') de l'extrémité du segment.

De même, on a pris $a' d_1 = l$ (fig. 370), et l'on a déterminé les projections correspondantes de l'extrémité.

§ II. — DISTANCE D'UN POINT A UN PLAN

344. — Nous avons vu que la distance d'un point à un plan s'obtient immédiatement lorsque le plan est perpendiculaire à l'un des plans de projection. On en déduit la méthode suivante :

MÉTHODE GÉNÉRALE. — *Par un changement de plan ou par une rotation, on rend le plan donné perpendiculaire à l'un des plans de projection, au plan horizontal, par exemple. La distance du point au plan est égale à la distance de la nouvelle projection horizontale du point à la nouvelle trace horizontale du plan.*

Problème.

345. — *Trouver la distance d'un point à un plan donné par ses traces.*

Soit à trouver la distance du point (a, a') au plan $P\alpha Q'$.

1° **Par un changement de plan horizontal,** rendons vertical le plan donné ; il suffit que $x_1 y_1$ soit perpendiculaire à $\alpha Q'$ (fig. 372). En utilisant le point (b, b') du plan, on trouve βP_1 pour nouvelle trace horizontale. Le point (a, a') devient (a_1, a') $(n a_1 = m a)$, et la perpendiculaire $a_1 c_1$ à βP_1 donne la distance du point au plan.

2° Par une rotation autour de l'axe vertical $(a, a'b')$ (fig. 373), rendons de bout le plan donné. On choisit l'axe qui passe par le point (a, a'), afin que ce point reste immobile. Pour amener le plan $P\alpha Q'$ à être perpendiculaire au plan vertical, il suffit de décrire une circonférence ayant a pour centre et af pour rayon, de mener une tangente $f_1\alpha_1$ perpendiculaire à xy, et de joindre α_1 au point b' où l'axe rencontre le plan (n° 336).

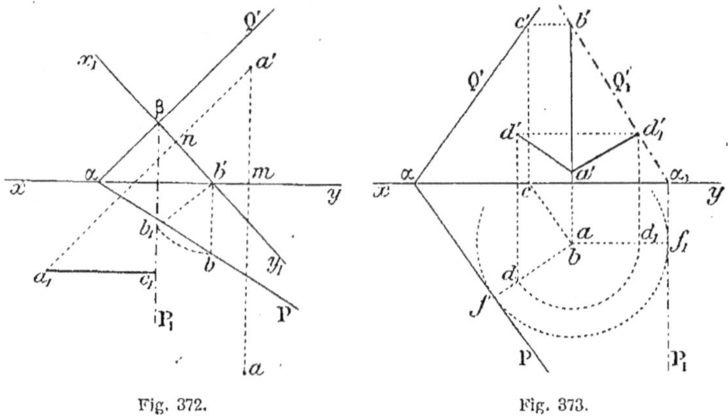

Fig. 372.   Fig. 373.

Les positions relatives du point et du plan donnés n'ont pas changé; car, dans toutes les positions qu'il occupe successivement, le plan reste également incliné sur l'axe, passe par un même point de cette ligne et demeure à une distance invariable du point (a, a') de cet axe.

Pour avoir la distance du point au plan, il suffit d'abaisser la perpendiculaire $a'd_1'$ sur $\alpha_1 Q_1'$.

Remarque. — Si l'on demandait le point où la perpendiculaire perce le plan $P\alpha Q'$, on amènerait d_1 en d, puis on déterminerait d'. Comme vérification, $a'd'$ doit être perpendiculaire à $\alpha Q'$.

§ III. — DISTANCE D'UN POINT A UNE DROITE

346. MÉTHODE GÉNÉRALE. — *On amène la droite à être perpendiculaire à l'un des plans de projection. La distance du point à la droite s'obtient alors immédiatement (n° 258, 1°).*

Mais pour rendre une droite quelconque perpendiculaire à l'un des plans de projection, une seule opération, changement de plan ou rotation, n'est plus suffisante ; il en faut deux (n° 338, 4°), par exemple :

Deux changements de plan ;

Deux rotations ;

Un changement de plan suivi d'une rotation, et *vice versa*.

Problème.

347. — *Trouver la distance d'un point à une droite.*

Soit à trouver la distance du point (a, a') à la droite $(bc, b'c')$.

1° A l'aide de deux changements de plan, nous allons amener la droite à être verticale.

Prenons un nouveau plan vertical de manière que $x_1 y_1$ se confonde avec bc (fig. 374) ; la droite devient de front dans le système $x_1 y_1$, et ses projections sont $(bc, b'_1 c'_1)$; celles du point sont a et a'_1.

Pour rendre verticale la droite $(bc, b'_1 c'_1)$, il suffit de prendre un nouveau plan horizontal perpendiculaire à cette droite, et pour cela la nouvelle ligne de terre $x_2 y_2$ doit être perpendiculaire à $b'_1 c'_1$. Dans le système $x_2 y_2$, le point et la droite ont pour projections respectives (a_2, a'_1) et $(b_2, b'_1 c'_1)$.

En joignant le point a_2 au pied de la verticale, on obtient en $a_2 b_2$ la distance cherchée (n° 258).

2° Emploi de deux rotations successives. — Par une première rotation autour d'un axe vertical passant par le point (b, b') (fig. 375), amenons la droite donnée à être de front en $(bc_1, b'c'_1)$.

Soient a_1, a'_1 les nouvelles projections du point (a, a'). L'angle $a b a_1$ égale l'angle $c b c_1$ et $b a_1 = b a$.

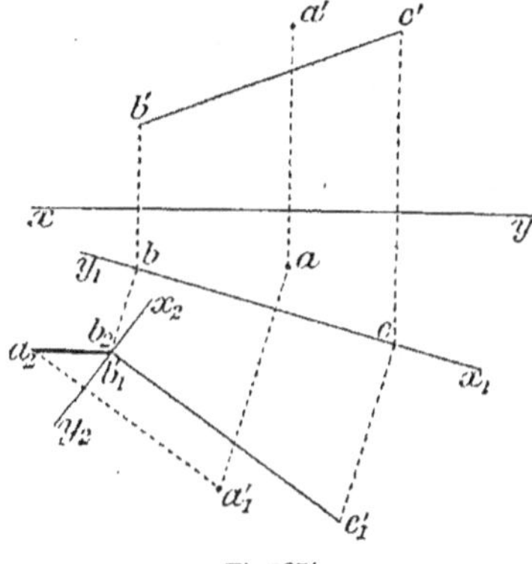

Fig. 374.

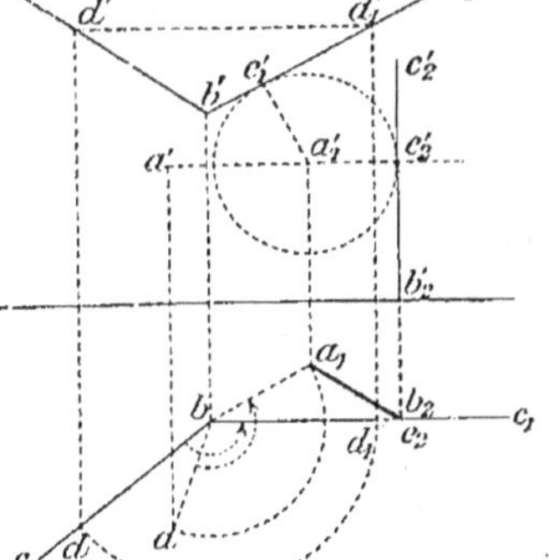

Fig. 375.

Par une seconde rotation, autour d'un axe de bout passant par le point (a_1, a_1'), rendons verticale la frontale $(bc_1, b'c_1')$. Pour cela, du point a_1', on abaisse la perpendiculaire $a_1'c_1'$ sur $b'c_1'$, on décrit une circonférence de rayon $a_1'c_1'$, et on trace la tangente $b_2'c_2'$ perpendiculaire à xy. Les éloignements des divers points de la droite restent constants pendant ce mouvement; or ces éloignements sont tous égaux, puisque la droite est de front; donc le pied de la perpendiculaire se trouve en b_2 sur bc_1.

Le point (a_1, a_1') situé sur l'axe n'a pas bougé; en traçant $a_1 b_2$, on obtient la distance cherchée.

§ IV. — PERPENDICULAIRE COMMUNE A DEUX DROITES : PLUS COURTE DISTANCE DE DEUX DROITES

348. Définitions. — On appelle **perpendiculaire commune** à deux droites données A B et CD (fig. 376), une droite A C rencontrant à angle droit chacune des droites considérées.

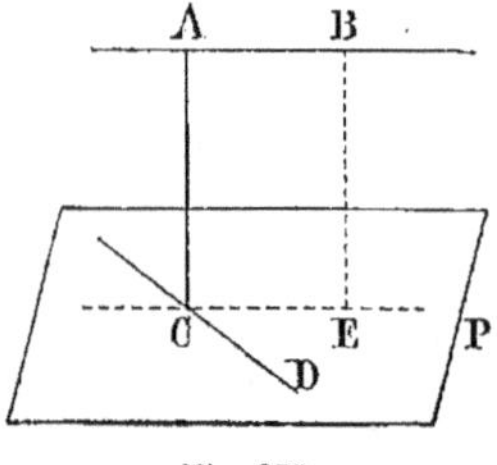

Fig. 376.

Cette perpendiculaire commune A C est la **plus courte distance** des deux droites (M. G., n° 469).

349. Direction de la perpendiculaire commune. 1re Méthode. — Par l'une des droites, CD, par exemple (fig. 376), menons un plan P parallèle à l'autre droite A B. La droite A C, perpendiculaire aux deux droites A B et CD, est perpendiculaire au plan P, et toute droite BE, perpendiculaire au plan P, est parallèle à A C. Donc pour avoir la direction de la perpendiculaire commune, il suffit de tracer, par un point quelconque B, une perpendiculaire au plan P mené par la droite CD parallèlement à A.B.

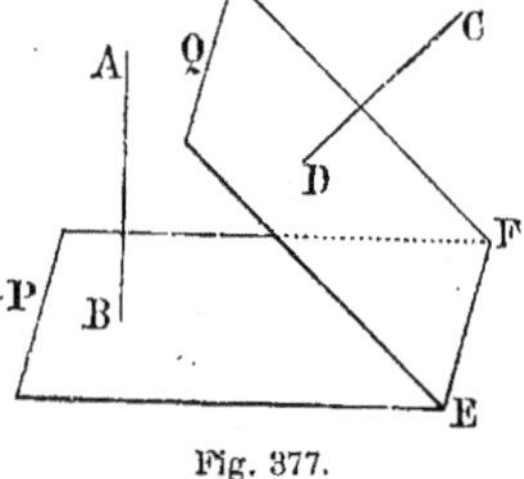

Fig. 377.

2° Méthode. — On peut aussi construire deux plans P et Q (fig. 377), respectivement perpendiculaires à A B et CD; leur intersection EF donne la direction demandée.

Position de la perpendiculaire commune. — Lorsqu'on connaît la *direction* de la perpendiculaire commune, pour obtenir sa position, il reste à trouver une droite parallèle à cette direction et rencontrant les droites données (n°s 125, 198).

Remarque. — Dans la fig. 376, $BE = AC$; donc lorsqu'on veut avoir seulement la plus courte distance des deux droites, il suffit de mener la perpendiculaire BE au plan P par un point de AB.

Nous examinerons d'abord quelques cas particuliers.

Problème.

350. — *Trouver la plus courte distance de deux droites dont l'une est perpendiculaire à l'un des plans de projection.*

Soit à trouver la plus courte distance d'une verticale $(a,\ a'b')$ et d'une droite quelconque $(cd,\ c'd')$ (fig. 378).

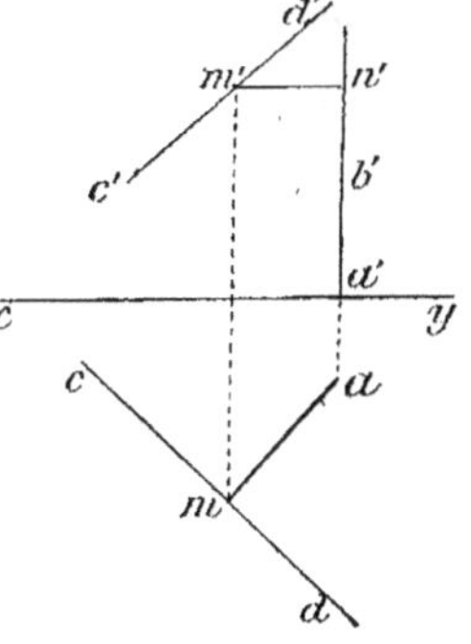
Fig. 378.

La perpendiculaire commune est horizontale comme perpendiculaire à la verticale $(a,\ a'b')$; dès lors, l'angle droit qu'elle forme avec $(cd,\ c'd')$ ayant un côté parallèle au plan horizontal se projette sur ce plan suivant un angle droit (n° 126); d'autre part, a est la projection horizontale du point d'intersection de $(a,\ a'b')$ avec la perpendiculaire commune. Donc, du point a, il faut abaisser la perpendiculaire am sur cd; m fait connaître m'; puis par m', on mène $m'n'$ parallèle à xy.

La ligne $(am,\ m'n')$ est la perpendiculaire commune.

Cette droite étant horizontale, am est la plus courte distance des deux droites.

On procède d'une manière analogue si l'une des droites est **de bout**.

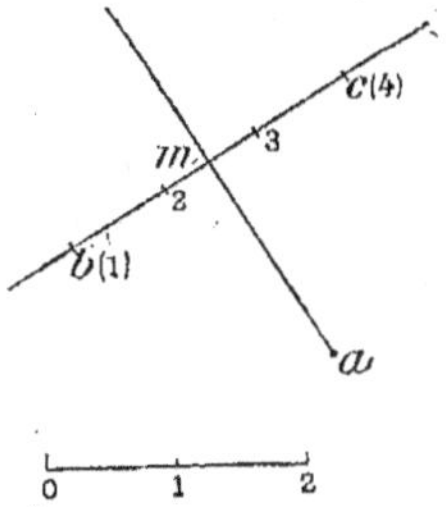

351. En géométrie cotée, pour trouver la projection de la perpendiculaire commune à la verticale de trace a et à la droite $b(1)\ c(4)$ (fig. 379), il suffit de mener am perpendiculaire à bc. Cette droite est une horizontale de même cote que le point m où elle rencontre bc.

Le segment am, mesuré à l'échelle graphique, donne la plus courte distance des deux droites.

Échelle de 0,009
Fig. 379.

Problème.

352. — *Trouver la plus courte distance de deux droites parallèles à l'un des plans de projection.*

Soit à trouver la plus courte distance de deux horizontales $(ab, a'b')$ et $(cd, c'd')$ (fig. 380).

Le plan mené par l'une des droites $(cd, c'd')$, parallèlement à l'autre, est un plan horizontal de trace $c'd'$; donc la perpendiculaire commune est verticale, et comme elle doit rencontrer ces deux droites, son pied se trouve au point de concours e des projections horizontales. La perpendiculaire commune est $(e, c'm')$.

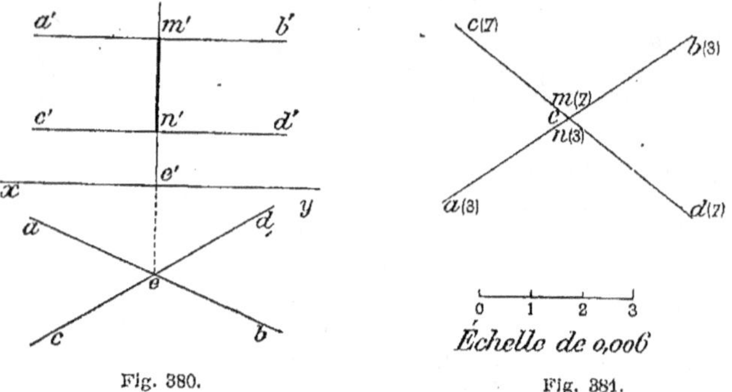

Fig. 380.   Fig. 381.

Échelle de 0,006

Le segment $m'n'$ compris entre les projections verticales des deux droites donne leur plus courte distance.

La construction est analogue lorsque les droites données sont de **front**.

353. En **géométrie cotée**, la perpendiculaire commune aux deux horizontales $a(3)$ $b(3)$, $c(7)$ $d(7)$ a pour trace le point de concours e des projections de ces droites, et la plus courte distance égale la différence des cotes des horizontales données, soit 4 unités de l'échelle graphique.

Problème.

354. — *Trouver la plus courte distance de deux droites dont les projections horizontales sont parallèles.*

1° Les plans verticaux projetant horizontalement les deux droites sont parallèles comme ayant leurs traces horizontales parallèles. Donc la plus courte distance cherchée est égale à fg (fig. 382), distance d'un point quelconque (f, f') de $(ab, a'b')$ au plan vertical de trace cd, mené par $(cd, c'd')$ et parallèle à $(ab, a'b')$.

2° Pour obtenir la **position** de la perpendiculaire commune, rendons les deux droites parallèles au plan vertical; il suffit de prendre une ligne de terre $x_1 y_1$ parallèle aux deux projections horizontales.

Soient $a_1' b_1'$ et $c_1' d_1'$ les nouvelles projections verticales des droites. La perpendiculaire commune, perpendiculaire au nouveau plan vertical, est une droite de bout dans le système $x_1 y_1$, et sa trace verticale est au point de concours des projections verticales des deux droites données; sa projection horizontale est mn, et sa projection verticale dans le système xy est $m'n'$.

Comme vérification, $m'n'$ doit être parallèle à xy.

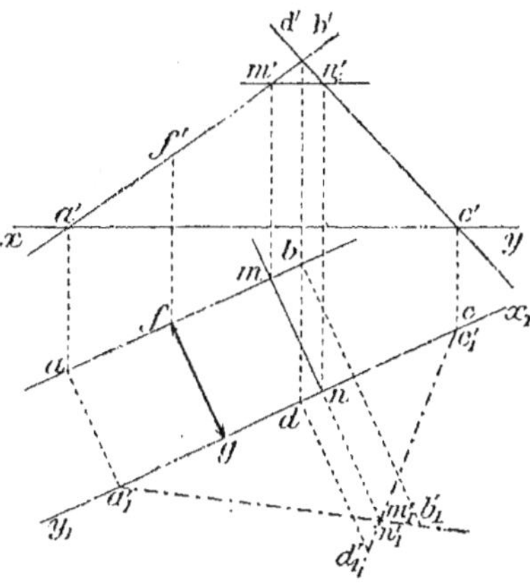

Fig. 382.

Remarque. — Le segment mn égale la plus courte distance des deux droites.

355. En **géométrie cotée**, les plans projetant les deux droites sont parallèles et la perpendiculaire commune est perpendiculaire à ces plans; c'est une horizontale dont la direction est perpendiculaire aux projections des droites données; il suffit d'en trouver un point.

1° En prenant un plan vertical auxiliaire, parallèle aux deux droites, le pied de la perpendiculaire commune est au point de concours des projections verticales des droites considérées; sa position est donc déterminée (n° 354).

2° Soient $a(1) b(4)$ et $c(1) d(4)$ les droites données (fig. 383); la perpendiculaire commune est une horizontale s'appuyant sur ab et cd; or nous avons vu (n° 191) que les projections des horizontales qui rencontrent deux droites données concourent en un même point.

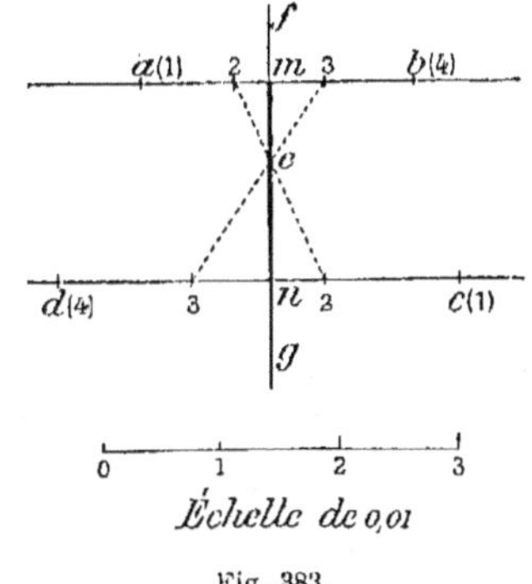

Échelle de 0,01

Fig. 383.

Les projections des horizontales de cotes 2 et 3 se coupent au point c; la perpendiculaire fg menée par e aux droites ab et cd est la perpendiculaire commune, et mn est la plus courte distance cherchée..

Problème.

356. Cas général. — *Trouver la plus courte distance de deux droites quelconques.*

Soit à trouver la plus courte distance des deux droites $(ab, a'b')$ et $(cd, c'd')$ (fig. 384).

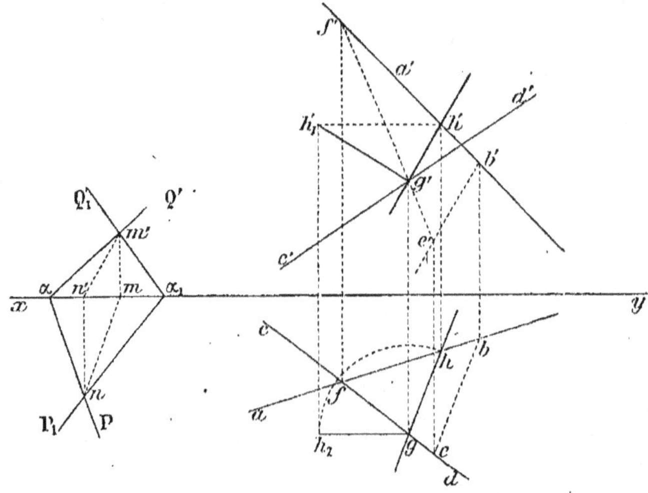

Fig. 384.

1° Direction de la perpendiculaire commune. — Menons un plan $P\alpha Q'$ perpendiculaire à $(ab, a'b')$, et un plan $P_1\alpha_1 Q_1'$ perpendiculaire à $(cd, c'd')$; l'intersection $(mn, m'n')$ de ces deux plans donne la direction cherchée (n° 349, 2°).

2° Position de la perpendiculaire commune. — Il faut trouver une droite de direction donnée et s'appuyant sur deux droites données.

Effectuons les constructions indiquées au n° 125.

Par un point quelconque (b, b') de $(ab, a'b')$, menons $(be, b'e')$ parallèle à $(mn, m'n')$; déterminons le point (g, g') où $(cd, c'd')$ rencontre le plan des deux droites $(ab, a'b')$ et $(be, b'e')$, en utilisant le plan qui projette horizontalement $(cd, c'd')$. Ce plan coupe le plan des deux droites suivant $(ef, e'f')$, et cette dernière rencontre $(cd, c'd')$ au point (g, g'). Enfin, par (g, g'), menons $(gh, g'h')$ parallèle à $(mn, m'n')$. La droite $(gh, g'h')$ est la perpendiculaire commune.

Cette droite doit rencontrer $(ab, a'b')$; donc, comme vérification, les points h et h', intersections des projections correspondantes, doivent se trouver sur une même ligne de rappel.

3° **Plus courte distance.** — Il suffit de déterminer la vraie grandeur du segment $(gh, g'h')$; par une rotation autour d'un axe vertical, on rend ce segment de front en $(gh_1, g'h_1')$, et $g'h_1'$ est la plus courte distance des deux droites.

Problème.

357. — *Trouver la plus courte distance de deux droites quelconques données par leurs projections cotées.*

Soient $a(5)\,b(6)$ et $c(3)$ $c(4)$ les droites données (fig. 385).

1° **Direction de la perpendiculaire commune.** — D'après la première méthode (n° 349), par la droite cc, menons un plan parallèle à la seconde droite; pour cela, on trace $c(3)\,f(4)$ égale et parallèle à $a(5)\,b(6)$; les horizontales du plan auxiliaire ont la direction ef, et on peut graduer en P une échelle de pente de ce plan.

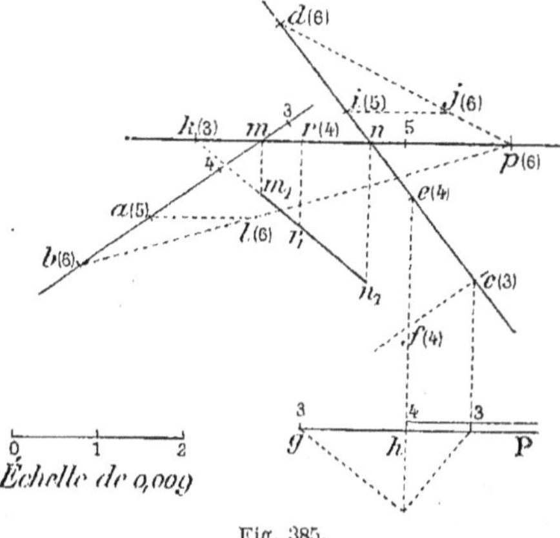

Fig. 385.

Puis, la droite $g(3)\,h(4)$, perpendiculaire au plan P, donne la direction de la perpendiculaire commune.

2° **Position.** — Il s'agit de mener une droite de direction donnée et s'appuyant sur deux droites données. Nous utiliserons le second procédé du n° 198. En traçant $a(5)\,l(6)$ et $i(5)\,j(6)$ égales et parallèles à gh, on obtient deux plans abl, dij, parallèles à gh; leurs horizontales de cote 6 se rencontrent en p. L'intersection kr des deux plans, parallèle à gh, est la perpendiculaire commune demandée.

3° **Plus courte distance.** — La perpendiculaire commune rencontre respectivement les droites données en m et n, et en rabattant le segment mn sur le plan horizontal de cote 3, autour de l'axe kr, on obtient en $m_1 n_1$ la plus courte distance des deux droites.

Pour ne pas avoir à déterminer les cotes des points m et n, on rabat la droite mn à l'aide du segment $k(3)\,r(4)$, en menant rr_1 perpendiculaire à mn, et égale à une unité de l'échelle; puis, par des parallèles mm_1, nn_1 à rr_1, on détermine les points m_1, n_1 sur kr_1.

358. Cas particulier. — L'une des droites est horizontale, l'autre est de front.

Soit à trouver la plus courte distance de l'horizontale $(ab, a'b')$ et de la frontale $(cd, c'd')$ (fig. 386).

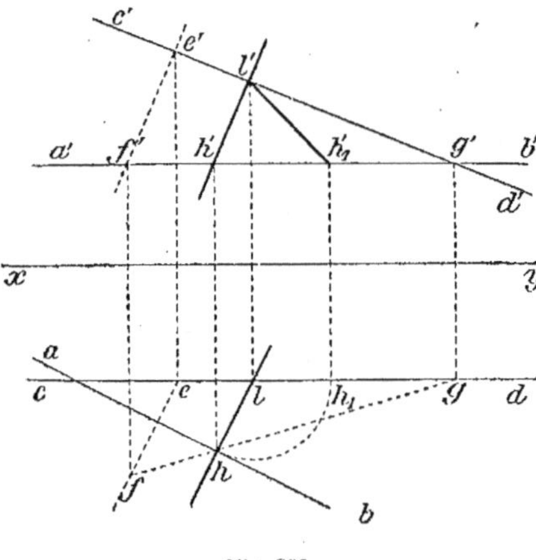

Fig. 386.

1° On connaît immédiatement la **direction** de la perpendiculaire commune. En effet, l'angle droit formé par la droite $(ab, a'b')$, par exemple, et la perpendiculaire commune, ayant un côté parallèle au plan horizontal, se projette sur ce plan suivant un angle droit. Ainsi la projection horizontale de la perpendiculaire commune est perpendiculaire à ab. De même, sa projection verticale est perpendiculaire à $c'd'$.

2° Pour obtenir la **position** de la perpendiculaire commune, il faut mener une droite de direction donnée et s'appuyant sur deux droites données. Par un point quelconque (e, e') de $(cd, c'd')$, on mène une parallèle à la direction considérée; il suffit de tracer $e'f'$ perpendiculaire à $c'd'$ et ef perpendiculaire à ab.

On cherche ensuite le point (h, h') où $(ab, a'b')$ rencontre le plan des deux droites $(cd, c'd')$, $(ef, e'f')$; puis on trace $(hl, h'l')$ parallèle à $(ef, e'f')$, et l'on vérifie qu'elle rencontre $(cd, c'd')$; pour cela, l et l' doivent se trouver sur une même ligne de rappel.

3° Enfin, on rend le segment $(hl, h'l')$ parallèle au plan vertical en le faisant tourner autour de la verticale du point (l, l').

$l'h_1'$ est la **plus courte distance** des deux droites.

CHAPITRE V

APPLICATION DES MÉTHODES (SUITE)

DÉTERMINATION DES ANGLES

---

§ I. — ANGLE DE DEUX DROITES

359. MÉTHODE GÉNÉRALE. — *On rend le plan de l'angle des deux droites parallèle à l'un des plans de projection, soit par deux changements de plan, soit par deux rotations, soit par un changement de plan et une rotation.*

Toutefois, la méthode des rabattements, déjà employée (n° 268), est la plus simple et la plus rapide.

Problème.

360. — *Trouver l'angle de deux droites concourantes* $(oa, o'a')$ *et* $(ob, o'b')$.

D'abord, par un changement de plan vertical, rendons de bout le plan des deux droites en prenant x_1y_1 (fig. 387) perpendiculaire à l'horizontale $(ab, a'b')$. Les points (a, a') et (b, b') ont leurs nouvelles projections verticales confondues en $a_1'b_1'$ $(\alpha_1 a_1' = \alpha a')$, et le point (o, o') devient (o, o_1') $(p_1 o_1' = p o')$.

1° On peut ensuite rendre le plan des deux droites parallèle au plan horizontal par une rotation autour de l'axe de bout $(ab, a_1'b_1')$; il suffit d'amener sa trace verticale $a_1'o_1'$ à être parallèle à x_1y_1. Soit $a_1'o_1''$ la nouvelle position de $a_1'o_1'$. Le point (o, o_1') devient (o_1, o_1''), et l'angle ao_1b est l'angle des deux droites.

2° Ou bien, on effectue un second changement de plan, en prenant pour nouveau plan horizontal le plan des deux droites. La trace

$a'_1 o'_1$ sera la nouvelle ligne de terre $x_2 y_2$. Les nouvelles projections horizontales $o_2 b_2$ et $o_2 a_2$ s'obtiennent en portant $a'_1 b_2 = \alpha_1 b$,

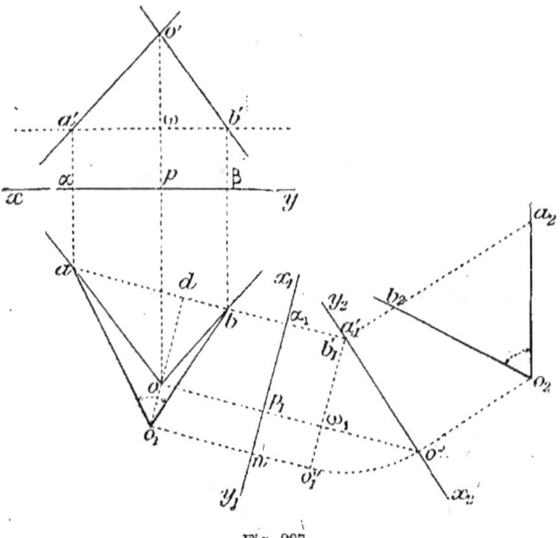

Fig. 387.

$a'_1 a_2 = \alpha_1 a$ et $o'_1 o_2 = p_1 o$. L'angle se projette en vraie grandeur suivant $a_2 o_2 b_2$.

Remarque. — Le premier procédé revient à un rabattement. En effet, le triangle $a'_1 \omega_1 o'_1$ égale le triangle de rabattement du point (o, o') autour de l'horizontale $(ab, a'b')$, car $a'_1 \omega_1$ et $\omega_1 o'_1$ ne sont autres que les distances horizontale et verticale de ce point à l'axe.

§ II. — ANGLE D'UNE DROITE ET D'UN PLAN

361. MÉTHODE GÉNÉRALE. — *D'un point quelconque de la droite, on abaisse une perpendiculaire sur le plan ; l'angle des deux droites est le complément de l'angle cherché* (n° 272). On peut obtenir sa vraie grandeur comme dans le problème précédent (n° 360), mais la méthode des rabattements est plus simple (voir n° 274). Nous nous bornerons à traiter le cas suivant :

Problème.

362. — *Trouver l'angle d'une droite avec les plans de projection.*

MÉTHODE DES CHANGEMENTS DE PLAN. — **1° Angle de la droite avec le plan horizontal.** — Prenons pour plan vertical le plan projetant horizontalement la droite ; $x_1 y_1$ se confond avec ab ; $a_1'b_1'$ est la nouvelle projection verticale $(bb_1' = bb')$, et l'angle bab_1' égale l'angle cherché (fig. 388).

2° Angle de la droite avec le plan vertical. — De même, prenons pour plan horizontal le plan qui projette verticalement la droite ; $x_2 y_2$ coïncide avec $a'b'$;

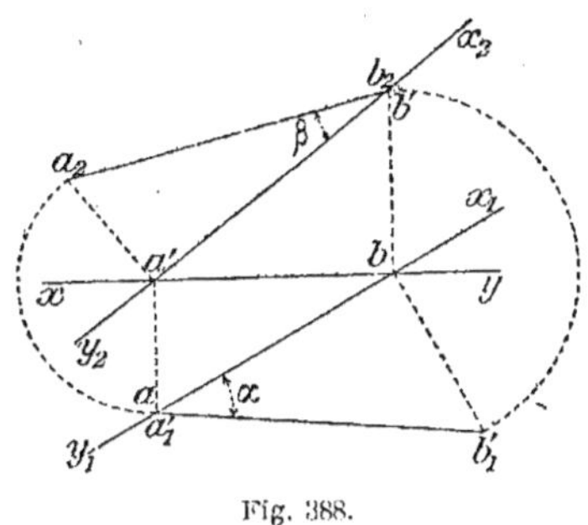

Fig. 388.

$a_2 b_2$ est la nouvelle projection horizontale $(a'a_2 = a'a)$, et l'angle $a'b'a_2$ est l'angle demandé.

Il est évident que ces changements de plan reviennent, le premier à un rabattement sur le plan horizontal, et le second à un rabattement sur le plan vertical.

MÉTHODE DES ROTATIONS. — **1°** Par une rotation autour de la verticale du point (b, b'), on amène la droite à être parallèle au plan vertical. Ses nouvelles projections sont $a_1 b$, $a_1'b'$, et l'angle $b'a_1'b_1' = \alpha$ est l'angle de la droite avec le plan horizontal (fig. 389).

2° On obtient de même l'angle β de la droite avec le plan vertical, en rendant cette droite parallèle au plan horizontal par une rotation autour de l'axe de bout qui passe par le

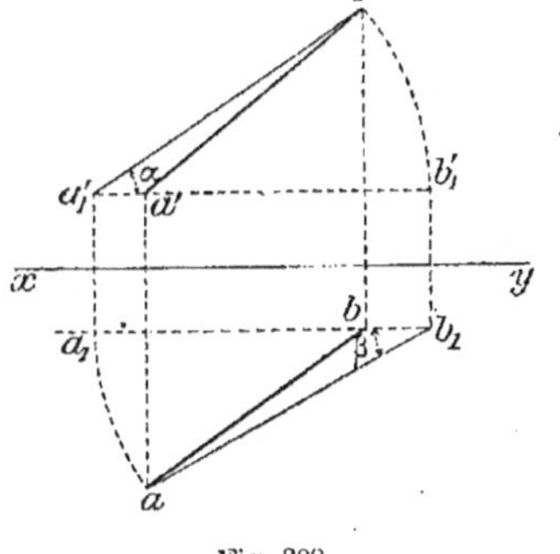

Fig. 389.

point (a, a'). Le point b' vient en b_1' et b en b_1 ; l'angle $bb_1 a = \beta$ est l'angle de la droite avec le plan vertical.

Remarque. — Chacune des deux droites $a_1'b_1'$ et $a_2 b_2$ (fig. 388), ou ab_1 et $a_1'b'$ (fig. 389), représente la distance des points (a, a') et (b, b'). Comme vérification, on doit avoir $a_1'b_1' = a_2 b_2$, ou $ab_1 = a_1'b'$.

363. Angles d'une droite et des plans H et V. — Lorsqu'une droite est de profil, la somme des angles m et n qu'elle fait avec les plans de projection égale un droit, car une droite de profil forme avec ses projections un triangle rectangle ; mais, *dans tous les autres cas,* la somme des angles m et n est $< 90^\circ$.

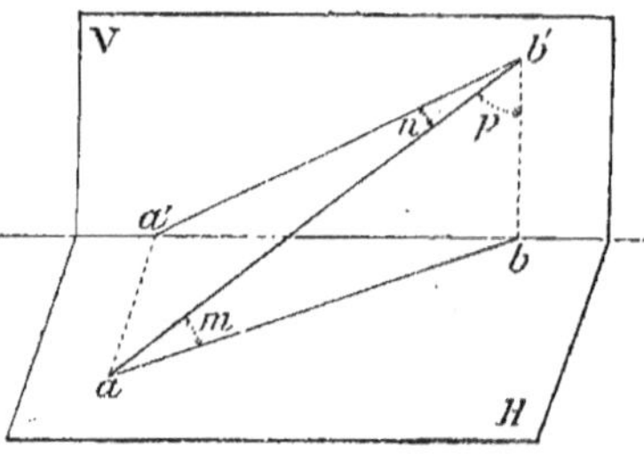

Fig. 390.

En effet, soit ab' une droite ayant pour projections ab et $a'b'$.

Le triangle $ab.b'$ est rectangle au point b, donc $m + p = 90^\circ$; mais l'angle formé par une droite avec sa projection est le plus petit angle que cette droite puisse former avec une droite menée par son pied dans le plan (M. G., n° 464) ; donc $n < p$, et par suite $m + n < 90^\circ$.

Problème.

364. — *Par un point donné, mener une droite qui fasse des angles donnés avec chacun des plans de projection.*

Il faut trouver une droite quelconque formant les angles demandés, et mener par le point donné une parallèle à cette droite.

En représentant par m et n les angles donnés, il faut qu'on ait : $m + n < 90^\circ$.

Soit le problème résolu (fig. 391) et ab' la ligne cherchée, ab, $a'b'$ ses projections*. Pour avoir l'angle m que la droite forme avec le

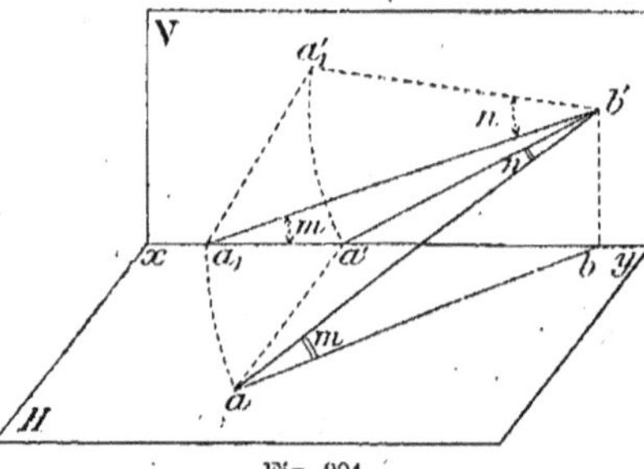

Fig. 391.

plan horizontal, on peut amener a en a_1 ; on trouve ainsi l'angle ba_1b', et $b'a_1$ est la vraie grandeur de la droite (n° 342, 3°). Or la projection verticale inconnue $a'b'$, l'éloignement aa' du point a et la vraie grandeur de la droite demandée, forment un triangle rectangle ayant n pour angle adjacent à la projection verticale $a'b'$; donc, connaissant l'angle n et la vraie grandeur $b'a_1$, on peut construire ce triangle et déterminer la projection inconnue. De cette remarque, on déduit la construction suivante :

---

* On peut suivre l'explication, soit sur la figure de l'espace (fig. 391), soit sur l'épure (fig. 392).

365. ÉPURE (fig. 392). — Par un point (b, b') du plan vertical, menons $b'a_1$ faisant avec xy l'angle m; puis formons l'angle $a_1b'a_1'$, égal à n, abaissons la perpendiculaire a_1a_1'; $b'a_1'$ est la longueur de la projection verticale; donc, du centre b', avec le rayon $b'a_1'$, coupons xy en a', puis élevons une perpendiculaire $a'a$ jusqu'à la rencontre de l'arc a_1a, décrit du centre b, avec la longueur ba_1 de la projection horizontale pour rayon.

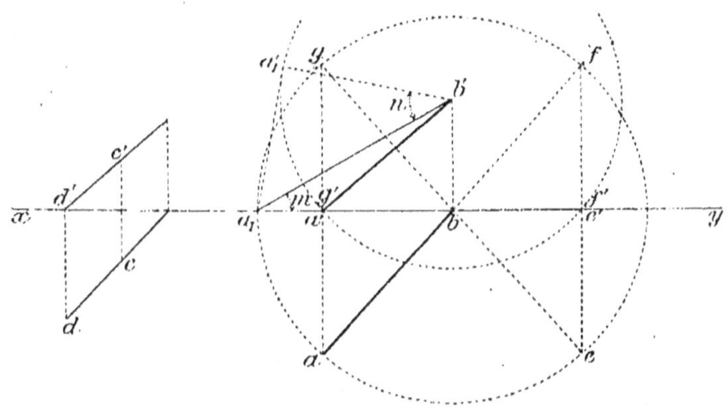

Fig. 392.

Vérification. — La perpendiculaire aa' doit égaler a_1a_1', car les triangles $b'a_1a_1'$ et $b'aa'$ sont égaux.

Conditions de possibilité. — Pour que la construction puisse s'effectuer, il faut que l'arc $a_1'a'$ vienne couper, ou au moins toucher la ligne de terre, c'est-à-dire que l'on ait :

$$b'b \leqq b'a_1',$$

ou
$$a_1b' \sin m \leqq a_1b' \cos n,$$

ou
$$\sin m \leqq \sin (90^0 - n),$$

ou, puisque les angles m, n sont aigus,

$$m \leqq 90^0 - n,$$

ou enfin
$$m + n \leqq 90^0.$$

On a démontré, au n° 363, que cette condition est **nécessaire**; on voit ici qu'elle est **suffisante**.

Nombre de solutions. — La circonférence $a_1'a'$ coupera généralement xy en deux points a' et e' (fig. 392), et les perpendiculaires à xy menées en ces points couperont la circonférence de centre b en quatre points a, e, f, g. En joignant chacun de ces points au point (b, b'), on obtient une solution.

Il y a donc en général quatre solutions données par les droites $(ab, a'b')$, $(bg, b'g')$, $(be, b'c')$ et $(bf, b'f')$. Les projections horizontales de ces droites sont confondues deux à deux ; il en est de même de leurs projections verticales.

Si la première circonférence est tangente à xy (fig. 393), les points

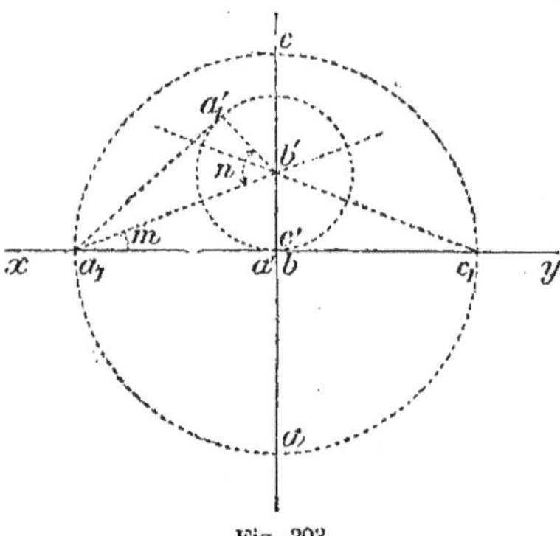

a' et c' sont confondus avec le point b ; il n'y a plus qu'une perpendiculaire à xy telle que aa', et on obtient deux droites de profil $(ab, a'b')$ et $(bc, b'c')$.

En rabattant ces deux droites sur le plan vertical, elles deviennent a_1b' et c_1b', symétriques par rapport à bb'.

Dans ce cas, les angles donnés m et n sont complémentaires.

Enfin, si la circonférence $a_1'a'$ ne rencontre pas xy, le problème est impossible ; alors $m + n > 90°$.

Fig. 393.

Remarque. — Si la droite doit passer par un point donné (c, c') (fig. 392), on mène par (c, c') une parallèle à $(ab, a'b')$.

Problème.

366. — *Par un point donné, mener dans un plan donné une droite formant un angle donné avec le plan horizontal.*

Soient $P\alpha Q'$, (a, a') et m le plan, le point et l'angle donnés (fig. 394).

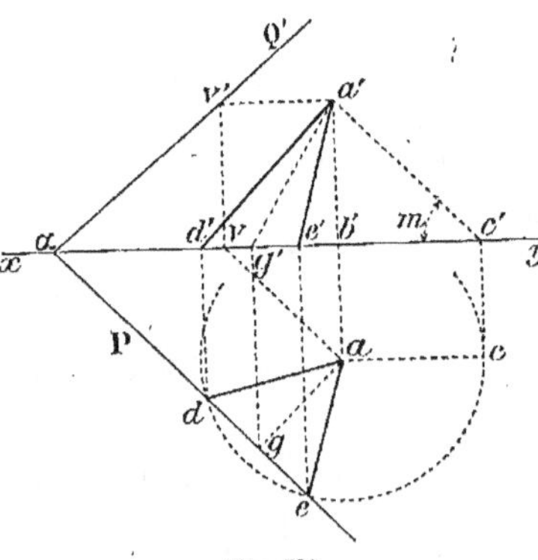

Par le point (a, a'), menons une frontale $(ac, a'c')$ faisant l'angle m avec le plan horizontal. Faisons tourner cette droite autour de l'axe vertical $(a, a'b')$. Pendant cette rotation, la droite $(ac, a'c')$ reste également inclinée sur l'axe ; par suite, elle forme constamment avec le plan horizontal un angle égal à m, et sa trace horizontale c décrit une circonférence de centre a et de rayon ac, laquelle rencontre la trace horizontale αP du plan en deux points d, e, qui appartiennent aux droites cherchées.

Fig. 394.

plan en deux points d, e, qui appartiennent aux droites cherchées.

Donc les droites $(ad,\ a'd')$ et $(ac,\ a'c')$ répondent à la question
En général, le problème admet deux solutions.

Discussion. — La circonférence doit rencontrer αP ou lui être tangente. On doit avoir :

$$ag \leqq ad. \qquad (1)$$

Or ag, perpendiculaire à αP, est la projection horizontale de la ligne de plus grande pente du plan PαQ' relative au point $(a,\ a')$; sa pente P est la pente du plan. Soit p la pente de la droite cherchée. On a :

$$p = \frac{a'b'}{ad} \ (\text{n}^\circ\ 153), \qquad \text{d'où} \qquad ad = \frac{a'b'}{p};$$

$$P = \frac{a'b'}{ag} \ (\text{n}^\circ\ 173), \qquad \text{d'où} \qquad ag = \frac{a'b'}{P};$$

et l'inégalité (1) devient :

$$\frac{a'b'}{P} \leqq \frac{a'b'}{p}, \qquad \text{d'où} \qquad p \leqq P. \qquad (2)$$

Appelons β l'angle du plan PαQ' avec le plan horizontal. On sait que $P = \operatorname{tg} \beta$ et $p = \operatorname{tg} m$.

L'inégalité (2) revient à

$$\operatorname{tg} m \leqq \operatorname{tg} \beta,$$

ou, les angles β et m étant aigus,

$$m \leqq \beta.$$

1° Si $m < \beta$, le problème admet deux solutions.

2° Si $m = \beta$, le problème a une seule solution donnée par la ligne de plus grande pente $(ag,\ a'g')$.

3° Si $m > \beta$, le problème est impossible.

Remarque. — Ce problème peut encore s'énoncer : *Par un point d'un plan, mener dans ce plan une droite ayant une pente donnée par rapport au plan horizontal* (n° 179).

§ III. — ANGLE DE DEUX PLANS

367. MÉTHODE GÉNÉRALE. — *On rend les deux plans verticaux, et leur angle égale alors celui de leurs traces horizontales.*

Si les plans sont quelconques, il faut effectuer soit deux changements de plan, soit deux rotations, soit un changement de plan et une rotation.

Problème.

368. — *Déterminer l'angle de deux plans définis par leurs traces.*

Soit à déterminer l'angle des deux plans $P\alpha Q'$ et $R\beta S'$, dont l'intersection est $(ab, a'b')$ (fig. 395).

On amène les deux plans à être verticaux en rendant verticale leur intersection. Ce résultat peut s'obtenir par un changement de plan suivi d'une rotation.

1° Rendons $(ab, a'b')$ parallèle au plan vertical au moyen d'un changement de plan vertical, la nouvelle ligne de terre $x_1 y_1$ étant confondue avec ab. Soit $a_1'b_1'$ la nouvelle projection verticale de cette droite.

Les traces horizontales des plans n'ont pas changé, et leurs traces verticales sont confondues en $a_1'b_1'$.

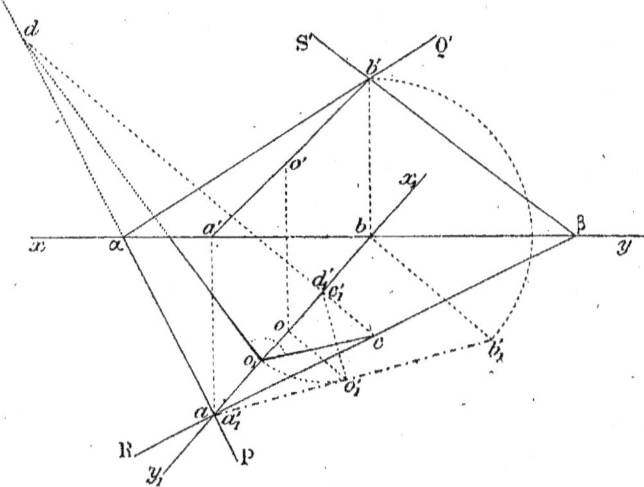

Fig. 395.

2° Rendons $(ab, a_1'b_1')$ verticale dans le système $x_1 y_1$, en la faisant tourner autour de l'axe de bout $(dc, d_1'c_1')$ contenu dans le plan horizontal. Les points (d, d_1') et (c, c_1'), situés sur l'axe, restent fixes pendant la rotation; la trace verticale commune reste tangente à la circonférence de centre c_1' et de rayon $c_1'o_1'$, distance du point c_1' à $a_1'b_1'$, et la droite $(ab, a_1'b_1')$ devient une verticale ayant pour trace horizontale o_1 sur $x_1 y_1$.

En joignant les points c et d au point o_1, on a les nouvelles tracès horizontales des deux plans rendus verticaux; leur angle do_1c mesure le dièdre des deux plans.

369. Remarque. — Cette construction est identique à celle des rabattements (n° 285). En effet, menons o'_1o perpendiculaire à x_1y_1 et rappelons le point o en o' sur $a'b'$; dc est la trace horizontale du plan passant par (o, o') et perpendiculaire à $(ab, a'b')$; $c'_1oo'_1$ est le triangle de rabattement du point (o, o').

Problème.

370. — *Trouver l'angle d'un plan donné par ses traces avec les plans de projection.*

Nous avons vu (n° 282) que l'angle d'un plan de bout avec le plan horizontal est donné par l'angle de sa trace verticale avec xy. De même, l'angle d'un plan vertical avec le plan vertical de projection égale l'angle de sa trace horizontale avec xy.

Lorsque le plan est quelconque, on le rend perpendiculaire à l'un des plans de projection.

MÉTHODE DU CHANGEMENT DE PLAN (n° 284, 1°, *Rem.*).

MÉTHODE DES ROTATIONS. — Soit $P\alpha Q'$ le plan donné.

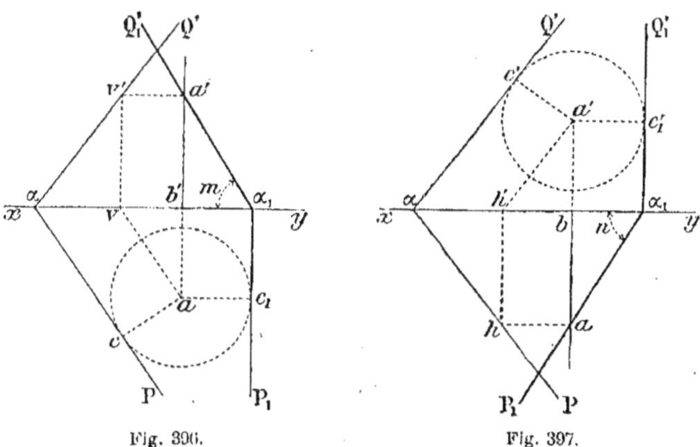

1° En faisant tourner le plan $P\alpha Q'$ (fig. 396) autour de l'axe vertical $(a, a'b')$, de manière que la trace horizontale αP vienne en $\alpha_1 P_1$, perpendiculaire à xy, le plan devient de bout; sa trace verticale passe par α_1 et par le point (a, a'), intersection de l'axe avec le plan.

L'angle $x\alpha_1a' = m$ est l'angle du plan avec le plan horizontal.

10*

2° Par une rotation du plan $P\alpha Q'$ (fig. 397) autour de l'axe de bout (ab, a'), de manière que $\alpha_1 Q'_1$ soit perpendiculaire à xy, le plan devient vertical et sa trace horizontale est $\alpha_1 a$; l'angle $x\alpha_1 P_1 = n$ est l'angle du plan avec le plan vertical de projection.

Problème.

371. — *Par une droite donnée, mener un plan formant un angle donné avec le plan horizontal.*

Soient $(ab, a'b')$ et m la droite et l'angle donnés (fig. 398).

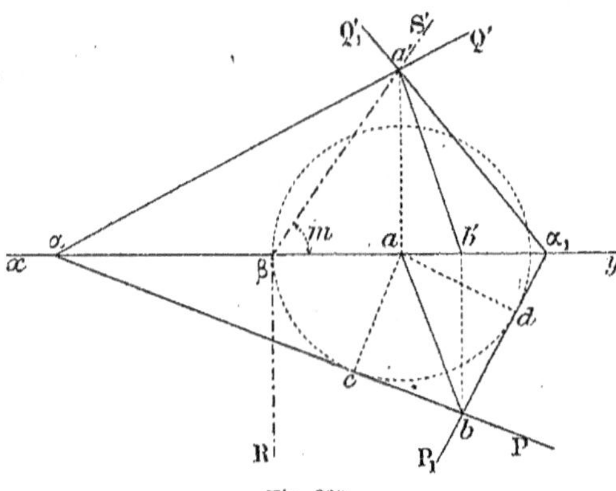

Fig. 398.

Menons un plan de bout $R\beta S'$ passant par la trace verticale $(a,\ a')$ de la droite, et faisant avec le plan horizontal un angle m égal à l'angle donné.

Faisons tourner ce plan autour de la verticale (aa') jusqu'à ce que sa trace horizontale passe par la trace horizontale $(b,\ b')$ de la droite donnée. Le point (a, a'), situé sur l'axe, reste constamment sur la trace verticale du plan. La trace horizontale est tangente à la circonférence de centre a et de rayon $a\beta$.

Donc, il suffit de décrire la circonférence $a\beta$ et de mener par b les tangentes $b\alpha$ et $b\alpha_1$ à cette circonférence. On obtient ainsi les deux plans $P\alpha Q'$ et $P_1\alpha_1 Q'_1$.

Discussion. — Pour que, du point b, on puisse mener les tangentes à la circonférence, ce point doit être extérieur à la circonférence ou se trouver sur cette ligne.

On doit avoir : $\qquad\qquad a\beta \leqq ab.$ $\qquad\qquad\qquad$ (1)

Soient P la pente du plan et p celle de la droite :

On a : $\qquad P = \dfrac{aa'}{a\beta}$ (n° 173), $\quad$ d'où $\quad a\beta = \dfrac{aa'}{p}$;

$\qquad\qquad p = \dfrac{aa'}{ab}$ (n° 153), $\quad$ d'où $\quad ab = \dfrac{aa'}{p}$;

et l'inégalité (1) devient :

$$\frac{a\,a'}{\mathrm{P}} \leq \frac{a\,a'}{p} \,;\qquad \text{d'où}\qquad p \leq \mathrm{P}. \qquad (2)$$

Appelons n l'angle de la droite avec le plan horizontal. On sait que $\mathrm{P} = \mathrm{tg}\ m$ et $p = \mathrm{tg}\ n$.

L'inégalité (2) revient à

$$\mathrm{tg}\ n \leq \mathrm{tg}\ m,$$

ou, les angles m et n étant aigus,

$$n \leq m.$$

Remarque. — Ce problème peut encore s'énoncer :

Par une droite donnée, mener un plan de pente donnée par rapport au plan horizontal (Voir nº 181).

372. Angles d'un plan avec les plans H et V. — *La somme des dièdres qu'un plan peut former avec les plans de projection est généralement comprise entre un droit et deux droits.*

La somme égale sa limite inférieure, un droit, lorsque le plan est parallèle à xy, car les dièdres m et n sont alors complémentaires.

La somme égale sa limite supérieure, deux droits, lorsque le plan est perpendiculaire à xy.

Pour tout autre plan, la somme est plus grande qu'un angle droit, et plus petite que deux angles droits. En effet, lorsque deux plans non perpendiculaires se coupent, ils forment entre eux un angle aigu et un angle obtus supplémentaires ; l'angle aigu est, par convention, l'angle qui mesure l'inclinaison des deux plans ; par suite, on a $m + n < 180^\circ$; d'ailleurs, on a aussi $m + n + 90^\circ > 180^\circ$, car les trois dièdres d'un trièdre ont une somme plus grande que deux angles droits (M. G., nº 488) ; donc, il faut que l'on ait $m + n > 90^\circ$.

Problème.

373. — *Par un point donné, mener un plan qui rencontre respectivement les plans de projection sous des angles donnés* m *et* n.

On détermine une droite faisant avec chaque plan de projection un angle complémentaire de celui que l'on donne ; puis, par le point donné, on mène un plan perpendiculaire à cette droite.

On est ainsi ramené à deux problèmes connus (nº 364 et nº 131).

Discussion. — Si m et n sont les angles formés respectivement par le plan cherché avec le plan horizontal et avec le plan vertical, a droite auxiliaire formera avec ces mêmes plans les angles $90^\circ - m$ et $90^\circ - n$.

Or, cette droite n'existe qu'autant que l'on a :

$$0 \leqq 90^\circ - m + 90^\circ - n \leqq 90^\circ \quad (\text{n}^\circ 365),$$

ce qui revient à :

$$90^\circ \leqq m + n \leqq 180^\circ.$$

On a démontré, au n° 372, que ces conditions sont **nécessaires**; on voit qu'elles sont **suffisantes**.

Nombre de solutions. — Le problème admet quatre solutions dans le cas général et deux dans le cas limite où $m + n = 90^\circ$.

Lorsque $m + n = 180^\circ$, le plan est de profil; on n'a qu'une solution.

CHAPITRE VI

TRIÈDRES

374. — Désignons par a, b, c, les faces d'un trièdre (M. G., n° 474), par A, B, C, les dièdres opposés, et par a', b', c' et A', B', C', les éléments du trièdre supplémentaire ; on a, par définition (M. G., n° 477), $a + A' = 2\,\text{dr.}$, etc.

1° Chaque face d'un trièdre est plus petite que la somme des deux autres (M. G., n° 475).

2° La somme des faces est moindre que quatre droits (M. G., n° 476).

3° La somme des trois dièdres est comprise entre deux droits et six droits (M. G., n° 488, 1°).

4° La différence entre le plus petit dièdre et la somme des deux autres est moindre que deux droits (M. G., n° 488, 2°).

Le problème de la construction d'un trièdre présente six cas principaux qu'on peut ramener à trois :

1° a, b, c. On donne les trois faces.

2° A, b, c. On connaît deux faces et le dièdre compris.

3° b, c, C. On connaît deux faces et le dièdre opposé à l'une d'elles.

4° a, B, C. On donne une face et les deux dièdres adjacents.

5° B, C, c. On donne deux dièdres et la face opposée à l'un d'eux.

6° A, B, C. On donne les trois dièdres.

Trièdre supplémentaire. — Le trièdre supplémentaire permet de réduire à trois les six cas principaux de la construction des trièdres (M. G., n° 491).

En désignant par a', b', c', les faces et par A', B', C', les dièdres du trièdre supplémentaire, on a :

$$a' = 2\,\text{dr.} - A, \quad \text{etc.} ; \quad A' = 2\,\text{dr.} - a, \quad \text{etc.}$$

Donc les trois derniers cas de construction peuvent être ramenés aux précédents :

Avec les données A, B, C, on construirait a', b', c' ; (1°)

avec   — a, B, C, on construirait A', b', c' ; (2°)

avec   —   B, C, c, on construirait b', c', C'. (3°)

Or le cas A, B, C, offre quelques difficultés à être construit directement ; du moins, il demande certaines connaissances que n'exigent pas les autres : il est donc utile de considérer le trièdre supplémentaire.

Ainsi, pour les trois derniers cas, on peut construire le trièdre supplémentaire et l'on est ramené aux trois premiers. Cette construction effectuée, on en déduit les éléments du trièdre proposé.

Nous avons traité directement tous les cas.

En vue de l'emploi du trièdre supplémentaire, nous allons résoudre le problème suivant :

Problème.

375. — *Construire le trièdre supplémentaire d'un trièdre donné* (s a b c, s'a'b'c') (fig. 399).

Le trièdre supplémentaire d'un trièdre donné s'obtient en menant par le

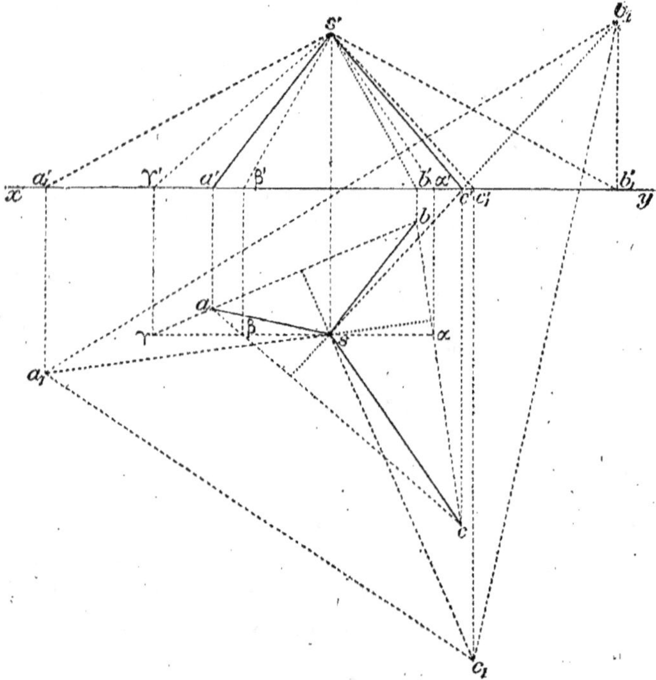

Fig. 399.

sommet du trièdre une perpendiculaire à chaque face, du même côté que l'arête opposée à cette face (M. G., n° 481).

Le plan horizontal coupe le trièdre donné suivant le triangle abc, et chacune des droites $(ab, a'b')$, $(bc, b'c')$, $(cd, c'd')$ est une horizontale des faces respectives du trièdre.

Déterminons d'abord la perpendiculaire menée par (s, s') à la face $(s b c, s' b' c')$. Pour cela, il faut tracer une frontale $(s \alpha, s' \alpha')$ de cette face, et mener par s' une perpendiculaire à $s'\alpha'$ et, par s, une perpendiculaire à bc; on obtient ainsi l'arête $(sa_1, s' a'_1)$ du trièdre supplémentaire.

La seconde arête $(s b_1, s' b'_1)$ s'obtient de même en menant d'abord la frontale $(s\beta, s'\beta')$, de la face $(s a c, s' a' c')$, puis en traçant $s' b'_1$ perpendiculaire à $s'\beta$, et $s b_1$ perpendiculaire à $a c$.

Enfin, pour obtenir la troisième arête, on mène la frontale $(s\gamma, s'\gamma')$ du plan $(s a b, s' a' b')$, puis $s' c'_1$ perpendiculaire à $s'\gamma'$, et $s c_1$ perpendiculaire à $a b$.

Premier cas.

376. — *Construire un trièdre, connaissant les trois faces, et déterminer le dièdre opposé à chacune d'elles.*

Soient les faces a, b, c, réalisant les conditions rappelées, et placées consécutivement sur un même plan. Prenons des longueurs égales SF, SF_1, sur les

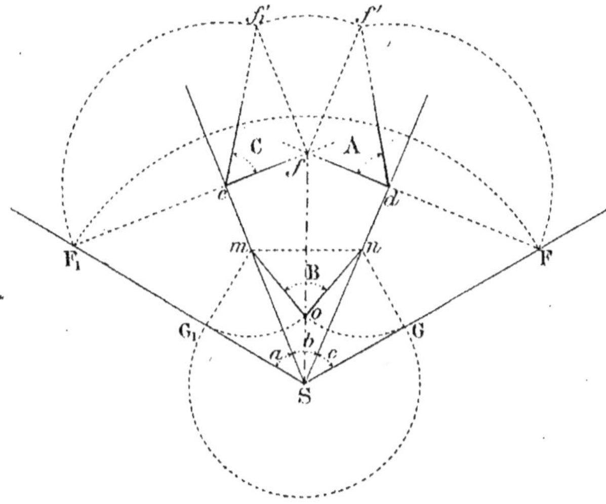

Fig. 400.

côtés extrêmes; les points F, F_1, ainsi obtenus, sont les rabattements d'un même point de l'espace appartenant à la troisième arête du trièdre, c'est-à-dire à l'intersection des faces a et c.

Si l'on relève le plan $d\,SF$, le point F décrit un arc de cercle dont le plan est perpendiculaire à l'axe Sd; il en est de même de F_1 par rapport à Sc; donc les perpendiculaires abaissées de F et F_1 sur les axes respectifs déterminent la projection horizontale f du point de l'espace.

Pour avoir l'ordonnée de ce point F, il suffit de décrire du centre d, avec le rayon dF, un arc Ff' jusqu'à la rencontre de la ligne ff' parallèle à l'axe Sd (n° 233); de même, par rapport à Sc, le point F_1 vient en f'_1; donc ff' doit égaler ff'_1, puisque c'est l'ordonnée d'un même point, par rapport au plan de la face b.

En menant df' et ef'_1, on obtient les dièdres A et C; car les plans rabattus sont respectivement perpendiculaires aux arêtes de ces dièdres.

Pour le troisième dièdre, on pourrait procéder comme il a été dit précédemment (n° 285) ; mais généralement on détermine la vraie grandeur des côtés du triangle mnO. On prend des longueurs égales SG, SG_1, on élève les perpendiculaires Gn, G_1m ; du centre n, avec le rayon nG, on coupe l'arc décrit du centre m avec le rayon mG_1. L'angle mon mesure le troisième dièdre.

Vérifications. — Le point o doit se trouver sur Sf, et la droite mn doit être perpendiculaire à la projection Sf de l'arête, car le plan MON étant perpendiculaire à l'arête SB, sa trace horizontale mn doit être perpendiculaire à la projection horizontale Sf de cette droite (n° 128).

Deuxième cas.

377. — *Construire un trièdre, connaissant deux faces et le dièdre compris, et déterminer les autres éléments de l'angle solide.*

Soient b, c, les faces données, et le dièdre A donné par le rabattement de son angle plan autour d'une perpendiculaire Fd menée à Sd (fig. 401).

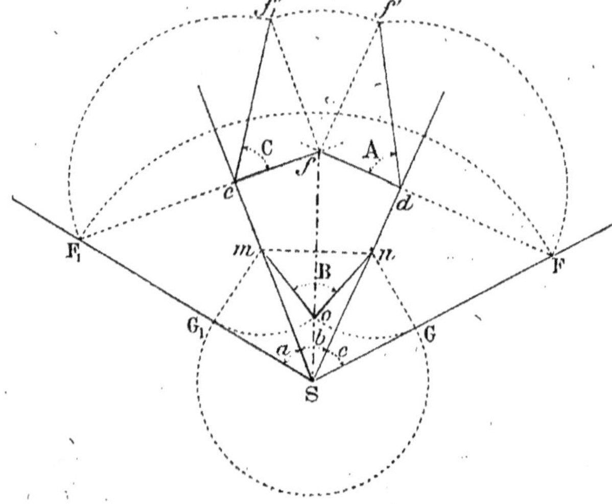

.Fig. 401.

Du centre d, avec le rayon dF, coupons en f' le côté de l'angle donné ; par rapport à la ligne de terre fF, f' se projette en f et fait connaître la projection horizontale fS de la troisième arête.

Du point f, menons à Se une perpendiculaire et une parallèle ; sur cette dernière, prenons ff_1' égale à ff', menons ef_1', et le second dièdre C est déterminé ; puis portons ef_1' de e en F_1, pour avoir la face a. Les trois faces étant connues, on peut déterminer le dièdre B comme dans le cas précédent, en prenant $SG = SG_1$.

Vérification. — SF_1 doit égaler SF.

Troisième cas.

378. — *Construire un trièdre, connaissant deux faces et le dièdre opposé à l'une d'elles.*

Soient les faces b, c, et le dièdre C dont l'angle plan est rabattu sur le plan de la face b, autour d'une perpendiculaire hd à l'arête Si (fig. 402).

Par le point d, élevons une perpendiculaire Fdi à l'arête Sd; en prenant cette droite Fdi comme ligne de terre, cherchons la trace verticale du plan de la face a. La trace horizontale Sh' est donnée, ainsi le point i appartient à la trace cherchée. Il suffit de déterminer un second point de cette trace; or la perpendiculaire dl indique l'élévation d'un point L de ce plan a, au-dessus

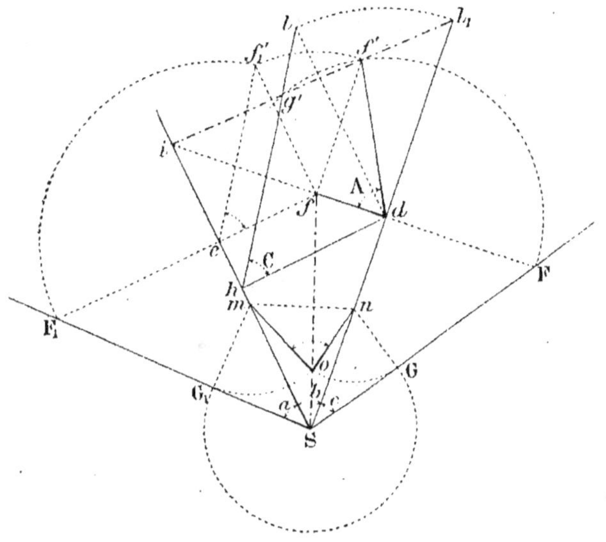

Fig. 402.

du plan de la face b; et, quelle que soit la ligne de terre menée par d, cette hauteur ne varie point; sur une perpendiculaire à Fdi, il faut donc prendre $dl_1 = dl$, et il_1 est la trace verticale du plan a.

Lorsqu'on relève dSF, le point F décrit dans le plan dil_1 un arc de cercle ayant d pour centre et dF pour rayon; il coupe la trace il_1 en f' et g'; chacun de ces points correspond à un trièdre ayant les données voulues. En se bornant à celui que donne le point f', il faut abaisser la perpendiculaire $f'f$, et l'on retombe sur le cas précédent, car on connaît deux faces hSd, dSF, et le dièdre A compris.

fS est la projection de la troisième arête; du point f, on abaisse la perpendiculaire feF_1, on prend $ff_1' = ff'$ et $eF_1 = ef_1'$.

Vérification. — ef_1' doit être parallèle à hl, car les angles e, h, mesurent le même dièdre, et SF_1 doit égaler SF.

Remarque. — Suivant que l'arc Ff' coupe la trace il_1 en deux points, lui est tangent ou ne la rencontre pas, il y a deux solutions, une seule ou aucune.

Pour qu'un point f' ou g' fournisse une solution, il faut qu'il soit sur la partie supérieure du plan vertical idF, et non sur sa partie inférieure.

Quatrième cas.

379. — *Construire un trièdre, connaissant une face et les deux dièdres adjacents.*

Le quatrième cas se ramène au second (n° 374, *Trièdre supplémentaire*); mais on peut aussi le résoudre directement.

Soient b la face connue, A et C les dièdres adjacents, dont les angles plans

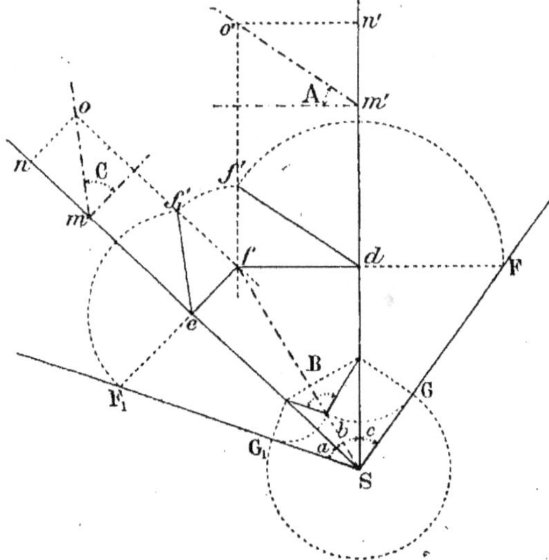

Fig. 403.

sont rabattus sur le plan mSm', autour des perpendiculaires aux arêtes Sm, Sm'.

Menons un plan parallèle à celui de la face b; si mn est la distance de ce plan au plan de projection, le côté supérieur de l'angle C sera rencontré en o; prenons $m'n' = mn$; le côté de l'angle A est rencontré en o'.

Quelle que soit la position des angles plans qui mesurent les dièdres donnés A et C, les distances no, $n'o'$, ne dépendent que des angles et de la hauteur mn; donc, si par o et o' on mène des parallèles of, $o'f'$, aux deux arêtes, elles déterminent la projection horizontale f d'un point de la troisième arête éloigné de la face b de la longueur mn. Abaissons les perpendiculaires fe, fd, prenons $ff'_1 = ff' = mn$; l'angle $fef'_1 = C$, et l'angle $fdf' = A$; pour avoir les deux faces inconnues, il suffit de prendre dF $= df'$; eF$_1 = ef'_1$.

Le troisième dièdre B se trouve comme dans les cas précédents.

Cinquième cas.

380. — *Construire un trièdre, connaissant deux dièdres et la face opposée à l'un d'eux.*

Le cinquième cas se ramène au troisième, par la considération du trièdre supplémentaire (n° 374) ; mais on peut aussi le résoudre directement.

Soient A et C deux dièdres donnés, et *a* la face opposée à l'un d'eux.

Prenons cette face comme plan H. Déterminons le point (f, f'), en prenant $ef' = e$F et projetant f' en f. Si la face *b* était connue, on obtiendrait le second dièdre adjacent en abaissant la perpendiculaire fd sur Sd, et portant la longueur ff' de f en f'_1, sur une

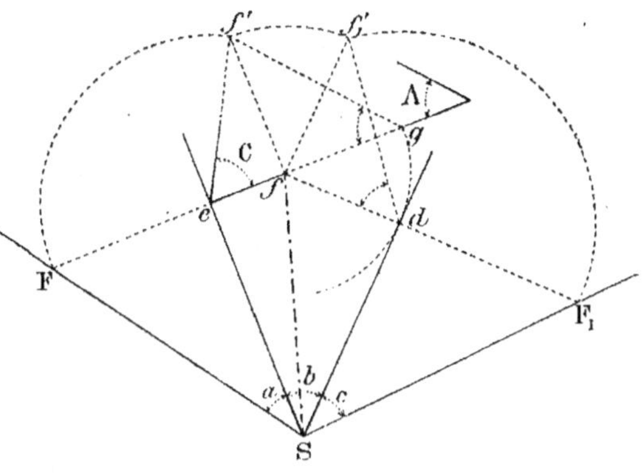

Fig. 404.

perpendiculaire à fd ; l'angle obtenu d devrait égaler A. Or il est facile de construire un triangle égal à ff'_1d et de déterminer le côté fd. Ainsi, par f', menons une droite $f'g$ formant avec fg un angle égal au dièdre A. Puis du centre f, avec fg pour rayon, décrivons une circonférence, menons la tangente Sd, et le problème est résolu.

On détermine ensuite la face *c* et le dièdre B, comme dans le cas précédent.

Remarque. — Par le point S, on peut mener une seconde tangente à la circonférence fg ; mais le trièdre qui en résulte a pour dièdre le supplément de A.

Sixième cas.

381. — *Construire un trièdre, connaissant ses trois dièdres.*

Ce cas se ramène au premier, à l'aide du trièdre supplémentaire.

*La solution directe du sixième cas présuppose la connaissance des plans tangents à la sphère et au cône de révolution. Nous l'indiquons ici afin de grouper les questions relatives au trièdre**.

---

* Il suffit d'ailleurs de connaître quelques théorèmes à peu près évidents :

1° *Le plan tangent à un cône de révolution est tangent à toute sphère inscrite à ce cône, et réciproquement, un plan est tangent à un cône de révolution, lorsqu'il passe par le sommet de ce cône et qu'il est tangent à une sphère inscrite;*

2° *Tous les plans tangents à un cône de révolution sont également inclinés sur les plans perpendiculaires à l'axe de ce cône;*

3° *Pour qu'un plan soit tangent à un cône, il suffit qu'il passe par le sommet de ce cône et qu'il soit tangent à la circonférence de sa base.*

Soient donnés les trois dièdres A, B, C.

Prenons pour plan horizontal le plan de la face b, adjacente au dièdre C, et pour ligne de terre la droite xey perpendiculaire à l'arête re.

Pour résoudre le problème proposé, il faut mener un plan qui coupe le plan horizontal sous un angle A, et le plan ref' sous un angle B.

Or si, par un point f' de ef', nous menons $f'm$ faisant avec xy un angle égal au dièdre donné A, le plan cherché devra être tangent au cône que $f'm$

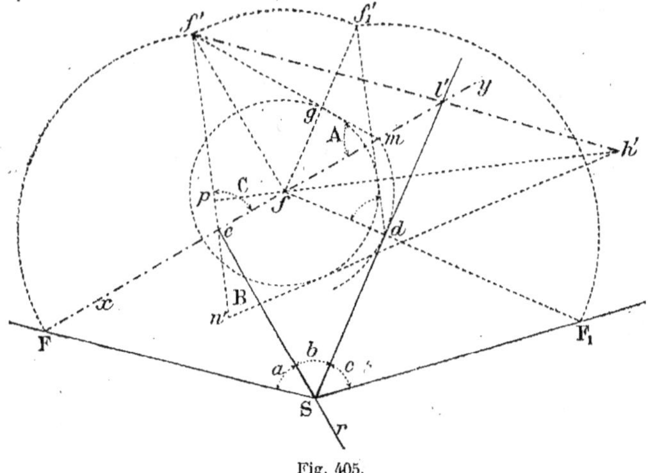

Fig. 405.

engendrerait en tournant autour de la perpendiculaire $f'f$; il devra de même être tangent à la sphère inscrite, dont f serait le centre et fg le rayon.

De même, le plan demandé devra être tangent à un cône dont l'axe serait perpendiculaire au plan ref' et dont la génératrice couperait ce plan sous un angle égal à B, et être tangent en même temps à toute sphère inscrite dans ce cône ; donc, abaissons la perpendiculaire fp sur ef' ; au cercle de rayon fg, menons une tangente $n'h'$ qui rencontre ef' sous un angle égal à B.

Le plan cherché doit être tangent aux deux cônes de sommets f' et h', circonscrits à la sphère de rayon fg ; mais f' et h' sont sur le plan vertical ; donc $f'l'h'$ est la trace verticale du plan demandé ; la trace horizontale doit être tangente à la circonférence de rayon fm ; donc, par l', il faut mener la tangente $l'S$.

La tangente $l'd$ coupe er en S et détermine la face b. On obtient a et c en procédant comme dans les premiers cas : on prend $eF = ef'$, $dF_1 = df'_1$, et l'on mène SF et SF_1.

Problème.

382. — *Réduire un angle à l'horizon.*

Réduire un angle à l'horizon, c'est déterminer sa projection horizontale.

Soient deux droites AC, AD, inclinées sur l'horizon H, et a la projection du sommet A (fig. 406).

Pour réduire à l'horizon l'angle CAD, il faut déterminer l'angle CaD d'un triangle dont les côtés sont les projections des côtés CA et AD, et la droite qui joint leurs traces horizontales.

Pour cela, il faut connaître l'angle de l'espace et l'angle que chacun de ses côtés forme avec la verticale passant par le sommet ; c'est-à-dire l'angle CAD, ou o, et les angles aAD ou m, et aAC ou n.

Épure. — Prenons pour plan vertical le plan mené par un des côtés de

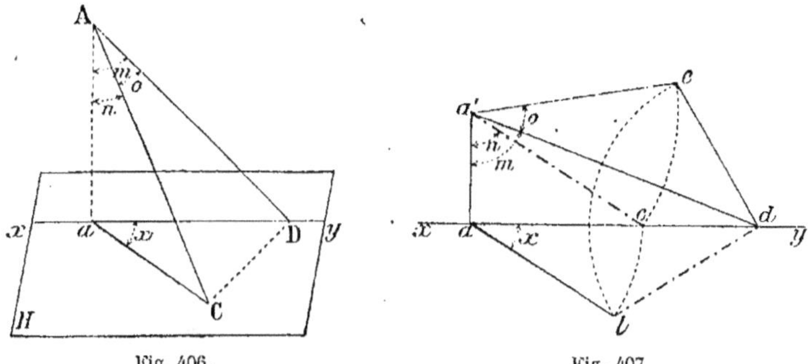

Fig. 406.   Fig. 407.

l'angle de l'espace, le côté $a'd$, par exemple (fig. 407) ; m indique l'angle que ce côté forme avec la verticale ; en admettant que le plan vertical mené par le second côté soit aussi rabattu sur le plan de $a'd$, le côté $a'c$ doit faire avec aa' l'angle voulu n.

Soit le problème résolu, et $a l$ la projection du second côté ; on reconnaît que ld, distance des traces horizontales des côtés, appartient à un triangle de l'espace dont on connaît deux côtés et l'angle compris ; on peut donc construire ce triangle et déterminer ld ; pour cela, faisons l'angle o égal à l'angle donné, prenons $a'e = a'c$, et de est le côté cherché.

Le problème est donc ramené à construire un triangle dont on connaît les trois côtés. Des extrémités a et d, avec des rayons respectivement égaux à ac et de, on décrit des arcs qui se coupent en l ; l'angle $l a'd$ est l'angle cherché.

CHAPITRE VII

DU CERCLE

—

§ I. — RAPPEL DE PROPRIÉTÉS GÉOMÉTRIQUES

383. — On sait que la projection d'un cercle sur un plan quelconque est une ellipse (M. G., n° 705).

Lorsque le plan de projection est parallèle au plan du cercle, ce cercle se projette en vraie grandeur. Lorsque le plan de projection est perpendiculaire au plan du cercle, la projection se réduit à un segment de droite égal au diamètre.

384. **Remarque.** — Lorsque le plan de projection est quelconque, pour tracer l'ellipse projection du cercle sur ce plan, on peut généralement déterminer autant de points que l'on veut de cette ellipse; mais il est très utile d'en connaître les axes. En effet, dès que les axes sont déterminés, le problème est complètement résolu, car on peut alors recourir à l'un quelconque des tracés connus (M. G., n°ˢ 674, 711, 714).

Le grand axe de l'ellipse est la projection du diamètre parallèle au plan de projection ; le petit axe est la projection du diamètre de plus grande pente. Ces deux diamètres sont perpendiculaires entre eux.

385. — Voici un procédé qui, dans le tracé définitif, donne la vraie forme de l'ellipse aux quatre sommets ; il est basé sur les propriétés des **cercles de courbure** (Voir *Exercices de Géométrie descriptive*, par F. G.-M., 3ᵉ édition, p. 52), dont la théorie est du domaine de la Géométrie analytique, mais dont l'application est très facile.

On trace d'abord l'ellipse au crayon par un des procédés connus, à l'aide de la bande de papier, par exemple. Soit C le sommet du rectangle construit sur les demi-axes OA et OB. Du point C, abaissons la perpendiculaire sur la diagonale A B ; les points D et E où elle rencontre les axes sont les **centres de courbure** relatifs aux sommets A et B. En ces points A et B, les arcs de cercle, de rayons DA et EB, se confondent avec les arcs d'ellipse ; on n'a plus qu'à raccorder la portion GH.

Il existe deux autres points analogues à D, E, sur OB et sur O A'.

Il est souvent utile de connaître les tangentes en certains

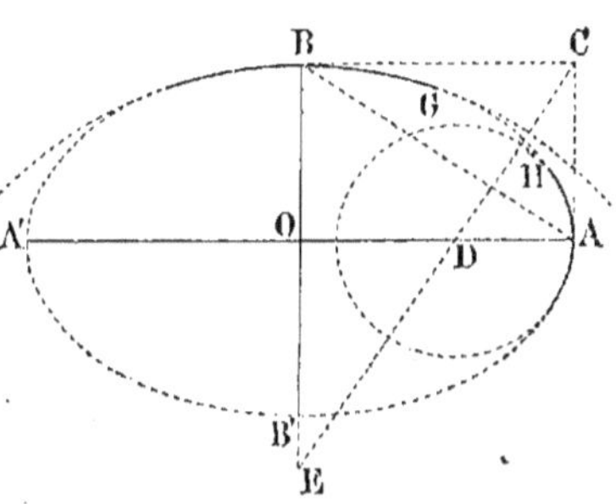

Fig. 408.

points remarquables des projections d'une courbe. Leur tracé repose sur le principe suivant :

Théorème.

386. — *Lorsqu'on projette sur un plan quelconque une courbe et sa tangente, la projection de la tangente est tangente à la projection de la courbe.*

Soit C une courbe quelconque ayant pour projection la courbe *c* sur le plan P (fig. 409).

Soient A et B deux points de la courbe, *a* et *b* leurs projections ; la corde A B se projette suivant *a b*.

Lorsque le point B se rapproche indéfiniment de A, le point *b* se rapproche indéfiniment de *a* ; or A B a pour limite la tangente A T à la courbe C ; de même, *a b* a pour limite la tangente *a t* à la courbe *c* ; et comme *a b* est constamment la projection de A B, à la limite, la tangente *a t* est la projection de A T.

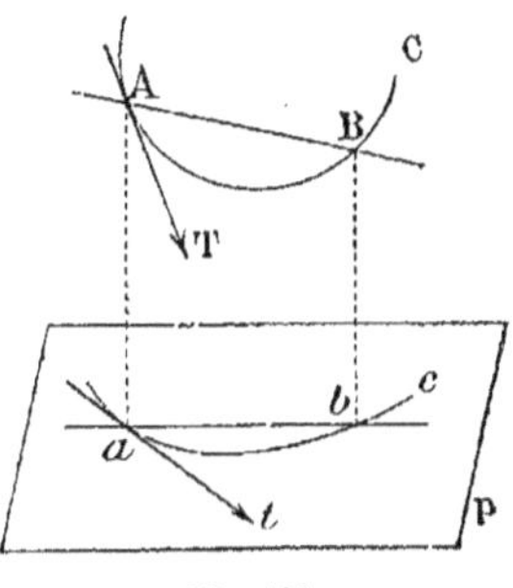

Fig. 409.

Remarque. — Le théorème est en défaut : 1° lorsque la tangente A T est perpendiculaire au plan P, sa projection se réduit à un point situé sur la projection de la courbe ; 2° lorsque la courbe est plane et que son plan est perpendiculaire au plan de projection ; dans ce cas, les projections de la tangente et de la courbe se réduisent à une même droite.

§ II. — PROJECTIONS DU CERCLE

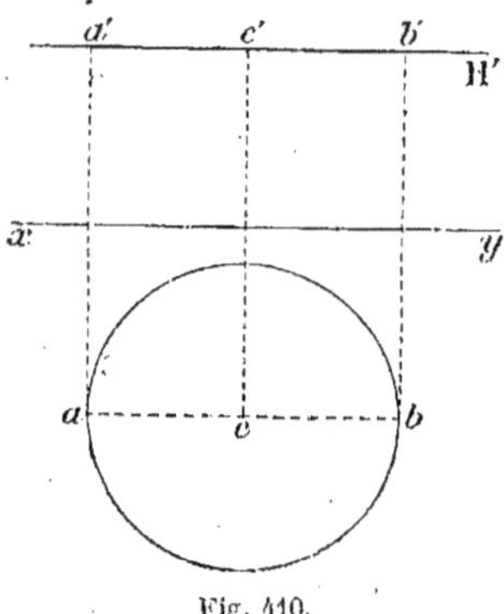

Fig. 410.

Problème.

387. — *Déterminer les projections d'un cercle horizontal de centre (c, c').*

Soit H' la trace verticale du plan du cercle; elle est parallèle à xy. La projection verticale se réduit au diamètre $a'b'$ sur H'. Sur le plan horizontal, le cercle se projette en vraie grandeur suivant un cercle de centre c et de rayon égal au rayon du cercle donné.

Problème.

388. *Déterminer les projections d'un cercle situé dans un plan vertical, connaissant son centre et son rayon.*

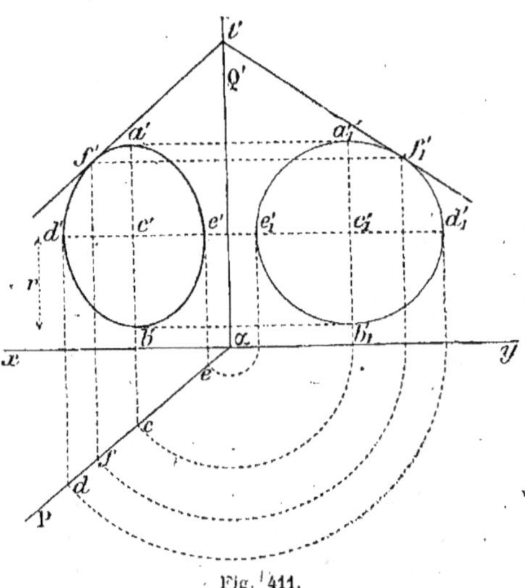

Fig. 411.

Le plan étant perpendiculaire au plan H, la projection horizontale de la circonférence sera sur αP (n°62); il faut prendre, à partir du point c, deux longueurs cd, ce, égales au rayon donné; le diamètre de est la projection horizontale cherchée. La projection verticale de ce diamètre est parallèle à xy, et se détermine à l'aide des points d, e. Le diamètre vertical se projette en vraie grandeur; donc il faut prendre $c'a' = c'b'$, égal au rayon. On connaît les axes de l'ellipse; par suite, la courbe peut être construite par points.

Pour trouver directement d'autres points de la courbe, on peut rabattre le plan donné sur le plan vertical (fig. 411); pour cela, on rabat le centre (c, c') en c'_1, puis on décrit la circonférence $c'_1 a'_1$. Un point quelconque f'_1 a pour projections f et f'.

Tangente en un point. — Soit à déterminer la tangente au point (f, f'). La projection horizontale de la tangente se confond avec la trace αP du plan. Pour obtenir sa projection verticale, on mène la tangente $t'f'_1$ au cercle rabattu. Le point t', trace verticale de la tangente, est fixe sur αQ'; en joignant le point t' au point f', on a la tangente demandée.

Remarque. — Les constructions sont analogues lorsque le plan du cercle est de bout.

Problème.

389. — *Déterminer les projections d'un cercle situé dans un plan quelconque donné par ses traces, connaissant le centre et le rayon du cercle.*

Soient P α Q', (c, c') et r, le plan, le centre et le rayon du cercle (fig. 412).

Déterminons d'abord les axes de la projection horizontale. Le diamètre horizontal du cercle se projette horizontalement en vraie grandeur suivant ab sur l'horizontale du centre $(cv, c'v')$; ab est le grand axe de l'ellipse.

Le petit axe, qui lui est perpendiculaire, se projette sur la ligne de pente dont la projection horizontale est cl perpendiculaire à αP. Rabattons cette ligne de pente en lc_1 $(cc_1 = mc')$, et prenons $d_1c_1 = c_1e_1 = r$. Les points rabattus en d_1, e_1, se projettent horizontalement en d, e, et le segment de donne le petit axe.

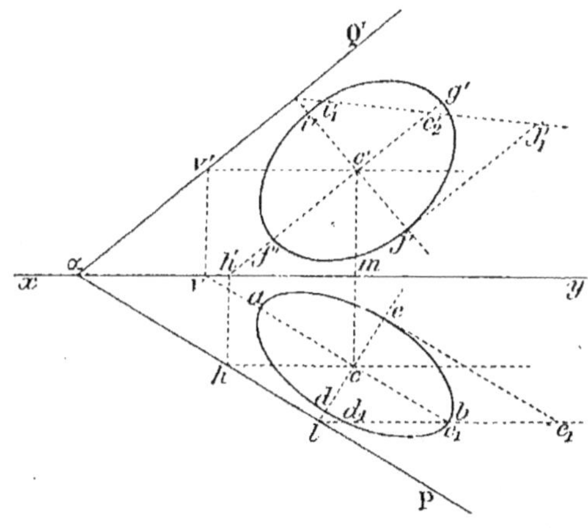

Fig. 412.

Connaissant les deux axes de la projection, on peut construire la courbe.

Les axes de la projection verticale s'obtiennent de même en $f'g'$ et $i'j'$.

On pourrait aussi déterminer la projection verticale d'un certain nombre de points, car on connaît le plan PαQ' qui contient les points du cercle, ainsi que la projection horizontale de ces mêmes points.

Problème.

390. — *Déterminer les projections d'une circonférence dont on connaît le centre, le rayon, et dont le plan est donné par deux droites.*

Soient $(ab, a'b')$, et $(ac, a'c')$ les droites, et c la projection horizontale du centre.

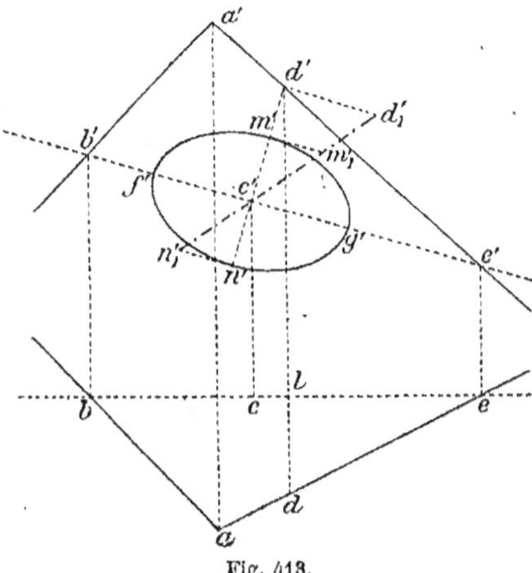

Fig. 413.

Déterminons c' à l'aide de la frontale $(bce, b'c')$ du plan des deux droites données.

Construisons les axes de la projection verticale de la circonférence. Le grand axe est sur $b'e'$, puisque $(be, b'e')$ est une ligne de front menée par le centre (c, c'); prenons $c'f' = c'g' = r$.

Le petit axe est sur la perpendiculaire menée à $b'e'$ au point c'. Pour avoir la longueur de ce petit axe, on peut rabattre son plan projetant sur le plan de front eb; pour cela, prenons $d'd_1' = ld$, puis $c'm_1' = c'n_1' = r$; projetons m_1' et n_1' en m' et n'.

La projection horizontale s'obtient d'une manière analogue.

391. **Épure complète des projections d'un cercle.** Méthode GÉNÉRALE. — *On rabat le plan du cercle sur l'un des plans de projection, le plan horizontal, par exemple. Sur ce cercle rabattu, on détermine les points et les tangentes que l'on veut obtenir, et l'on effectue leur relèvement.*

Soient PαQ', (o, o') et r, le plan, le centre et le rayon du cercle (fig. 414).

1° **Rabattement du cercle.** — Le plan PαQ' se rabat en PαQ$_1'$; le point $(a,\ a')$ de la trace verticale devient a_1' (n° 231); d'ailleurs, $\alpha a_1' = \alpha a'$. Le centre $(o,\ o_1')$ se rabat en o_1, au point de concours des rabattements mo_1 et $v_1'o_1$ de l'horizontale et de la frontale qui passent

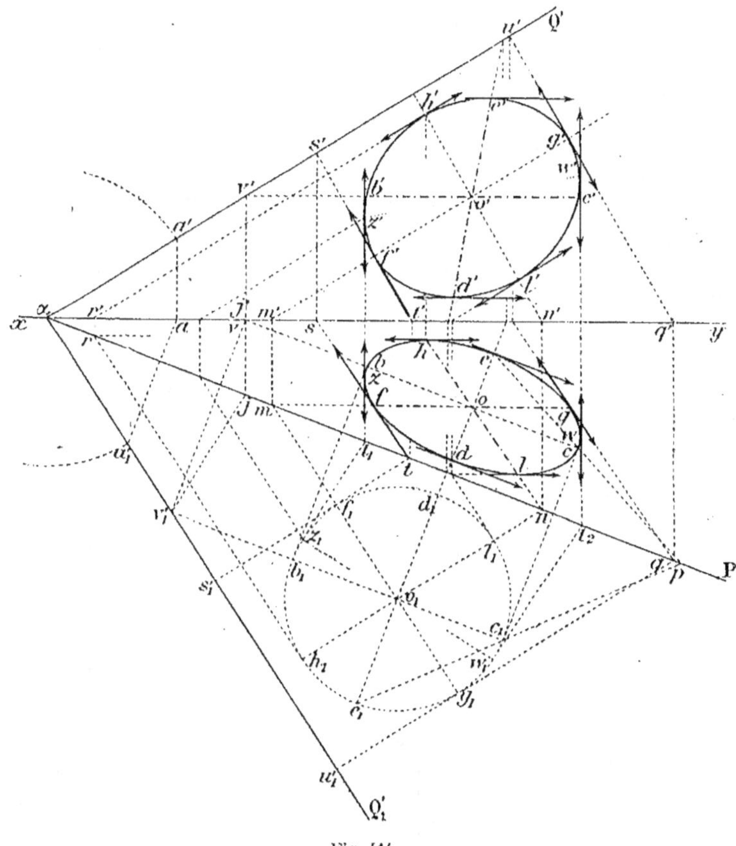

Fig. 414.

par le centre. Enfin, le rabattement du cercle s'obtient en décrivant un cercle de rayon r et de centre o_1.

2° Détermination des axes de l'ellipse. — En projection horizontale, le diamètre horizontal rabattu en $b_1 c_1$ se relève en vraie grandeur suivant bc; le petit axe est la projection du diamètre perpendiculaire à $b_1 c_1$ et rabattu en $d_1 e_1$; pour obtenir son relèvement, on peut utiliser la droite $c_1 c_1$; elle rencontre αP en p; en menant pc jusqu'à la rencontre de $e_1 d_1$ perpendiculaire à αP, on obtient en e l'une des extrémités du petit axe, l'autre extrémité d est symétrique de e par rapport au centre o.

En projection verticale, le diamètre de front rabattu suivant $f_1 g_1$ se relève en vraie grandeur en $f'g'$. Pour relever le petit axe, on a d'abord relevé l'extrémité h' au moyen de la droite rabattue en $h_1 l_1 n$ et de la frontale $(hr, h'r')$; puis on a pris $o'l' = o'h'$.

3° **Tangente en un point** (f, f'). — On mène d'abord la tangente au point correspondant f_1 du cercle rabattu et on relève cette droite. Pour cela, on peut remarquer que la tangente considérée rencontre αP au point t, dont la projection verticale est t', il suffit de joindre tf, $t'f'$, pour avoir les projections de la tangente cherchée.

4° **Tangentes parallèles à une direction du plan** PαQ$'$. — On mène d'abord au cercle une tangente parallèle au rabattement de cette droite, puis on relève cette tangente.

Soit à mener les tangentes parallèles à la droite de profil $(vj, v'j')$ rabattue en $v'_1 j$; on mène au cercle les tangentes $z_1 t_1$ et $w_1 t_2$ parallèles à $j v'_1$; on relève les points de contact en (z, z'), (w, w'), et par ces points il suffit de mener des perpendiculaires à xy, c'est-à-dire des parallèles à $(vj, v'j')$.

392. **Points remarquables**. — Ce sont les points occupant dans l'espace les positions suivantes par rapport à un observateur qui, debout sur le plan horizontal antérieur, aurait la face tournée du côté du plan vertical.

Point le plus haut et le plus bas, ou points **supérieur** et **inférieur**. Ce sont les points (c, c'), (d, d') qui ont la plus grande et la plus petite cote. En ces points, les tangentes sont parallèles aux horizontales du plan.

Point le plus en avant et le plus en arrière, ou points **antérieur** et **postérieur**. Ce sont les points (h, h') et (l, l') qui ont le plus grand et le plus petit éloignement. Les tangentes correspondantes sont parallèles aux droites de front du plan.

Point le plus à droite et le plus à gauche, ou points **latéraux**. Ce sont les points de contact (z, z'), (w, w'), des tangentes parallèles aux droites de profil du plan.

393. **Remarques**. — 1° Les projections horizontales fg, hl, des axes de la projection verticale sont deux **diamètres conjugués** de l'ellipse horizontale; de même $b'c'$, $e'd'$, sont deux diamètres conjugués de l'ellipse verticale.

Rappelons qu'on appelle **diamètres conjugués** d'une ellipse deux diamètres dont chacun divise en deux parties égales les cordes parallèles à l'autre. Deux diamètres rectangulaires quelconques du cercle se projettent suivant deux diamètres conjugués de l'ellipse.

2° Dans les épures de concours, on supprime la plupart des lignes de construction ; mais il était utile de donner un exemple de tracé complet.

Problème.

394. — *Déterminer les projections d'un cercle passant par trois points donnés.*

On rabat le plan des trois points sur le plan horizontal ; on construit le cercle passant par ces trois points, et on relève ce cercle comme dans le problème précédent (n° 391).

Problème.

395. — *Déterminer la projection d'un cercle défini par son plan, son centre et son rayon (Géométrie cotée).*

Méthode générale. — *On rabat le plan du cercle sur le plan de comparaison ; on détermine les points et les droites que l'on veut obtenir, et on effectue leur relèvement.*

Soient P le plan, o (3) le centre, et r le rayon du cercle (fig. 415).

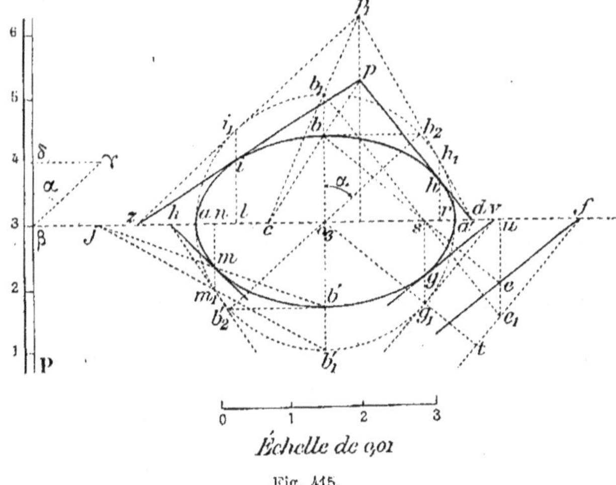

Échelle de 0,01

Fig. 415.

1° Axes de l'ellipse. — Rabattons le plan P autour de l'horizontale

cd de cote 3, à l'aide du triangle $\beta\delta\gamma$; le cercle se rabat en vraie grandeur suivant un cercle de centre o et de rayon r.

Le grand axe de l'ellipse est aa' sur βod ($oa = oa' = r$). Le petit axe est le rabattement du diamètre b_1b_1' qui lui est perpendiculaire; on construit en b_1ob_2 un angle égal à α, et l'on projette b_2 en b et b_2' en b'; bb' est le petit axe.

2° Point quelconque et tangente en ce point. — Soit à déterminer la projection m du point du cercle rabattu en m_1. Menons m_1n perpendiculaire à cd, joignons le point m_1 au point b_1', et soit j le point d'intersection de m_1b_1' avec cd; menons jb'. Cette dernière droite rencontre m_1n au point m, projection demandée.

Pour avoir la tangente en m, on trace d'abord m_1k tangente au cercle en m_1, et l'on relève cette droite en mk.

3° Tangentes issues d'un point p. — Rabattons p en p_1 à l'aide du rabattement b_1 du point b; de p_1, menons au cercle les tangentes p_1i_1 et p_1h_1; ces droites se relèvent en zp et dp, et l'on a les points de contact i, h, à l'aide des perpendiculaires i_1l et h_1r à βd.

4° Tangentes parallèles à une direction donnée ef. — Rabattons ef en e_1f; le point f reste fixe sur l'axe, et e_1 s'obtient à l'aide du rabattement du point b. Menons au cercle une tangente g_1v parallèle à e_1f; le point de contact g_1 est à l'intersection du cercle et de la perpendiculaire ot abaissée du centre sur e_1f; on trace ensuite gv parallèle à ef, et le point g se détermine par la perpendiculaire g_1s à od.

Il y a une seconde tangente parallèle à ef; on la construit d'une manière analogue.

Problème.

396. — *Inscrire une circonférence à un triangle.*

Soit $(abc, a'b'c')$ le triangle donné (fig. 416).

Rabattons le triangle sur un plan horizontal à l'aide d'une horizontale $(cc, c'e')$, passant par le sommet (c, c') et rencontrant en (c, c') le prolongement du côté $(ab, a'b')$.

Les points (c, c') et (e, e'), situés sur l'axe, restent fixes pendant le rabattement; au moyen du triangle rectangle daa_1' (n° 224), on obtient en a_1 le rabattement de (a, a'); enfin, une perpendiculaire bb_1 à ce donne b_1 sur a_1e.

Dans le rabattement $a_1b_1c_1$, inscrivons une circonférence et relevons cette courbe.

Pour avoir les projections du centre, relevons la bissectrice $c_1o_1l_1$. Déterminons les axes de chaque projection : pour la projection horizontale, le grand axe fg est parallèle à l'axe cc_i, le petit axe est sur la ligne de plus grande pente; rabattons la ligne de pente da en da_i, en prenant aa_i' égal à la distance verticale de a' à l'horizon-

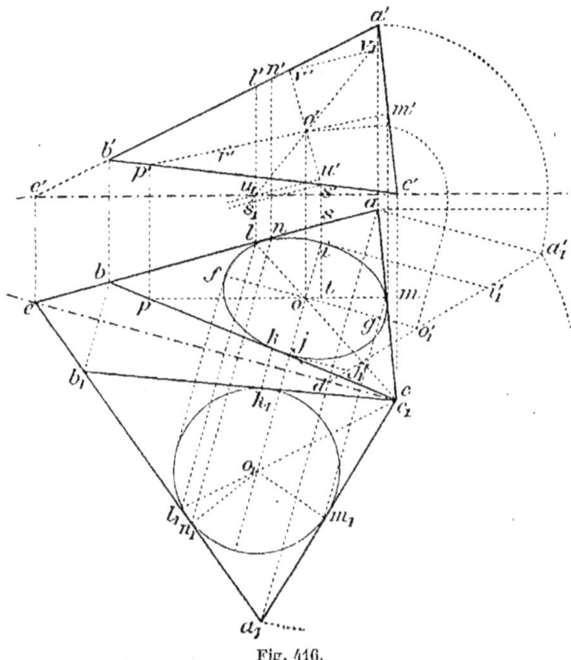

Fig. 416.

tale $c'e'$, puis portons le rayon du cercle de o_i' en i_i' et j_i'; ces points déterminent i et j.

Pour la projection verticale, on mène par le centre une frontale du plan $(op, o'p')$, afin d'avoir le grand axe $r'm'$. Pour obtenir le petit axe, nous pouvons rabattre la ligne de plus grande inclinaison menée par le centre, en prenant $s's_i$ égale à la distance horizontale st du point s à la ligne de front.

Il est essentiel de déterminer sur chaque projection les points de contact tels que (n, n').

CHAPITRE VIII

DE LA SPHÈRE

---

§ I. — GÉNÉRALITÉS. — CONTOUR APPARENT

397.—Rappel des propriétés géométriques de la sphère.

1° La surface de la sphère est le lieu géométrique des points équidistants d'un point intérieur appelé centre.

On peut considérer la surface de la sphère comme engendrée par la révolution complète d'une demi-circonférence autour de son diamètre.

2° Toute section plane de la sphère est un cercle.

Un **grand cercle** est une section dont le plan passe par le centre de la sphère ; un **petit cercle** est une section dont le plan ne passe pas par le centre de la sphère.

3° Tout plan tangent à une sphère est perpendiculaire au rayon du point de contact ; c'est le lieu géométrique des tangentes à toutes les courbes tracées sur la sphère et passant par le point considéré.

4° Une droite est tangente à une sphère lorsqu'elle est perpendiculaire à l'extrémité d'un rayon de cette sphère.

5° Une droite rencontre généralement une sphère en deux points.

398. Contour apparent dans l'espace. — Le contour apparent dans l'espace d'une sphère, par rapport à une direction donnée, est le lieu géométrique des points de contact des plans tangents menés à cette sphère, parallèlement à la direction donnée.

L'ensemble des tangentes à la sphère, parallèles à la direction donnée, s'appelle le **cylindre circonscrit** à cette sphère ; le contour apparent peut donc être considéré comme la ligne de contact de la sphère et du cylindre circonscrit.

Soit une sphère O (fig. 417) et YZ la direction donnée, verticale, par exemple.

Tout plan tangent P, parallèle à YZ, donne un point A du contour apparent dans l'espace. La courbe ABCD, lieu des points de contact, est la ligne de contour apparent. En menant par chaque point de contact A, B,... une parallèle à YZ, on obtient le cylindre circonscrit.

Remarque. — YZ étant verticale, le rayon OA, perpendiculaire à cette direction, est horizontal, et le contour apparent est le grand cercle horizontal de la sphère.

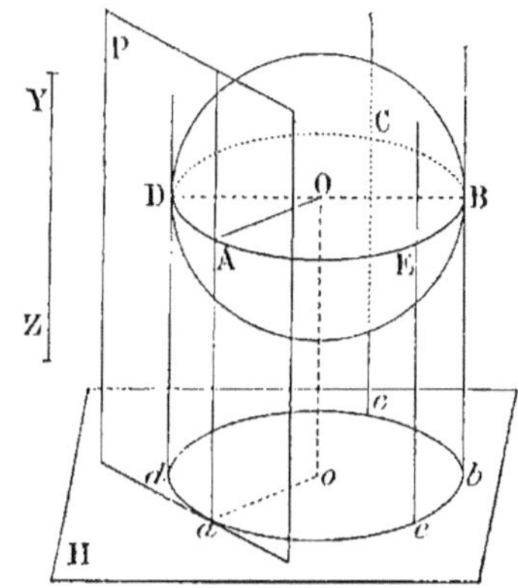

Fig. 417.

399. **Position de l'observateur.** — En géométrie descriptive, l'observateur est supposé dans le premier dièdre, au-dessus et infiniment éloigné de l'objet, pour la projection horizontale ; en avant et à une distance infinie, pour la projection verticale.

Il y a donc lieu de considérer les projections des contours apparents par rapport à une verticale et à une ligne de bout, ou ce qu'on nomme plus simplement le **contour apparent sur le plan horizontal** et le **contour apparent sur le plan vertical**.

400. **Contour apparent en projection.** — Le contour apparent sur le plan horizontal est la projection horizontale du contour apparent déterminé sur la sphère, dans l'espace, par les plans tangents verticaux.

On peut dire aussi : la ligne de contour apparent, sur le plan horizontal, est la trace horizontale du cylindre vertical circonscrit.

Le contour apparent dans l'espace ABCD étant horizontal se projette en vraie grandeur en *abcd*. Donc, le contour apparent sur le plan horizontal est la projection du grand cercle horizontal de la sphère.

Le contour apparent sur le plan vertical est la projection verticale du contour apparent déterminé sur la sphère par les plans tangents de bout.

Théorème.

401. — *Le contour apparent d'une sphère sur un plan de pro-jection est tangent à la projection de même nom de toute ligne tracée sur la sphère et rencontrant le contour apparent dans l'espace.*

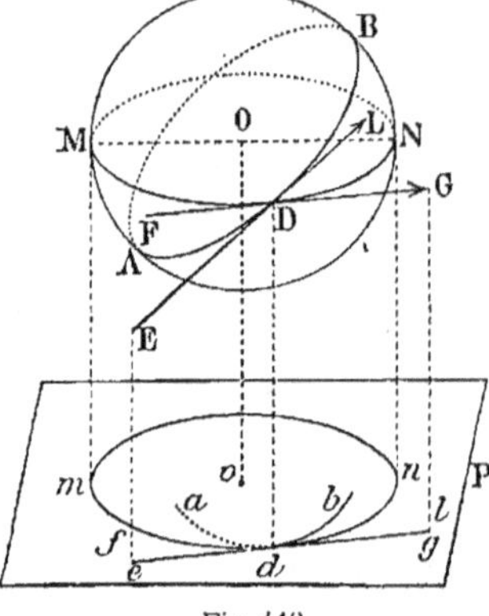

Fig. 418.

Soient AB la ligne qui rencontre en D le contour apparent MN ; DG, DL, les tangentes à ces courbes (fig. 418).

Le plan tangent LDG est perpendiculaire au plan P ; donc les tangentes DL et DG qui y sont contenues se projettent sur la trace *dg* de ce plan.

Les projections *mn* et *a b* sont tangentes à cette droite en un même point *d* ; donc elles sont tangentes entre elles.

§ II. — REPRÉSENTATION DE LA SPHÈRE

402. — On représente une sphère par la projection horizontale *h* de son grand cercle horizontal et par la projection verticale *v'* (fig. 419) de son grand cercle de front ; ces deux cercles ont même rayon que la sphère.

Le premier, appelé **équateur**, est le contour apparent de la sphère par rapport au plan horizontal ; le second, nommé **méridien principal**, est le contour apparent par rapport au plan vertical.

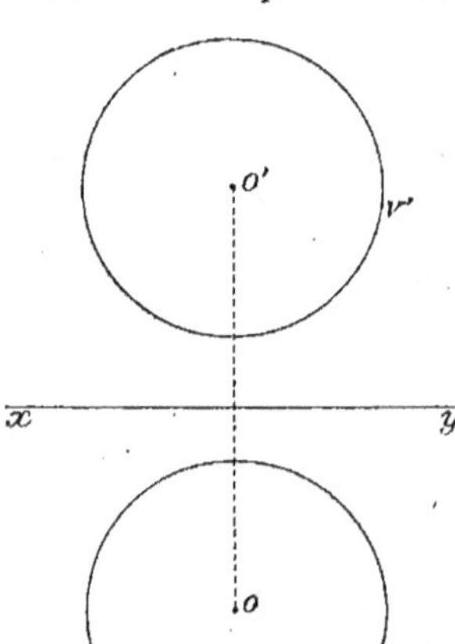

Fig. 419.

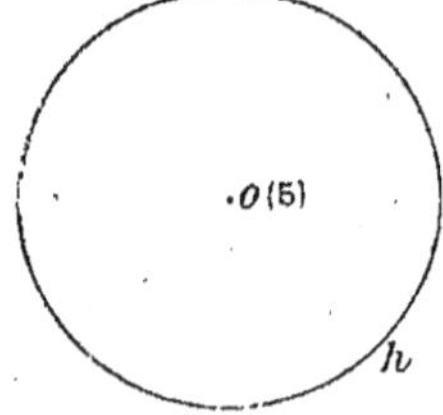

Fig. 420.

En géométrie cotée, une sphère est représentée par son centre o (5) (fig. 420) et par la projection h du grand cercle horizontal, c'est-à-dire par son contour apparent sur le plan horizontal.

403. Définitions. — Les petits cercles déterminés dans la sphère par des plans horizontaux, ou par des plans de front, s'appellent des **parallèles horizontaux**, ou des **parallèles de front**.

Les parallèles horizontaux se projettent sur le plan horizontal suivant des cercles concentriques au grand cercle de contour apparent horizontal; leurs projections verticales sont parallèles à xy.

De même, les parallèles de front se projettent verticalement en vraie grandeur suivant des cercles concentriques au grand cercle de contour apparent vertical, et leurs projections horizontales sont parallèles à xy.

Problème.

404. — *Une sphère étant donnée par ses projections, détermi-ner les projections d'un parallèle horizontal et d'un parallèle de front de cette sphère.*

Un plan horizontal H′ coupe la sphère suivant un cercle; le plan de ce cercle est coupé par le plan de front mn suivant un diamètre $(ab, a'b')$, projeté en vraie grandeur sur les deux plans de projection.

Ce cercle est horizontal et son centre se trouve sur la verticale passant par le centre (o, o') de la sphère; donc il se projette en vraie grandeur sur le plan horizontal suivant un cercle de centre o et de rayon oa; sa projection verticale se réduit au diamètre $a'b'$.

De même, un parallèle de front, déterminé dans la sphère par le plan de front V′, se projette en vraie gran-deur sur le plan vertical suivant un cercle de centre o' et de rayon $o'c'$, tandis que sa projection horizontale se réduit au diamètre cd.

Remarque. — Les parallèles ho-rizontaux et de front sont très utiles dans les questions relatives à la sphère; ils jouent un rôle analogue à celui des horizontales et des droites de front dans un plan.

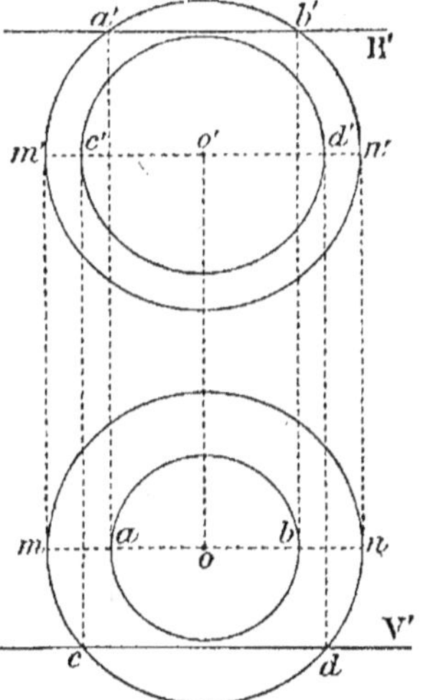

Fig. 421.

Problème.

405. — *Déterminer la projection d'un parallèle horizontal d'une sphère donnée, connaissant sa cote.*

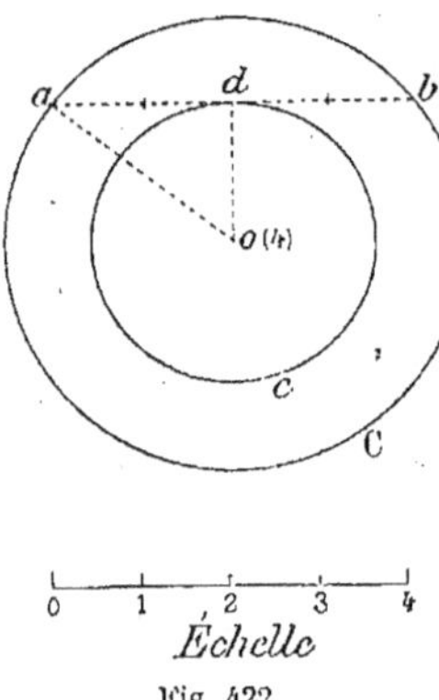

Échelle

Fig. 422.

Soit à construire la projection du parallèle de cote 6 d'une sphère de centre o (4) et de rayon oa (fig. 422).

Le parallèle se projette en vraie grandeur suivant un cercle c concentrique au cercle C de contour apparent de la sphère.

Son rayon od est le second côté de l'angle droit d'un triangle rectangle dont le premier côté égale la différence des cotes du parallèle et du centre de la sphère et dont l'hypoténuse est le rayon de la sphère.

Il suffit donc de prendre la longueur ab égale à deux fois la différence des cotes, et de mener od perpendiculaire à ab ; od est le rayon cherché.

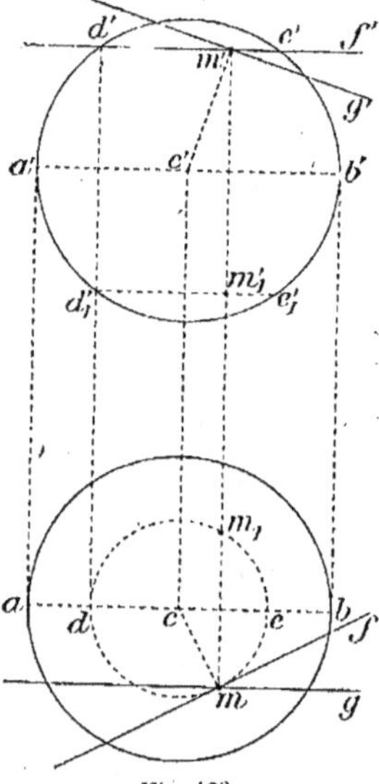

Fig. 423.

Problème.

406. — *Une sphère étant donnée par son centre et son rayon, déterminer une des projections d'un point de cette sphère, connaissant l'autre projection de ce point, et construire le plan tangent en ce point.*

Il faut mener, sur la surface sphérique, une ligne qui passe par le point dont on connaît une des projections : une ligne de rappel terminera le problème.

Soient (c, c') le centre de la sphère, et m la projection horizontale d'un point de la surface sphérique.

1ᵉʳ Moyen. — *Emploi d'un parallèle.* Considérons le petit cercle que détermine le plan horizontal mené par le point donné.

De c et c' comme centres, avec le rayon donné, décrivons les circonférences, contours apparents de la sphère (fig. 423).

Le plan horizontal du point M coupe la sphère suivant un cercle de rayon cm, qui se projette sur le plan H en vraie grandeur et, sur le plan vertical, suivant une droite parallèle à xy, égale au diamètre de la section ; on obtient cette projection verticale $d'e'$ en menant des projetantes dd', ee', tangentes à la projection horizontale dmc.

La ligne de rappel menée par m détermine m'.

Remarques. — 1° Il y a généralement deux solutions, car on peut prendre $d'_1 e'_1$ comme projection verticale du cercle dc.

Ainsi les points (m, m') et (m, m'_1) répondent à la question.

Le premier est sur l'hémisphère supérieur, et le second sur l'hémisphère inférieur.

2° Si l'on donne m', on mène le parallèle $d'm'c'$, dmc (n° 403), et à la projection donnée m' répondent les projections horizontales m et m_1.

3° Toute projection située sur le contour apparent vertical a sa projection horizontale sur la droite ab, et réciproquement; remarque analogue pour les points du contour apparent horizontal.

Plan tangent en un point. — Le plan tangent au point (m, m') est perpendiculaire au rayon $(cm, c'm')$ de la sphère, relatif à ce point. On mène $m'q'$ perpendiculaire à $c'm'$, et mf perpendiculaire à cm; puis $m'f'$ et mg parallèles à xy.

On obtient ainsi une horizontale $(mf, m'f')$ et une frontale $(mg, m'q')$ du plan tangent. Ce plan est donc déterminé.

407. 2° Moyen. — *Emploi d'un méridien.*

Soit m la projection horizontale donnée (fig. 424).

Le point appartient au méridien vertical cmg. En rabattant ce méridien sur le méridien principal, m vient en h, ce qui fait connaître h', et par suite m'.

On a une deuxième solution m'_1.

On peut éviter de tracer l'arc mh ; il suffit de joindre gb et de mener une parallèle mh.

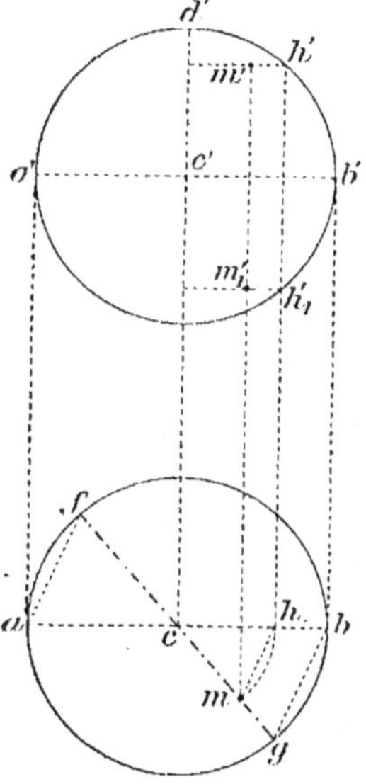

Fig. 424.

Remarque. — Ce problème revient au suivant : *Déterminer les points d'intersection d'une sphère et d'une droite perpendiculaire à l'un des plans de projection, connaissant la trace de cette droite.*

Problème.

408. — *Étant donnée la projection horizontale d'un point d'une sphère, 1° trouver la cote de ce point; 2° construire le plan tangent en ce point.*

1° Soient o (4) le centre de la sphère et m la projection donnée (fig. 425).

Prenons pour plans de projection le plan horizontal de cote 4 et

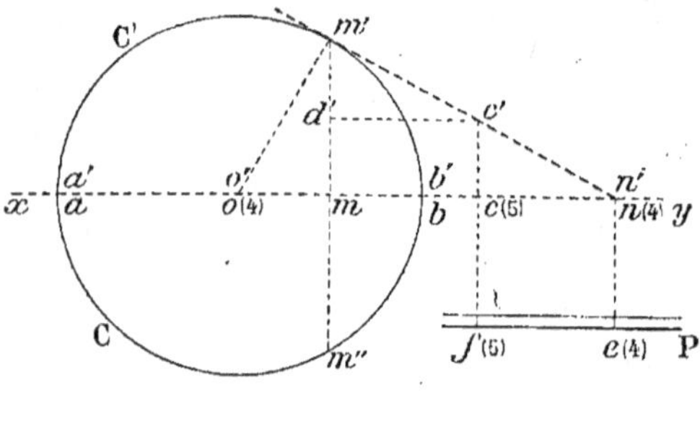

le plan vertical dont la trace xy passe par om. Le centre $(o,\ o')$ se trouve sur xy, et les deux projections des contours apparents de la sphère sont confondues.

La projection horizontale m étant située sur le diamètre ab, projection horizontale du contour apparent vertical, ce point

Échelle de 0,0075

Fig. 425.

appartient à ce contour apparent (n° 406, *Rem.*, 3°).

Une ligne de rappel, menée par m, détermine les points m' et m'' sur ce contour apparent; m' et m'' sont symétriques par rapport à ab. On mesure mm' à l'échelle graphique, et l'on trouve $mm' = 2$; donc les points de la sphère projetés en m ont pour cotes $4 + mm'$ et $4 - mm'$, soit ici 6 et 2.

2° **Plan tangent au point** $(m,\ m')$ **ou** m (6). — Dans le système des plans auxiliaires considérés, le rayon om' de la sphère est situé dans le plan vertical; le plan tangent, qui lui est perpendiculaire, est un plan de bout et sa trace verticale $m'n'$, perpendiculaire à om', passe par m', car le plan tangent contient toutes les tangentes à la sphère au point $(m,\ m')$ et, en particulier, la tangente $(mn,\ m'n')$ au grand cercle C' de contour apparent vertical.

Cette trace rencontre xy au point n (4); nc, perpendiculaire à xy, est une horizontale de ce plan; en prenant $md' = 1$ unité de l'échelle graphique, on détermine le point $(c,\ c')$ de cote 5 et l'horizontale correspondante cf; enfin, une perpendiculaire P à ces horizontales donne une échelle de pente du plan tangent.

Problème.

409. — *Reconnaître la position d'un point donné par rapport à une sphère.*

Remarquons d'abord que si l'une au moins des projections du point est extérieure à la projection correspondante du contour apparent de même nom de la sphère, le point est extérieur à la sphère.

Considérons donc le cas où les deux projections sont intérieures aux projections de même nom des contours apparents de la sphère.

Soient m et m' (fig. 426) les projections du point; déterminons le parallèle horizontal qui passe par le point m'; sa projection verticale $a'b'$ est parallèle à xy, tandis que sa projection horizontale est un cercle de centre o et de diamètre $ab = a'b'$ (n° 404). La projection horizontale m du point donné se trouvant sur ce parallèle, le point (m, m') appartient à la sphère; il en est de même du point (m_1, m').

Le point (m_2, m') est intérieur à la sphère, tandis que le point (m_3, m') est extérieur.

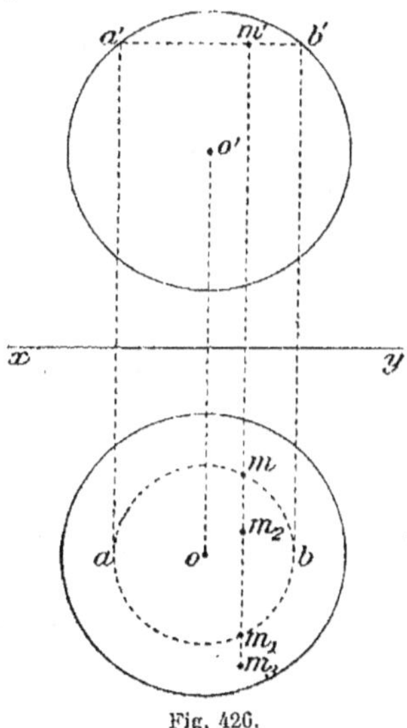
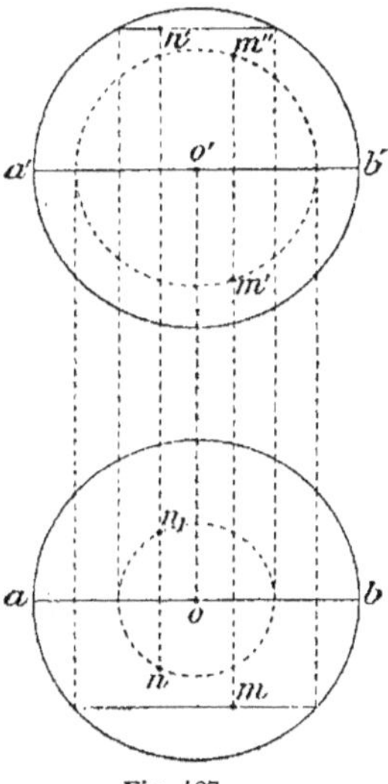

Fig. 426.   Fig. 427.

410. Points vus et points cachés sur la sphère. — 1° Projection horizontale. — L'observateur est supposé à l'infini au-dessus du plan horizontal.

Considérons la projection horizontale m d'un point de la sphère; la verticale de ce point rencontre la sphère en (m, m') et (m, m'');

le point (m, m''), qui a la plus grande cote, est **vu** ; l'autre, (m, m'), est **caché** (fig. 427).

En général, un point de la sphère est **vu** en projection **horizontale** quand il est au-dessus du contour apparent horizontal ; il est **caché** quand il est au-dessous de ce contour apparent.

2° **Projection verticale.** — L'observateur est supposé à l'infini en avant du plan vertical.

Soit n' la projection verticale d'un point de la sphère ; la droite de bout de ce point rencontre la sphère en (n, n') et (n_1, n'). Le point (n, n'), qui a le plus grand éloignement, est **vu** ; le point (n_1, n') est **caché** (fig. 427).

En général, un point de la sphère est **vu** en projection **verticale** quand il est en avant du contour apparent vertical ; il est **caché** dans le cas contraire.

§ III. — SECTION PLANE D'UNE SPHÈRE

411. — Toute section plane d'une sphère est un cercle (M. G., n° 605). Ce cercle se projette suivant des ellipses dont il est facile de déterminer les axes.

On peut aussi déterminer un point quelconque de ces ellipses et construire la tangente en ce point, à l'aide de la méthode générale suivante.

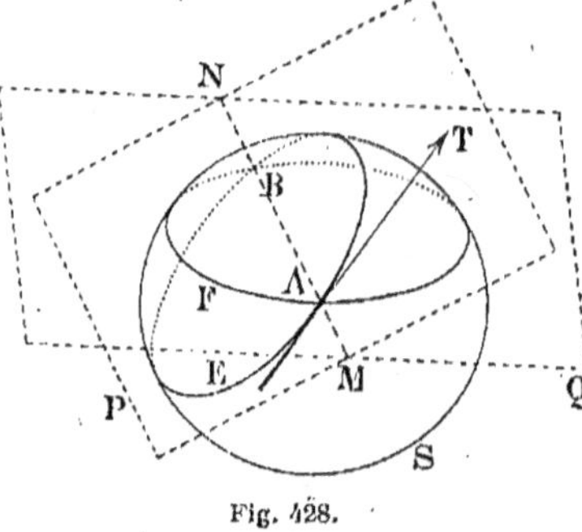

Fig. 428.

412. MÉTHODE GÉNÉRALE. — Soit à déterminer l'intersection d'une sphère S et d'un plan P (fig. 428). On coupe la sphère et le plan P par un plan Q horizontal ou de bout. Ce plan Q coupe la sphère suivant un parallèle F, le plan P suivant une droite MN ; les points de rencontre A, B, du parallèle et de la droite sont des points d'intersection de la sphère S et du plan P.

Le théorème suivant permet de construire la tangente en un point de la section.

Théorème.

413. — *La tangente en un point de la section est l'intersection du plan sécant et du plan tangent à la sphère au point considéré.*

En effet, la tangente AT (fig. 428) en un point A de la section se
trouve dans le plan sécant qui contient la courbe d'intersection ;
AT, tangente à un cercle tracé sur la sphère, est tangente à la sphère ;
donc elle appartient au plan tangent en A à la sphère, et la tangente
AT, située à la fois dans le plan tangent et dans le plan sécant, est
l'intersection des deux plans.

Problème.

414. — *Déterminer la section d'une sphère par un plan de bout.*

Dans le cas particulier où le plan sécant est perpendiculaire à l'un
des plans de projection, le cercle de section s'y projette suivant un
diamètre.

1° Détermination des axes de l'ellipse. — Soient (o, o') les projections du centre et
$P \alpha Q'$ le plan donné
(fig. 429). La trace
verticale du plan
contient la projec-
tion $a'b'$ de la sec-
tion ; $a'b'$ est la pro-
jection verticale du
diamètre de plus
grande pente.

La perpendiculaire
$o'c'$ à $\alpha Q'$ détermine
le centre (c, c') de
la section. Le grand
axe cd, en projection
horizontale, est situé
sur la droite de bout
$(cd, c'd')$. Il suffit,
pour l'obtenir, de
porter

$$cd = ce = a'c'.$$
Le petit axe lui est
perpendiculaire ; sa
projection est ab.

Le plan sécant ren-
contre l'équateur,
projeté en $11'$, sui-
vant une horizontale
$(fg, f'g')$. Or, aux

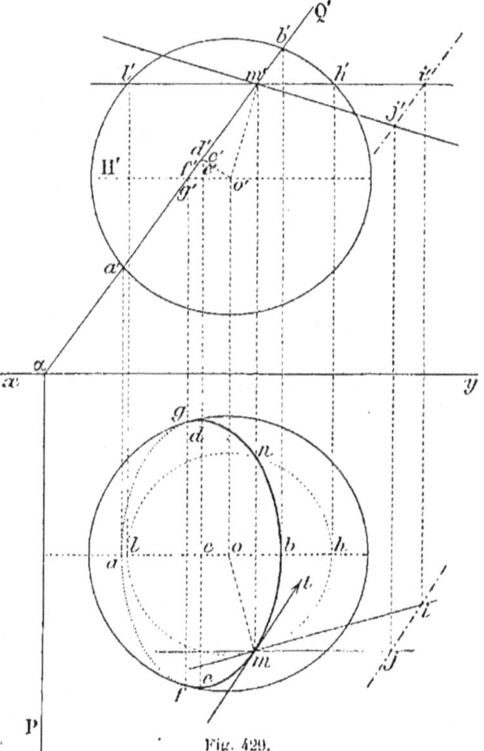

Fig. 429.

points (f,f'), (g,g') de contour apparent, l'ellipse est tangente à l'équateur de la sphère ; donc les projections horizontales des deux courbes sont tangentes (n° 401).

Il est très important de déterminer les points (f, f') et (g, g').

En supposant le plan transparent et la sphère opaque, la partie fag de l'ellipse située au-dessous du contour apparent est **cachée** en projection horizontale, tandis que la partie fbg est **vue**.

2° **Détermination d'un point quelconque M de la section.** — Par M, menons le plan horizontal $h'l'$. Il coupe la sphère suivant un parallèle $(h'l', hmln)$, et le plan sécant suivant l'horizontale (m', mn). Les projections horizontales du parallèle et de l'horizontale se coupent en m, n, ce qui donne deux points de la section.

3° **Tangente en un point quelconque** (m, m'). — La tangente à la section est l'intersection du plan sécant avec le plan tangent en (m, m') à la sphère (n° 413).

Le plan tangent en (m, m') à la sphère est perpendiculaire au rayon $(om, o'm')$. On a immédiatement une horizontale $(mi, m'i')$ et une frontale $(mj, m'j')$ de ce plan en menant mj, $m'i'$, parallèles à xy, mi perpendiculaire à om, et $m'j'$ perpendiculaire à $o'm'$.

Pour avoir la direction de la tangente, coupons le plan des deux droites par un plan de bout parallèle à $P\alpha Q'$. Soit $i'j'$ sa trace verticale ; ij est la projection horizontale de l'intersection, et mt, parallèle à ij, est la tangente en m à la projection horizontale de la section.

Problème.

415. — *Déterminer la section d'une sphère par un plan quelconque.*

Soit à déterminer la section de la sphère de centre (c, c') par le plan $P\alpha Q'$ (fig. 430).

1° **Axes de la projection horizontale.** — Pour ramener ce problème au précédent, faisons un changement de plan vertical de manière à rendre de bout le plan sécant $P\alpha Q'$. Prenons la nouvelle ligne de terre $x_1 y_1$ telle qu'elle passe par c et soit perpendiculaire à αP. Le plan sécant a pour nouvelle trace verticale $\beta Q'_1$ parallèle à $\beta_1 f_2$.

Dans le système $x_1 y_1$, le centre de la sphère a pour projections c et c'_1 $(cc'_1 = \mu c')$. La nouvelle trace verticale du plan sécant coupe le nouveau contour apparent vertical de la sphère en (a, a'_1), (b, b'_1) ; a et b sont les sommets du petit axe de la projection horizontale de la section. Le grand axe hg lui est perpendiculaire en son milieu o, et a pour longueur $a'_1 b'_1$.

2° **Points de la section situés sur le contour apparent horizontal.** — Ce sont les plans communs à l'équateur de la sphère et à la section. Menons le plan horizontal passant par c_i'; sa trace $q_i's_i'$ est la projection verticale de l'équateur; elle rencontre $a_i'b_i'$ en e_i', et une ligne de rappel donne les points e, f, communs à la section et à l'équateur.

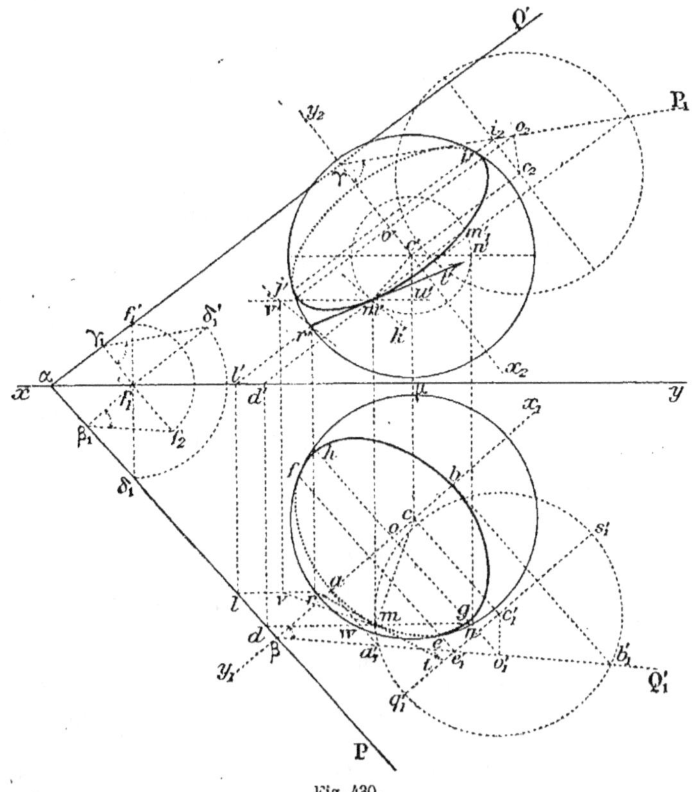

Fig. 430.

Ces points sont très importants à déterminer; en ces points, en effet, l'ellipse projection horizontale de la section est tangente au cercle projection horizontale du contour apparent horizontal de la sphère (n° 401). De plus, ils limitent sur la section la partie vue et la partie cachée; il est évident que l'arc d'ellipse fbe, projection de l'arc de cercle de la section situé au-dessus de l'équateur, est vu en projection horizontale, tandis que l'arc fae, projection de l'arc de cercle situé au-dessous de l'équateur, est caché.

3° **Point quelconque et tangente en ce point.** — Prenons un plan de front auxiliaire de trace dmn; il coupe la sphère suivant un parallèle de front $(wn, c'n')$, et le plan $P \alpha Q'$ suivant la frontale $(dm, d'm')$ dont la projection verticale rencontre le cercle, projection du parallèle, en deux points m' et m'_1. Considérons un de ces points m'; une ligne de rappel donne m, et le point (m, m') appartient à la section.

La tangente à la section en (m, m') est l'intersection du plan sécant et du plan tangent à la sphère en ce point (n° 413).

Traçons le rayon $(cm, c'm')$, menons $m'k'$ et mv respectivement perpendiculaires à $c'm'$ et cm; le plan tangent est déterminé par une horizontale et une frontale. Le point (m, m') appartient à l'intersection de ce plan et du plan $P \alpha Q'$. Pour obtenir un second point, coupons ces deux plans par un plan de front auxiliaire de trace lv; ce dernier plan rencontre $P \alpha Q'$ suivant la frontale $(lr, l'r')$ et le plan tangent suivant la frontale $(rv, r'v')$; les projections verticales des deux droites se coupent en r'; une ligne de rappel donne r sur lv; (r, r') est le point cherché, et la droite $(mr, m'r')$ est tangente à la section au point (m, m').

4° Axes de la projection verticale. — La projection verticale de la section s'obtient d'une manière analogue, à l'aide d'un changement de plan horizontal tel que la nouvelle ligne de terre $x_2 y_2$, perpendiculaire à $\alpha Q'$, passe par le point c'.

Le plan sécant devient vertical dans le système $x_2 y_2$.

Problème.

416. — *Déterminer la section d'une sphère par un plan* (**Géométrie cotée**).

Soient o (3) la projection du centre de la sphère, et P une échelle de pente du plan sécant (fig. 431).

Nous allons encore ramener cette question au n° 414. Prenons un plan vertical de projection xy, mené par le centre de la sphère et parallèle à l'échelle de pente P; puis un plan horizontal de projection, parallèle au plan de comparaison et passant également par le centre de la sphère.

Dans le système xy, le plan sécant P est de bout, et, sur l'épure, le contour apparent vertical de la sphère coïncide avec le contour apparent horizontal.

Cherchons la trace verticale du plan sécant au moyen des traces verticales de deux de ses horizontales. D'abord l'horizontale de cote 3 a pour trace verticale f' sur xy; puis l'horizontale de cote 6 a pour trace u' ($su' = 6 - 3 = 3$ unités de l'échelle graphique); de sorte que $f'u'$ est la trace verticale du plan sécant de bout.

Maintenant les constructions sont absolument les mêmes que celles du n° 414.

1° **Axes de l'ellipse.** — La section se projette verticalement en $a'b'$ suivant un diamètre. Des lignes de rappel donnent a, b, extrémités du petit axe. Le grand axe de lui est perpendiculaire; c'est la projection de l'horizontale du plan sécant qui a sa trace en d', milieu de $a'b'$;

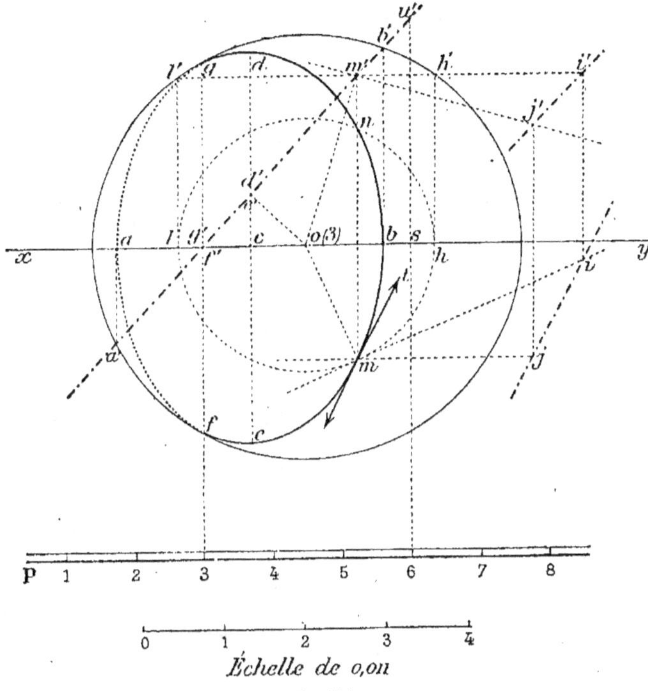

Échelle de 0,01

Fig. 431.

par d' on mène une perpendiculaire à xy, et l'on prend $cd = ce = a'd'$; c est le centre de l'ellipse.

2° **Point quelconque et tangente en ce point.** — Coupons la sphère par un plan horizontal auxiliaire de trace $l'm'$; il rencontre la sphère suivant le parallèle de diamètre $lh = l'h'$, et le plan sécant suivant l'horizontale (m', mn); les projections horizontales de ces deux lignes se coupent en m, n, ce qui donne deux points de la section.

La tangente en (m, m') est l'intersection du plan sécant et du plan tangent à la sphère en ce point (n° 413). Or, le plan tangent est perpendiculaire au rayon (om, om'); on a immédiatement une horizontale $(mi, m'i')$ et une frontale $(mj, m'j')$ de ce plan en traçant mj, $m'i'$, parallèles à xy, et mi, $m'j'$, respectivement perpendiculaires à om, om'. La direction de la tangente s'obtient par l'intersection du plan tangent avec un plan de bout auxiliaire de trace verticale $i'j'$ et parallèle au plan sécant ; ij est la projection horizontale de l'intersection ; il suffit de mener mt parallèle à ij pour avoir la tangente demandée.

§ IV. — INTERSECTION D'UNE DROITE ET D'UNE SPHÈRE

417. MÉTHODE GÉNÉRALE. — *Par la droite donnée, on fait passer un plan, on cherche l'intersection de la sphère et du plan ; les points communs à cette circonférence et à la droite sont les points demandés.*

Comme plans auxiliaires, on prend soit l'un des plans projetants de la droite, soit le plan passant par la droite et le centre de la sphère.

Problème.

418. — *Déterminer les points d'intersection d'une droite et d'une sphère.*

1° Emploi d'un des plans projetants de la droite. — Soient (c, c') et $(ab, a'b')$ la sphère et la droite données (fig. 432).

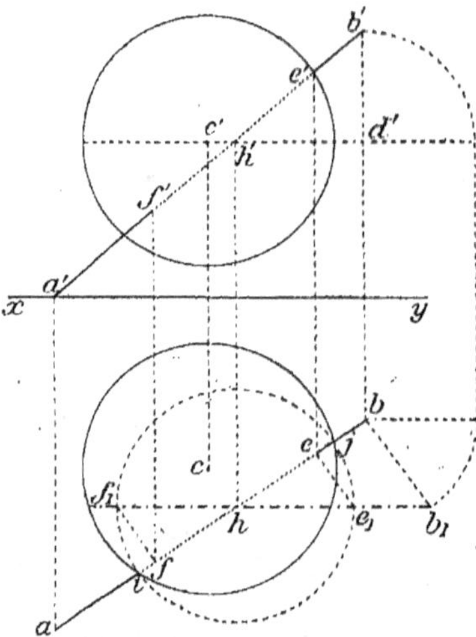

Fig. 432.

Le plan qui projette la droite sur le plan horizontal coupe la sphère suivant un petit cercle dont le centre se trouve sur le plan de l'équateur ; car celui-ci divise en deux parties égales tout cercle déterminé dans la sphère par un plan vertical.

Pour obtenir les points d'intersection, il suffit de rabattre le plan projetant.

On peut le rabattre sur le plan de l'équateur. Le point (h, h') où la droite donnée rencontre le plan de l'équateur ne change pas, (b, b') se rabat sur une perpendiculaire bb_1 égale à la distance verticale $b'd'$; le petit cercle, déterminé par le plan projetant, tourne autour de son diamètre ij. Il coupe la droite rabattue hb_1 en e_1, f_1 ; ensuite on obtient e, f, sur ab, puis e', f'.

Remarque. — Ce rabattement revient à un changement de plan vertical (n° 339, 3°).

2° **Emploi du plan du grand cercle.** — Par la droite donnée, on fait passer le plan d'un grand cercle, que l'on rend parallèle à l'un des plans de projection, en le faisant tourner, par exemple, autour de son diamètre horizontal. Les intersections de la droite rabattue et de l'équateur, avec lequel coïncide le grand cercle rabattu, sont les rabattements des points demandés.

Le diamètre horizontal, devant servir d'axe de rotation, est déterminé par le centre (c, c') (fig. 433) et par la trace (a, a') de la droite sur le plan de l'équateur. Un point quelconque (b, b') se rabat en b_1, en prenant $b b_2 = n b'$ et $d b_1 = d b_2$ (n° 222). La droite rabattue $a b_1$ coupe l'équateur en e_1, f_1; ce qui détermine e, f, puis e', f'.

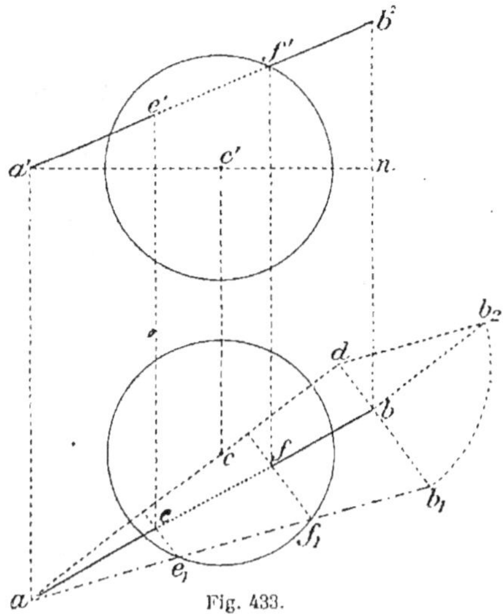

Fig. 433.

419. Cas particulier. — *L'une des projections de la droite passe par la projection correspondante du centre de la sphère.*

Dans ce cas, une rotation conduit à une construction plus simple que les précédentes.

Soit à déterminer l'intersection de la droite $(a b, a' b')$ avec la sphère de centre (o, o'), la projection horizontale de la droite passant par la projection horizontale du centre de la sphère (fig. 434).

Prenons pour plan auxiliaire le plan vertical proje-

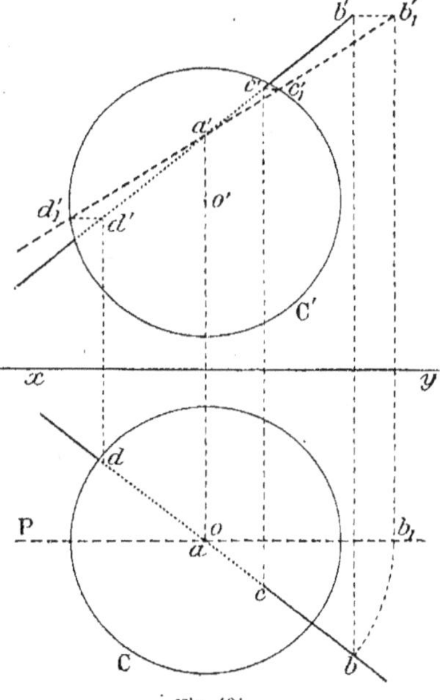

Fig. 434.

tant horizontalement la droite ; ce plan coupe la sphère suivant un grand cercle, et il faut trouver les points communs à la droite et à ce grand cercle. Faisons tourner le plan sécant autour de l'axe vertical $(oa, o'a')$ jusqu'à ce qu'il se confonde avec le plan de front P ; alors la projection verticale du cercle de section se confond avec la projection verticale C′ du contour apparent vertical. Cette rotation amène la droite $(ab, a'b')$ en $(ab_1, a'b_1')$; $a'b_1'$ rencontre le cercle C en deux points c_1' et d_1', projections verticales des points cherchés après la rotation ; leurs projections avant la rotation sont (c, c') et (d, d').

Cette construction s'applique encore lorsque la droite donnée passe par le centre de la sphère.

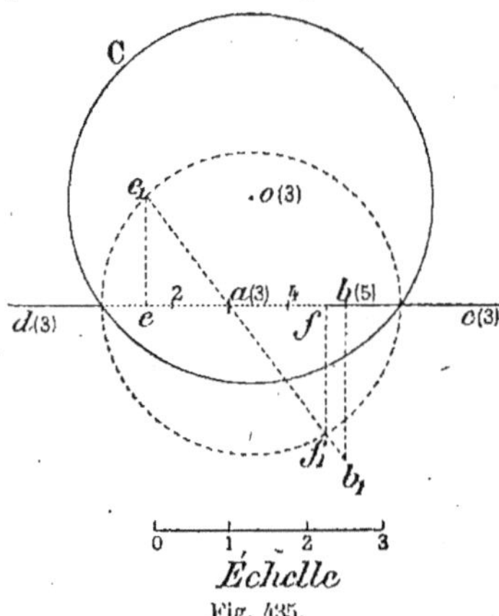

Échelle

Fig. 435.

point $b(5)$ se rabat en b_1 $(bb_1 = 2$ unités$)$; la droite et le cercle de section rabattus se coupent en e_1, f_1, qui ont pour projections e, f, points demandés.

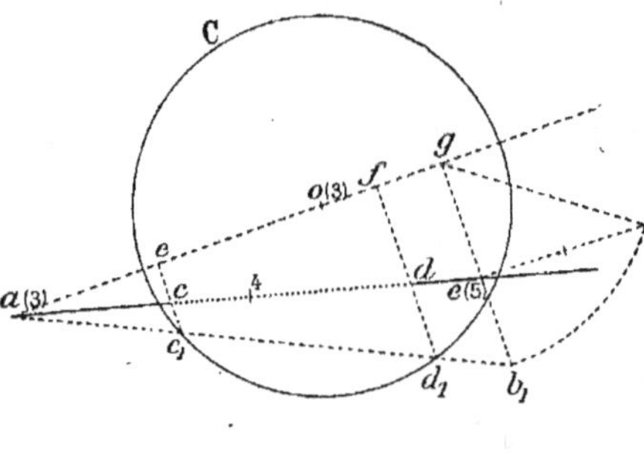

Problème.

420. — *Déterminer l'intersection d'une droite et d'une sphère en géométrie cotée.*

Soit à déterminer l'intersection de la droite $a(3)$ $b(5)$ avec la sphère de centre $o(3)$ et de contour apparent C.

1° Emploi du plan projetant la droite. — Ce plan coupe la sphère suivant un parallèle de diamètre cd (fig. 435). En rabattant la section autour de $c(3)d(3)$ sur le plan horizontal de cote 3, le point $a(3)$ situé sur l'axe reste immobile ; le

2° Emploi d'un grand cercle. — Prenons pour plan auxiliaire le grand cercle déterminé par la droite $a(3)$ $e(5)$ et le centre $o(3)$ de la sphère (fig. 436).

En rabattant ce cercle autour de l'horizontale $a(3)$ $o(3)$ sur le plan horizontal de cote 3, le

grand cercle considéré viendra coïncider avec le cercle C, projection
du contour apparent.

La droite se rabat en ab_1, laquelle rencontre le cercle rabattu en
c_1, d_1, rabattements des points d'intersection de la droite et de la
sphère. Leurs projections c, d, sont les points cherchés ; on les
obtient en menant c_1e et d_1f perpendiculaires à l'axe de rotation
ag.

Remarque. — Les méthodes précédentes s'appliquent au cas où
la droite donnée est **verticale ou de bout**. Ces cas particuliers font
l'objet des nᵒˢ 406 et 407.

CHAPITRE IX

DE LA SPHÈRE (SUITE)

§ I. — PLANS TANGENTS A LA SPHÈRE

421. — On sait que le plan tangent à une sphère est perpendiculaire à l'extrémité du rayon qui aboutit au point de contact (M. G., n° 607).

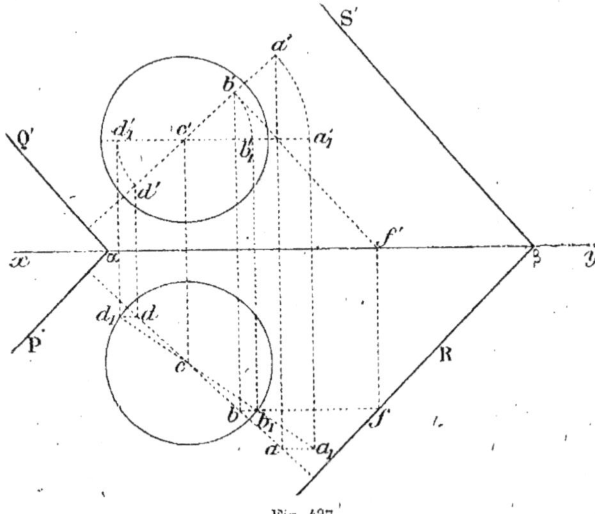

Fig. 437.

La construction du plan tangent en un point donné sur la sphère a été indiquée aux n°ˢ 406, 408, 414, 415 et 416.

Problème.

422. — *Mener à une sphère un plan tangent parallèle à un plan donné.*

Du centre de la sphère, on abaisse une perpendiculaire sur le plan donné et, par l'extrémité du rayon situé sur cette perpendiculaire, on mène un plan tangent.

Soient (c, c') et PαQ' la sphère et le plan donnés (fig. 437).

Du centre, abaissons sur le plan P la perpendiculaire $(ca, c'a')$. Pour déterminer le point où elle rencontre la sphère, amenons cette droite à être horizontale; la ligne $(ca_1, c'a_1')$ coupe le grand cercle horizontal en (b_1, b_1'); donc (b, b') est l'extrémité du rayon.

Pour mener le plan tangent passant par (b, b'), traçons une horizontale de ce plan, ou bien une frontale $(bf, b'f')$; menons $f\beta$ perpendiculaire à ca, et $\beta S'$ perpendiculaire à $c'a'$.

Les plans PαQ' et RβS' sont parallèles entre eux, comme perpendiculaires à la même droite.

Remarque. — Il y a deux solutions, car on peut mener par (d, d') un second plan tangent à la sphère et parallèle au plan PαQ'.

423. — En **Géométrie cotée**, soit à mener, à une sphère définie par son rayon et son centre $o(5)$, un plan tangent parallèle au plan P défini par son échelle de pente (fig. 438).

Du centre $o(5)$, abaissons la perpendiculaire $o(5)\,c(6)$ sur le plan P, après avoir construit en bd l'intervalle de cette droite, inverse de l'intervalle ab du plan.

Déterminons les points f, g, où cette droite perce la sphère, en rabattant le plan vertical qui projette la droite, sur le plan horizontal de cote 5. Le cercle de section se rabat sur le contour apparent, et la droite en $g_1 f_1$; les deux points f_1 et g_1 font connaître f et g, points cherchés.

La rencontre de la

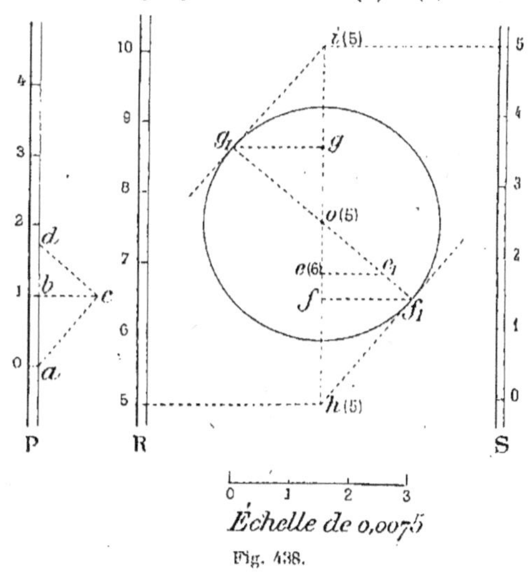

Échelle de 0,0075

Fig. 438.

tangente $f_1 h(5)$ avec le diamètre, dont la projection se confond avec oc, permet de déterminer l'horizontale de cote 5 du plan tangent (n° 408), et l'on peut graduer en R une échelle de pente du plan cherché, tangent à la sphère au point f de cote $5 + ff_1$.

Il y a une seconde solution donnée par le plan S, tangent à la sphère au point g de cote $5 - gg_1$.

Problème.

424. — *Par une droite donnée, mener un plan tangent à une sphère.*

SOLUTION GÉOMÉTRIQUE. — Par le centre C de la sphère (fig. 439), on mène un plan R perpendiculaire à la droite donnée HV; par le point A où la droite perce le plan, on trace les tangentes AM, AP, au grand cercle S déterminé sur la sphère par le plan R. Le plan demandé passe par l'une de ces tangentes et par la droite donnée.

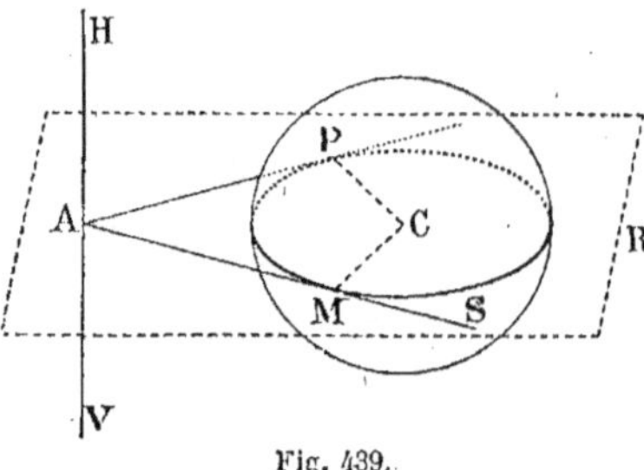

Fig. 439.

En effet, le plan des deux droites AH, AM, par exemple, est tangent à la sphère. AH, perpendiculaire au plan R, est perpendiculaire à toute droite de ce plan, et en particulier, à AM et au rayon CM. Réciproquement, le rayon CM est perpendiculaire à AH; il l'est aussi à la tangente AM. Donc CM, perpendiculaire à deux directions différentes du plan (AH, AM), est perpendiculaire à ce plan.

Alors le plan (AH, AM) est lui-même perpendiculaire à l'extrémité du rayon CM de la sphère; donc il est tangent à la sphère.

Discussion. — Lorsque HV est extérieure à la sphère, le point A est en dehors du grand cercle S, et l'on peut mener deux tangentes AM et AP; le problème a deux solutions.

Si HV est tangente à la sphère, il n'y a plus qu'une solution, et enfin, si cette droite coupe la sphère, le problème est impossible.

ÉPURE. — Soient (c, c'), $(hv, h'v')$, la sphère et la droite données (fig. 440).

Par le centre de la sphère, menons un plan perpendiculaire à la droite. Par (c, c'), il suffit de tracer une horizontale $(cd, c'd')$ et une frontale $(ce, c'e')$ de ce plan; cd est perpendiculaire à hv, et $c'e'$ perpendiculaire à $h'v'$ (n° 129).

Il faut déterminer le point (a, a') où la droite donnée perce le plan auxiliaire; or ce plan $(cd, c'd')$ $(ce, c'e')$ est coupé par le plan vertical hv suivant la droite $(fg, f'g')$, et $f'g'$ rencontre $h'v'$ au point a' ; donc (a, a') est l'intersection demandée.

Rabattons le plan auxiliaire sur le plan de l'équateur, en le faisant tourner autour de l'horizontale $(cd, c'd')$. Pour obtenir le rabattement du point (a, a'), il suffit de prendre une perpendiculaire aa_2

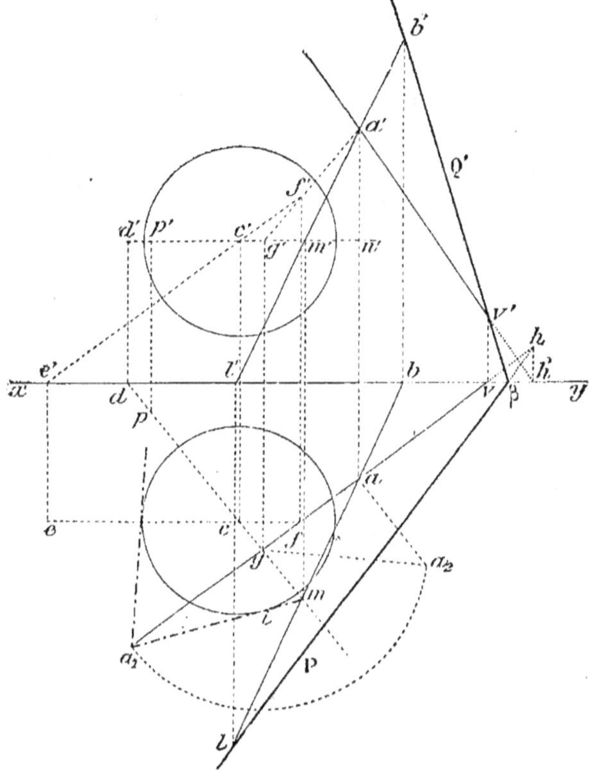

Fig. 440.

égale à la distance verticale $n'a'$ du point à l'axe, et de reporter ga_2 de g en a_1. Le grand cercle déterminé par le plan auxiliaire se confond avec le contour apparent de la sphère ; donc, par le point a_1, il faut mener une tangente a_1m ; cette droite relevée donne $(am, a'm')$, et le plan tangent est déterminé par les deux droites concourantes $(ah, a'h')$ et $(am, a'm')$. On peut mener les traces de ce plan : on obtient $P\beta Q'$.

Remarque. — Par le point a_1, on peut tracer une seconde tangente, et obtenir ainsi un second plan tangent.

Problème.

425. — *Par une droite donnée* **a**(0) **b**(1), *mener un plan tangent à une sphère définie par son rayon et son centre* **c**(1).

Par le centre $c(1)$ (fig. 441), menons le plan P perpendiculaire à la droite donnée; son échelle de pente est parallèle à la projection de la droite, et son intervalle, $rs = eb$, inverse de celui de la droite. L'horizontale $c(1)\,s(1)$ s'obtient en abaissant du centre c la perpendiculaire ci sur ab.

Cherchons le point g où la droite perce le plan, à l'aide des projections $a(0)\,r(0)$, $b(1)\,s(1)$ des horizontales s'appuyant sur la droite et sur l'échelle de pente (n° 191). Rabattons le plan P sur le plan horizontal de cote 1, autour de l'horizontale $c(1)\,s(1)$. Le triangle de rabatte-

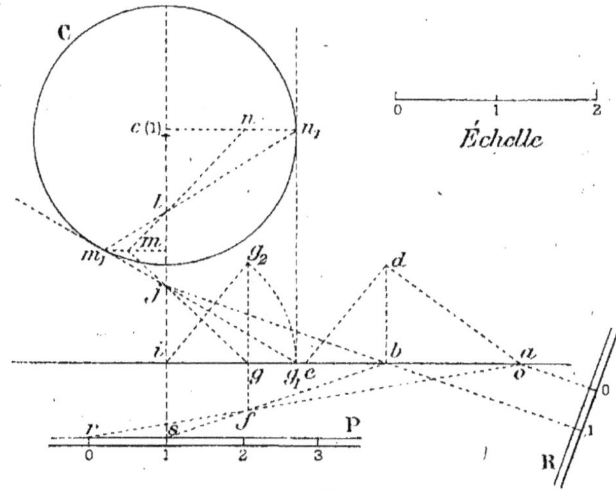

Fig. 441.

ment du plan est tout construit en ebd; pour avoir le rabattement du point g, il suffit de mener ig_2 parallèle à ed et de porter $ig_1 = ig_2$.

Le plan P coupe la sphère suivant un grand cercle dont le rabattement coïncide avec le contour apparent. De g_1, menons les tangentes $g_1 m_1$ et $g_1 n_1$ au cercle rabattu; $g_1 m_1$ se relève suivant gm, en remarquant que le point j de cette droite est fixe sur l'axe; enfin, on utilise le point m pour relever n_1 en n.

Le plan tangent en m à la sphère est défini par la tangente gm et la droite ab. Le point j de la tangente a pour cote 1; en le joignant au point $b(1)$ de la droite donnée, on a l'horizontale de cote 1 du plan tangent, et, par suite, on peut graduer en R une échelle de pente de ce plan.

Il y a un second plan tangent au point n.

§ II. — SPHÈRES CIRCONSCRITE ET INSCRITE AU TÉTRAÈDRE

Problème.

426. — *Circonscrire une sphère à un tétraèdre.*

SOLUTION GÉOMÉTRIQUE. — On sait que les six plans perpendiculaires aux milieux des arêtes d'un tétraèdre se coupent en un même point équidistant des quatre sommets. Ce point est le centre de la sphère circonscrite. Pour l'obtenir, il suffit donc de mener des plans perpendiculaires au milieu des droites qui joindraient trois sommets au quatrième.

ÉPURE. — Pour simplifier l'épure, on prend trois sommets (a, a'), (b, b') et (c, c') (fig. 442) dans le plan horizontal de projection. Considérons donc un tétraèdre défini par les projections de ses quatre sommets.

Les traces horizontales des plans verticaux perpendiculaires aux arêtes de la base du tétraèdre, en leurs milieux, se coupent suivant une verticale $(oh, o'h')$ dont la trace horizontale o

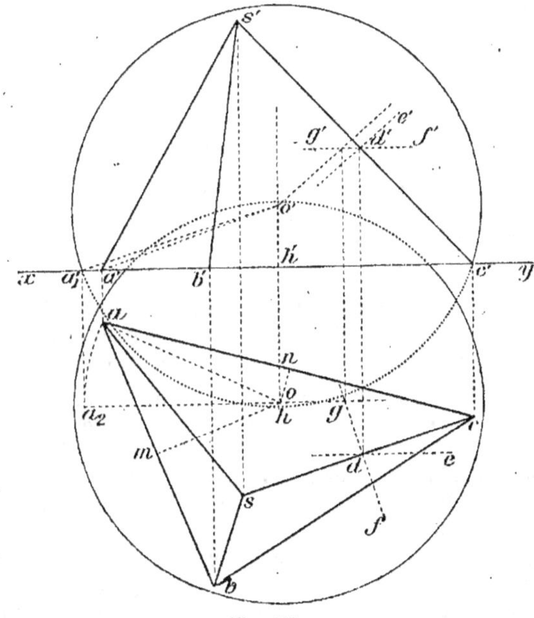

Fig. 442.

est le centre du cercle circonscrit au triangle abc; la verticale

$(oh, o'h')$ est le lieu des points équidistants des trois sommets (a, a'), (b, b'), (c, c'), et le centre de la sphère circonscrite se trouve sur cette droite. Pour le déterminer, il suffit de mener un plan perpendiculaire à une quelconque des autres arêtes, $(sc, s'c')$, par exemple, en son milieu (d, d'). On définit ce plan par une frontale $(de, d'e')$ et une horizontale $(df, d'f')$; $d'e'$ est perpendiculaire à $s'c'$, et df l'est à sc.

Pour trouver le point où la verticale $(oh, o'h')$ perce ce plan, menons la frontale du plan qui passe par (o, o'); sa projection horizontale og rencontre df en g; une ligne de rappel donne g' sur $d'f'$, et, par g', on trace $g'o'$ parallèle à $d'e'$.

Le rayon s'obtient en joignant le centre (o, o') à l'un quelconque des sommets, (a, a'), par exemple, et l'on a $(oa, o'a')$; par une rotation autour de la verticale $(oh, o'h')$, on obtient sa vraie grandeur en $o'a_1'$, et l'on peut tracer les deux contours apparents de la sphère.

Remarque. — L'épure se simplifie encore lorsque l'arête $(sc, s'c')$ est de front; dans ce cas, en effet, on obtient immédiatement o' en menant une perpendiculaire à $s'c'$ en son milieu d'.

Problème.

427. — *Inscrire une sphère à un tétraèdre donné.*

Solution géométrique. — Les plans bissecteurs des dièdres que les faces latérales font avec le plan de base se coupent en un point O; et ce point, équidistant des quatre faces, est le centre de la sphère inscrite.

Épure. — Soit $(sabc, s'a'b'c')$ le tétraèdre donné (fig. 443).

Prenons une des faces $(abc, a'b'c')$ pour plan horizontal, admettons, en outre, que la face $(sbc, s'b'c')$ soit de bout.

Par la hauteur de la pyramide, menons des plans perpendiculaires à chaque face, afin de déterminer leurs dièdres avec le plan horizontal; la trace horizontale doit être perpendiculaire à l'arête correspondante; ainsi, abaissons des perpendiculaires sd, se, sf, cette dernière est parallèle à xy; rendons aussi parallèles au plan vertical les droites $(sd, s'd')$, $(se, s'e')$, qui joindraient le sommet (s, s') aux points qui ont pour projection horizontale d, e; elles deviennent $(sd_1, s'd_1')$, $(se_1, s'e_1')$; menons les bissectrices des trois angles rectilignes $n'b's'$, $n'e_1's'$, $n'd_1's'$; si nous menons un nouveau plan horizontal ayant pour trace verticale $m'g'$, les bissectrices le rencontreront aux points (g, g'), (h_1, h_1'), (l_1, l_1'); les points l_1 et h_1

déterminent l et h; par l et h, menons mp et mr, respectivement parallèles à ab et ac; ces droites se coupent en m et rencontrent la parallèle $g'r$ à bc en p et r; donc mpr est la section, par le nouveau plan horizontal, de la pyramide qui aurait pour sommet le point (o, o') encore inconnu, où les trois plans bissecteurs doivent se couper; donc o sera l'intersection des lignes ma, rc, pb. Quant à la projection verticale, elle se trouve au point de rencontre des projections verticales $m'a'$, $g'b'$, des mêmes lignes; d'ailleurs, o et o' doivent être sur une même ligne de rappel.

La droite $o'n'$ est le rayon de la sphère; le méridien principal doit être tangent à $b's'$, car la face $(sbc, s'b'c')$ est perpendiculaire au plan vertical.

Dans le cas où cette face $(sbc, s'b'c')$ serait quelconque, on procéderait pour sf comme on a fait pour sd et se.

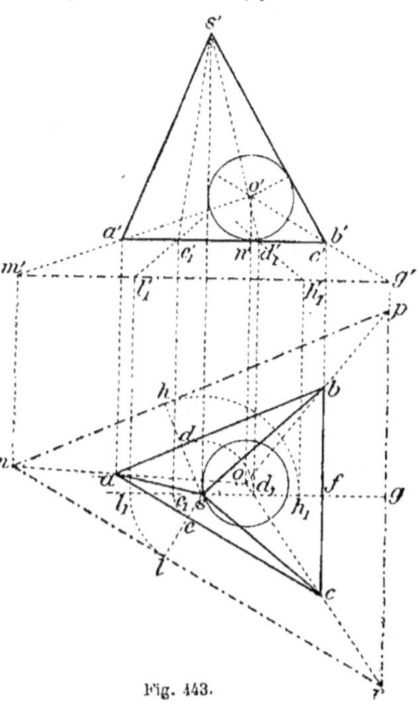

Fig. 443.

Remarque. — On démontre qu'il y a en général huit sphères tangentes à quatre plans donnés :

L'une, inscrite, c'est-à-dire tangente aux faces mêmes du tétraèdre;

Quatre, exinscrites, c'est-à-dire tangentes à une face et aux prolongements des trois autres,

Et trois, situées dans les combles.

Un **comble** est l'espace limité par les prolongements des quatre faces au delà d'une même arête, dite le **faîte** du comble.

Il y a six combles, autant que d'arêtes; mais il n'existe qu'une seule sphère tangente, pour les combles de deux arêtes opposées.

CHAPITRE X

SURFACES TOPOGRAPHIQUES [1]

---

§ I. — REPRÉSENTATION D'UNE SURFACE PAR DES COURBES DE NIVEAU

428. Définitions. — On appelle **surface topographique** une surface dans le genre de celle d'un terrain, qui n'est pas susceptible d'une définition rigoureuse, puisque ses différents points ne satisfont à aucune loi géométrique.

On représente ces surfaces par les méthodes de la Géométrie cotée; mais cette représentation n'est qu'**approchée**, quel que soit le nombre de points projetés. On emploie pour cette représentation le procédé des **courbes de niveau.**

429. Courbes de niveau. — On appelle **courbe de niveau** ou **horizontale** une courbe dont tous les points ont la même cote; par exemple, la ligne suivant laquelle les eaux d'un lac rencontrent la rive.

Les courbes de niveau sont les horizontales de la surface terrestre.

Pour les terrains peu étendus, tous les points d'une courbe de niveau sont dans un même plan horizontal. Ainsi, si l'on suppose un terrain coupé par des plans horizontaux, les lignes d'intersection seront des courbes de niveau, et chaque plan, limité à la surface du sol, prend le nom de **section horizontale.**

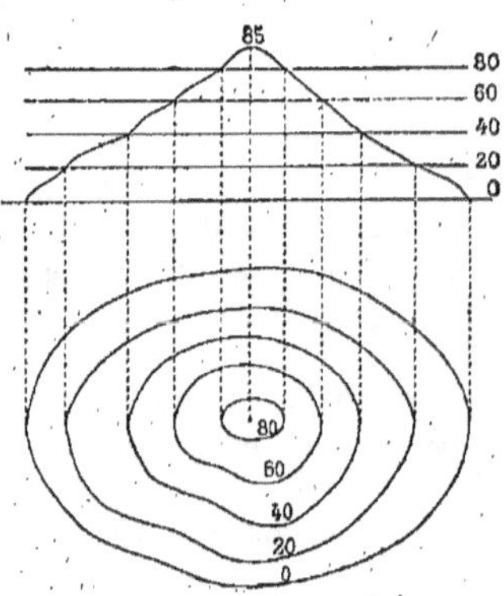

Fig. 444. — Courbes de niveau.

430. Équidistance. — On appelle **équidistance réelle,** ou simple-

---

[1] Ce chapitre est extrait, en grande partie, des *Éléments de Topographie,* par Edmond Gabriel.

ment **équidistance** d'une surface topographique, la distance verticale constante qui sépare deux sections horizontales consécutives.

L'**équidistance graphique** est l'équidistance réelle réduite à l'échelle du dessin.

Soit $E = 20^m$, par exemple, l'équidistance réelle ; dans un dessin à l'échelle de $\dfrac{1}{80000}$, l'équidistance graphique sera :

$$c = \frac{20^m}{80000} = \frac{1}{4} \text{ de millim.,}$$

ou, en général, l'échelle étant $\dfrac{1}{n}$,

$$c = \frac{E}{n}.$$

431. Remarques. — 1° Pour une même surface topographique, les courbes de niveau correspondent à une même équidistance.

On supprime cependant les courbes de deux en deux dans les pentes raides ; dans les pentes faibles, on intercale de nouvelles courbes qui divisent en parties égales l'équidistance adoptée.

Ces courbes sont appelées **courbes intercalaires**. On distingue les courbes principales des courbes intercalaires en

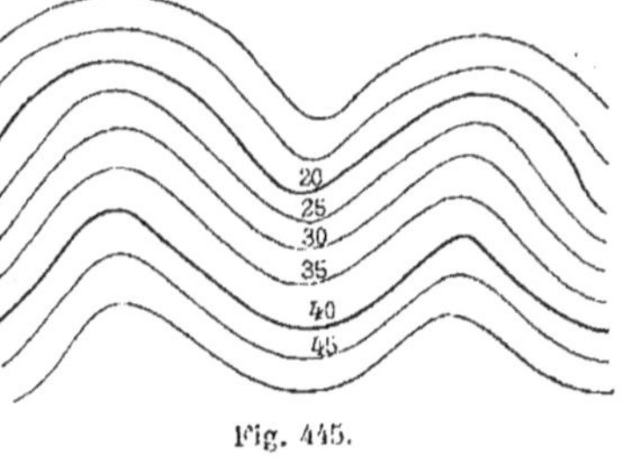

Fig. 445.

renforçant le trait qui les représente ; elles portent le nom de **courbes maîtresses**. Dans la figure 445, les courbes de niveau ayant pour cotes 20 et 40 sont des courbes maîtresses.

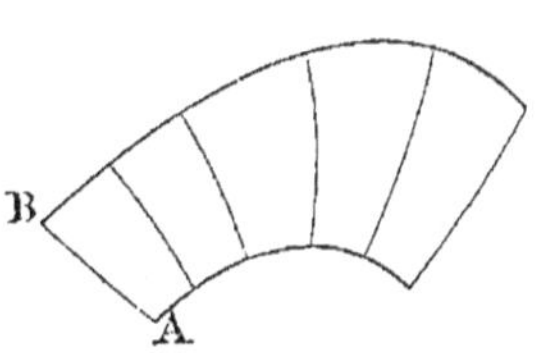

2° D'après ce mode de représentation, on voit que le nom de **surface topographique** convient à la surface conventionnelle engendrée par une ligne plane AB (fig. 446) glissant sur des courbes de niveau, en restant **normale** à chacune d'elles.

Fig. 446.

Problème.

432. — *Connaissant la projection d'un point d'une surface topographique, trouver la cote de ce point.*

Soit a la projection donnée (fig. 447). Supposons que les

courbes bfc, dge, aient pour cotes respectives 80 et 60. Traçons un segment de droite fg passant par a, et à peu près normal aux deux courbes. On a vu (nº 149) que

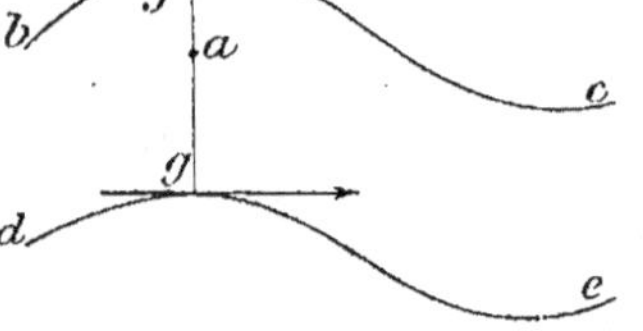

Fig. 447.

$$\frac{\text{cote } a - \text{cote } g}{ag} = \frac{\text{cote } f - \text{cote } g}{fg} = \frac{20}{fg}$$

d'où

$$x = \text{cote } a - \text{cote } g = 20 \times \frac{ag}{fg}$$

On mesure ag et fg à l'échelle, et l'on obtient x.

Alors $$\text{cote } a = x + \text{cote } g.$$

Supposons $$\frac{ag}{fg} = \frac{3}{5}; \quad \text{on a}: \quad x = 20 \times \frac{3}{5} = 12,$$

et $$\text{cote } a = 60 + 12 = 72.$$

Quelquefois on se contente d'apprécier à vue le rapport $\frac{ag}{fg}$.

Problème.

433. — *Déterminer la section d'une surface topographique par un plan.*

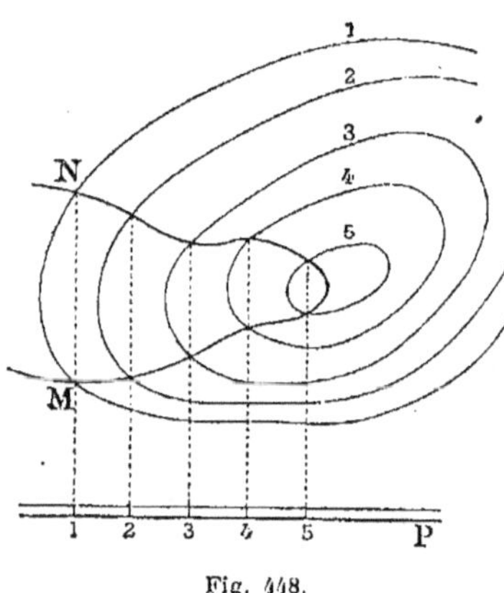

Fig. 448.

Soit à trouver la section de la surface définie par les courbes 1, 2, 3, etc., avec un plan défini par son échelle de pente P (fig. 448). On joint deux à deux les points où les horizontales du plan coupent les lignes de niveau ayant même cote, et l'on obtient ainsi la courbe MN.

434. Cas particulier. — Le plan donné est vertical. — Dans ce cas, la courbe de section se confond avec la trace du plan ; pour se rendre compte de sa forme, on projette la section sur un plan vertical parallèle au plan donné, on obtient ainsi le **profil** de la surface dans la direction de la trace du plan.

Prenons pour plan horizontal le plan de cote 40 (fig. 449) et mesurons les cotes avec la même unité que les longueurs projetées sur l'épure ; les points a, b, c... se projettent en a', b', c',... ($mb' = 60 - 40 = 20$,...) ; on joint par un trait continu, et l'on a en $a'b'c'd'$... le profil du terrain suivant ag.

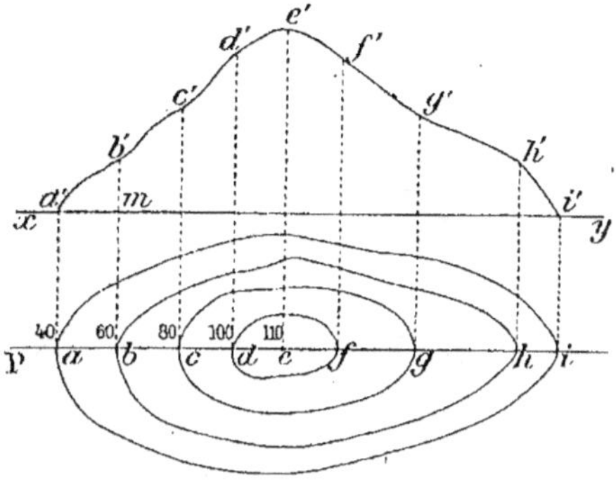

Fig. 449.

Remarque. — Si certaines courbes avaient une cote inférieure à celle du plan horizontal choisi, on porterait la différence des cotes au-dessous de xy.

Problème.

435. — *Déterminer l'intersection d'une ligne droite et d'une surface topographique.*

Par la droite donnée $b(4)$ $c(1)$ (fig. 450), faisons passer un plan auxiliaire en nous donnant arbitrairement la direction de ses horizontales ; les horizontales 1, 2, 3, 4, coupent les courbes 1, 2, 3, 4, aux points $m(4)$, $l(3)$, $h(2)$, $n(1)$; en joignant ces points par un trait continu, on a la ligne $mlhn$, intersection du plan auxiliaire avec la surface considérée (n° 433) ; cette courbe $mlhn$ rencontre la droite bc au point a, qui est le point d'intersection demandé. Sa cote approximative est 2,4.

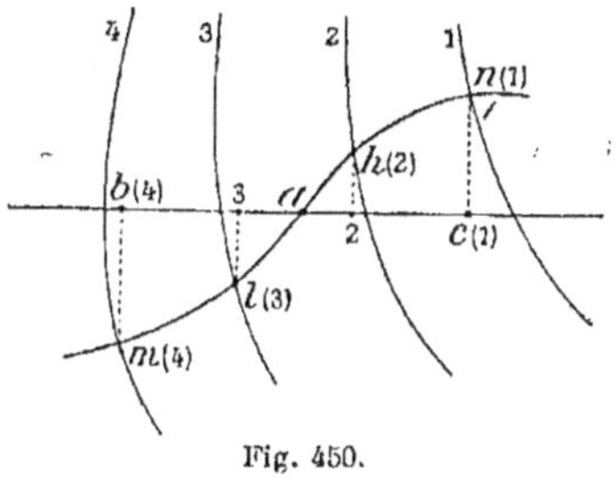

Fig. 450.

Problème.

436. — *Joindre deux courbes de niveau par une ligne droite ayant une pente donnée.*

Supposons le problème résolu, et soit ab la droite demandée (fig. 451) dont on connait la pente p.

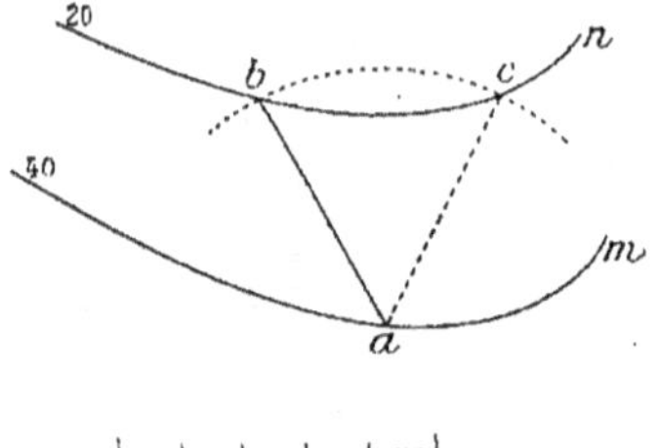

Fig. 451.

On sait que

$$p = \frac{\text{cote } a - \text{cote } b}{ab} \quad (n^\circ 153);$$

d'où

$$ab = \frac{\text{cote } a - \text{cote } b}{p}.$$

Donc, d'un point a comme centre, avec la longueur calculée ab prise sur l'échelle graphique, décrivons un arc de cercle ; ab et ac répondent à la question.

Il peut y avoir deux solutions, une seule ou aucune.

Soit $p = 0{,}025$, $\quad$ cote $a = 40^\text{m}$, $\quad$ cote $b = 20^\text{m}$.

$$ab = \frac{40 - 20}{0{,}025} = 800^\text{m}.$$

Problème.

437. — *Joindre deux à deux des courbes de niveau par des lignes ayant une pente déterminée, 1/8, par exemple.*

Si la différence de niveau des courbes est de 10 mètres, la ligne demandée devra avoir une longueur horizontale de 80 mètres d'une courbe à l'autre.

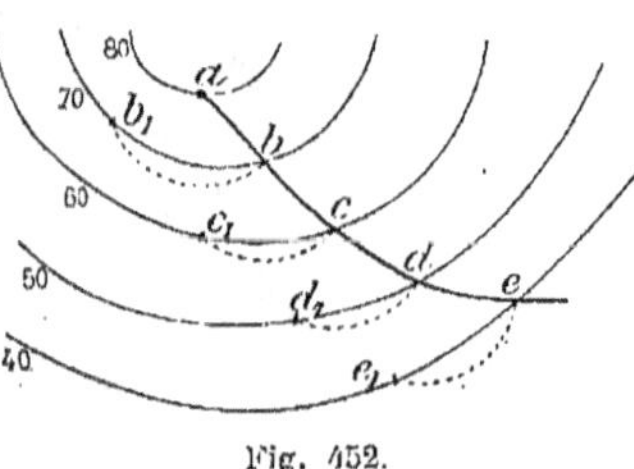

Fig. 452.

On prend sur l'échelle une ouverture de compas de 80 mètres, et si l'on doit partir du point a pris sur la courbe la plus élevée, on place le compas en a et l'on coupe la seconde courbe en b et b_1 ; on place le compas en b et on coupe la troisième courbe en c et c_1, et ainsi de suite.

On obtient ainsi une suite de points a, b, c..., allant en descendant, et par lesquels on fait passer une ligne continue.

Remarque. — On voit que par chaque point a, b, c... passent deux lignes ayant même pente.

438. Ligne de plus grande pente. — Soient C et C' deux courbes de niveau (fig. 453), e l'équidistance graphique, ab la projection d'une ligne comprise entre ces deux courbes. La pente de ab, que l'on assimile à une droite, est $p = \dfrac{e}{ab}$ (n° 149); e étant fixe, p sera d'autant plus grand que ab sera plus petit; or ab est le plus petit possible lorsque

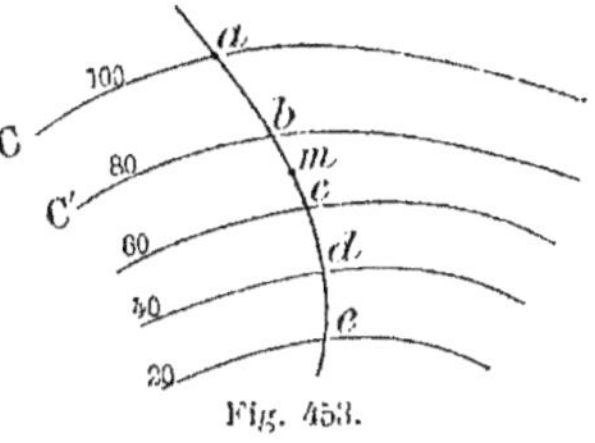

Fig. 453.

sa direction rencontre normalement les courbes de niveau; dans ce cas, ab est une ligne de **plus grande pente** entre les points a et b.

On joint de proche en proche, et de la même manière, les points des différentes courbes de niveau, et l'on obtient une ligne de plus grande pente $abcde$.

439. Pente d'une surface en un point. — On appelle pente d'une surface en un point, la pente de sa ligne de plus grande pente en ce point.

Soit à trouver la pente de la surface au point M, projeté en m (fig. 453). On a :

$$p = \frac{e}{bc}.$$

Or e est fixe; donc la pente est d'autant plus grande que bc est plus petit, c'est-à-dire que les courbes de niveau entre lesquelles se trouve le point m sont plus rapprochées.

440. Application des considérations précédentes aux cartes topographiques. — On nomme **carte topographique** une représentation conventionnelle d'une partie de la surface terrestre, indiquant à la fois la planimétrie (voir n° 442) et le relief du sol.

On l'obtient en projetant le terrain sur un plan horizontal et en représentant les courbes de niveau correspondantes. La carte est donc une représentation cotée de la surface terrestre que l'on considère, et sur laquelle on peut résoudre les problèmes précédemment traités.

441. Relief du sol. — Pour obtenir le relief du sol, on détermine la distance de divers points du terrain à une même surface de niveau. Cette distance se nomme **cote** ou **altitude**.

Le relief est indiqué sur la carte par les courbes de niveau. Pour le reconnaître, entre deux points a et g (fig. 449), on peut couper le terrain par un plan vertical auxiliaire; mais le plus souvent l'examen des courbes de niveau est suffisant.

§ II. — PLANIMÉTRIE ET NIVELLEMENT

442. Planimétrie. — La planimétrie consiste à déterminer sur une surface de niveau l'ensemble des divers points du terrain; puis à représenter sur le papier la projection horizontale du terrain et les diverses particularités de sa surface : cours d'eau, étangs, bois..., ainsi que les grands travaux de l'homme : villes, routes, canaux, etc.

Le cadre de cet ouvrage ne permet pas d'entrer dans le détail des diverses opérations relatives à la planimétrie. Nous nous bornerons à donner quelques rapides indications sur les procédés les plus simples. Pour de plus amples renseignements, on peut consulter les *Éléments de Topographie,* par E. Gabriel.

443. Mesure des distances. Jalonnement. — Avant de mesurer une distance comprise entre deux points A et E, il faut

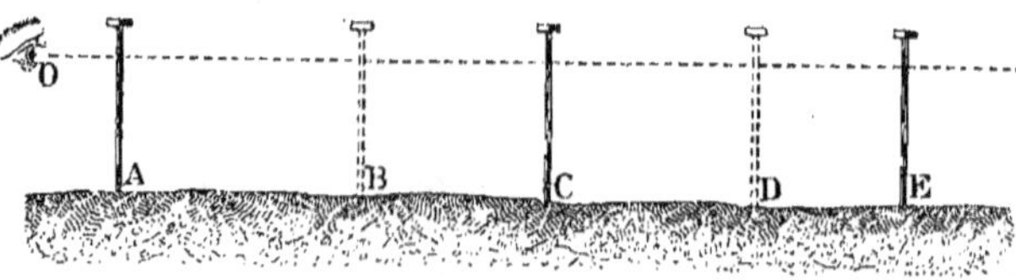

Fig. 454.

d'abord commencer par **jalonner** cette droite, c'est-à-dire tracer l'alignement déterminé par les deux points A et E (fig. 454).

Les jalons sont des tiges de bois, de 1^m,50 à 2 mètres de longueur, et de 3 à 4 centimètres d'épaisseur. L'extrémité inférieure, terminée en pointe, est ferrée afin de pénétrer facilement dans le sol. L'extrémité supérieure est fendue, et l'on insère dans la fente une feuille de papier qui rend le jalon visible à distance.

A chaque point A et E, on place verticalement un jalon. On se met ensuite à 1 mètre environ de A, de manière que le jalon de ce point cache complètement celui de E, et l'on fait mettre par un **aide** un jalon intermédiaire en C dans le plan déterminé par les jalons A et E.

444. Chaîne d'arpenteur. — La chaîne d'arpenteur ou décamètre (fig. 455) est une mesure effective de **dix mètres** de longueur. Elle se compose de 50 chaînons en fil de fer, réunis deux à deux par des anneaux du même métal, et se termine par deux\poignées. Un chaînon et la moitié de deux anneaux adjacents égalent 20 centimètres; chaque poignée, avec le chaînon qui l'accompagne et la moi-

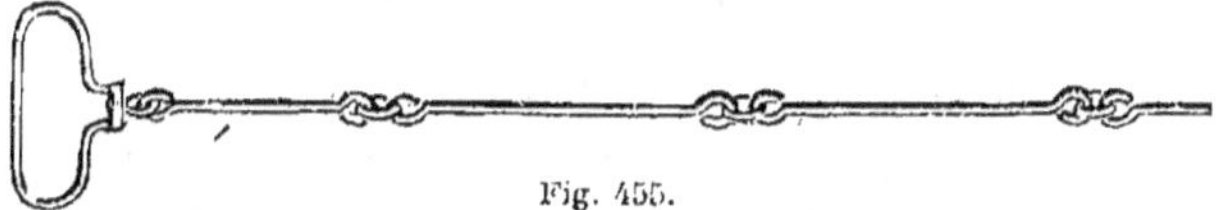

Fig. 455.

tié de l'anneau qui suit, a aussi une longueur de 20 centimètres. Les mètres sont indiqués par un anneau de cuivre, et le milieu du décamètre porte une marque spéciale.

445. Mesure d'une ligne horizontale. — La ligne ayant été préalablement jalonnée, l'arpenteur appuie l'une des poignées de la chaîne **contre le premier jalon**; l'aide ou **porte-chaîne** tient la seconde poignée et les fiches; il marche dans la direction donnée jusqu'à ce que la chaîne soit parfaitement tendue; au besoin, il recti-fie, d'après les signes qu'on lui fait, la position qu'il a prise; alors il enfonce dans le sol une fiche qu'il main-tient tangente à l'intérieur de la poignée (fig. 456), et les deux opérateurs, rele-vant la chaîne, marchent dans la direction de l'alignement. L'arpenteur vient appuyer contre la première fiche la partie extérieure de la poignée qu'il porte; le porte-chaîne place une seconde fiche, et ainsi de suite. En quittant une station, l'opérateur lève la fiche; lorsqu'il en a **dix**, il les rend à **l'aide**, et note 10 décamètres.

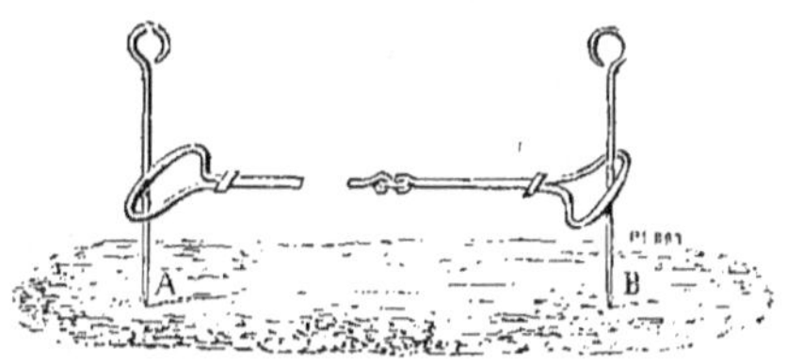

Fig. 456.

446. Mesure d'une ligne inclinée. — En planimétrie, on ne cherche point à connaître la longueur de la ligne donnée AB du terrain (fig. 457), mais bien la longueur CB de sa projection horizontale.

Pour obtenir ce résultat, on procède ainsi :

L'opérateur ap-plique au point A une des extrémi-tés de la chaîne; l'aide tend le dé-camètre de ma-nière à le placer horizontalement

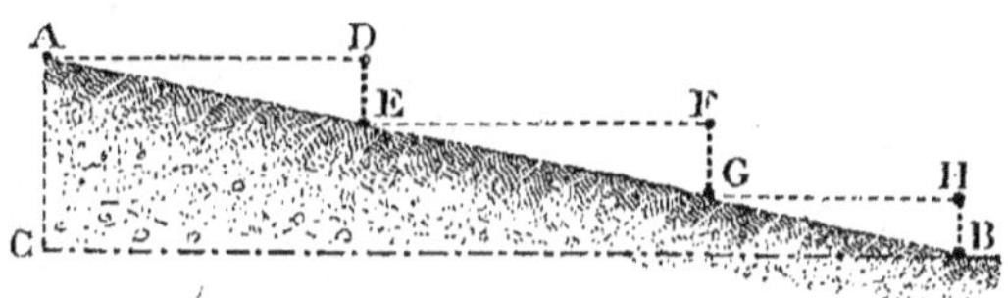

Fig. 457.

suivant AD, et pour déterminer le point E qui correspond à l'extré-mité D de la chaîne, il laisse tomber verticalement une fiche plombée. On mesure successivement des longueurs de 10 mètres A D, E F, et enfin la longueur G H. La somme des horizontales A D, E F, G H... est la longueur cherchée de la projection C B.

447. Mesure des angles.

— Dans les opérations élémentaires, les angles se mesurent au moyen du **graphomètre**. Le graphomètre (fig. 458) est constitué par un limbe demi-circulaire gradué.

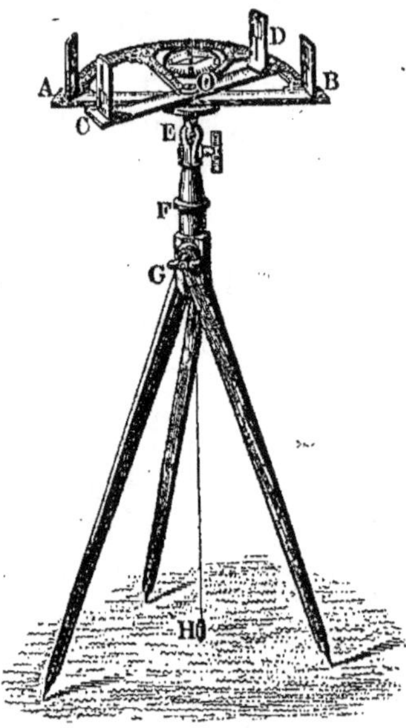

Aux extrémités du diamètre A B sont fixées deux pinnules qui déterminent un premier plan de visée passant par le centre de l'instrument et perpendiculaire au plan du limbe : c'est l'**alidade fixe**.

Autour du centre se meut une **alidade mobile CD**, portant aussi deux pinnules qui déterminent un second plan de visée. L'alidade mobile est munie de **verniers** dont les zéros correspondent à son plan de visée.

Le graphomètre est placé sur un pied à trois branches à l'aide d'un **genou à coquilles**, qui sert à mettre le limbe dans un plan quelconque.

Dans le levé des plans, le limbe du graphomètre doit être placé hori-

Fig. 458.

zontalement, et son centre O doit correspondre au point H, projection horizontale du sommet de l'angle à mesurer.

Pour rendre le limbe horizontal, on a recours à un petit niveau à bulle d'air, et pour s'assurer que le point O correspond à peu près au point H où se coupent les deux alignements dont on veut mesurer l'angle, on se sert du fil à plomb.

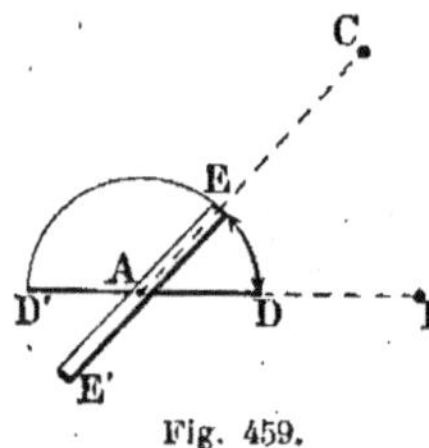

Fig. 459.

448. Soit à mesurer l'angle B A C.

— Après avoir établi l'instrument au sommet de l'angle, on place le limbe horizontalement (fig. 459), et l'on dirige l'alidade fixe D'D de manière que le plan de visée déterminé par les pinnules passe par le côté A B. On fait ensuite mouvoir l'alidade mobile jusqu'à ce que E'E soit dans la direction du second côté A C de l'angle donné. Le nombre de degrés de l'arc DE est la mesure de l'angle B A C.

449. Nivellement. — Le **Nivellement** ou **Altimétrie** définit les irrégularités du sol : ce qu'on appelle **relief** ou **mouvement** du terrain.

Il nécessite la mesure des hauteurs d'un certain nombre de points au-dessus du plan de projection.

Ce plan MN (fig. 460), appelé **plan de comparaison**, est tangent à la surface sphérique des mers, supposée prolongée au-dessous des continents.

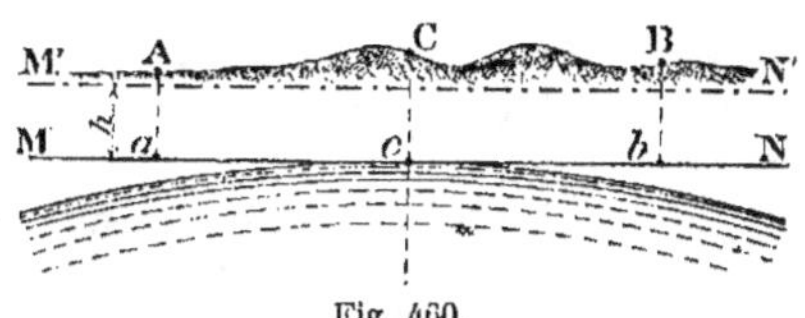

Fig. 460.

Les distances des points A, B, C du terrain au plan de comparaison sont les **altitudes** de ces points, c'est-à-dire leur hauteur au-dessus du niveau de la mer.

Lorsque le plan de comparaison est relevé d'une certaine hauteur, h par exemple, les distances des points au plan M′N′ prennent le nom d'**ordonnées**.

Les instruments les plus simples employés dans le nivellement sont le **niveau d'eau** et la **mire**.

450. Niveau d'eau. — Le **niveau d'eau** utilise la propriété d'équilibre d'un liquide dans les vases communicants : on sait que les surfaces libres du liquide appartiennent à un même plan horizontal.

Le **niveau d'eau** (fig. 461) est un tube de fer-blanc ou de laiton, d'environ 1^m,20 de longueur, dont les deux extrémités recourbées à angle droit portent des fioles de verre sans fond et de même diamètre. Un genou à coquilles permet de mettre l'instrument sur le pied à trois branches.

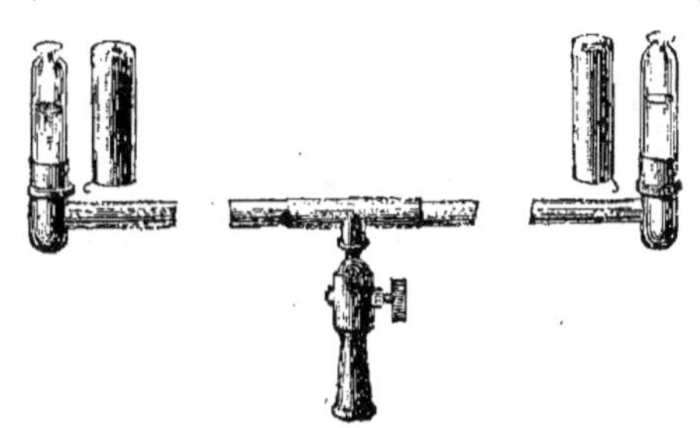

Fig. 461.

Dans le tube placé horizontalement, on met de l'eau de manière que le liquide s'élève jusque vers la moitié de la hauteur des fioles. La surface de l'eau détermine un plan horizontal.

451. Manière de viser. — Après avoir mis l'instrument en station de manière que l'eau s'élève à peu près à la même hauteur dans les deux fioles, et orienté le tube dans la direction voulue, l'opérateur

Fig. 462.

attend que le liquide soit en équilibre, et, se mettant à une distance de 50 à 80 centimètres de l'une des fioles, il vise tangentiellement la surface circulaire terminale de l'eau dans les deux fioles suivant AB ou CD (fig. 462).

452. Mire. — La mire est une règle graduée, ayant le plus souvent 2 ou 4 mètres de longueur, que l'on emploie de concert avec le niveau.

On la place verticalement au point à relever ; elle sert de but à la ligne de visée et fait connaître la distance verticale du point considéré sur le sol à la ligne horizontale indiquée par le niveau.

Il existe plusieurs sortes de mires. Nous nous bornerons à décrire, la mire à coulisse.

453. Mire à coulisse. — La mire à coulisse consiste en deux règles de 2 mètres chacune. La première est fixe et porte une rainure longitudinale, dont les flancs forment la coulisse. La seconde est mobile ; l'une des faces est terminée par une double languette qui s'engage dans la rainure de la règle fixe, afin d'être guidée dans son glissement et de rester juxtaposée à la règle fixe.

454. Voyant. — Le voyant (fig. 463) est une plaque de tôle ABCD, rectangulaire, divisée en quatre parties égales ; deux d'entre elles, opposées par le sommet, sont peintes en blanc, et les deux autres en rouge ou en noir. AB est la ligne de foi ; elle se trouve horizontale lorsque la mire est placée verticalement.

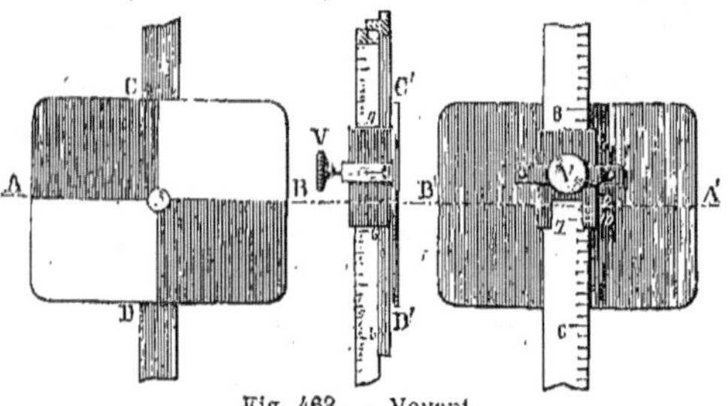

Fig. 463. — Voyant.

Face antérieure.   Profil.   Face postérieure.

Le voyant porte un manchon quadrangulaire dans lequel passent les deux règles, ce qui permet de fixer le voyant à la hauteur voulue, à l'aide d'une vis de pression V. Le manchon se termine par une petite échelle divisée en millimètres. Le zéro de la graduation correspond à la ligne de foi tracée sur la face antérieure du voyant. Au nombre inscrit à la division de la règle qui se trouve au-dessous et à proximité du zéro, on ajoute les millimètres compris entre cette division et le zéro du manchon ; ainsi, dans la figure 463, on lirait 1ᵐ,712.

455. Disposition des règles (fig. 464). — La règle fixe CT porte à sa partie inférieure un talon de fer terminé par une semelle S, sur laquelle le porte-mire place le pied, afin de pouvoir maintenir l'instrument avec plus de facilité.

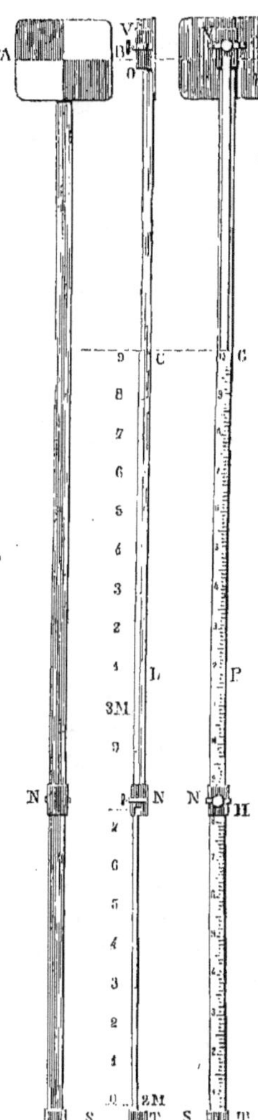

Fig. 464.

L'extrémité inférieure de la règle mobile F H porte un manchon N, semblable à celui du voyant; il s'élève le long de la règle fixe lorsqu'on fait glisser la règle mobile à laquelle il appartient. A l'extrémité supérieure C de cette même règle F H se trouve un petit ressort à arrêt qui limite la course du voyant, lorsque le zéro de l'échelle portée par le manchon O correspond exactement à 2 mètres. Dans cette position, en agissant sur la vis du curseur V, on fixe le voyant à l'extrémité de la règle mobile; il suffit ensuite d'élever cette règle F H, à l'aide du manchon inférieur N, pour porter la ligne de foi A B à une hauteur de près de 4 mètres.

456. Graduation des règles. — La règle fixe est divisée en centimètres sur sa face postérieure P; le zéro correspond au niveau du sol; les millimètres sont indiqués par la petite échelle du manchon supérieur O. On lit la cote sur cette graduation toutes les fois que le voyant se trouve sur la règle fixe.

Une face latérale L de cette même règle (fig. 464) porte la graduation qui donne les cotes supérieures à 2 mètres; le zéro, ou plutôt la désignation 2 M, correspond au point où vient aboutir la partie inférieure de la règle mobile, et l'échelle du manchon N de cette règle fait connaître les millimètres.

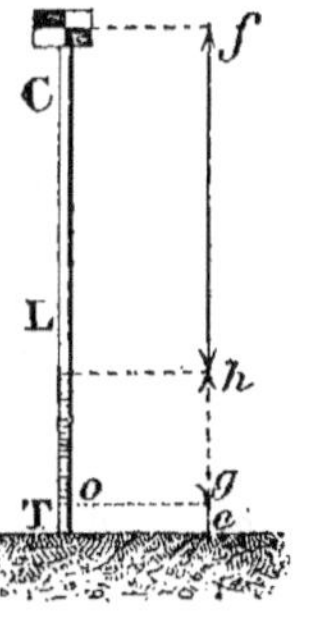

Fig. 465.

Le voyant reste, dans ce cas, invariablement fixé à la partie supérieure (fig. 464); la cote ef se compose de eg (talon) $+\ hf$ (règle mobile), dont la longueur égale 2 mètres, et de la distance gh, qu'on lit directement sur la graduation latérale L (fig. 465).

457. Différence de cote de deux points. — 1° Supposons les deux points assez rapprochés et la longueur de la mire suffisante.

Pour avoir la différence de hauteur des deux points A et B, on place le niveau à peu près à égale distance des deux points (fig. 466), et l'on fait mettre successivement la mire à chacun des points donnés,

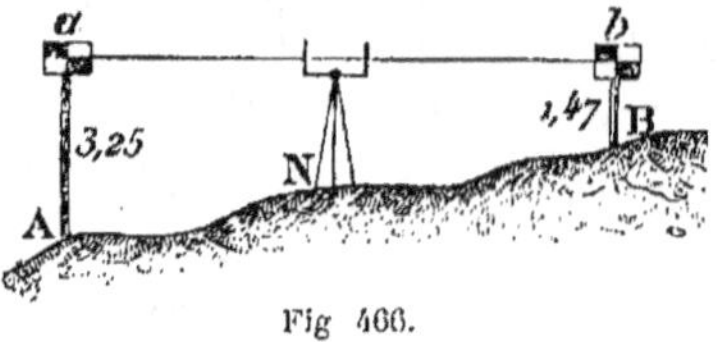

Fig 466.

afin de déterminer leurs **cotes respectives**.

Soient Aa et Bb ces cotes respectives. Il est évident que la différence Aa — Bb = h donne la hauteur du point B au-dessus du point A.

2° Lorsque les points considérés sont trop éloignés l'un de l'autre pour que l'on puisse viser sûrement, ou lorsque les différences de hauteur de ces points dépassent la longueur de la mire, on effectue une suite d'opérations analogues à la précédente, rattachées deux à deux à un même point, dont on prend les cotes de deux stations différentes.

Soit à trouver la différence de niveau des points A et G, qu'on ne peut relever à l'aide d'une seule station (fig. 467).

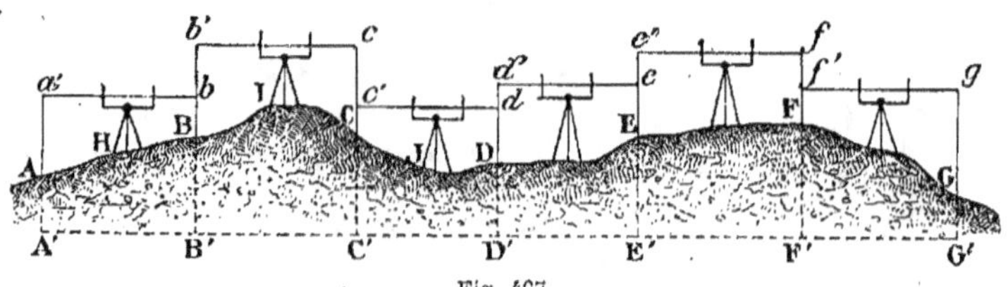

Fig. 467.

Plaçons le niveau en H, par exemple, et la mire au point A.

Inscrivons la cote Aa'; puis, prenant HB à peu près de même longueur que HA, visons, sans toucher le niveau, la mire qu'on a portée en B, afin de déterminer la cote Bb. Portons le niveau en I dans la direction de A F; visons de nouveau la mire placée en B et déterminons ainsi la cote Bb', puis prenons la cote Cc. A une troisième station J, on mesurera Cc' et Dd, etc.

458. Coup arrière, coup avant. — Par rapport à la direction A G que suit l'opérateur, on nomme **coup arrière** le coup qu'il donne sur la mire du point qu'il a dépassé en cheminant, et **coup avant** le coup de niveau qu'il donne sur la mire du point qu'il n'a pas encore atteint. Ainsi le niveau étant à la station H, le coup arrière donne la cote Aa', tandis que le coup avant donne Bb. De même, à la seconde station, Bb' est le coup arrière, et Cc le coup avant.

Le premier point A ne reçoit qu'un coup arrière, et le dernier G est obtenu par un coup avant.

459. Différence de cote des points extrêmes. — Pour avoir la différence de hauteur des points extrêmes A et G, on raisonne de la manière suivante :

Représentons par m_1, m_2, m_3, ... les coups de niveau arrière, et par n_1, n_2, n_3, ... les coups de niveau avant. On a, dans tous les cas :

cote A — cote G $= (m_1 + m_2 + m_3 ...) - (n_1 + n_2 + n_3 + ...)$.

Car, de proche en proche, on a :

$$\text{cote A} - \text{cote B} = m_1 - n_1,$$
$$\text{cote B} - \text{cote C} = m_2 - n_2,$$
$$\text{cote C} - \text{cote D} = m_3 - n_3.$$

. . . .

et, en ajoutant :

cote A — cote G $= (m_1 + m_2 + m_3 + ...) - (n_1 + n_2 + n_3 + ...)$.

RÈGLE PRATIQUE. — *Pour avoir la différence des cotes de deux points, il faut soustraire la somme des coups avant de la somme des coups arrière.*

Si la différence est **positive**, elle indique de combien le point extrême à l'avant est **au-dessus** du point de départ.

Si la différence est **négative**, la valeur absolue trouvée indique de combien le point d'arrivée est **au-dessous** du premier.

460. Levé du terrain. — Avant de procéder à une opération quelconque sur le terrain, il faut soigneusement reconnaître celui-ci et tracer de sa forme un croquis approximatif, sur lequel on marque les points remarquables.

On obtient ainsi une ligne polygonale irrégulière ayant pour sommets les points remarquables et que l'on reproduit à l'échelle du dessin.

Les méthodes les plus simples pour relever les sommets du polygone sont le procédé par **intersection**, le procédé par **cheminement** et le procédé par **rayonnement**.

461. Procédé par intersection. — On commence par choisir une base AB, c'est-à-dire la ligne qui joint deux points A et B, et que l'on mesure avec beaucoup de soin. On la prend de telle sorte que, des points A et B, on puisse apercevoir tous les sommets du polygone. On peut choisir pour base l'un des côtés du polygone.

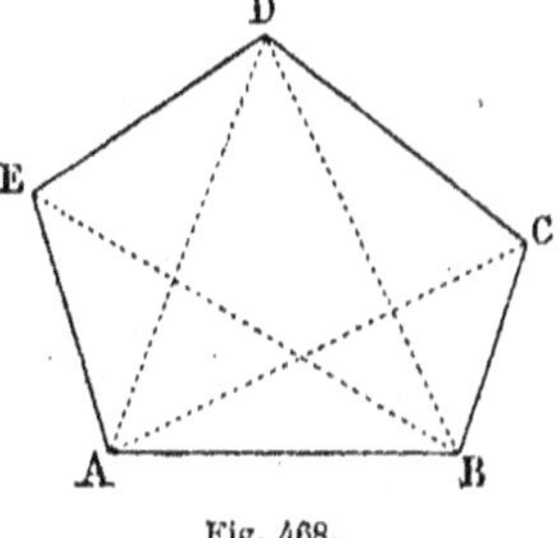

Fig. 468.

Pour déterminer un sommet, C, par exemple (fig. 468), on mesure les angles ABC et BAC; pour D, on mesure les angles ABD et BAD. Dans le dessin du plan, on aura donc à construire des triangles tels que ABC, ABD, ... dans lesquels on connaît un côté AB et les deux angles adjacents.

462. Procédé par cheminement.

— Dans le cheminement, les points déterminés de proche en proche A, B, C, ... (fig. 469) forment une ligne polygonale ininterrompue. Ces points sont reliés entre eux par la mesure directe des angles et de chaque côté du polygone; mais le report du plan est difficile, et l'on ne réussit pas toujours à fermer le polygone.

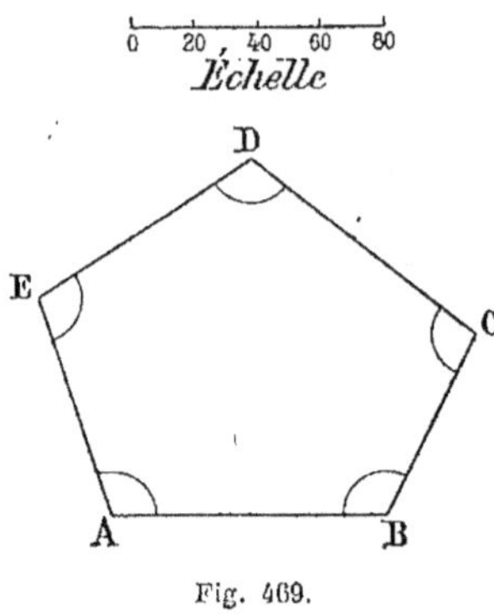

Fig. 469.

463. Procédé par rayonnement.

— Ce procédé consiste à réunir un même point aux différents sommets du polygone, et à déterminer les éléments nécessaires à la construction des triangles ainsi formés.

On nomme **station** le point choisi que l'on réunit aux sommets du polygone.

Lorsque ce point est pris à l'intérieur ou à l'extérieur du péri-

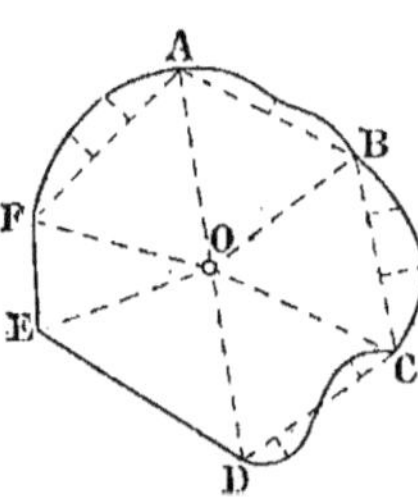

Fig. 470.

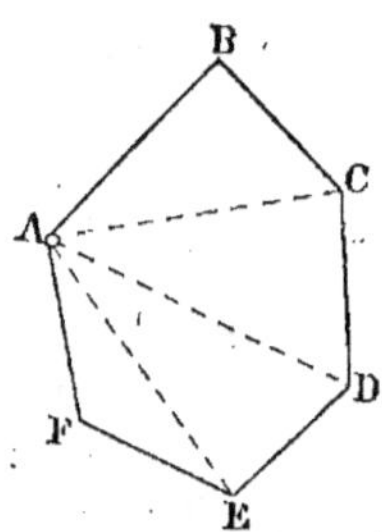

Fig. 471.

mètre à lever, on obtient autant de triangles qu'il y a de sommets dans le polygone (fig. 470).

En prenant un des sommets pour station, il y a deux triangles de moins (fig. 471).

Il faut que le point d'où partent les rayons soit d'un abord facile, qu'il permette d'apercevoir les sommets, et de mesurer les lignes qui doivent réunir le point choisi à ces divers sommets, ainsi que les angles que ces lignes font entre elles. Il est utile de diminuer le nombre des triangles et de n'avoir pas d'angle trop petit ou trop grand. Dans bien des cas, l'angle le plus obtus du polygone remplit la plupart de ces conditions.

On peut mesurer les trois côtés de chaque triangle; mais, le plus souvent, on mesure les angles dont la station O est le sommet commun et les lignes OA, OB, OC, ... (fig. 470).

Chaque côté AB, BC, ... du polygone peut servir de directrice pour lever les sinuosités du périmètre.

464. Tracé des courbes de niveau sur le terrain. — La planimétrie complète du terrain étant effectuée, on peut opérer le nivellement; on cherche avec le niveau la cote de tous les points remarquables dont on a déterminé la position; on joint ces points par des droites que l'on gradue de manière à déterminer des points de cote ronde (n° 140); puis, en joignant par un trait continu les points de même cote, on obtient la courbe de niveau relative à la cote considérée.

On peut également déterminer sur le terrain une courbe de niveau de cote donnée. Pour cela, on se place avec le niveau d'eau en un point M de cote connue; puis l'aide, sans toucher au voyant dont la ligne de foi se trouve à la hauteur voulue, se déplace sur le terrain jusqu'à ce que la

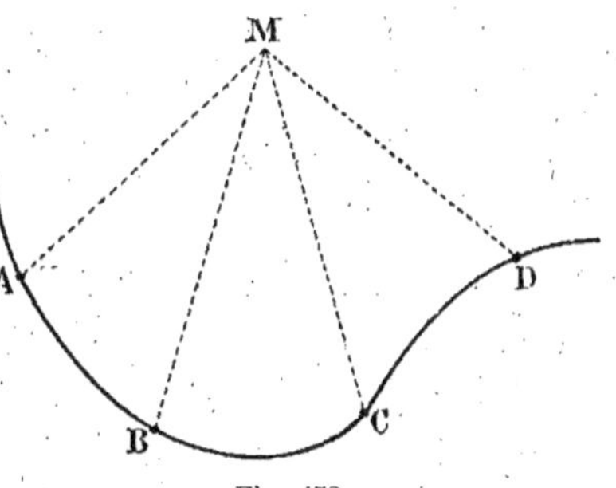

Fig. 472.

ligne de foi se trouve dans le plan horizontal de visée; on place un jalon au point A correspondant (fig. 472). Une série d'opérations semblables donnera les points B, C, ..., que l'on reporte ensuite sur le levé du plan, et on joint ces points par un trait continu.

§ III. — SIGNES ET TEINTES CONVENTIONNELS

465. Signes conventionnels. — Sur les cartes topographiques, on indique par des signes conventionnels tous les détails de la planimétrie. Nous donnons (Planche I) le tableau des principaux signes usités dans la carte de France de l'État-major au 1/80000. Ces signes peuvent varier d'une carte à l'autre.

On trouve aussi sur la carte quelques nombres; ils indiquent l'altitude du point près duquel ils sont placés.

13 — GÉOMÉTRIE DESCRIPTIVE N° 271 A.

466. Figuré du terrain sur les cartes. — Le relief du sol est indiqué par les cotes des principaux points, et il est figuré à l'aide de courbes de niveau, de hachures et de teintes conventionnelles.

467. Éclairage des cartes topographiques. — Quel que soit le procédé employé, teintes ou hachures, le terrain en pente est plus ou moins ombré.

Pour déterminer la position de ces ombres, on admet une **lumière zénithale** ou une **lumière oblique**.

468. Éclairage zénithal. — Dans ce système, on suppose que le terrain est éclairé par des rayons verticaux.

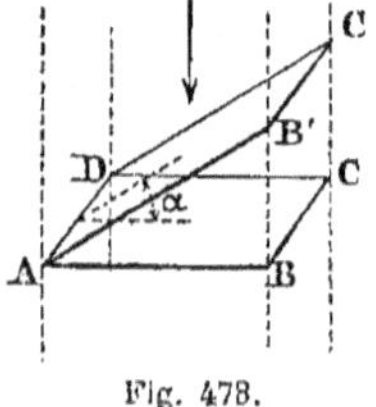

Chaque unité de surface reçoit d'autant moins de lumière, que l'angle que fait cette surface avec le plan horizontal est plus grand.

C'est une conséquence d'une loi bien connue en physique : *L'éclairement d'une surface est proportionnel au cosinus de l'angle que fait la normale à la surface éclairée avec la direction des rayons lumineux.*

Fig. 473.

Si nous désignons par S, s les surfaces A B'C'D, A B C D (fig. 473), par α l'angle plan des deux surfaces (angle qui est égal à l'angle d'incidence), par Q la quantité de lumière qui traverse en une seconde les sections S et s et qui produit sur ces surfaces les éclairements respectifs I et i, on a :

$$Q = IS = is ;$$

mais
$$s = S \cos \alpha ;$$

d'où
$$IS = iS \cos \alpha ;$$

et enfin
$$I = i \cos \alpha.$$

469. Éclairage oblique. — On suppose le terrain éclairé par des rayons lumineux venant du nord-ouest et inclinés à 45°. La teinte d'un élément de terrain dépend de son orientation et de sa pente. Le modelé s'effectue généralement d'après la règle donnée par le colonel Goulier.

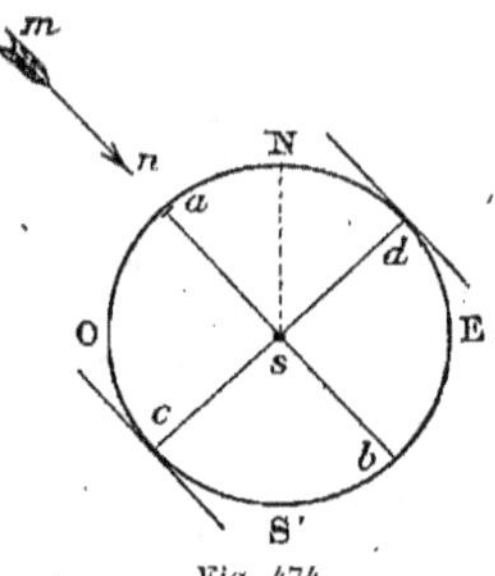

Fig. 474.

Si l'on considère un cône droit s, à base circulaire, reposant sur une feuille de dessin orientée, les rayons lumineux parallèles à *mn* forment un faisceau qui éclaire directement la partie *c a d*. Cette partie sera représentée comme pour l'éclairage zénithal.

SIGNES PRINCIPAUX DE LA CARTE AU 80.000?

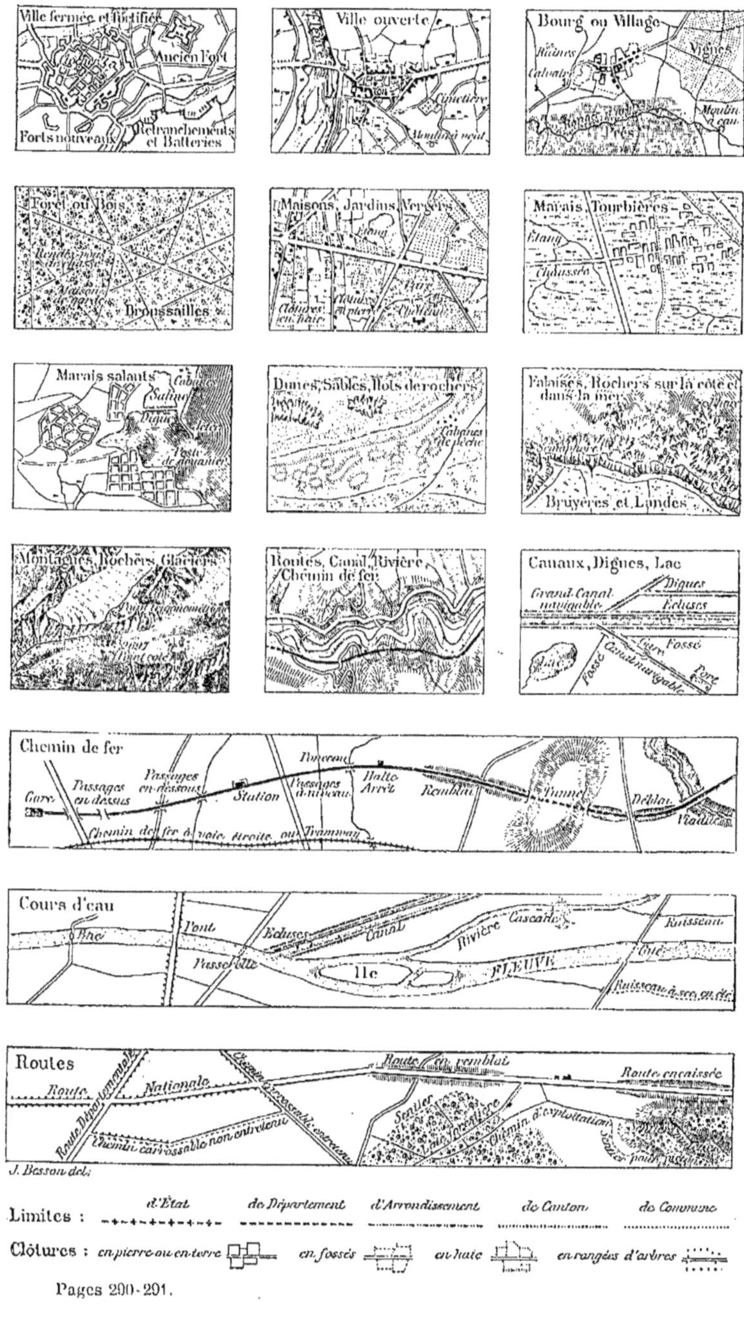

J. Besson del.

Limites :	d'État	de Département	d'Arrondissement	de Canton	de Commune

Clôtures : en pierre ou en terre   en fossés   en haie   en rangées d'arbres

Mais en c et d l'éclairage est moindre qu'en a, puisque les rayons sont obliques par rapport à la surface. En b, il n'y a aucune lumière. Entre ac et ad, la lumière va en diminuant. De même, entre cb et db, la lumière va en diminuant vers b. (Dans ce cas, on ne suppose pas le **reflet** dont il est tenu compte dans les études de lavis.)

Le colonel Goulier, posant en principe que l'intensité de l'ombre est en raison inverse de la lumière reçue, admet que si la teinte en a est représentée par 1, en c et d elle sera représentée par 2, en b par 4.

470. Modelé par courbes de niveau. — Nous avons déjà défini les courbes de niveau ainsi que l'équidistance réelle et l'équidistance graphique (n⁰ˢ 429, 430).

Les courbes de niveau, employées seules pour figurer le relief, ne donnent pas une idée nette et rapide des formes extérieures du sol; dans les cartes en noir, elles prêtent à confusion avec d'autres traits, tels que ceux des limites de cultures.

471. Modelé par hachures. — En topographie, les **hachures** sont des projections horizontales de segments des lignes de plus grande pente comprises entre deux courbes de niveau.

Le ton plus ou moins foncé, que produisent les hachures, varie avec leur épaisseur et leur écartement.

Le tracé des hachures varie aussi, suivant qu'on admet la lumière zénithale ou la lumière oblique.

En France, pour la carte au 1/80000 avec lumière zénithale, on a adopté la **loi du quart** et la **loi du grossissement**.

472. Loi du quart. — La loi du **quart**, due à l'ingénieur géographe Benoît, consiste à donner une épaisseur constante et un écartement, égal au quart de leur longueur, à toutes les hachures qui, sur pente uniforme, ont plus de 2ᵐᵐ de longueur.

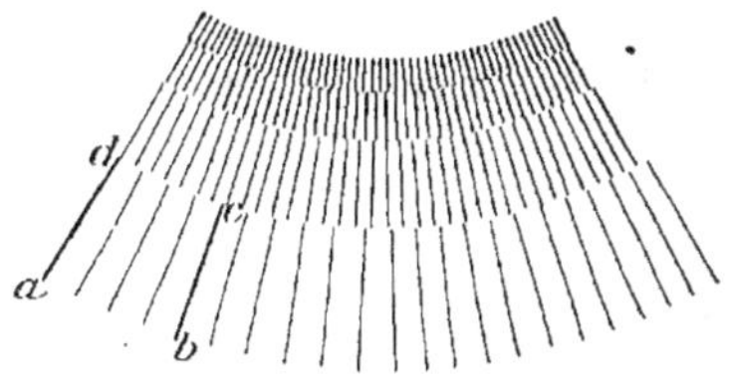

Fig. 475.

473. Loi du grossissement. — Toutes les hachures qui ont moins de 2ᵐᵐ de longueur ont un écartement d'axe en axe qui est constant et égal à 0ᵐᵐ,5, et leur épaisseur augmente avec la pente.

474. Remarques. — Le tracé des hachures avec éclairage zénithal assure l'exactitude de la représentation proportionnelle des pentes; mais il a pour inconvénient de ne pas tenir compte de leur direction. Un mouvement de terrain est représenté par la même teinte, qu'il soit saillant ou rentrant, que ce soit une croupe ou une vallée (Voir n°s 478 et 479).

Avec l'éclairage oblique, les formes extérieures du sol ressortent mieux, surtout en pays de montagnes.

Les courbes de niveau et les hachures sont interrompues au droit des voies de communication.

475. Modelé par teintes. — Le figuré du terrain par teintes conventionnelles s'emploie en lumière zénithale, et plus fréquemment en lumière oblique. Bien que très expressif, il n'indique pas le relief et laisse de l'incertitude sur le sens de la pente. Employé seul, il est insuffisant pour figurer le terrain.

L'emploi simultané des courbes et des teintes donne d'excellents résultats, surtout dans les cartes en couleurs ; aujourd'hui, c'est le mode généralement adopté en France et à l'étranger.

§ IV. — MOUVEMENTS DU SOL

476. Définition. — On appelle **mouvements du sol** les différentes formes du terrain, infiniment variées, mais que l'on ramène à quelques types définis.

On les divise en **mouvements élémentaires** : versant, croupe, vallée, et en **mouvements composés** : mamelon, confluent et col.

477. Versant. — Le versant est une surface de terrain presque plane, inclinée sur l'horizon. Il est représenté (fig. 476) par des

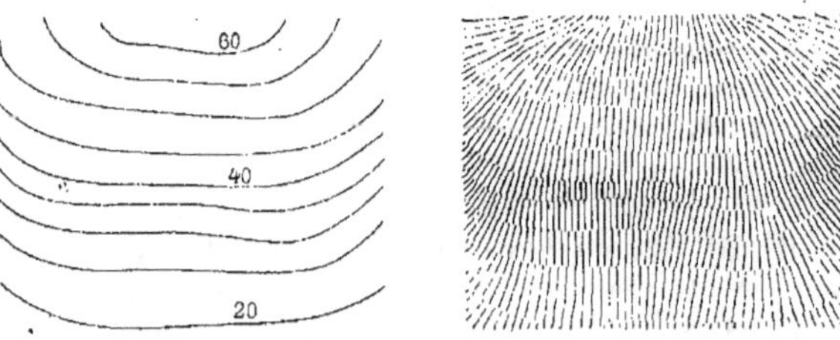

Fig. 476.

courbes de niveau à peu près parallèles et rectilignes, ou par des hachures dont les bandes sont sensiblement parallèles.

478. Croupe. — La croupe est constituée par la rencontre de deux versants simples qui se raccordent suivant une surface convexe.

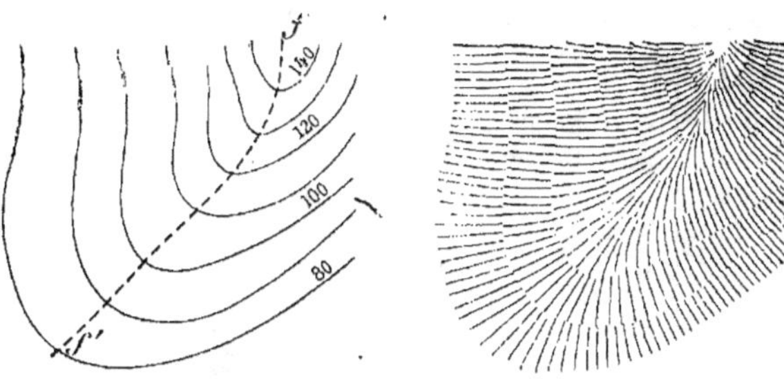

Fig. 477.

L'arête ff' de la croupe (fig. 477) porte le nom de **ligne de faîte** ou de **partage des eaux**.

Les lignes de faîte ont en général une pente très faible.

479. Vallée. — La vallée est constituée par deux versants simples qui se raccordent suivant une surface concave ; la ligne de

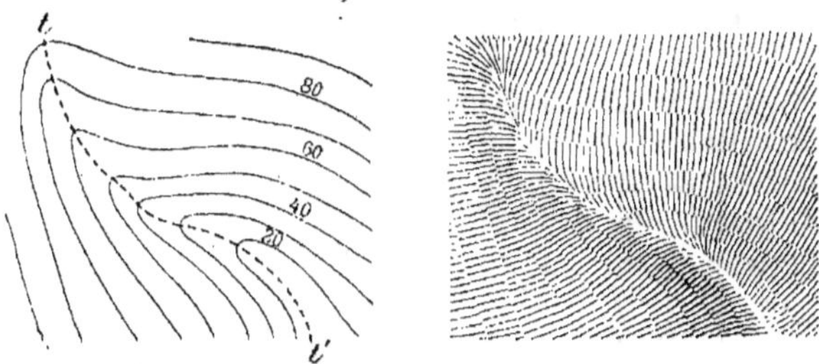

Fig. 478.

raccordement tt' (fig. 478) s'appelle **thalweg** (allem. **thal**, vallée ; **weg**, chemin). Lorsque les flancs de la vallée sont escarpés, elle prend le nom de **ravin**.

480. Distinction des croupes et des vallées. — Pour une croupe, la concavité des lignes de niveau est tournée du côté des cotes croissantes (fig. 477), tandis que, pour une vallée, la concavité de ces mêmes lignes est tournée du côté des cotes décroissantes (fig. 478).

Pour une croupe, les hachures s'épanouissent en éventail au voisinage de la ligne de faîte (fig. 477) ; on les trace en partant de la ligne la plus élevée ; on n'en met pas le long de la ligne de faîte.

Pour une vallée, on trace encore les hachures en partant de la courbe la plus élevée ; elles **convergent** au voisinage du thalweg, où l'on ménage un petit espace blanc (fig. 478).

481. Mamelon. — Le **mamelon** est constitué par l'ensemble de deux ou plusieurs croupes adossées.

Le mamelon est représenté (fig. 479) par une série de courbes de

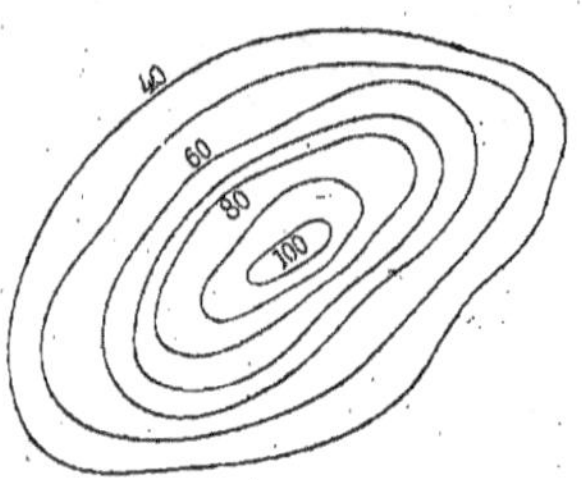

Fig. 479.

niveau fermées qui s'enveloppent les unes les autres, les plus petites ayant la plus forte cote.

Le sommet du mamelon est plus ou moins étendu et prend, suivant le cas, le nom de **plateau** ou de **butte**. Au sommet, le plan tangent est horizontal. On supprime les hachures dès que la pente est inférieure à 1/64.

482. Confluent. — Le **confluent** est formé par la rencontre de deux ou plusieurs vallées placées vis-à-vis.

La fig. 480 représente trois vallées dont les thalwegs t_1, t_2, t_3, aboutissent dans la région d'altitude comprise entre 40 et 50 pour former un lac qui se déverse par le thalweg t_4 de la quatrième vallée.

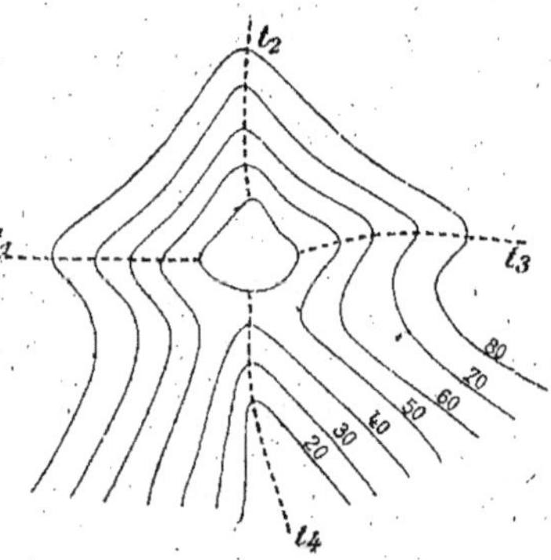

Fig. 480.

483. Col. — Un **col** peut être considéré comme formé à la fois par deux croupes se faisant vis-à-vis et par deux vallées adossées l'une à l'autre.

Le col est au point le plus bas de la ligne de faîte $f_1 f_2$ des deux croupes (fig. 481), et au point le plus haut du thalweg $t_1 t_2$ des deux vallées.

Pour aller d'un point A à un point B, d'une croupe à l'autre, il faut passer par le col : on descendra le moins possible.

De même, pour aller d'un point C à un point D, d'une vallée à

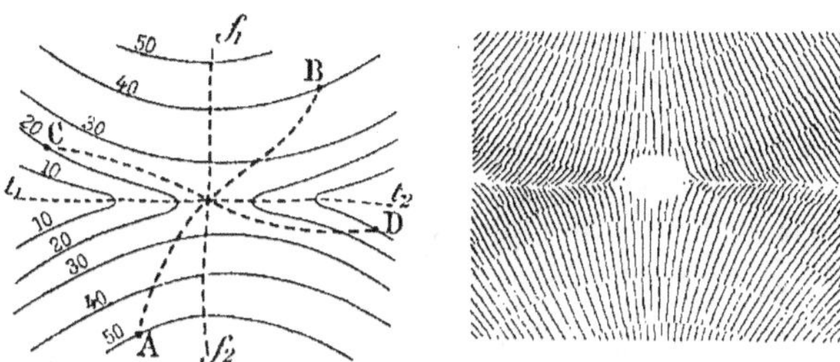

Fig. 484.

l'autre, on montera le moins possible en passant par le col, parce que ce point est celui qui, sur la ligne de faîte, a la plus petite cote et l'on est obligé de traverser cette ligne de faîte.

Les cols ont donc une très grande importance. On se fait facilement l'idée d'un col en le comparant à une selle de cheval.

Au col, les hachures cessent à partir de la courbe de niveau dont la pente est 1/64.

§ V. — LECTURE DE LA CARTE D'ÉTAT-MAJOR

484. Préliminaires. — La carte d'État-major est au 1/80 000 et se compose de 274 feuilles de $0^m,80$ de longueur et 0^m50 de hauteur, correspondant chacune à un rectangle de terrain de 64^{km} sur 40^{km}. Chaque feuille porte un numéro d'ordre et, comme titre, le nom de la localité la plus importante qu'elle renferme.

Ces feuilles sont aussi livrées au public par quarts ayant $0^m,25$ sur $0^m,40$, portant la même désignation que la feuille entière, suivie des indications N.-O., N.-E., S.-O., S.-E.

Le cadre extérieur est de pure ornementation. Entre le cadre et les bords même de la carte, se trouve une échelle double destinée à faire connaître les coordonnées géographiques des divers points de la carte. Les divisions intérieures de l'échelle double sont exprimées en grades, les divisions extérieures en degrés ; les unes et les autres sont indiquées de 10' en 10', et l'on a tracé sur chaque feuille les méridiens et les parallèles de 10' en 10'.

En dehors du cadre, au bas de la carte, se trouve l'échelle métrique reproduite en partie dans la fig. 482.

$$\text{Échelles Métriques } \left(\frac{1}{80.000}\right)$$

1000   500   0   1000   2000   3000   4000   5000 Mètres

Hect. 10   0   1   2   3   4   5 Kilomètres

Fig. 482.

485. Orientation de la carte. — *Orienter la carte, c'est la disposer de façon que les méridiens soient parallèles à la direction N S.* Cette direction correspond à celle des méridiens tracés sur la carte et **non au cadre de la carte.**

On obtient ce résultat à l'aide d'une boussole, placée sur la carte de manière que l'aiguille aimantée fasse avec les méridiens un angle égal à la déclinaison (qui est occidentale et égale à 15° environ); donc la pointe bleue de l'aiguille aimantée doit être à l'ouest du méridien. Les **boussoles à pince** sont les plus commodes, parce qu'on peut les fixer à la carte au moyen d'une pince.

Si l'on n'a pas de boussole, on cherche sur la carte le point A où l'on est placé, appelé **station**, et un point B visible de A, un clocher par exemple; on tourne alors la carte de manière que la ligne qui joint les points A et B sur la carte soit dans la direction de la ligne qui va de la station A au point B sur le terrain. Pour plus de sûreté, on considère une seconde ligne allant de la station à un troisième point C.

Dans certains cas, on peut se servir d'une route droite sur une grande longueur; on tient la carte à la main, de façon que le prolongement de la ligne qui indique la route sur la carte coïncide avec la direction de la route sur le terrain.

486: Lecture d'une carte. — *Lire une carte, c'est se rendre compte des détails du terrain et du relief du sol.*

487. Détails du terrain. — Cette première partie de la lecture concerne la **planimétrie.** En se guidant sur la **légende** qui accompagne la carte, on examine la direction des cours d'eau, le tracé des canaux, des chemins de fer, des routes; l'emplacement des villes, bourgs ou villages; celui des ponts, des tunnels, des remblais, des tranchées, etc.

La carte d'État-major au 1/80000 est très riche en détails; mais elle exige une grande habitude de lecture, en raison même de la multiplicité des renseignements qu'elle fournit et des hachures qui la recouvrent. Les nouvelles cartes au 50000°, au 100000° et au 200000°, tirées en couleurs, sont très lisibles.

TYPE D'UN PORT DE MER : **TOULON.**

TYPE D'UNE PLACE FORTE : **BELFORT.**

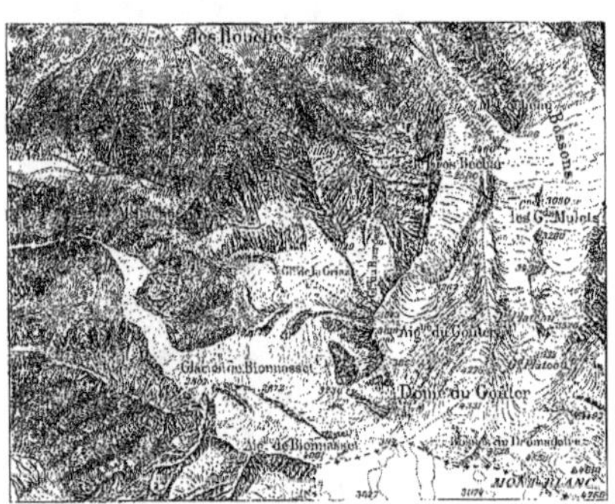

TYPE DE MONTAGNES ET DE GLACIERS : **LE MONT-BLANC.**

Pages 296-297.

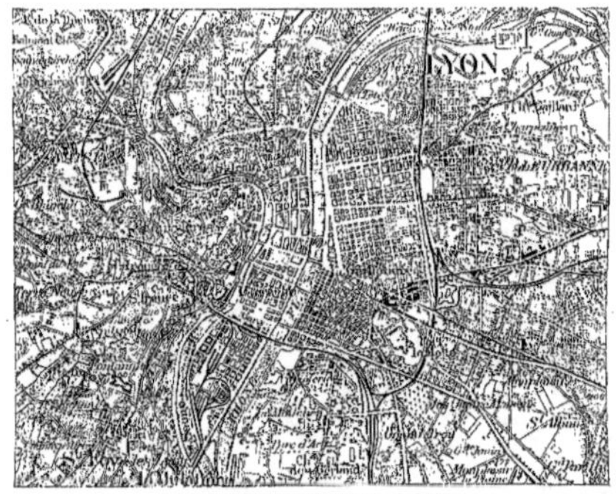

TYPE D'UNE VILLE INDUSTRIELLE : **LYON.**

488. Figuré du relief. — Dans cette seconde partie de la lecture, il faut reconnaître les montagnes, les croupes, les cols, les vallées et autres dépressions; les lignes de faîte ou de partage des eaux; les lignes de plus grande pente, les thalwegs où coulent ordinairement les cours d'eau.

L'altitude des points principaux est inscrite sur la carte; pour les stations intermédiaires, on tient compte de l'équidistance et du nombre de courbes de niveau comprises entre le point étudié et un point de cote connue.

489. Remarques. — 1° La carte d'État-major au 1/80 000 n'est pas à proprement parler un levé de plan, en ce sens qu'elle ne reproduit pas avec une exactitude mathématique tous les accidents du terrain; les courbes de niveau ne sont pas tracées; quelques chiffres seuls indiquent les altitudes des points remarquables.

Il ne faudrait donc pas songer à résoudre sur ces cartes les problèmes géométriques dont nous avons donné la solution au 1er paragraphe de ce chapitre; ces problèmes exigent, pour être résolus, un véritable levé de plan.

Mais pour les officiers et les voyageurs ces cartes rendent de réels services, parce qu'elles donnent une idée fort exacte des mouvements intéressants du sol.

2° On a attribué aux routes, canaux, chemins de fer, une largeur supérieure à leur largeur réelle réduite à l'échelle, afin de les rendre plus visibles.

3° **Le seul moyen d'arriver à la lecture de la carte** consiste à se procurer celle de la région que l'on habite et à parcourir le pays, la carte à la main, en notant soigneusement comment ont été rendus les divers accidents du terrain que l'on traverse.

4° Afin de permettre au lecteur de s'exercer à la lecture de la carte d'État-major, nous en donnons ici quatre fragments représentant les principaux types des surfaces topographiques (voir Pl. II).

13.

EXERCICES

PREMIÈRE PARTIE

I

MÉTHODE DES PROJECTIONS

EXERCICES DES CHAPITRES I ET II

Du point et de la droite.

1. — Déterminer un point dont l'ordonnée et l'éloignement aient une même longueur donnée l. (E. de D., 212*.)

2. — Déterminer un point dont l'ordonnée égale l, et dont l'éloignement égale l'. (E. de D., 213.)

3. — Sur une même ligne de rappel, on a deux points équidistants de xy. Quelle est la position du segment rectiligne qui joint les deux points de l'espace :

1° Lorsque la projection située au-dessus de xy est marquée a', b, et que la projection au-dessous est marquée a, b' ;

2° Lorsque la projection au-dessus de xy est marquée c, c', et que celle au-dessous est marquée d, d'. (E. de D., 214.)

4. — Sur une même ligne de rappel, on a deux points équidistants de xy, quelle est la position du segment rectiligne qui joint ces deux points, lorsque la projection située au-dessus de xy est marquée e', et que celle qui est au-dessous est marquée e, f, f' ? (E. de D., 215.)

5. — Sur une même perpendiculaire à la ligne de terre, à des distances égales de cette droite, on prend deux points ; celui qui est au-dessus est dési-

---

gné par e_1, f'; celui qui est au-dessous, par g_1, h'; les autres projections se trouvent sur xy; quelle figure forment les droites qui, dans l'espace, joignent deux à deux les points correspondants? (E. de D., 216.)

6. — Un carré, situé dans un plan de profil, a ses sommets dans les plans bissecteurs des angles dièdres formés par les plans H et V. Quelles sont les projections de ses sommets? (E. de D., 217.)

7. — Deux points, non situés dans un plan de profil, ont même éloignement l et même ordonnée l'; quelle est la position de la droite qui joint ces deux points, lorsque les projections ont la disposition suivante :

1º a, b, au-dessous de xy, et a', b', au-dessus ;

2º c, d, c', d', au-dessous ;

3º e, e', f, au-dessous et f' au-dessus ;

4º g au-dessous et g', h, h', au-dessus. (E. de D., 218.)

8. — Sur une même ligne de rappel, on a les projections de deux points ; quelle est la position de la droite qui joint ces deux points, lorsque les projections ont les dispositions suivantes :

1º a et b coïncident et sont au-dessous de xy ;

2º c et d —   et sont sur xy ;

3º e et f —   et sont au-dessus de xy.

Les deux autres projections sont distinctes l'une de l'autre ; remarque analogue pour les cas suivants :

4º a' et b' coïncident et sont au-dessus de xy ;

5º c' et d' —   et sont sur xy ;

6º e' et f' —   et sont au-dessous de xy. (E. de D., 219.)

9. — T. 1º Deux droites perpendiculaires à xy en des points différents ; 2º une perpendiculaire à xy et une oblique ; 3º une oblique et un point, ne peuvent être les projections d'une même droite. (E. de D., 220.)

10. — T. Lorsque les projections d'un point sont sur les projections d'une droite de profil, on ne peut pas en conclure que le point appartient à la droite. (E. de D., 221.)

11. — Comment reconnaître qu'un point appartient à une droite de profil donnée par les projections de deux de ses points? (E. de D., 223.)

12. — Dans quel cas une droite, donnée par ses projections, appartient-elle à l'un des plans bissecteurs des dièdres que forment les plans de projection ? (E. de D., 225.)

13. — Quand est-ce qu'une droite de profil, donnée par les projections de deux de ses points, appartient à l'un des plans bissecteurs ? (E. de D., 226.)

14. — T. Un point situé dans un plan perpendiculaire à l'un des plans de projection n'est pas déterminé par sa projection de même nom. (E. de D., 227.)

15. — T. Dans certains cas, deux projections ne suffisent pas pour caractériser la figure de l'espace ; indiquer, par exemple, les figures qui peuvent avoir pour projections horizontale et verticale des carrés égaux. (E. de D., 228.)

16. — Quelles sont les figures qui peuvent avoir pour projections deux cercles égaux ayant les centres sur une même ligne de rappel ? (E. de D., 229.)

Traces des droites.

17. — Par un point donné mener une droite dont les traces h et v' soient équidistantes de la ligne de terre. (E. de D., 230.)

18. — Quel est le lieu géométrique des traces des droites menées par un point donné et également inclinées sur chaque plan de projection ? (E. de D., 231.)

19. — Par un point donné, mener une droite telle que sa trace horizontale soit deux fois plus près de la ligne de terre que sa trace verticale, ou, plus généralement, telle que les distances de chaque trace à xy soient dans un rapport donné. (E. de D., 232.)

20. — T. 1° Toute parallèle à xy est contenue dans un des plans bissecteurs, ou bien elle est parallèle à ces deux plans.

2° Toute horizontale, non parallèle à xy, rencontre les deux plans bissecteurs ; il en est de même de toute ligne de front non parallèle à xy. (E. de D., 234.)

21. — Déterminer la trace d'une droite sur chacun des deux plans bissecteurs des dièdres formés par les plans de projection. (E. de D., 235.)

22. — Déterminer l'intersection d'une droite donnée et des deux plans bissecteurs, dans les cas suivants :

(a) La droite est horizontale ;

(b) La droite est perpendiculaire à l'un des plans de projection ;

(c) La droite appartient à un plan de profil. (E. de D., 237.)

23. — T. Un point qui se projette sur les traces correspondantes d'un plan n'appartient à ce plan que lorsque le plan donné est de profil. (E. de D., 238.)

24. — T. Lorsque plusieurs plans parallèles à une droite donnée ont un point commun, leurs traces de même nom passent par un même point. (E. de D., 239.)

25. — T. La droite qui a pour projections les traces de même nom d'un plan quelconque n'appartient pas à ce plan (sauf dans quelques cas exceptionnels). (E. de D., 240.)

26. — Dans quels cas la droite dont les projections sont sur les traces de même nom d'un plan appartient-elle à ce plan ? (E. de D., 240 *bis*.)

27. — Comment reconnaît-on qu'une droite est située dans un plan mené par la ligne de terre et par un point donné ? (E. de D., 241.)

28. — Reconnaître si une droite de profil rencontre une droite quelconque. (E. de D., 242.)

EXERCICES DU CHAPITRE III

Du plan. — Traces des plans.

29. — Chercher les traces d'un plan déterminé par deux droites dont on ne peut avoir les traces. (E. de D., 243.)

30. — Déterminer les traces horizontales de deux plans, sachant que les traces verticales données sont parallèles, et connaissant un point de l'intersection des deux plans. (E. de D., 245.)

31. — Déterminer les traces verticales de deux plans, connaissant un point de leur intersection, ainsi que les traces horizontales, que l'on donne parallèles à xy. (E. de D., 246.)

32. — Par une droite parallèle à xy, mener un plan qui soit parallèle à une droite donnée. (E. de D., 247.)

33. — Construire les traces du plan de trois points donnés, dans les cas suivants :

1° Deux de ces points appartiennent à une droite parallèle à xy ;

2° Deux de ces points sont sur une même droite verticale ou de bout. (E. de D., 248.)

34. — Construire les traces du plan de deux droites parallèles ou concourantes :

1° La droite A B est quelconque, et la droite B C est de profil.

2° La droite A B est quelconque, et la droite C D rencontre xy, ou bien lui est parallèle.

3° La droite A B est quelconque, et la droite C D a ses projections coïncidentes.

4° Les deux droites sont quelconques, mais les projections de l'une coïncident avec les projections de nom contraire de l'autre.

5° La droite A B est horizontale, et B C est de front.

6° Les deux droites sont parallèles à xy, ou bien se coupent sur xy.

7° Les deux droites se coupent sur xy, et les deux projections de chacune coïncident avec les projections de nom différent de l'autre.

8° Chacune des droites a ses deux projections confondues.

9° L'une des droites a ses projections confondues, l'autre est de profil. (E. de D., 249.)

35. — Connaissant une des lignes de pente d'un plan, déterminer les traces du plan. (E. de D., 250.)

36. — Les traces d'une ligne de pente d'un plan étant hors des limites de l'épure, déterminer néanmoins les traces du plan. (E. de D., 251.)

37. — Déterminer les traces d'un plan, connaissant une des lignes d'inclinaison de ce plan. (Une *ligne d'inclinaison* est une ligne de plus grande pente du plan par rapport au plan vertical de projection.) (E. de D., 252.)

38. — Déterminer une horizontale et une frontale d'un plan donné par deux droites. (E. de D., 253.)

39. — Dans un plan donné par une de ses lignes de pente, mener une horizontale qui soit à une distance donnée du plan horizontal. (E. de D., 254.)

40. — Dans un plan donné par une de ses lignes de pente, déterminer une droite dont on connaît une des projections. (E. de D., 255.)

41. — Déterminer une ligne de pente et une ligne d'inclinaison d'un plan donné par deux droites concourantes quelconques, ou par deux droites parallèles. (E. de D., 256.)

42. — On donne la projection horizontale d'un polygone plan, et la seconde projection de deux côtés adjacents ; déterminer la projection verticale des autres côtés. (E. de D., 257.)

43. — On donne la projection verticale d'une courbe plane, ainsi que les projections horizontales de trois points de cette courbe ; déterminer la projection horizontale d'un point quelconque de cette courbe. (E. de D., 258.)

EXERCICES DU CHAPITRE IV

Intersections des droites et des plans.

44. — Déterminer l'intersection de deux plans.

Cet énoncé général donne lieu à un nombre considérable de cas divers, selon les positions respectives des plans donnés ; nous signalerons les plus intéressants, et, pour les présenter avec quelque ordre, nous suivrons le tableau ci-dessous, en comparant une position particulière de l'un des plans avec chacune des positions que l'on peut attribuer à l'autre :

   a Plan de profil.
   b Plan à traces concourantes quelconques.
   c Plan à traces en ligne droite (ou à traces confondues).
   d } Plan vertical.
   d' } Plan de bout.
   e Plan à deux traces parallèles à xy.
   f } Plan horizontal.
   f' } Plan de front.
   g Plan mené par xy et par un point donné.
   h Plan donné par deux droites autres que les traces.
   i } Plan donné par une ligne de pente.
   i' } Plan donné par une ligne d'inclinaison. (Ex. 37.)

44 bis. — (a) *Plan de profil.* Déterminer l'intersection de deux plans, lorsque l'un d'eux est de profil. (E. de D., 260.)

45. — (b) Déterminer l'intersection de deux plans, lorsque l'un d'eux a deux traces concourantes quelconques. (E. de D., 261.)

46. — (c) Déterminer l'intersection de deux plans, lorsque les traces de l'un d'eux sont en ligne droite et rencontrent obliquement la ligne de terre. (E. de D., 262.)

47. — (d) Déterminer l'intersection de deux plans, lorsque l'un de ces plans est vertical. (E. de D., 263.)

48. — (e) Déterminer l'intersection de deux plans, lorsque l'un de ces plans est parallèle à la ligne de terre. (E. de D., 265.)

49. — (f) Déterminer l'intersection de deux plans, lorsque l'un de ces plans est horizontal. (E. de D., 266.)

50. — (g) Déterminer l'intersection de deux plans, lorsque l'un de ces plans est donné par xy et par un point. (E. de D., 268.)

51. — (h) Déterminer l'intersection de deux plans, lorsque l'un d'eux est donné par deux droites autres que les traces. (E. de D., 269.)

52. — (i) Déterminer l'intersection de deux plans, lorsque l'un d'eux est donné par une de ses lignes de pente. (E. de D., 270.)

53. — Intersection d'un plan quelconque avec les deux plans bissecteurs. (E. de D., 273.)

54. — Déterminer l'intersection de deux plans dont chaque trace de l'un coïncide avec la trace de nom contraire de l'autre. (E. de D., 274.)

55. — Quelles dispositions présentent les traces des plans qui se coupent dans les conditions suivantes :

1° Suivant une droite de profil ; et, comme cas particuliers de l'énoncé précédent :

2° La droite de profil est parallèle au plan bissecteur du premier dièdre ;

3° La droite est dans le premier bissecteur ;

4° La droite est parallèle au deuxième plan bissecteur ;

5° La droite est dans le deuxième bissecteur. (E. de D., 275.)

56. — Déterminer le point commun à trois plans. (E. de D., 277.)

57. — Déterminer le point commun à trois plans, dans le cas suivant :
Un premier plan quelconque, un deuxième de front, et le troisième parallèle à xy. (E. de D., 278.)

58. — Déterminer le point où une droite perce un plan.

1° La droite est quelconque, et le plan est mené par xy et un point.

2° La droite est de bout ; le plan est mené par xy et un point.

3° La droite est de profil, et le plan est quelconque.

4° La droite est verticale, et le plan a ses traces en ligne droite. (E. de D., 279.)

59. — Trouver le point où une droite donnée rencontre un plan donné par une de ses lignes de pente, sans recourir aux traces du plan. (E. de D., 280.)

60. — Déterminer le point où une droite rencontre la surface d'un triangle donné par les projections de ses côtés. (E. de D., 281.)

EXERCICES DU CHAPITRE V

POSITIONS RELATIVES DES DROITES ET DES PLANS

Droites et plans parallèles.

61. — **T.** Deux droites situées dans des plans parallèles sont parallèles lorsque deux projections de même nom sont parallèles. (E. de D., 282.)

62. — **T.** Deux droites dont les projections horizontales sont parallèles ont aussi les projections verticales parallèles lorsque ces droites sont situées dans des plans parallèles. (E. de D., 283.)

63. — Deux droites peuvent-elles avoir deux projections de même nom parallèles et les deux autres concourantes ? (E. de D., 284.)

64. — Sans recourir au rabattement du plan de profil, peut-on reconnaître que deux droites de profil sont parallèles ? (E. de D., 285.)

65. — Par un point donné, mener une droite parallèle à une droite de profil. (E. de D., 286.)

66. — Comment reconnait-on, à l'inspection de ses projections, qu'une droite est parallèle à l'un des plans bissecteurs ? (E. de D., 287.)

67. — Comment reconnaître qu'une droite de profil est parallèle à l'un des plans bissecteurs ? (E. de D., 288.)

68. — Par un point donné, mener une droite qui en rencontre deux autres non situées dans un même plan. (E. de D., 289.)

69. — Par un point donné, mener une droite qui rencontre la ligne de terre et une seconde droite indiquée ci-après :

1° Droite quelconque ;

2° Horizontale, ou ligne de front ;

3° Droite de profil. (E. de D., 290.)

70. — Mener une droite qui rencontre trois autres droites non situées deux à deux dans un même plan. (E. de D., 291.)

71. — Mener une droite qui rencontre deux droites données, non situées dans le même plan, et qui soit parallèle à une troisième droite.

Le problème proposé peut s'énoncer comme il suit :

Étant données trois droites non situées deux à deux dans le même plan, mener une quatrième droite parallèle à l'une d'elles, et sécante par rapport aux deux autres. (E. de D., 292.)

72. — Par un point donné, mener une droite parallèle à un plan donné et rencontrant une droite donnée.

1º Le plan et la droite sont quelconques;

2º Le plan passe par la ligne de terre et un point, la droite est de profil, et elle est donnée par ses traces. (E. de D., 293.)

73. — **T.** Les projections horizontales de toutes les horizontales qui rencontrent deux droites de front fixes passent par un même point. (E. de D., 294).

74. — Toutes les horizontales qui s'appuient sur deux droites fixes, ayant leurs projections horizontales parallèles, s'appuient aussi sur une verticale fixe. (E. de D., 295.)

75. — Indiquer dans quel cas deux plans parallèles à xy sont parallèles entre eux. (E. de D., 296.)

76. — Par un point, mener un plan parallèle à un autre plan, lorsque 1º les traces sont parallèles à xy; 2º les traces sont en ligne droite; 3º le plan est déterminé par deux droites concourantes. (E. de D., 297.)

77. — Par un point, mener un plan parallèle à un plan déterminé par deux droites parallèles, et sans recourir aux traces. (E. de D., 298.)

78. — Par un point donné, mener un plan parallèle à un plan donné par une de ses lignes de pente, ou par une de ses lignes d'inclinaison. (E. de D., 299.)

79. — Par la ligne de terre, mener un plan parallèle à une droite donnée et déterminer l'angle que fera ce plan avec le plan horizontal. (E. de D., 300.)

80. — Par un point donné, mener un plan qui passe à égale distance de deux autres points donnés. (E. de D., 301.)

81. — Par une droite donnée, mener un plan équidistant de deux points donnés. (E. de D., 302.)

82. — Par un point donné, mener un plan qui passe à égale distance de trois autres points donnés. (E. de D., 303.)

83. — Mener un plan qui soit équidistant de trois points donnés et qui soit parallèle à une droite donnée. (E. de D., 304.)

84. — Par trois points donnés, mener trois plans parallèles et équidistants. (E. de D., 305.)

85. — Par trois points donnés, mener trois plans parallèles et équidistants; l'un de ces plans doit passer par un quatrième point aussi donné. (E. de D., 306.)

86. — Par deux points A, B, et une droite CD, mener trois plans parallèles et équidistants. (E. de D., 307.)

87. — Mener un plan équidistant d'un point A et d'une droite BC, parallèlement à une autre droite DE. (E. de D., 308.)

88. — Par quatre points quelconques de l'espace, mener quatre plans parallèles équidistants. (E. de D., 309.)

89. — Mener un plan équidistant de deux droites non situées dans un même plan. (E. de D., 310.)

90. — Par trois droites, non situées deux à deux dans un même plan, mener trois plans qui se coupent suivant une même droite. (E. de D., 311.)

Droites et plans perpendiculaires.

91. — **T.** Deux plans sont perpendiculaires l'un à l'autre : 1° lorsque, étant perpendiculaires à un même plan de projection, leurs traces sur ce plan sont perpendiculaires ; 2° lorsque chacun d'eux n'a qu'une trace et que les deux traces (une de chaque plan) sont de noms contraires ; 3° lorsqu'un des plans n'a qu'une trace et que les deux traces du second sont perpendiculaires à la trace du premier. (E. de D., 312.)

92. — Par rapport à un plan de projection, quelle position faut-il donner à un triangle isocèle pour que les côtés égaux aient des projections égales ? (E. de D., 313.)

Déduire de cette étude les cas où la projection de la bissectrice d'un angle est aussi la bissectrice de l'angle formé par les projections des côtés de cet angle.

93. — **T.** 1° Un plan dont les traces sont symétriques par rapport à xy est perpendiculaire au premier bissecteur.

2° Un plan dont les traces sont confondues est perpendiculaire au second bissecteur. (E. de D., 314.)

94. — **T.** Lorsque les projections d'une droite sont perpendiculaires aux traces d'un plan mené par xy, ou parallèlement à xy, on ne peut pas affirmer que la droite soit perpendiculaire au plan. (E. de D., 315.)

95. — 1° Comment reconnaît-on qu'une droite est perpendiculaire à l'un des plans bissecteurs sans recourir au rabattement du plan de profil qui contient cette droite ?

2° Comment reconnaître qu'une droite rencontre les plans de projection sous des angles de 45° ? (E. de D., 316.)

96. — D'un point donné, abaisser une perpendiculaire sur un plan donné par une horizontale et une ligne de front. (E. de D., 317.)

97. — Par un point dont les projections coïncident, mener un plan perpendiculaire à une droite dont les projections coïncident. (E. de D., 318.)

98. — Par un point donné, mener un plan perpendiculaire à une droite de profil. (E. de D., 319.)

99. — Par la ligne de terre, mener un plan perpendiculaire à un plan donné. (E. de D., 320.)

100. — Par la droite qui aurait pour projections les traces d'un plan donné, abaisser un plan perpendiculaire sur le premier et déterminer l'intersection des deux plans. (E. de D., 321.)

101. — Par une droite quelconque, AB, mener un plan perpendiculaire à un plan déterminé par la ligne de terre et un point D. — Trouver l'intersection des deux plans. (E. de D., 322.)

102. — Par une droite quelconque, mener un plan perpendiculaire à un plan de profil. (E. de D., 323.)

103. — D'un point quelconque, mener une perpendiculaire à une droite de profil. (E. de D., 324.)

104. — Trouver sur la ligne de terre un point qui soit également éloigné des deux traces d'une droite donnée. (E. de D., 325.)

105. — 1° Lieu géométrique des points équidistants de deux points donnés.

2° Lieu géométrique des points équidistants de trois points donnés.

3° Lieu géométrique des points équidistants des trois côtés d'un triangle. (E. de D., 326.)

106. — Étant donnés trois points et un plan, trouver un point du plan qui soit équidistant des trois points donnés. (E. de D., 327.)

107. — Sur une droite donnée, trouver un point également éloigné de deux points donnés. (E. de D., 328.)

108. — Trouver un point équidistant de quatre points donnés. (E. de D., 329.)

109. — Par un point donné, mener une droite qui soit orthogonale à deux droites données. (E. de D., 330.)

110. — Mener par le point A une droite qui rencontre la droite BC et soit orthogonale à la droite FG. (E. de D., 331.)

II

GÉOMÉTRIE COTÉE

EXERCICES DU CHAPITRE VI

Du point et de la droite.

111. — Étant données les projections cotées de deux points A et B, trouver la projection et la cote du point qui divise AB dans un rapport donné.

112. — On donne une droite a (3) b (5) ; une seconde droite passe par le point c (8) et rencontre la première en b (5) ; graduer la droite bc.

113. — Connaissant la cote de trois points A, B, C, trouver la cote du point de concours des médianes du triangle ABC. (Ce point est le *centre de gravité* du triangle.)

114. — Mener par un point une droite de longueur donnée, et qui rencontre une verticale donnée.

115. — Mener par un point donné une droite de longueur donnée, et rencontrant une horizontale donnée.

116. — Trouver la cote d'un point A, connaissant sa projection, ainsi que la cote et la projection d'un second point B, et la distance AB des deux points.

117. — On donne la projection d'une droite, la cote d'un de ses points et l'angle qu'elle fait avec le plan de comparaison. Graduer cette droite.

118. — La base d'un triangle équilatéral est une horizontale donnée. Le plan du triangle forme un angle de 60° avec le plan de comparaison. Trouver la projection et la cote du sommet.

EXERCICES DU CHAPITRE VII

Du plan.

119. — On donne la projection d'un polygone plan (autre qu'un triangle) et les cotes de trois sommets. Trouver les cotes des autres sommets.

120. — Deux horizontales parallèles ont leurs projections distantes de 4 mètres; on connaît la cote 3 de l'une d'elles; trouver la cote de l'autre, sachant que la pente de leur plan égale 3/4. (Échelle de 0,01.)

121. — Par un point donné d'un plan vertical défini par sa trace, mener une droite de pente donnée.

122. — Un plan est défini par un point et une droite quelconque :
1° Trouver la cote d'un point de ce plan, connaissant sa projection;
2° Reconnaître la position d'un point donné par rapport à ce plan;
3° Mener par un point donné un plan parallèle au plan donné.

123. — Un plan étant défini par trois points, mener par un point de ce plan une droite faisant un angle donné avec le plan de comparaison.

124. — Construire la projection d'un triangle, connaissant les projections cotées des milieux des trois côtés.

125. — Mener par un point donné une droite de pente donnée, et qui rencontre une droite donnée.

EXERCICES DU CHAPITRE VIII

Intersections des droites et des plans.

126. — Trouver l'intersection d'une droite et d'un plan donné par son échelle de pente, lorsque la projection de la droite est parallèle à l'échelle de pente.

127. — Déterminer le point où une droite rencontre la surface d'un triangle donné par les projections de ses trois côtés.

128. — Construire une droite parallèle à deux plans donnés, et rencontrant deux droites données.

129. — Construire une horizontale de longueur donnée, et rencontrant :
1° Deux droites situées dans le même plan;
2° Deux droites dont les projections sont parallèles;
3° Deux droites quelconques. (E. de D., 583.)

130. — Déterminer l'intersection d'un plan quelconque donné par son échelle de pente et d'un plan vertical donné par sa trace.

131. — Déterminer l'intersection de deux plans quelconques dont l'un est donné par son échelle de pente, et l'autre par sa trace et un point.

132. — Mener par un point donné une droite de pente donnée et parallèle à un plan donné.

EXERCICES DU CHAPITRE IX

Droites et plans perpendiculaires.

133. — Mener, par un point donné, un plan perpendiculaire à un plan donné et parallèle à une droite donnée.

134. — On donne un plan par son échelle de pente, et un point; construire le symétrique de ce point par rapport au plan.

135. — Construire la droite symétrique d'une droite donnée par rapport à un plan donné.

136. — Élever, en un point d'un plan, une perpendiculaire de longueur donnée.

137. — Graduer une échelle de pente d'un plan, connaissant la trace du plan et la distance du plan à un point donné.

138. — Sur une droite donnée, trouver le point équidistant de deux points donnés extérieurs à cette droite.

139. — Trouver le point du plan de comparaison équidistant des trois sommets d'un triangle.

140. — Mener une droite perpendiculaire à un plan donné et rencontrant deux droites données.

141. — Trouver le point du plan de comparaison équidistant des trois côtés d'un triangle.

142. — Trouver un point qui soit équidistant de quatre points donnés. (E. de D., 329.)

143. — Par un point donné, mener une droite qui soit orthogonale à deux droites données.

144. — Mener une droite orthogonale à deux droites données, et rencontrant deux autres droites données.

EXERCICES DU CHAPITRE X

Rabattements.

145. — On donne la trace horizontale d'un plan et deux points A, B, sur cette trace. — Construire sa trace verticale, sachant que la somme de ses distances aux points A et B est égale à une longueur donnée. (E. de D., 389.)

146. — On donne deux points et une droite, non situés dans un même plan : trouver le chemin minimum qui joint les deux points en rencontrant la droite. (E. de D., 390.)

147. — Étant donnés deux points d'un même côté d'un plan donné, trouver le point du plan dont la somme des distances aux points donnés est minimum. (E. de D., 392.)

148. — Deux points et une droite horizontale, non situés dans un même plan, étant donnés, trouver sur la droite un point dont la différence des distances à chacun des points donnés soit maximum. (E. de D., 393.)

149. — Trouver, sur une droite donnée, les points dont la somme ou la différence des distances aux deux plans de projection est égale à une longueur donnée. (E. de D., 397.)

150. — Mener, par un point donné, une horizontale dont la somme des distances à deux points donnés d'une même verticale soit égale à une longueur donnée. (E. de D., 398.)

EXERCICES DU CHAPITRE XI

Détermination des distances.

151. — Trouver la vraie grandeur d'un segment rectiligne dans les cas particuliers suivants :
1° Les deux projections partent d'un même point de la ligne de terre ;
2° Les projections se coupent au même point de la ligne de terre ;
3° La droite est située dans le quatrième dièdre ;
4° La droite est située en partie dans deux dièdres différents. (E. de D., 332.)

152. — Trouver la vraie grandeur d'une droite de profil limitée à ses traces et connue :
1° Par ses traces ;
2° Par deux de ses points ;
3° Par l'un de ses points et l'angle qu'elle fait avec un des plans de projection ;
4° Par l'un de ses points et la distance de cette droite à la ligne de terre. (E. de D., 333.)

153. — Sur une droite limitée, trouver un point : 1° également éloigné des deux extrémités de la ligne ; 2° au tiers de la ligne ; 3° dont les distances aux deux extrémités soient dans un rapport donné. (E. de D., 334.)

154. — Joindre un point donné à un point de la ligne de terre, de manière que la droite comprise entre ces deux points ait une longueur donnée. (E. de D., 336.)

155. — Trouver la distance d'un point à un plan :
(a) Le plan est parallèle à xy ;
(b) Le plan est déterminé par xy et un point ;
(c) Le plan a ses deux traces en ligne droite. (E. de D., 338.)

156. — Trouver la distance d'un point donné :
1° A la ligne de terre ;
2° A une parallèle à la ligne de terre ;
3° A une ligne située dans le plan vertical ;
4° A une horizontale quelconque. (E. de D., 339.)

157. — Étant donnés deux droites verticales et un point sur l'une d'elles, trouver sur l'autre un point distant du premier d'une longueur donnée. (E. de D., 340.)

158. — Étant donnés un point et une ligne quelconque, trouver sur la ligne un point dont la distance au point donné égale une longueur l. (E. de D., 341.)

159. — Une droite, limitée à ses deux traces, étant donnée, mener un plan perpendiculaire à cette ligne, au point qui est au tiers de sa longueur, à partir de la trace horizontale. (E. de D., 342.)

160. — Déterminer la distance de l'un des plans bissecteurs des dièdres formés par les plans de projection, et d'une droite parallèle à ce plan bissecteur. (E. de D., 344.)

161. — Une droite étant parallèle à un plan, trouver la distance de cette ligne au plan. (E. de D., 345.)

162. — 1º Sur une droite donnée, trouver un point dont l'ordonnée soit double de l'éloignement ; 2º même problème lorsque le point doit appartenir à un plan donné ; 3º quel est le lieu géométrique des points du plan dont l'ordonnée et l'éloignement sont entre eux dans un rapport donné. (E. de D., 346.)

163. — Trouver la distance d'un point donné sur la ligne de terre, à une droite quelconque. (E. de D., 347.)

164. — Construire la perpendiculaire commune à deux droites données :
1º Deux droites ayant deux projections de même nom parallèles.
2º Ligne de terre et droite quelconque.
3º L'une des droites données est horizontale, de front, ou parallèle à xy.
(E. de D., 348.)

165. — 1º Trouver la plus courte distance de deux plans parallèles,
2º Mener un plan parallèle à un plan donné et distant de ce plan d'une longueur l. (E. de D., 350.)

166. — Trouver, sur la ligne de terre, un point distant d'une quantité donnée l d'un plan donné P. (E. de D., 352.)

167. — Trouver, sur une ligne donnée quelconque, un point distant d'une quantité donnée d'un plan donné. (E. de D., 353.)

168. — Mener un plan parallèle à un plan donné, de manière que les deux plans interceptent une longueur donnée l sur une droite donnée. (E. de D., 354.)

169. — Placer, dans un plan donné, une droite de profil ayant une longueur donnée l entre ses traces h et v'. (E. de D., 355.)

170. — Par un point pris dans un plan, on mène dans ce plan une suite de droites de longueur constante r. Pour quelles positions de la droite obtiendra-t-on la projection horizontale : 1º la plus longue ; 2º la plus courte ? (E. de D., 356.)

171. — Mêmes données que précédemment (nº 170).
1º Pour quelles positions de la droite les deux projections sont-elles égales entre elles ?
2º Pour quelles positions de la droite la projection horizontale aura-t-elle une longueur donnée l ? (E. de D., 357.)

172. — On donne la trace horizontale d'un plan de bout, un point dans l'espace, et la distance de ce point au plan : déterminer la trace verticale du plan. (E. de D., 358.)

173. — Déterminer un point qui soit à une distance donnée de chaque plan de projection et d'un plan donné. (E. de D., 359.)

174. — Déterminer un point qui soit à une distance donnée d'un point donné et des plans de projection. (E. de D., 360.)

175. — Déterminer un point qui soit à une distance donnée du plan horizontal et de deux points ayant même ordonnée. (E. de D., 361.)

EXERCICES DU CHAPITRE XII

Détermination des angles.

176. — Déterminer l'angle de deux droites, en cherchant la vraie grandeur des côtés de cet angle, limités à leurs traces horizontales. (E. de D., 399.)

177. — Déterminer l'angle de deux droites dont l'une est horizontale, à l'aide d'un rabattement effectué autour de l'horizontale donnée. (E. de D., 400.)

178. — Trouver l'angle de deux droites sécantes, l'une d'elles étant de profil et l'autre étant : 1° quelconque ; 2° parallèle à l'un des plans de projection ; 3° parallèle à la ligne de terre. (E. de D., 401.)

179. — Déterminer l'angle de deux droites dans les cas suivants :
1° Ligne de terre et droite quelconque ;
2° Deux droites dont les projections de noms contraires coïncident ;
3° Deux droites situées dans le second plan bissecteur. (E. de D., 402.)

180. — Trouver l'angle de deux droites non sécantes, chacune d'elles étant parallèle à l'un des plans de projection. (E. de D., 403.)

181. — Une horizontale rencontre le plan V sous un angle de 45°, une frontale rencontre le plan H sous un angle de 45° ; quel est l'angle des deux droites ? (E. de D., 404.)

182. — Connaissant les traces et les projections horizontales de deux sécantes, ainsi que la vraie grandeur de l'angle qu'elles forment, trouver les projections verticales de ces droites. (E. de D., 405.)

183. — Connaissant la projection horizontale ab d'une droite, les projections (b, b') d'un de ses points et l'angle qu'elle fait avec le plan vertical, trouver la projection verticale de cette droite. (E. de D., 407.)

184. — Par un point donné, mener une droite qui coupe une droite donnée sous un angle donné. (E. de D., 408.)

185. — Par un point donné, mener une droite qui fasse des angles donnés avec chaque plan de projection. (E. de D., 409.)

186. — Mener la bissectrice de l'angle formé par une ligne de bout et une droite dont les projections font des angles de 45° avec la ligne de terre. (E. de D., 410.)

187. — Déterminer l'angle des traces d'un plan perpendiculaire au second bissecteur. (E. de D., 412.)

188. — Construire les bissectrices des angles des traces d'un plan à traces superposées. (E. de D., 413.)

189. — Par une droite donnée dans le plan vertical, mener un plan qui coupe le plan horizontal de manière que l'angle compris entre la droite et la trace horizontale (angle aux traces) ait une grandeur donnée. (E. de D., 414.)

190. — Déterminer l'angle que forme la ligne de terre avec un plan donné quelconque. (E. de D., 415.)

191. — Déterminer les angles que forme une droite quelconque avec un plan de profil, et avec le second bissecteur. (E. de D., 416.)

192. — Déterminer la trace verticale d'un plan, connaissant la trace horizontale et l'angle que ce plan forme avec xy. (E. de D., 417.)

193. — Déterminer la trace verticale d'un plan dont on connaît la trace horizontale et la distance d'un point donné de la ligne de terre à ce plan. (E. de D., 419.)

194. — Un plan est donné par ses traces ; un point A de ce plan est donné par une de ses projections ; mener par ce point une ligne de pente de ce plan, déterminer la vraie grandeur de cette droite et l'angle qu'elle forme avec le plan horizontal. (E. de D., 420.)

195. — Déterminer les traces d'un plan, connaissant la projection horizontale cd d'une de ses lignes de pente et l'angle que le plan forme avec le plan horizontal. (E. de D., 421.)

196. — Déterminer la projection verticale d'un point situé dans un plan, lorsqu'on connaît la projection horizontale de ce point, la trace horizontale de ce plan et l'angle qu'il forme avec le plan horizontal. (E. de D., 423.)

197. — Déterminer la projection horizontale d'un point situé dans un plan, lorsqu'on connaît la projection verticale a' de ce point, la trace horizontale P du plan et l'angle qu'il forme avec le plan horizontal. — On suppose en outre que, par suite des dimensions de l'épure, il n'est pas possible de déterminer la trace verticale du plan. (E. de D., 425.)

198. — Déterminer les traces d'un plan, connaissant la distance d d'un point donné n de la ligne de terre à ce plan, ainsi que l'angle que ce plan forme avec le plan horizontal et un point de la trace verticale. (E. de D., 427.)

199. — Trouver l'angle d'un plan quelconque avec un plan de profil. (E. de D., 428.)

200. — Déterminer l'angle de deux plans dans les cas suivants :
1º Plan quelconque et plan mené par xy et un point donné ;
2º Deux plans ayant une trace commune. (E. de D., 429.)

201. — Déterminer la trace verticale d'un plan, connaissant la trace horizontale et : 1º l'angle que le plan forme avec le plan horizontal ; ou 2º l'angle qu'il forme avec le plan vertical. (E. de D., 430.)

202. — Déterminer une des traces d'un plan, connaissant l'autre trace et l'angle que ce plan forme avec un plan de profil. (E. de D., 431.)

203. — 1º Trouver les angles d'un plan avec chaque plan de projection, lorsque les traces du plan donné sont en ligne droite ; 2º déterminer l'angle aux traces de ce plan. (E. de D., 432.)

204. — Par un point pris sur xy, mener un plan tel que ses traces soient en ligne droite et fassent entre elles, dans l'espace, un angle donné. (E. de D., 434.)

205. — Une droite étant donnée par ses traces sur les plans de projection, on demande de construire les traces du plan passant par cette droite et faisant un angle donné avec le plan qui la projette sur le plan horizontal. (E. de D., 435.)

206. — Par une droite située dans un plan donné, mener un plan qui coupe le premier sous un angle donné. (E. de D., 436.)

207. — Déterminer les traces verticales de deux plans, connaissant leurs traces horizontales, la projection horizontale de leur intersection, ainsi que l'angle que ces plans forment entre eux. (E. de D., 437.)

208. — Étant donnés un point (a, a') et un plan Q parallèle à la ligne de terre, faire passer par le point un second plan P parallèle à xy, mais incliné sur le premier d'un dièdre donné. (E. de D., 438.)

209. — Par un point donné, faire passer un plan parallèle à xy et qui rencontre, sous un angle donné, un plan mené par la ligne de terre et un point. (E. de D., 439.)

210. — Dans un plan donné par ses traces, trouver un point équidistant des traces de ce plan, sans recourir aux rabattements. — Lieu géométrique des points équidistants. (E. de D., 440.)

211. — Mener le plan bissecteur du dièdre que forment deux plans donnés. (E. de D., 441.)

212. — Par un point donné, mener un plan coupant les deux plans de projection sous un même angle donné. (E. de D., 443.)

213. — Par une droite donnée, mener un plan qui soit également incliné sur chaque plan de projection. (E. de D., 444.)

214. — Mener le plan bissecteur de chacun des dièdres d'un plan quelconque avec les plans de projection ; trouver les projections de l'intersection de ces deux plans bissecteurs. (E. de D., 445.)

215. — Trouver les points équidistants des trois faces du trièdre rectangle déterminé par les plans de projection et un plan quelconque ; déterminer sur chaque face le lieu géométrique des projections des points équidistants. (E. de D., 447.)

SECONDE PARTIE

EXERCICES DES CHAPITRES I, II, III

Rotations.

216. — Faire tourner autour d'un axe vertical un segment rectiligne donné, de manière à obtenir successivement la longueur maxima et la longueur minima de la projection verticale du segment donné. (E. de D., 362.)

217. — On donne deux points et un axe vertical ; un des points est fixe, l'autre est mobile : faire tourner ce dernier jusqu'à ce que la distance des deux points ait une longueur donnée l. (E. de D., 363.)

218. — Par un point donné, mener une horizontale telle que la distance d'un second point donné à cette même horizontale ait une longueur connue l. (E. de D., 364.)

219. — Faire tourner un point A autour d'un axe vertical donné, jusqu'à ce qu'on obtienne les résultats suivants :

1° La projection horizontale a doit être sur une ligne donnée du plan horizontal.

2° Le point doit être dans un plan donné.

3° La projection verticale a' doit être sur une droite donnée du plan vertical.

4° Les projections a et a' doivent être équidistantes de xy.

14 — GÉOMÉTRIE DESCRIPTIVE N° 271 A.

5° Le point A doit être à une distance donnée d'un plan donné.

6° Le point doit être à une distance donnée d'une verticale donnée. (E. de D., 365.)

220. — Faire tourner une droite AB autour d'une verticale donnée, jusqu'à ce qu'on réalise les conditions suivantes :

1° La projection horizontale ab doit passer par un point donné.

2° La droite AB doit rencontrer une verticale donnée.

3° La droite AB doit rencontrer une droite de bout.

4° La droite doit être à une distance donnée d'une verticale aussi donnée.

5° La droite doit avoir un point B dans un plan donné.

6° Le segment compris entre les traces de la droite doit avoir une longueur donnée.

7° La droite doit être parallèle à un plan donné.

8° La projection verticale de la droite doit être parallèle à une ligne de front donnée.

9° Les deux projections de la droite doivent faire des angles égaux avec xy. (E. de D., 366.)

221. — Faire tourner simultanément deux droites données autour d'un axe vertical aussi donné, jusqu'à ce que les projections verticales des deux premières droites soient parallèles entre elles. (E. de D., 367.)

222. — Faire tourner une droite donnée, d'un angle donné, autour d'une horizontale prise pour axe. (E. de D., 368.)

223. — Faire tourner une droite donnée, d'un angle donné, autour d'une autre droite quelconque. (E. de D., 369.)

224. — Trouver la plus courte distance de deux droites quelconques. (E. de D., 370.)

225. — Faire tourner un plan donné autour d'un axe vertical, jusqu'à ce qu'on obtienne les résultats suivants :

1° Le plan doit passer par un point donné ;

2° Le plan doit passer à une distance d d'un point donné ;

3° Le plan doit être parallèle à une droite donnée. (E. de D., 371.)

226. — Faire tourner un plan autour d'une verticale, jusqu'à ce que ses deux traces rencontrent xy sous des angles égaux. (E. de D., 372.)

227. — On donne la trace horizontale d'un plan, les projections d'un point et la distance de ce point au plan : déterminer l'autre trace du plan. (E. de D., 373.)

228. — Faire tourner un plan donné autour de xy :

1° Jusqu'à ce qu'il passe par un point donné ;

2° Jusqu'à ce qu'il soit éloigné d'une distance d d'un point donné ;

3° Jusqu'à ce qu'il soit parallèle à une droite donnée. (E. de D., 374.)

229. — Faire tourner un plan autour d'une horizontale quelconque par rapport à ce plan. (E. de D., 375.)

230. — On fait tourner un plan, d'un angle donné, autour de sa trace horizontale : quelle est la nouvelle trace verticale de ce plan ? (E. de D., 376.)

231. — Un point est donné dans un plan. On fait tourner ce plan, d'un angle donné, autour de sa trace horizontale : quelles sont les nouvelles projections du point ? (E. de D., 377.)

232. — Faire tourner, d'un angle donné, un plan donné autour d'une droite quelconque. (E. de D., 378.)

233. — Déterminer l'axe de rotation qui permet d'amener trois points donnés à se trouver sur une même verticale. (E. de D., 379.)

234. — Déterminer un axe vertical, ou de bout, qui permettrait d'amener dans un même plan trois droites données dans des positions quelconques. (E. de D., 381.)

235. — Déterminer un axe vertical qui permettrait d'amener trois plans quelconques à se couper suivant une horizontale dont les points auraient une cote donnée. (E. de D., 382.)

236. — Trouver un axe vertical, ou un axe de bout, qui permettrait d'amener, par rotation, une droite donnée dans un plan aussi donné. — Combien de positions la droite peut-elle occuper dans le plan donné ?
(E. de D., 383.)

237. — Déterminer l'axe autour duquel il faut faire tourner un plan donné :

1° Pour l'amener à passer par un point A et être parallèle à un plan β.

2° Pour l'amener à passer par une droite AB et à être soit perpendiculaire à un plan β, soit parallèle à une droite CD.

3° Pour l'amener à passer par un point A, à être perpendiculaire à un plan β, et à faire avec le plan horizontal un angle ω. (E. de D., 384.)

238. — Deux angles égaux ont leur sommet commun sur la ligne de terre : l'un est dans le plan vertical, l'autre dans le plan horizontal. Trouver l'axe de rotation autour duquel il faut faire tourner l'un pour l'amener à coïncider avec l'autre. (E. de D., 385.)

239. — On donne deux droites, non situées dans le même plan : trouver un axe tel que l'on puisse amener, par rotation, une des droites données à coïncider avec l'autre. (E. de D., 386.)

240. — On donne deux segments rectilignes égaux, l'un AB dans le plan vertical, l'autre CD dans le plan horizontal. — Construire les projections de l'axe autour duquel il faudrait faire tourner l'un d'eux pour l'amener à coïncider avec l'autre. (E. de D., 387.)

EXERCICES DES CHAPITRES IV ET V

Détermination des distances et des angles.

On peut reprendre la plupart des Exercices des chapitres X, XI et XII de la première Partie, en employant soit le changement de plan horizontal, soit le rabattement sur un plan de front, soit les rotations.

EXERCICES DU CHAPITRE VI

Trièdres.

241. — Construire un trièdre rectangle, connaissant une des faces du dièdre droit et le dièdre opposé à la face connue. (E. de D., 449.)

242. — Deux droites concourantes sont données ; chercher les projections d'un point de l'espace, connaissant sa distance à chacune de ces droites et au plan qu'elles déterminent, et faire connaître les angles que forme, avec chaque ligne donnée, la droite qui joint le point demandé au point de concours des premières. (E. de D., 450.)

243. — Deux droites concourantes ab, ac, sont données ; chercher les projections d'un point M de l'espace, ce point étant déterminé par sa distance h au plan bac, par la distance $sm' = l'$ à ac, et par l'angle r que forme, avec le plan bac, la perpendiculaire abaissée du point M sur ab. (E. de D., 451.)

244. — Résoudre directement le cinquième cas de l'angle trièdre : on connaît deux dièdres et la face opposée à l'un d'eux. (E. de D., 452.)

245. — On connaît la base d'une pyramide pentagonale régulière, ainsi que le dièdre que forment entre elles les faces latérales ; déterminer la grandeur des faces latérales de la pyramide, et leur inclinaison sur le plan de la base. (E. de D., 454.)

246. — La base d'une pyramide triangulaire est donnée sur le plan horizontal ; déterminer le sommet de la pyramide, connaissant l'inclinaison de chaque face latérale sur le plan de base. (E. de D., 455.)

247. — Mener un plan qui coupe un dièdre donné, de manière que le trièdre obtenu ait deux faces égales, et que la face interceptée sur le plan demandé ait une grandeur angulaire donnée. (E. de D., 456.)

248. — Par deux droites ba, bc, mener deux plans qui se coupent, de manière que le trièdre obtenu ait un dièdre donné opposé à la face abc, et que les deux autres faces soient égales entre elles. (E. de D., 457.)

249. — Déterminer l'intersection des plans bissecteurs des trois dièdres formés par le plan horizontal et deux autres plans. (E. de D., 458.)

250. — Tout plan perpendiculaire à l'intersection des plans bissecteurs des dièdres d'un trièdre quelconque coupe les faces du trièdre sous le même angle. (E. de D., 459.)

251. — Déterminer l'intersection des plans bissecteurs des angles dièdres qui correspondent aux arêtes latérales d'une pyramide triangulaire dont la base est placée sur le plan horizontal. (E. de D., 460.)

252. — Un tétraèdre étant donné par ses deux projections, déterminer le point de concours des droites de chacun des groupes suivants :

1° Les trois droites qui joignent deux à deux les milieux des arêtes opposées ;

2° Les quatre droites qui joignent un sommet au point de concours des médianes de la face opposée. (E. de D., 461.)

253. — Un triangle acutangle est donné sur le plan horizontal, déterminer un point de l'espace, tel qu'en le joignant aux trois sommets du triangle on obtienne un trièdre trirectangle. (E. de D., 462.)

254. — On donne le plan et les trois angles d'un triangle acutangle abc, dont le sommet a est fixe ; trouver le lieu géométrique des points de l'espace d'où les trois côtés sont vus sous des angles droits. (E. de D., 463.)

255. — On donne les deux projections s, s', du sommet d'un trièdre trirectangle, ainsi que la projection horizontale de chaque arête ; déterminer les projections verticales de ces arêtes. (E. de D., 464.)

256. — On donne les deux projections du sommet d'un trièdre trirectangle ; déterminer les projections verticales des arêtes, lorsque les trois directions données su, sv, sz, comme projections horizontales des arêtes, font entre elles des angles quelconques, sauf les deux extrêmes su, sz, qui forment un angle obtus. (E. de D., 465.)

257. — Déterminer l'angle de deux droites, connaissant la projection horizontale de cet angle, et l'angle que chaque côté de l'angle demandé forme avec la verticale. (E. de D., 466.)

EXERCICES DU CHAPITRE VII

Du cercle.

258. — Déterminer les projections d'un cercle dont le centre et le rayon sont donnés, le plan du cercle devant être perpendiculaire à la droite qui projette le centre sur la ligne de terre. (E. de D., 467.)

259. — Déterminer les projections d'un cercle tangent à chaque plan de projection, et placé sur un plan donné, parallèle à xy. (E. de D., 468.)

260. — Circonscrire une circonférence à un triangle donné, sans recourir aux traces du plan du triangle. (E. de D., 470.)

261. — Déterminer les projections d'un cercle dont on connaît le rayon, ainsi que deux droites passant dans son plan par le centre de ce cercle. (E. de D., 471.)

262. — Dans un plan rabattu, on décrit une circonférence. 1° Déterminer les projections d'un point de cette courbe et celles de la tangente en ce point. 2° Déterminer une tangente telle que ses projections soient parallèles à celles d'une droite donnée ; déterminer, en outre, le point de contact de cette tangente. (E. de D., 472.)

263. — Dans un plan P α P', on donne un cercle par son rayon R et la projection verticale o' de son centre :
1° Construire les projections de la corde des contacts des tangentes issues du point α ;
2° Construire les projections du diamètre des cordes de profil. (E. de D., 474.)

264. — Une ellipse est tracée sur un plan, que l'on incline d'un angle donné, β, par rapport au plan horizontal ; déterminer la projection horizontale de l'ellipse. (E. de D., 475.)

265. — Dans un plan, on mène une droite qui rencontre les deux traces de ce plan ; déterminer les projections du cercle inscrit dans le triangle formé par les traces et la droite qui les coupe. (E. de D., 476.)

266. — Mener, par un point A, une droite qui s'appuie sur une droite BC et sur une circonférence donnée par son plan, son rayon r et la projection verticale o' de son centre. (E. de D., 565.)

267. — Mener, parallèlement à une droite A B, une droite qui s'appuie sur une droite CD et sur une circonférence donnée. (E. de D., 566.)

268. — On donne une ellipse dans le plan horizontal ; déterminer un cercle dont cette ellipse soit la projection, connaissant la cote de son centre. (*Géométrie cotée.*)

269. — On donne une horizontale et une droite graduée rencontrant cette horizontale. Construire la projection d'une circonférence de rayon donné et tangente aux deux droites. (*Géométrie cotée.*) (*Saint-Cyr.*)

270. — Une circonférence étant donnée par son centre, son plan et son rayon, trouver les points de la courbe où la tangente a une pente donnée. (*Saint-Cyr.*)

271. — Déterminer les projections du centre d'une circonférence passant par un point du plan horizontal et par deux points du plan vertical.

272. — On donne deux droites concourantes dont l'une est horizontale. Construire les projections des cercles tangents à l'horizontale, et passant par deux points donnés de la seconde droite. (*Saint-Cyr.*)

273. — On donne une ellipse projection horizontale d'une circonférence de l'espace ; construire la projection verticale de la circonférence, connaissant en outre la projection verticale de son centre. (*École navale.*)

274. — Dans un cercle déterminé par son plan, son centre et son rayon, mener une corde de longueur donnée, et passant par un point donné du plan.

275. — Un cercle est donné par son plan, son centre et son rayon ; construire les deux points du cercle dont les distances à un point du plan sont maxima et minima.

276. — On donne une circonférence sur le plan horizontal et un point sur le plan vertical ; trouver sur la circonférence un point distant du point donné d'une longueur donnée. (E. de D., 575.)

277. — Trouver, sur une circonférence située dans un plan quelconque, un point dont la distance à un point donné égale une longueur donnée. (E. de D., 576.)

278. — Un cercle est donné par les projections de l'un des points de sa circonférence et par celles de son axe ; construire les traces et les extrémités du diamètre perpendiculaire à celui qui passe par le point donné. (*Baccalauréat.*) (E. de D., *Problèmes de Récapitulation*, 165.)

279. — Une circonférence étant donnée par les traces de son plan, la projection verticale de son centre et la longueur de son rayon, construire les projections du point où elle est coupée par un plan de traces données. (*Baccalauréat.*) (P. de R., 167.)

280. — Un cercle, dont le plan est perpendiculaire sur la ligne de terre, étant donné par les projections de son centre et par la longueur de son rayon, construire les projections de ceux de ses points qui sont situés à une distance donnée d'un plan défini par ses traces. (*Baccalauréat.*) (P. de R., 168.)

EXERCICES DES CHAPITRES VIII ET IX

De la sphère.

281. — Construire une sphère passant par un cercle donné dans le plan vertical et tangente au plan horizontal. (*Baccalauréat.*)

282. — Mener, par la ligne de terre, un plan tangent à une sphère donnée par ses projections. (E. de D., 785.)

283. — Construire l'intersection d'une sphère tangente aux deux plans de projection avec un plan passant par les deux points de contact. (P. de R., 235.)

284. — Faire passer une sphère par quatre points donnés. (E. de D., 329.)

285. — On donne une sphère dont le centre est sur la ligne de terre, et une droite située dans un plan de profil ; mener les plans tangents à la sphère passant par la droite donnée. (E. de D., 786.)

286. — A deux sphères données, mener un plan tangent qui soit parallèle à une droite donnée. (E. de D., 798.)

287. — Mener un plan tangent à trois sphères données. (E. de D., 799.)

288. — On donne trois points non en ligne droite ; de l'un de ces points comme centre, décrire une sphère qui passe à égale distance de chacun des autres. (E. de D., 1234.)

289. — Construire l'intersection de deux sphères données par les projections des centres et les longueurs des rayons. (E. de D., 1239.)

290. — Trouver les points communs à trois sphères données. (E. de D., 1240.)

291. — Avec un rayon donné, décrire une sphère tangente à trois sphères données. (E. de D., 1242.)

292. — Par trois points donnés, faire passer une sphère qui soit tangente à un plan donné. (E. de D., 1243.)

293. — Par trois points donnés, faire passer une sphère qui soit tangente à une droite donnée. (E. de D., 1245.)

294. — Par deux points, faire passer une sphère qui soit tangente à deux plans donnés. (E. de D., 1246.)

295. — Trouver la plus courte et la plus longue distance de deux sphères, de position quelconque par rapport aux plans de projection. (E. de D., 1251.)

296. — Trouver les projections du grand cercle perpendiculaire au milieu de l'arc qui joint deux points donnés A et B sur la sphère. (E. de D., 1252.)

297. — Déterminer le petit cercle qui passerait par trois points donnés sur une sphère.

1° Trouver le rayon du cercle.

2° Trouver les projections des pôles de ce cercle. (E. de D., 1253.)

298. — On donne un triangle; décrire une sphère d'un rayon donné, qui soit tangente à chaque côté du triangle. (E. de D., 1254.)

299. — Par la ligne de terre, faire passer un plan qui coupe une sphère suivant un cercle de rayon donné. (E. de D., 1255.)

300. — Un plan est parallèle à xy; décrire une sphère qui coupe chaque plan de projection et le plan donné, suivant des cercles de même rayon donné; la projection horizontale du centre de la sphère doit se trouver sur une ligne ab tracée sur le plan horizontal. (E. de D., 1256.)

301. — D'un point donné comme centre, décrire une sphère qui intercepte, sur un plan donné, quelconque par rapport aux plans de projection, un cercle de rayon donné. (E. de D., 1257.)

302. — Par un point donné dans une sphère, mener les plans qui déterminent la plus grande et la plus petite section. (E. de D., 1258.)

303. — Par un point donné de l'intersection de deux sphères, mener un plan qui les coupe suivant deux cercles égaux. (E. de D., 1260.)

304. — D'un point donné comme centre, décrire une sphère équidistante de deux plans donnés, quelconques par rapport aux plans de projection. (E. de D., 1261.)

305. — D'un point donné comme centre, décrire une sphère qui soit tangente à une ligne donnée. (E. de D., 1262.)

306. — D'un point donné comme centre, décrire une sphère qui intercepte sur une droite donnée une longueur donnée. (E. de D., 1263.)

307. — D'un point donné comme centre, décrire une sphère qui coupe une sphère donnée suivant un grand cercle de cette dernière surface. (E. de D., 1264.)

308. — Avec un rayon donné, décrire une sphère qui intercepte, sur les plans de projection et sur un troisième plan, des cercles égaux entre eux et d'un rayon donné. (E. de D., 1265.)

TABLE DES MATIÈRES

PREMIÈRE PARTIE

Classes de Première C et D.

Notions préliminaires.

§ I. — Introduction. 1
§ II. — Projection d'une figure sur un plan. 2
§ III. — Méthodes de la Géométrie descriptive. 6

1

MÉTHODE DES PROJECTIONS

Préliminaires. 8

CHAPITRE I

Du point.

Représentation du point. 11
Coordonnées d'un point. 11
Positions du point. 13
Rabattement d'un plan vertical sur un plan horizontal. 17

CHAPITRE II

De la droite.

§ I. — Représentation de la droite. 19
§ II. — Droites concourantes et droites parallèles. 22
§ III. — Traces d'une droite. 27
§ IV. — Positions diverses d'une droite. 32

CHAPITRE III

Du plan.

§ I. — Traces et représentations d'un plan 36
§ II. — Positions diverses d'un plan 38
§ III. — Droites contenues dans un plan 41

CHAPITRE IV

Intersections de droites et de plans.

§ I. — Intersection de deux plans 53
§ II. — Intersection d'une droite et d'un plan 61

CHAPITRE V

Positions relatives des droites et des plans.

§ I. — Droites et plans parallèles 64
§ II. — Problèmes sur la droite et le plan 69
§ III. — Droites et plans perpendiculaires 71

II

GÉOMÉTRIE COTÉE

CHAPITRE VI

Du point et de la droite.

§ I. — Introduction. — Du point 82
§ II. — De la droite 85
§ III. — Pente et intervalle d'une droite 90
§ IV. — Distance de deux points 92
§ V. — Droites concourantes 94
§ VI. — Droites parallèles 95

CHAPITRE VII

Du plan.

§ I. — Représentation du plan 98
§ II. — Problèmes divers sur le plan 101
§ III. — Droites et plans parallèles 108

CHAPITRE VIII

Intersections de droites et de plans.

§ I. — Intersection de deux plans 111
§ II. — Intersection d'une droite et d'un plan 115
§ III. — Problèmes sur la droite et le plan 117

CHAPITRE IX

Droites et plans perpendiculaires.

§ I. — Droite perpendiculaire à un plan 121
§ II. — Problèmes sur les droites et les plans perpendiculaires 123

III

MÉTHODES DIVERSES. — APPLICATIONS

CHAPITRE X

Méthodes diverses.

§ I. — Changement du plan vertical 128
§ II. — Rabattement d'un plan sur un plan horizontal 133

CHAPITRE XI

Détermination des distances.

§ I. — Distance de deux points 147
§ II. — Distance d'un point à un plan 150
§ III. — Distance d'un point à une droite 156

CHAPITRE XII

Détermination des angles.

§ I. — Angle de deux droites 160
§ II. — Angle d'une droite et d'un plan 163
§ III. — Angle de deux plans 166

SECONDE PARTIE

Classes de Mathématiques A et B.

CHAPITRE I

Changement du plan horizontal.

I. — Théorie du changement du plan horizontal 179
§ II. — Applications 183

CHAPITRE II

Rabattement sur un plan de front.

§ I. — Rabattement d'un point. 186
§ II. — Rabattement d'un plan autour de sa trace verticale. 188

CHAPITRE III

Rotations.

§ I. — Rotation du point et de la droite. 194
§ II. — Rotation d'un plan. 198
§ III. — Remarques générales sur les méthodes. 202

CHAPITRE IV

APPLICATION DES MÉTHODES

Détermination des distances.

§ I. — Distance de deux points. 205
§ II. — Distance d'un point à un plan. 207
§ III. — Distance d'un point à une droite. 208
§ IV. — Perpendiculaire commune à deux droites. Plus courte distance
       de deux droites. 210

CHAPITRE V

APPLICATION DES MÉTHODES (Suite).

Détermination des angles.

§ I. — Angle de deux droites. 217
§ II. — Angle d'une droite et d'un plan. 218
§ III. — Angle de deux plans. 223

CHAPITRE VI

Trièdres.

Construction des trièdres. 229
Problème. — Réduire un angle à l'horizon. 236

CHAPITRE VII

Du cercle.

§ I. — Rappel de propriétés géométriques. 238
§ II. — Projections du cercle 240

CHAPITRE VIII

De la sphère.

§ I.   — Généralités. — Contour apparent.   248
§ II. — Représentation de la sphère.   250
§ III. — Section plane d'une sphère.   256
§ IV. — Intersection d'une droite et d'une sphère.   262

CHAPITRE IX

De la sphère (*Suite*).

§ I. — Plans tangents à la sphère, ...   266
§ II. — Sphères circonscrite et inscrite au tétraèdre.   271

CHAPITRE X

Surfaces topographiques.

§ I.   — Représentation d'une surface par des courbes de niveau. . . .   274
§ II. — Planimétrie et nivellement.   280
§ III. — Signes et teintes conventionnels.   289
Planche I . . . .   290 - 291
§ IV. — Mouvements du sol.   292
§ V.   — Lecture de la carte d'État-major.   295
Planche II . . . .   296 - 297

EXERCICES

PREMIÈRE PARTIE

I

MÉTHODE DES PROJECTIONS

Du point et de la droite.   298
Traces des droites.   300
Du plan. — Traces des plans.   300
Intersections des droites et des plans.   302
Droites et plans parallèles.   303
Droites et plans perpendiculaires.   305

II

GÉOMÉTRIE COTÉE

Du point et de la droite. 306
Du plan 307
Intersections des droites et des plans. 307
Droites et plans perpendiculaires. 308

III

MÉTHODES DIVERSES. — APPLICATIONS

Rabattements. 308
Détermination des distances. 309
Détermination des angles. 311

SECONDE PARTIE

Rotations. 313
Détermination des distances et des angles. 315
Trièdres 315
Du cercle. 317
De la sphère. 318
Table des matières 321

37297. — TOURS, IMPR. MAME.